Grenzen wichtiger Reiche der Zeit 2000–1600 v. Chr.
Bedeutende Fundorte
Lagerstätten baltischen Bernsteins
Ausgewählte Kupfervorkommen
Ausgewählte Zinnvorkommen
0 200 400 km
Kaspisches Meer
Apa
Karpaten
Kaukasus
Schwarzes Meer
Donau
Hattuscha
Troja
Ägäis
HETHITER
Taurus
Euphrat
Ninive
Assur
Zagrosgebirge
Tigris
Mykene
BABYLON
Babylon
Thera
Byblos
Kreta
Knossos
Uruk
Ur
Mittelmeer
N
W
O
S
400 1300 1200 1100 v. Chr.
Um 1190 Zerstörung des homerischen Trojas
1274 Ramses II. kämpft in der Schlacht bei Kadesch
Um 1300 Schlacht an der Tollense
Um 1350 Königsgrab von Kivik
Um 1350 Echnaton besteigt den Thron in Ägypten
m 1400 Sonnenwagen von Trundholm
Gizeh
Memphis
ÄGYPTEN
Rotes Meer
Nil
Theben

Harald Meller & Kai Michel

Die Himmelsscheibe von Nebra

Harald Meller
Kai Michel

DIE HIMMELS SCHEIBE VON NEBRA

Der Schlüssel zu einer
untergegangenen Kultur
im Herzen Europas

Propyläen

8. Auflage 2024
ISBN 978-3-549-07646-0

Karten für Vor- und Nachsatz: Peter Palm, Berlin
Satz: Pinkuin Satz und Datentechnik, Berlin
Gesetzt aus der Quadraat
Druck und Bindearbeiten: GGP Media GmbH, Pößneck

Printed in Germany

Inhalt

Sternstunde

Es geschah am helllichten Tag und nicht, wie immer kolportiert, bei Nacht und Nebel. An einem heißen Julimittag stießen zwei Sondengänger auf dem Mittelberg bei Nebra auf einen Schatz aus Bronze und Gold. Schwerter, Beile, Armringe waren darunter und auch eine sonderbare Scheibe, die sie zunächst für einen Eimerdeckel hielten. Schon am nächsten Tag verkauften die Raubgräber ihre Beute an einen Hehler. Es sollten fast drei Jahre vergehen, bis der Jahrhundertfund bei einer abenteuerlichen Polizeiaktion in der Schweiz sichergestellt werden konnte. Einer von uns beiden war hautnah dabei.

Seither funkelt die Himmelsscheibe von Nebra im dunklen Allerheiligsten des Landesmuseums für Vorgeschichte in Halle an der Saale und verzaubert die Besucher. Über 3600 Jahre alt, präsentiert sie den Nachthimmel in einem Bild von archetypischer Schönheit, das an eine menschliche Urerfahrung zu rühren scheint. Wer kennt nicht das sanfte Taumeln, das uns beim nächtlichen Blick in den unendlichen Sternenhimmel über unseren Köpfen erfasst? Die Himmelsscheibe vereint die Geheimnisse der Vergangenheit mit denen des Universums. Eine mehr als inspirierende Mischung.

Erstmals werden in diesem Buch die Geschichten ihrer Rettung und die ihrer Erforschung aus erster Hand erzählt. Vor allem unternehmen wir das Abenteuer, ein Panorama jener untergegangenen Kultur im Herzen Europas zu entwerfen, aus der sie stammt. Dabei geht es um bedeutend mehr als nur um unsere Vergangenheit, ist doch auch die Himmelsscheibe mehr als nur ein fantastisches archäologisches Objekt. Sie werden staunen, was sie alles ist:

Sie ist ein Rätsel

Wer die Himmelsscheibe betrachtet, kommt unweigerlich ins Grübeln. Sonne, Mond und Sterne glaubt jedes Kind auf ihr zu erkennen. Doch leuchten die nie gemeinsam am Firmament. Stellt der große goldene Kreis also nicht die Sonne, sondern den Vollmond dar? Wozu dann die Mondsichel? Und was fährt da für ein Schiff am Scheibenrand? Und diese Bögen und die sieben Sterne da?

Woche für Woche gehen im Museum Vorschläge ein, was hinter dem Geheimnis der gut zwei Kilogramm schweren Himmelsscheibe stecken könnte. Nicht, weil das Museum einen Wettbewerb ausgeschrieben oder um Mithilfe gebeten hätte. Die Zuschriften kommen unaufgefordert. Von aufwendigen astronomischen Berechnungen über mondgestützte Menstruationskalender bis hin zur Warnung vor dem nahen Weltuntergang ist alles dabei. Selbst komplexe Apparaturen werden konstruiert, als deren Herzstück die Himmelsscheibe die wunderbarsten Dinge vollbringen soll. Sie ist wie die Sphinx: Sie lässt dem Betrachter keine Ruhe, bis er eine Lösung für ihr Rätsel weiß.

Sie ist eine Provokation

Auch die Wissenschaft zwingt sie zu Antworten. Um das Jahr 1600 vor Christus im Boden vergraben, handelt es sich bei der Scheibe aus Bronze und Gold um die älteste bisher gefundene konkrete Darstellung des Himmels. Das heißt: Sie stellt die Gestirne nicht als Götter, Jungfrauen oder mythisches Getier dar, wie das sonst in den Kulturen des Altertums der Fall war. Sie zeigt uns die Himmelskörper so naturalistisch, wie diese sich dem menschlichen Auge am Himmel präsentieren: als leuchtende Objekte unterschiedlicher Größe und Form. Woher rührt der frühe Rationalismus? Was für uraltes Wissen verbirgt sie vor uns?

Wäre die älteste Himmelsdarstellung der Weltgeschichte in Ägypten, Mesopotamien oder im alten Griechenland entdeckt worden, würde das niemanden sonderlich erstaunen. Die Experten hätten anerkennend mit der Zunge geschnalzt, doch das wäre es schon gewesen. Aber dass sie aus einer Zeit stammt, über die unsere Schulbücher kein

Wort verlieren, einer Zeit lange vor den Kelten und Germanen – das macht sie zum Rätsel, mehr noch, zur Provokation. Damit stellt sie die bisherigen Kenntnisse über unsere eigene Vergangenheit infrage.

Sie ist eine Sternstunde der Menschheit

Ist das nicht kurios? Da liefert uns die Himmelsscheibe von Nebra den Beleg für eine Sternstunde der Menschheit – und wir haben so gut wie keine Ahnung von der Kultur, der wir sie zu verdanken haben. Dass es sich um einen Geniestreich handelt, ist mittlerweile offiziell anerkannt. Die Weltkulturbehörde UNESCO hat die Himmelsscheibe ins »Weltdokumentenerbe« aufgenommen. Zugegeben, das klingt, als habe man ihr einen Ehrenplatz in der Ruhmeshalle der Bürokratie eingeräumt. Die englische Bezeichnung »Memory of the World« trifft es besser: Die UNESCO weist der Himmelsscheibe einen Platz im Gedächtnis der Welt zu – neben der Magna Charta, der Gutenberg-Bibel, der französischen Erklärung der Menschen- und Bürgerrechte und Ludwig van Beethovens Neunter Sinfonie.

Und das zu Recht. War es nicht der griechische Philosoph Aristoteles, der das Staunen, das die Menschen beim Blick in den Nachthimmel erfasste, zum »Anfang des Philosophierens« erklärte? Seither interessierten sich unsere Vorfahren nicht mehr nur fürs blanke Überleben; sie überschritten die Bedingungen ihrer Existenz und versuchten, die Gesetze der Welt und des Kosmos zu verstehen. Noch heute lässt uns nichts deutlicher die eigene Unwissenheit spüren als die Unendlichkeit des Weltalls; noch heute fasziniert uns nichts mehr als das Universum. Es ist das größte Mysterium aller Zeiten.

Die Himmelsscheibe dokumentiert den ältesten bisher bekannten systematischen Versuch, dieses Mysterium zu ergründen – das sichert ihr den Ehrenplatz im kulturellen Gedächtnis der Menschheit. Dass wir es mit einem menschlichen Urtrieb, etwas wie einer anthropologischen Konstante zu tun haben könnten, darauf deutet ihre überraschende Ähnlichkeit mit einem außergewöhnlichen Objekt unserer eigenen Zeit. Einem Gegenstand, der den vorläufigen Endpunkt jener Entwicklung markiert, die mit der Himmelsscheibe ihren Anfang nahm.

Die Rede ist von der »Voyager Golden Record«, die von der amerikanischen Raumfahrtbehörde NASA an den 1977 gestarteten Voyager-Raumsonden montiert wurde. Sie soll außerirdischen Wesen Auskunft über das Leben auf der Erde geben. Dazu enthält die Golden Record Grußbotschaften in 55 Sprachen, Fotos, aber auch mathematische und physikalische Definitionen. Der damalige US-Präsident Jimmy Carter gab ihr eine Botschaft mit: »Dies ist ein Geschenk einer kleinen, weit entfernten Welt, eine Probe unserer Klänge, unserer Wissenschaft, unserer Bilder, unserer Musik, unserer Gedanken und unserer Gefühle. Wir versuchen, unser Zeitalter zu überleben, um so bis in eure Zeit hinein leben zu dürfen.« Mittlerweile hat die Golden Record als erstes menschengemachtes Objekt unser Sonnensystem verlassen.

Obwohl über 3600 Jahre zwischen den beiden Objekten liegen, verbindet sie vieles. Erstens ist da die verblüffende Ähnlichkeit: Hätte die Himmelsscheibe in den 1970er-Jahren nicht noch mehr als zwei Jahrzehnte unentdeckt im Boden gelegen, wären wir sicher, sie diente dem vom berühmten Astronomen Carl Sagan geleiteten Forscherteam als Inspiration. Ob Himmelsscheibe oder Golden Record, in beiden Fällen handelt es sich um kreisrunde Scheiben von der ungefähren Größe einer Langspielplatte. Beide bestehen in der Hauptsache aus Kupfer; bei der einen ist es mit Zinn zu Bronze veredelt, bei der anderen ist es vergoldet. Und bei beiden dient Gold dazu, die Botschaften zu übermitteln.

Zweitens sind beides Botschaften an nicht menschliche Intelligenzen. Die Golden Record will Aliens über das Leben auf dem Planeten Erde informieren. Die Himmelsscheibe von Nebra wurde als Gabe an übernatürliche Mächte im Boden versenkt. Warum? Das ist eine der großen Fragen dieses Buchs.

Drittens verdanken sich beide derselben Motivation, dem urmenschlichen Antrieb, nicht vor den Grenzen unserer Welt haltzumachen. »Das Forschen liegt in unserer Natur«, lautet ein berühmtes Zitat Carl Sagans. »Als Wanderer haben wir begonnen, und Wanderer sind wir noch immer. Wir haben lange genug an den Ufern des kosmischen Ozeans verweilt. Es ist an der Zeit, die Segel zu setzen und zu den Sternen aufzubrechen.« Beide Scheiben verdanken sich dieser Sehnsucht. Die Himmelsscheibe dokumentiert das erste Aufflackern des Wunsches, das Rätsel des Universums zu verstehen; mit ihr haben die Menschen den Aussichtsplatz am Rande des kosmischen Ozeans bezogen. Die Golden Record dagegen lässt den Wunsch 3600 Jahre später Wirklichkeit werden; mit der Voyager-Sonde setzte die Menschheit Segel, um die Grenzen des Sonnensystems zu verlassen. Die Himmelsscheibe und die Golden Record sind das Alpha und das Omega menschlicher Himmelsstürmerei.

Sie ist eine Flaschenpost

Carl Sagan nannte die Golden Record eine »in den kosmischen Ozean geworfene Flaschenpost«. Und diese Metapher taugt auch für die Himmelsscheibe von Nebra. Sie ist zwar nicht durch den Ozean des Raums, wohl aber durch den der Jahrtausende gereist. Auch sie birgt die Botschaft einer längst versunkenen Kultur. Deshalb verspüren wir eine gewisse Solidarität mit jenen armen Außerirdischen, die sich eines Tages daranmachen müssen herauszufinden, was für eine seltsame Zeitkapsel ihnen da ein galaktischer Zufall mit der Golden Record in die Hände gespielt hat (wenn sie denn überhaupt Hände haben). Sie werden sich dieselben Fragen stellen, wie wir das bei der Himmelsscheibe taten: Was um Himmels willen ist das? Spielt uns da jemand einen Streich? Und wenn das Ding echt sein sollte: Wer hat es gemacht? Warum? Wozu? Was ist seine Botschaft? Und wie sieht die Welt aus, aus der es kommt?

Auch nach der Himmelsscheibe hat keiner gesucht. Wie es sich für eine Flaschenpost gehört, ist einer von uns beiden – Harald Meller – eher zufällig auf sie gestoßen. Nicht bei einem Strandspaziergang, aber doch völlig unvorbereitet auf einem Biedermeiersofa sitzend im Berliner Schloss Charlottenburg – und das auch nur in Gestalt schlechter Fotos. Gemeinsam mit Staatsanwaltschaft und Kriminalpolizei heftete er sich an die Fersen der Raubgräber und Hehler, immer fürchtend, nur einem Phantom nachzujagen. Schließlich stellte sich Meller der Schweizer Polizei als Lockvogel zur Verfügung, um die Scheibe in einer – zumindest für ihn – durchaus dramatischen Polizeiaktion sicherzustellen. Als Archäologe ist man ja in solchen Belangen eher selten undercover im Einsatz.

Die Himmelsscheibe war ebenso unerwartet wie unvorstellbar: Niemand hätte für möglich gehalten, dass etwas Derartiges vor Jahrtausenden in Mitteleuropa existierte. Die Scheibe war ein einziges Fragezeichen. Die Welt, aus der sie stammte, musste erst einmal gefunden werden. Deshalb stieß sie am Anfang auf Widerstände. Zweifel regten sich: War das Ding wirklich echt? Kam es tatsächlich aus Sachsen-Anhalt? Stimmte das Alter von über 3600 Jahren? Der zweite Autor dieses Buchs – Kai Michel – recherchierte damals bereits an einer Geschichte für die Wochenzeitung *Die Zeit*, in der er den Vorwürfen nachging, die Scheibe sei eine Fälschung. Als er zum Ergebnis kam, dass die Vorwürfe haltlos waren, wanderte der Artikel von der Titelseite nach hinten in den Wissenschaftsteil. Seither begleitet Michel die Forschungen rund um die Himmelsscheibe als Wissenschaftsjournalist und Historiker und war bei der Suche nach dem Gold der Himmelsscheibe genauso dabei wie bei der Entdeckung des wohl ersten belegbaren Fürstenmords der Weltgeschichte.

Natürlich haben wir es einfacher als die hypothetischen außerirdischen Scheibendeuter, wenn wir versuchen, unsere Flaschenpost zu entschlüsseln. Immerhin gehören wir derselben Spezies an wie die Schöpfer der Himmelsscheibe. Und die mitteleuropäische Bronzezeit ist keine absolute Unbekannte. Archäologen haben da große Arbeit geleistet, auch wenn davon bisher viel zu wenig ins Bewusstsein der Allgemeinheit gedrungen ist. Trotzdem mochten diese Erkenntnisse nicht recht zu unserem Fund passen; der schien Botschaften aus einer viel komplexeren Kultur zu übermitteln, als man sie bisher für die frühe europäische Bronzezeit für möglich hielt. Also machten wir uns ans Werk. Die Verlockung war riesig, die Ersten zu sein, die diese fast vier Jahrtausende alte Flaschenpost lasen.

Sie ist der Schlüssel zu einer unbekannten Kultur

Deshalb rückten Archäologen, Astronomen und Archäometallurgen, Physiker, Chemiker und Geologen der Himmelsscheibe und ihren Beifunden mit aller Raffinesse zu Leibe. Es wurde alles darangesetzt, dem Fundensemble noch das letzte Geheimnis zu entlocken. Die Himmelsscheibe gehört seitdem zu jenen archäologischen Objekten weltweit, welche die größte Forschungsleistung pro Quadratzentimeter Fläche auf sich vereinen.

Wir wissen mittlerweile bis ins Detail, wie sie hergestellt wurde, welcher Stern als Erstes befestigt wurde, wie viele verschiedene Bronzezeitkünstler an ihr arbeiteten, wie lange sie im Gebrauch war, woher das Kupfer und das Gold stammen und dass sie außerordentliches astronomisches Wissen auf elegante Weise codiert. Die Himmelsscheibe, so viel sei verraten, ist das Produkt einer globalisierten Welt, deren Verbindungen von Stonehenge bis in den Orient reichten.

Kann das denn sein? Um das herauszufinden, startete eine Forschungsoffensive. Archäologen spürten beeindruckende Heiligtümer und den größten Grabhügel Mitteleuropas auf, Anthropologen rekonstruierten aus Skeletten den Gesundheitszustand der Bevölkerung, genetische Analysen enthüllten die Herkunft frühbronzezeitlicher Menschen. Die Himmelsscheibe erwies sich als passender Schlüssel, um das Tor zu einer bisher unbekannten Welt aufzuschließen. Es war, als leuchteten wir mit einer Taschenlampe in die Dunkelheit. Erst erspähten wir nur Schemen, die, als sich die Augen ans Zwielicht gewöhnt hatten, immer deutlicher Gestalt gewannen.

Was wir dort erblickten, werden wir in diesem Buch erstmals zum Panorama einer untergegangenen Kultur zusammenfügen, einem vergessenen Reich mit Fürsten, ja sogar Königen, dem ersten goldenen Zeitalter Europas.

Sie ist der Anfang unserer Welt

Nicht zuletzt ist die Himmelsscheibe auch ein Schlüssel zu unserer eigenen Geschichte. Wir betreiben hier die Archäologie der modernen Gesellschaft. Es ist faszinierend zu beobachten, wie exklusives Wissen eine Gesellschaft entstehen ließ, der wir den Rang des ersten Staates in Mitteleuropa zubilligen werden. Diese Wissensgesellschaft erfand nicht nur die serielle Produktion; sie führte dazu, dass Macht und Reichtum in bisher unbekannten Dimensionen entstanden. Die Folge war ein Auseinanderklaffen von oben und unten, arm und reich – mit auf Dauer fatalen Folgen. Zugleich revolutionierte sie die Glaubenswelt: Ausgegrabene Heiligtümer belegen die Entstehung eines Religionstypus, der fortan die Zeiten dominierte. Und die neuesten Analysen zeigen, dass sich damals sowohl das genetische wie das sprachliche Profil unseres Kontinents formten. Wir alle sind Erben der Welt der Himmelsscheibe.

Wir haben es mit Entwicklungen zu tun, die letzten Endes anders verliefen, als wir das aus den frühen Hochkulturen des Orients kennen. Entwicklungen, welche die Frage aufwerfen, was wir heute als »Wiege der Zivilisation« verstehen sollten. Kein Zweifel, wir haben in der europäischen Bronzezeit nicht die prachtvollen Ruinen und Relikte wie in Ägypten oder Mesopotamien. Eine Nofretete werden wir hier wohl keine finden. Das liegt nicht zuletzt daran, dass das Experiment Staat auf europäischem Boden scheiterte und man für lange Zeit andere Wege einschlug. Aber nicht, weil man, wie allgemein angenommen wird, noch so »primitiv« und »barbarisch« war – die Himmelsscheibe ist der beste Beweis dagegen. Nein, hier waren die Bedingungen andere; hier scheiterte der Versuch, dauerhaft eine Gesellschaft mit gottgleichen Herrschern wie im Orient zu etablieren. Das gesellschaftliche Experiment maßloser sozialer Ungleichheit führte nach einer kurzen, prächtigen Blüte zum Kollaps – und disqualifizierte die Despotie in Europa für sehr lange Zeit.

***

Rätsel, Provokation, Sternstunde, Flaschenpost, Schlüssel zu einer untergegangenen Kultur, Anfang unserer Welt: Das sind mehr als Gründe genug, nicht nur der Himmelsscheibe einen Platz im Gedächtnis der Welt einzuräumen, sondern auch jener Kultur, der wir sie verdanken: dem bisher nur Experten bekannten Aunjetitz.

Was wissen wir nicht alles über Ägypten, die Reiche an Euphrat und Tigris, über Inkas, Mayas und Azteken – eine der verblüffendsten Kulturen unserer eigenen Vergangenheit dagegen ist uns gänzlich unbekannt! Und das, obwohl der Archäologie in der Öffentlichkeit ein größeres Interesse denn je entgegenschlägt. Das zeigt allein der Blick ins tägliche TV-Programm. Erstaunlicherweise aber erfahren wir dort kaum etwas über die tiefe Vergangenheit unseres eigenen Kontinents.

Allenfalls von Kelten und Germanen wird berichtet, über Stonehenge natürlich und Ötzi. Aber wer weiß denn schon, wie die Welt nördlich der Alpen vor gut 4000 Jahren aussah?

Auch die Schulbücher kümmern sich vor allem um die Hochkulturen des Vorderen Orients und im Mittelmeerraum. Die Botschaft scheint klar: Hier im Herzen Europas wird es kaum mehr gegeben haben als primitive Stämme, die, wenn sie sich nicht gerade die Köpfe einschlugen, mühselig ihre Äcker bestellten und das Vieh hüteten. Nicht der Rede wert.

Man muss das verstehen: Die Vorgeschichte Europas führte die längste Zeit ein Aschenputteldasein. Die Forschung hatte mit dem Manko zu kämpfen, ohne schriftliche Quellen auskommen zu müssen. Wo man aber allein auf Knochen, Keramikscherben oder Pfostenlöcher von Häusern angewiesen war, fiel es schwer, packende Geschichten zu erzählen. Auch resultierte das Desinteresse an der eigenen Vergangenheit aus der aus dem 19. Jahrhundert ererbten Geringschätzung schriftloser Kulturen: Geschichtswürdig sei die Zeit vor den Römern ja nicht, hieß es, denn Geschichte sei nur etwas, was allein jenen »Zivilisationen« zugestanden werden dürfe, welche die hohe Kunst des Schreibens entwickelt hatten. Alles andere sei lediglich Vorgeschichte, auf die erst die wahren Meisterleistungen der Menschheit folgten.

Der Umstand, dass die Karte des prähistorischen Europa die längste Zeit aus vielen weißen Flecken bestand, wurde ausgenutzt. Nichts setzte der Fantasie Grenzen. Deshalb waberten in einschlägigen Darstellungen auffallend oft die Nebel, führten Druiden bei Fackelschein Prozessionen an und glitzerte im Mondlicht das Gold auf den Haaren der Jungfrauen, die der Großen Göttin zu Diensten waren. Auch der Missbrauch der Vorgeschichte für die »Blut und Boden«-Ideologie der Nazis gehört in diesen Kontext. Fehlende Fakten sind die beste Basis für krude Theorien.

Aus all diesen Gründen kümmerte man sich wenig um die europäische Vorgeschichte, mitunter verschwieg man sie gleich ganz. Prominentes Beispiel ist eines der erfolgreichsten Archäologiebücher aller Zeiten, C. W. Cerams bis heute immer wieder aufgelegtes *Götter, Gräber und Gelehrte*. Es behandelt die Pyramiden, die Tempeltürme

Babylons und assyrische Paläste im Wüstensand. Die Vorgeschichte Europas aber ist, abgesehen vom alten Griechenland, kein Thema in diesem tatsachenbasierten »Roman der Archäologie«. Selbst Stonehenge gönnt Ceram nur einen halben Satz, und das allein, weil ein Ägyptenforscher sich dort die Sporen als Ausgräber verdient hat.

Das alles hat sich in den letzten Jahren radikal geändert. Der Einsatz naturwissenschaftlicher Methoden revolutionierte die Archäologie. Selbst unscheinbarste Dinge können heute zum Sprechen gebracht werden: Pollen verraten das Klima, Baumringe das Alter, Zahnschmelz gibt Auskunft über die Herkunft der Menschen, Knochen über ihre Ernährung. Genetiker rekonstruieren Verwandtschaftsverhältnisse und spüren uralte Seuchen auf; Isotopenanalysen und Spurenelementmuster erzählen, woher Metalle stammen; und Anthropologen enthüllen an Skelettmaterial prähistorische Gewaltexzesse. Wir sind gar nicht mehr auf die Schrift angewiesen, um unsere Geschichte zu rekonstruieren.

Gerade die molekulargenetischen Forschungen der letzten Jahre veränderten unsere Sicht auf Europa. Fast im Wochenrhythmus erscheinen Untersuchungen jahrtausendealten Erbguts, der sogenannten alten DNA. Sie zeigen, welche Migrationsbewegungen Europa schufen, wann welche Krankheiten wo zum ersten Mal auftauchten, und sie legen unser eigenes genetisches Erbe frei. Wenn man so will, bringen sie wieder Fleisch an die von den Archäologen ausgegrabenen Knochen.

Zugleich wird immer deutlicher, wie verkehrt es ist, beim Blick auf die Menschheitsgeschichte nur jenen relativ kurzen Zeitabschnitt zu begutachten, der von Schriftquellen beleuchtet wird. Mindestens ebenso wichtig sind die restlichen, mehr als 99 Prozent der Menschheitsgeschichte davor. Denn in dieser Zeit, als die Menschen in egalitären Gruppen als Jäger und Sammler herumzogen, entwickelten sich die Verhaltensmuster, psychologischen Prädispositionen und moralischen Intuitionen, die das menschliche Leben bis heute beeinflussen. Wollen wir uns selbst verstehen, müssen wir wissen, woher wir kommen. Dann verstehen wir auch, warum wir uns in der modernen Welt immer wieder mit denselben Problemen herumschlagen. Das macht die Vorgeschichte zur eigentlichen Menschheitsgeschichte. Sie hat uns stärker geprägt als die Ausnahmeerscheinungen in Ägypten oder an Euphrat und Tigris, mögen diese Reiche noch so spektakuläre Zeugnisse ihrer einstigen Pracht hinterlassen haben.

Autoren wie Jared Diamond oder Yuval Noah Harari feiern dank dieser Perspektive auf die Geschichte des *Homo sapiens* große Erfolge. Was sie mit Blick auf die globale Geschichte der Menschheit abhandeln, werden wir am Beispiel unserer europäischen Vergangenheit demonstrieren. Wir erzählen die Vorgeschichte, Pardon, die Geschichte unserer eigenen Welt – zumindest soweit sie in die Welt der Himmelsscheibe führt. Auf diese Weise wird zugleich klar, was für eine entscheidende Wegscheide dieses vermutlich zwischen 1800 und 1750 vor Christus geschaffene und um 1600 im Boden deponierte Wunderwerk markiert; und es zeigt auch, welche Probleme mit dem Beginn der Bronzezeit in die Welt traten, die uns bis heute begleiten.

Dass wir das können, hängt damit zusammen, dass die Himmelsscheibe von Nebra auf beeindruckende Weise von den Möglichkeiten profitierte, die sich durch die naturwissenschaftliche Revolution der Archäologie eröffneten. Außerdem war sie selbst ein Anstoß für eine Forschungsoffensive, an deren Ende wir nun das Bild einer bisher grandios unterschätzten Kultur zeichnen können. Davon handelt dieses Buch.

***

Einer von uns beiden rettete, wie bereits erwähnt, im Jahr 2002 die Himmelsscheibe für die Öffentlichkeit. Seither obliegt ihm, Harald Meller, als Direktor des Landesmuseums für Vorgeschichte in Halle und Landesarchäologe von Sachsen-Anhalt die Restaurierung und Präsentation, vor allem aber auch die Koordination der Erforschung des Jahrhundertfunds und der bronzezeitlichen Welt, der wir ihn zu verdanken haben. Ein internationales Netzwerk von Experten unterschiedlichster Wissenschaftsdisziplinen, das allein zwei Forschungsprojekte der Deutschen Forschungsgemeinschaft involvierte, arbeitete daran – und tut es immer noch. Niemand kann also besser über die Himmelsscheibe von Nebra und ihre außergewöhnliche Kultur Auskunft geben als er.

Dank der immensen Erkenntnisgewinne der letzten Jahre sind wir erstmals in der Lage, allen fehlenden schriftlichen Quellen zum Trotz einen neuen faktenbasierten »Roman der Archäologie« zu schreiben, ohne dass wir dabei auf fantastische Ausschmückungen oder dunkles Geraune angewiesen wären. Wir fühlen uns durchaus ein Stück weit *Götter, Gräber und Gelehrte* verbunden, dessen Erfolg nicht zuletzt in Cerams Überzeugung gründete, dass nichts spannender sei, als die Leser »genau denselben Weg« zu führen, den auch die Wissenschaftler beschritten. Sie werden also bei der Rettung der Scheibe ebenso dabei sein wie bei ihrer Erforschung; sie erleben den Gerichtsprozess mit, in dem es um die Echtheit der Funde ging, gehen auf Goldsuche und nehmen an den Ausgrabungen teil, die das Reich der Himmelsscheibe zutage förderten. Sie werden über dessen Mythen grübeln und zugegen sein, als dramatische Ereignisse, die ganz Europa erschütterten, dazu führten, dass die Himmelsscheibe jene Reise in die Unterwelt antrat, die sie Jahrtausende später in unsere Hände führte.

Keine Frage, der Versuch, das Panorama einer schriftlosen Kultur zu entwerfen, ist ambitioniert. Noch fehlen uns mehr Puzzleteile, als uns lieb ist. Trotzdem lassen sich die bereits entdeckten Stücke zu einem erstaunlich stimmigen Gesamtbild zusammenfügen. Manches ist nur begründete Spekulation, aber das gilt auch für unser Bild von Stonehenge, Ötzi oder Troja. Das Rätseln gehört nun mal zur Archäologie. Wir lassen die Leser jedoch nie im Ungewissen darüber, wo wir spekulieren, und werden alternative Deutungsoptionen aufzeigen. Dafür haben wir Cutting-Edge-Archäologie zu bieten: Vieles erfahren die Leser dieses Buchs als Allererste.

Natürlich wäre es schön, Sagen und Legenden, Epen und Zaubersprüche aus dem Reich der Himmelsscheibe zu besitzen. Was würden wir nicht für einen Homer des Nordens geben, der uns Dinge überlieferte, wie sie in J. R. R. Tolkiens *Der Herr der Ringe* zu lesen sind: »Auf! Auf! Ihr Reiter Théodens! Zu grimmigen Taten: Feuer und Schlachten! Speer wird zerschellen, Schild zersplittern, Schwert-Tag, Blut-Tag, ehe die Sonne steigt! Nun reitet! Reitet! Reitet nach Gondor!« Aber auch so haben wir einiges à la Tolkien zu bieten: Ringe der Macht, weiß leuchtende Hügelgräber, Reiter aus der Steppe, sagenhafte Schwerter. Von Menschenopfern und einem Stonehenge auf deutschem Boden ganz zu schweigen. Willkommen also in Aunjetitz, der Welt der Himmelsscheibe von Nebra, dem mächtigsten Reich, von dem Sie noch nie gehört haben!

Teil 1

Der geschmiedete Himmel

Eines unterscheidet die Himmelsscheibe von Nebra von den meisten anderen Berühmtheiten der Archäologie: Sie ist etwas völlig Unerwartetes. So spektakulär viele Funde auch sein mögen, streng genommen sind die meisten von ihnen keine Überraschung. Als der Ägyptologe Howard Carter 1922 auf den goldfunkelnden Sarkophag des Tutanchamun stieß, war es genau das, wonach er und viele Archäologen vor ihm gesucht hatten: ein ungeplündertes Pharaonengrab. Heinrich Schliemann war fest davon überzeugt, in den Werken Homers genügend Hinweise entdeckt zu haben, um am Hellespont die Ruinen Trojas zu finden. Als er tatsächlich auf sie stieß, war das eine Sensation – für ihn selbst jedoch nur die Bestätigung seiner Erwartungen. Und der Anthropologe Donald Johanson war auf der Suche nach fossilen Überresten unserer menschlichen Vorfahren, als er in einem äthiopischen Wadi das Fragment eines homininen Unterarms fand. Überraschend war da nur, zu welch komplettem Skelett der Knochen gehörte. Abends, während das Ausgrabungsteam den Fund feierte, erklang der Beatles-Song »Lucy in the Sky with Diamonds« und bescherte der Urmenschen-Dame ihren legendären Namen.

Nach der Himmelsscheibe aber hat keiner gesucht. Man hatte nicht einmal die geringste Ahnung, dass etwas in ihrer Art überhaupt existieren konnte. Die Kultur, aus der sie stammte – Aunjetitz –, war nur Experten ein Begriff, und selbst die hätten nicht damit gerechnet, im heutigen Mitteldeutschland auf die bisher früheste Himmelsdarstellung der Welt zu stoßen.

Wäre die Himmelsscheibe in Ägypten ausgegraben worden, hätte man einen kulturellen Kontext gehabt, der ihr Verständnis erleichterte. Dann würden Ägyptologen sie mit der Sternendecke der Unas-Pyramide aus dem Alten Reich vergleichen, wo Sterne rein dekorativ wie auf einer Tapete in Reih und Glied angeordnet sind. Und wären auf die historisch späteren astronomischen Decken eingegangen, wie die berühmte aus der Sarkophaghalle des Pharao Sethos I. Die ist einige Jahrhunderte jünger als die Himmelsscheibe. Auf ihr wimmelt es von mythologischen Wesen jeglicher Couleur. Angesichts der rationalen Darstellung der Himmelsscheibe wären die Ägyptologen dann zu dem Schluss gekommen, dass die Sternenkunde am Nil doch schon viel wissenschaftlicher war, als man das bisher angenommen hatte. Das wäre eine Überraschung gewesen, eine Sensation vielleicht – aber keine Revolution unseres Wissens.

Doch im Fall der Himmelsscheibe von Nebra ist das anders. Immerhin haben wir es mit einer Region zu tun, die noch 2000 Jahre später von den Römern für barbarisch gehalten wurde. Niemand hätte dort, wo nicht einmal die Schrift existierte, nach einer solch astronomischen Meisterleistung gesucht. Während also die meisten Funde in der Archäologie bisheriges Wissen bestätigen, stellte die Himmelsscheibe es auf den Kopf. Wir mussten erst die Kultur aufspüren, die solch ein Wunderwerk erschaffen konnte.

Noch etwas anderes unterscheidet die Himmelsscheibe von normalen archäologischen Funden. Sie war anfangs nur ein dunkles Gerücht, das in der Schatzgräberszene kursierte; es war völlig unklar, wer sie besaß und was mit ihr geschah. Deshalb stand am Anfang auch keine Grabungskampagne, sondern eine Fahndung. Und aus diesem Grund können wir unser Buch nicht mit einer wissenschaftlichen Bestandsaufnahme der Kultur beginnen, aus der sie kommt, sondern müssen mit einem Krimi starten: mit der abenteuerlichen Rettung der Himmelsscheibe aus den Händen der Hehler.

Daran schließt sich eine weitere Besonderheit an. Kaum war sie sichergestellt, musste nach dem gesucht werden, was sonst in der Archäologie immer schon da ist: der Fundort. Nur er konnte die Geschichte der Himmelsscheibe liefern. Deshalb war es unumgänglich, die Raubgräber zu stellen und ihnen das Geständnis abzuringen, wo ihr Metalldetektor angeschlagen hatte. Erst danach war es möglich, die Himmelsscheibe zu erforschen und in jene verborgene Welt vorzudringen, an deren einstigen Glanz noch das Funkeln ihrer Sterne erinnert. Wir betrieben also Archäologie rückwärts.

Jetzt erst konnten sich Wissenschaftler der verschiedensten Disziplinen an die Arbeit machen. Es ist phänomenal, was sie alles an Informationen aus diesem eigentlich doch recht kleinen Objekt herausholten. Auch der Gerichtsprozess um die Himmelsscheibe trug seinen Teil zu ihrer Erforschung bei, wurde doch dort nicht zuletzt um die Frage gerungen, ob sie nicht eine Fälschung sei. Deshalb wurde noch viel mehr investiert, um ihre Echtheit zu prüfen, als das in der Archäologie ohnehin schon der Fall gewesen wäre.

Von alldem handelt der erste Teil unseres Buchs. Wir erkunden prähistorische Sternenwelten, vertiefen uns in die Geheimnisse bronzezeitlicher Metallurgie, entschlüsseln den Sternencode des geschmiedeten Himmels, gehen auf Goldsuche und schrecken bei der Fahndung nach der Herkunft des astronomischen Wissens nicht einmal vor den Dämonenwelten des alten Mesopotamiens zurück. Starten aber werden wir mit jener Geschichte, die einer von uns beiden immer und immer wieder erzählen muss und die ihm seitens der Boulevardpresse den völlig unpassenden Titel des »Indiana Jones von Halle« eintrug. Doch Harald Meller trägt weder Schlapphut noch Peitsche, und seine Suche nach der Himmelsscheibe brachte ihn an einen Ort, den Indiana-Jones-Darsteller Harrison Ford sicherlich als viel zu kurios abgelehnt hätte. Aber auch das kann Archäologie bieten.

I
Archäologie undercover

Wenn Archäologen eines können, dann ist es träumen. Besonders abends am Feuer, nachdem der Tag wieder nur eine Handvoll Scherben eingebracht hat. Je stärker die Knochen schmerzen, umso leidenschaftlicher das Fabulieren. Was man nicht alles endlich einmal finden müsste! Einen Keltenfürsten in einem Grab voller Schätze! Einen Neandertaler mit Faustkeil in der Hand! Warum nicht ein zweites Pompeji? Ötzis Frau wäre auch nicht schlecht, eisgekühlt und taufrisch wie am ersten Tag! Als Archäologe hat man also durchaus ein Faible für Überraschungen. Dass aber die Jagd nach der wichtigsten Entdeckung seines Lebens ausgerechnet auf der Herrentoilette einer Hotelbar enden könnte, hätte Harald Meller sich nicht einmal in seinen wildesten Träumen ausmalen können.

Wenigstens war es die Toilette des Hilton-Hotels in Basel, was die Sache jedoch auch nicht wirklich besser machte. Es war der 23. Februar 2002. Meller war seit knapp einem Jahr Landesarchäologe von Sachsen-Anhalt und Museumsdirektor des Landesmuseums für Vorgeschichte in Halle an der Saale. Fast genauso lange war er einem Fund auf der Spur, der ihm ebenso seltsam wie sensationell anmutete: eine Bronzescheibe, die mit Sonne, Mond und Sternen aus Gold die älteste Himmelsdarstellung der Welt zu sein schien; dazu goldverzierte Schwerter, Beile, Armspiralen und ein Meißel, alles gut 3600 Jahre alt. Heute endlich hatte er die Hehler getroffen, die Scheibe in Händen gehalten – und sich dann in eine ausweglose Situation manövriert.

Meller stand am Waschbecken und wusch sich die Hände. Er hatte sein Handy schon in den letzten Winkel des Raums bugsiert. Kein Empfang, nirgends. Die Hotelbar lag im Kellergeschoss. Wieso hatte ihn die Polizei aus den Augen verloren? Heute früh, in der Staatsanwaltschaft Basel, war bis ins Detail besprochen worden, wie das Treffen mit den Hehlern ablaufen sollte. Verschiedene Szenarien waren durchgespielt worden. Auch Mellers Auftrag als Lockvogel war klar formuliert: »Unternehmen Sie nichts auf eigene Faust! Wir haben Sie stets im Auge!«, hatte ihm der leitende Kriminalkommissär Mario Plachesi eingeschärft, ein ebenso freundlicher wie bestimmter Mann. »Steigen Sie in kein Auto! Die sind mit Ihnen ganz schnell in Frankreich. Dann können wir Ihnen nicht mehr helfen. Sie wären nicht der Erste, den wir aus dem Rhein gefischt hätten!«

Alles war besprochen worden, aber niemand hatte ihm geraten: »Gehen Sie in keine Hotelbar!« Woher hätte er denn wissen sollen, dass sich die Polizei mit einer so einfachen Finte aus dem Konzept bringen lässt? Und jetzt? Endstation Herrenklo?

Die Situation war kurios. Fast am Ziel, und dann ging alles fürchterlich schief. Jeder Versuch, einen Hilferuf abzusetzen, scheiterte am Beton des Basler Untergrunds. Draußen, wenige Meter von der Toilettentür entfernt, saßen die beiden Hehler. Vollkommen unverdächtig sahen sie aus: eine blonde Dame um die 40 und ein grauhaariger Herr, Typ Oberstudienrat, gut 20 Jahre älter als sie. Niemand hätte sich irgendetwas dabei gedacht, wenn er die beiden gesehen hätte, wie sie eben noch mit ihm in der Bar zusammensaßen.

Offiziell hatte man sich getroffen, damit Meller überprüfen sollte, es mit keiner Fälschung zu tun zu haben. Man tat das in Basel, weil die beiden Angst hatten, die deutsche Polizei könnte sie wegen Hehlerei festnehmen. Inoffiziell aber war die ganze Angelegenheit eine Falle. Meller diente der Schweizer Polizei als Lockvogel, damit diese die Hehler verhaften und das archäologische Mysterium in Scheibengestalt sicherstellen konnte.

Doch nun war Meller selbst in die Falle getappt, die Polizei hatte ihn aus den Augen verloren. Wie konnte das passieren? Als er die Frau, ihr Name war Hildegard B., vorhin im Foyer des Hilton getroffen hatte, ging es entgegen der Abmachung weder in eine Bank noch in ein Hotelzimmer, sondern in die holzvertäfelte Kellerbar hinab, die so gut wie leer war. Bloß eine junge Frau war da und ein Herr, der nur ein Bein besaß. Keine Spur von der Polizei. In einer Sitzgruppe saß der angebliche Besitzer des Bronzefunds. Seinen Namen verriet er nicht. Man bestellte Kaffee.

»Sie wissen gar nicht, wie sehr ich mich freue, endlich die Scheibe zu sehen«, war der Museumsdirektor in die Offensive gegangen, als das Gespräch drohte, sich zu lange bei der wegen Schnees recht beschwerlichen Anreise aufzuhalten. »Ich habe alles für die Prüfung dabei.« Er zeigte seinen gelben Werkzeugkoffer. Der Leiter der Restaurierungsabteilung des Museums, Christian-Heinrich Wunderlich, hatte ihn mit hochwissenschaftlich aussehenden Utensilien bestückt, damit sein Direktor auf eindrucksvolle Weise nachweisen konnte, dass es sich um Bronzestücke handelte, ohne dass dabei allzu viel schiefgehen konnte. Echtheit ließ sich mit dem Test keine beweisen; das Prozedere diente in erster Linie dazu, die Hehler in Sicherheit zu wiegen, bis die Polizei einträfe.

Der Mann holte aus einer Tasche ein Paket und wickelte ein grün patiniertes Beil aus der Noppenfolie. »Fangen wir mit diesem hier an.« Meller kramte eine Magnesia-Rinne hervor. Sie fungierte als Feile, mit der er einen hauchzarten Abstrich von der Bronze machte. Darauf tropfte er aus einem Fläschchen 90-prozentige Salpetersäure. »Vorsichtig!«, hatte ihm der Restaurator eingeschärft. Dann wartete er einen Moment und gab aus einem zweiten Fläschchen etwas Natriumsulfit-Lösung hinzu, schließlich noch aus einem dritten Fläschchen das unaussprechliche Toluoldithiol. Sollte Zinn vorhanden sein, würde es sich rot verfärben. »Ein Schwangerschaftstest für Bronze«, hatte Wunderlich gescherzt. Es klappte.

Der namenlose Herr nahm ein Schwert aus der Tasche. Eine hervorragende Arbeit, der Griff war mit einer Goldmanschette verziert. Doch Meller stutzte, er hatte einen Blick in die Tasche geworfen. Da war nichts Großes mehr drin! Sollten die beiden die Bronzescheibe gar nicht mitgebracht haben? War das alles hier umsonst?

Er war verstört; schaute, ob Frau B. eine Tasche dabeihatte, und musste deshalb etwas mit den Chemikalien verkehrt gemacht haben. Jedenfalls scheiterte die Echtheitsprüfung des Schwerts. »Nicht schwanger«, dachte er noch, aber seine Gegenüber hätten das kaum lustig gefunden. Die Stimmung am Tisch trübte sich. Meller war das egal, ihn interessierte nur eins: Wo war die Scheibe? Ein Jahr hatte er darauf gewartet, sie in Händen zu halten. Seine Geduld war zu Ende.

»Entschuldigen Sie«, sagte er, »es kann sein, dass ich die Flüssigkeiten vertauscht habe. Lassen Sie uns die Bronzescheibe testen.«

Der Mann blickte fragend zu seiner Begleiterin – sie nickte. Der grauhaarige Herr sah sich einmal um und schob dann seinen karierten Lehrerpullover hoch. Darunter kamen Handtücher zum Vorschein, die er sich um den Bauch gebunden hatte. Ebenso umständlich wie vorsichtig befreite er sich von ihnen. Ein großes, rundes Stück Bronze kam zum Vorschein. Meller konnte es nicht fassen: Der Mann hatte sich die Himmelsscheibe um den Bauch gebunden!

Meller musste sich einen Moment lang beherrschen, um nicht loszulachen. Doch schon zog die Scheibe seine ganze Aufmerksamkeit auf sich. Bisher kannte er sie ja nur von Fotos; wusste, dass sie groß wie eine Langspielplatte war, von grünem Malachit überwuchert, unter dem golden die Himmelskörper funkelten. Zögerlich reichte der Mann dem Museumsdirektor die Scheibe. Überrascht vom Gewicht musste Meller nachfassen. Auf den Fotos hatte sie leichter, filigraner ausgesehen, als sei sie aus Bronzeblech. Die Scheibe hier war massiv, richtig schwer.

Harald Meller ist später oft gefragt worden, was das für ein Gefühl war, als er die Himmelsscheibe von Nebra zum ersten Mal in den Händen hielt. »Ehrlich gesagt«, antwortet er dann, »war da für große Gefühle keine Zeit. Die Situation schien mir zu ernst, zu viele Dinge stürzten auf mich ein.« Natürlich war er stolz und glücklich, sie endlich gefunden zu haben. Dass es sich um ein einzigartiges archäologisches Stück handelte, konnte er selbst im schummrigen Licht der Hilton-Bar erkennen. »Das war ein ehrfürchtiger Moment, ja. Doch in diesem Augenblick ging es mir vor allem um eins: zu verhindern, dass die Hehler misstrauisch wurden.«

Meller machte sich an den verabredeten Echtheitstest. Nicht dass er Zweifel an der Authentizität gehabt hätte. Die war offensichtlich. An vielen Stellen war die Malachitpatina mit Erde und Sand fest verbacken. Auch die Hacke der Raubgräber hatte sie überdeutlich demoliert, sogar ein Stück Gold war herausgerissen. Doch all das registrierte er nebenbei. Die Situation war zu ernst. Wo blieb die Polizei?

Unter skeptischen Blicken machte sich Meller an die Prüfung der Scheibe. Wieder rieb er mit der Magnesia-Rinne Bronze ab, achtete aber nun penibel auf die korrekte Reihenfolge der Flüssigkeiten. Und siehe da: Die Probe verfärbte sich rot. Selbst der stoische Mann zeigte so etwas wie ein Lächeln. Meller war erleichtert.

Zumindest einen Moment lang, dann machte sich Nervosität breit. Warum kam die Polizei nicht? Er hatte die Scheibe in die Höhe gehalten, um zu signalisieren: »Hier ist sie! Ich habe sie!« Nichts geschah. Meller sah sich vorsichtig um. Nicht einmal ein Kellner war da. Nur der Einbeinige und die junge Frau rührten in ihren Tassen. Dann geschah etwas Unerwartetes. Hildegard B. kramte einen Vertrag aus der Handtasche und reichte ihn Meller. Man wolle gerne die Modalitäten für den Verkauf regeln.

Der Museumsdirektor schaute erstaunt, schüttelte den Kopf. »Das haben wir nicht verabredet. Sie werden verstehen, dass ich hier nichts unterschreiben kann.«

Er hatte keine Ahnung, welche Konsequenzen das hätte, wenn er als Landesarchäologe von Sachsen-Anhalt nun mit den Hehlern einen Kaufvertrag abschloß. Doch verdammt, was sollte er tun, wenn die Polizei nicht käme? Wenn er den Vertrag nicht unterschriebe – würden die beiden die Scheibe wieder um den Bauch binden und verschwinden?

Meller überlegte, ob er sich die Himmelsscheibe nicht einfach schnappen sollte. Er war jünger, sicher auch stärker als der Mann. Frau B. würde ihn ebenso wenig aufhalten können, wenn er mit der Scheibe die Treppe hochrennen würde. Seine Augen fielen auf die Hand des Mannes. Sie ruhte in der Tasche. Und wenn er da drin eine Pistole hatte?

»Gehen Sie nicht das geringste Risiko ein«, hatte die Polizei dem Museumsdirektor eingeschärft, »die mögen noch so harmlos aussehen. Sie wissen nie, wer da seine Finger im Spiel hat.« Die Polizei hatte ihm gehörig Angst eingejagt. »Spielen Sie auf keinen Fall den Helden! Und täuschen Sie sich nicht! Illegaler Kunst- und Antikenhandel sind eine Domäne organisierter Kriminalität. Das geht mit Waffenschmuggel, Drogen- und Menschenhandel einher. Wenn Sie wüssten, was wir hier alles erleben.«

Meller stand der Schweiß auf der Stirn. Wie ging es jetzt weiter? Frau B. suchte nach einem Kugelschreiber. Da wusste Meller, was er zu tun hatte: Wenn die Polizei nicht erschien, holte er sie eben selbst!

»Entschuldigen Sie mich bitte, ich muss mir die Hände waschen. Irgendwie haben mir die Chemikalien die Haut verätzt.«

Und damit war er in die Falle getappt. Er tigerte durch die Herrentoilette, den Blick abwechselnd aufs Handy und auf die Eingangstür gerichtet. Der Mann käme sicher gleich nachsehen, wo der Museumsdirektor Meller so lange bliebe. In was war er da nur hineingeraten?

***

Dabei hätte er ja vorgewarnt sein können. Es hatte schon alles kurios begonnen, als Harald Meller das erste Mal von diesem merkwürdigen Fund erfahren hatte. Vergangenes Jahr war das. Es war der 10. Mai 2001, sein 41. Geburtstag. Er war damals als neuer Landesarchäologe von Sachsen-Anhalt und Direktor des Museums für Vorgeschichte nach Berlin gefahren, um einen Antrittsbesuch bei seinem Berliner Kollegen Wilfried Menghin zu machen. Man kannte sich, die offiziellen Dinge waren schnell erledigt. Menghin, Direktor des Berliner Museums für Vor- und Frühgeschichte, stopfte seine Pfeife und öffnete ein Fenster. Das Büro lag im Seitenflügel des Charlottenburger Schlosses, die Fenster gingen zum Park hinaus. Menghin ging zu seinem Schreibtisch und kehrte mit einem Stapel Fotos zurück. Langsam blätterte er ein Bild nach dem anderen auf den Glastisch. Er schmunzelte dabei so genüsslich, als wäre er ein Pokerspieler, der einen Straight Flush aufdeckte.

Die überbelichteten Fotos zeigten je zwei Schwerter, Beile, Armringe und einen Meißel. Die Stücke waren aus Bronze, erdverdreckt, wie vor Kurzem aus dem Boden geholt. Sie lagen auf grünen und blauen Frotteehandtüchern. Offenbar nicht von Profis geborgen. Dann kamen Fotos, die eine Scheibe aus grün patinierter Bronze zeigten, daneben ein Zollstock. Das Ding maß mehr als 30 Zentimeter im Durchmesser. Meller, auf dem Biedermeiersofa sitzend, nahm seine Brille ab, um die Bilder genauer zu studieren. Unter dem Dreck blitzte es golden. Er erkannte eine Sonne, eine Mondsichel, und die kleinen, über die Scheibe verteilten Punkte schienen Sterne zu sein. Er hatte so etwas noch nie gesehen. Am Rand der Scheibe waren Bögen aus Gold befestigt. Was um Himmels willen war das?

Dann griff sich Meller die Fotos mit den Schwertern. Wunderbar gearbeitete Stücke! In die Klingen waren Verzierungen eingelegt. Züngelte da eine dreiköpfige Schlange? Am Griff prangten Klammern aus Gold. Sie erinnerten an die berühmten Schwerter aus dem Hortfund von Apa in Ungarn. Das waren Prestigeobjekte ihrer Zeit, von Waffenschmieden bis nach Skandinavien kopiert. Bemerkenswert war, dass von Scheibe und Meißel abgesehen die Objekte doppelt vorhanden waren. Solche sogenannten Überausstattungen kannte man aus den prächtigen Fürstengräbern von Leubingen und Helmsdorf. Die stammten aus der frühen Bronzezeit und ihre Grabbeigaben zeichneten sich durch die gleiche Kombination von Gold und Bronze aus.

Wenn also die Stücke zusammengehörten, sollten sie vom Ende der frühen Bronzezeit stammen. Dann datierten sie in die Zeit um 1600 vor Christus. Damals tauchten die ersten Schwerter in Europa auf. Das wäre eine Sensation! Meller kannte keine Darstellung des Himmels, die älter wäre. Vor allem keine, die den Himmel so konkret zeigte.

Menghin begann zu erzählen. Im Herbst 1999 habe ihn ein Mann angerufen, der erklärte, er hätte da etwas äußerst Interessantes. Man traf sich im Café Castello am Spandauer Damm. Ein zweiter, breites Kölsch sprechender Mann war dabei. Die beiden zeigten Menghin Fotos und wollten eine Million Mark für die Stücke.

»Ich war wie elektrisiert! Obwohl der Preis horrend war, hätte ich sofort gekauft. Aber ich durfte nicht.«

»Warum nicht?«

Menghin prüfte seine Pfeife. »Die Männer waren so dumm, mir zu erzählen, wo sie die Scheibe herhatten. Aus einem Bundesland mit Schatzregal!«

Meller lachte. Dass es sich um Raubgräberware handelte, hatte er schon wegen der Frotteehandtücher vermutet. Aber dass die Männer so dreist waren, einem Museumsdirektor freiheraus illegale Ware anzubieten! Denn in Bundesländern mit Schatzregal gehört ein archäologisch bedeutsamer Fund nicht den Findern oder dem Besitzer des Grundstücks, auf dem er gemacht wurde, sondern ist Eigentum des Bundeslandes. Der Scheiben-Fund war also Raubgut. Der Berliner Museumsdirektor hätte sich zum Hehler gemacht, wenn er ihn gekauft hätte.

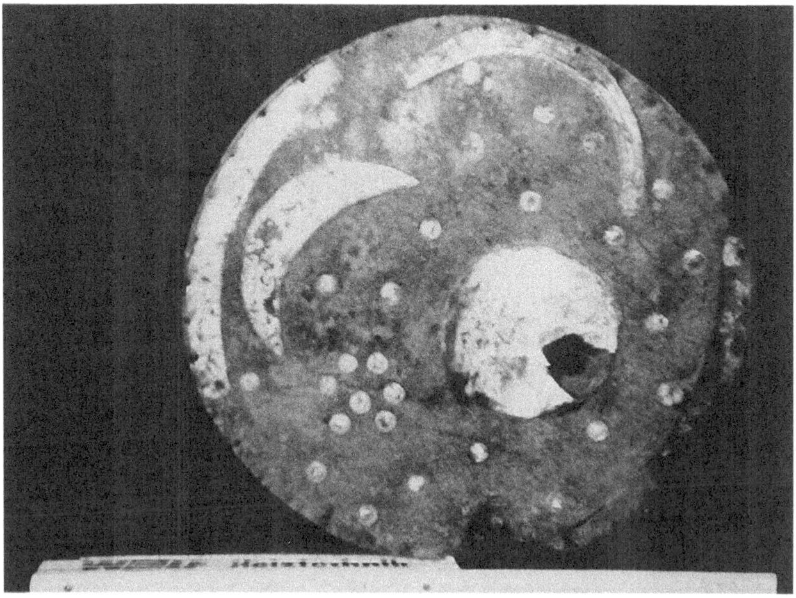

Millionenfund: *Mit diesem Foto bot ein Hehler die von Raubgräbern geborgene Himmelsscheibe Museen zum Kauf an. Deutlich sind die Beschädigungen zu erkennen.*

»Übrigens«, Menghin setzte ein breites Grinsen auf, »was Sie auf den Fotos sehen – das stammt aus Sachsen-Anhalt! Sie sind der zuständige Landesarchäologe. Herr Kollege, diese Scheibe ist Ihre Sache!«

***

So also hatte das mit der Himmelsscheibe begonnen. Und jetzt sollte das hier in Basel enden? Was für eine Geschichte! Vom Biedermeiersofa in Berlins Schloss Charlottenburg in die Herrentoilette der Basler Hilton-Bar. Das nennt man einen tiefen Fall. Meller fluchte. Was sollte er nur tun? Er konnte ja nicht ewig hierbleiben. Die hatten längst Verdacht geschöpft. Und wenn die Polizei recht hatte und die beiden mit der Kunstmafia zu tun hatten? Dann kämen sie jetzt nachschauen! Aber vielleicht war ihnen die Angelegenheit selbst nicht mehr ganz geheuer; vielleicht überlegten sie gerade, zu verschwinden. Dann wäre die ganze Jagd umsonst gewesen. Das durfte nicht passieren! Meller musste zurück in die Bar.

***

Im vergangenen Mai hatte Menghin seinem Kollegen noch berichtet, dass die beiden Männer erzählten, der Fund sei von ehrenamtlichen Ausgräbern in der Nähe des Kyffhäusers gemacht worden, im Wall einer bronzezeitlichen Höhensiedlung bei Sangerhausen. Zunächst hätten sie die Stücke der Archäologischen Staatssammlung in München zum Kauf angeboten – ohne Erfolg. Menghin habe ihnen dann geraten, sich ans zuständige Museum in Halle zu wenden. »Das war noch vor Ihrer Zeit, Herr Meller.« Doch in Halle sei man nicht sonderlich kooperativ gewesen. »Bringen Sie den Fund nur vorbei«, soll ihnen dort angeblich am Telefon gesagt worden sein. »Aber Sie müssen tapfer sein! Wir lassen Sie verhaften!«

Das lag im Mai 2001 über ein Jahr zurück. In der Zwischenzeit hatte sich ein Kunsthändler bei Menghin gemeldet, der Fund mit der Scheibe sei wieder auf dem Markt. Der Händler habe versprochen, sich umzuhören, auch wenn das eine heikle Angelegenheit sei. Der Fund war Raubgräbergut und damit unrechtmäßig in die Hände der jetzigen Besitzer geraten. Ja, sagte der Kunsthändler, er trete auch gar nicht als Händler auf, er sei ja kein Hehler. Er wolle lediglich helfen, den Fund an den rechten Ort zu bringen. Vielleicht fände sich eine Möglichkeit.

Zurück in Halle, sprach Meller mit dem Kultusministerium und dem Landeskriminalamt in Magdeburg. Auch wenn die Echtheit dessen, was jetzt der »Bronzefund von Sangerhausen« genannt wurde, noch nicht definitiv feststand, sprach doch vieles dafür, dass man es mit einem Schlüsselfund für die europäische Vorzeit zu tun haben könnte. Ließ sich die Botschaft der Scheibe entschlüsseln, würde das vielleicht helfen, prähistorische Monumente wie Stonehenge besser zu verstehen, an deren astronomischen Bezügen die Archäologen seit Generationen herumrätselten.

Die Behörden waren rasch überzeugt, dass der Bronzefund für das Land Sachsen-Anhalt gerettet werden musste. Vordergründig sollte geprüft werden, ob nicht eine Institution wie die Kulturstiftung der Länder den Fund erwerben könnte. Im Hintergrund aber würde das Dezernat für verdeckte Ermittlung des Landeskriminalamts die Ermittlungen aufnehmen und in Absprache mit der zuständigen Staatsanwaltschaft den Museumsdirektor bei allen Schritten unterstützen. Das Ziel war klar: den Fund beschlagnahmen und die Besitzerkette von den Hehlern zurück bis zu den Raubgräbern lückenlos aufklären.

Eine Alternative gab es nicht: Einem Ankauf haftete immer der Makel an, illegal erworbenes Gut gekauft zu haben. Schlimmer noch: Der Fund bekam dabei nicht selten eine Alibi-Geschichte verpasst. Das beraubte ihn seines historischen Kontextes und machte ihn für die Forschung wertlos. Der ebenfalls aus der Bronzezeit stammende Berliner Goldhut, den Menghin im Hinterzimmer eines Zürcher Hotels angekauft hatte, war ein Beispiel dafür. Über die Fundumstände ist nichts bekannt. »Aus einer Schweizer Sammlung«, heißt es bloß. Wahrscheinlich aber war er bei Nacht und Nebel in Süddeutschland ausgegraben worden. Seither ist der Goldhut kaum mehr als eine geheimnisvolle Schönheit, die sich in Schweigen hüllt.

Die Suche geriet jedoch bald zum Stochern im Nebel. Die heiße Spur erkaltete, der Kunsthändler ließ nichts mehr von sich hören. Damit war die einzige Verbindung zum Fund abgebrochen. Hatte der Kunsthändler nur geblufft, und sein Kontakt zu den Besitzern war nicht halb so gut, wie behauptet? Oder hatte er kalte Füße bekommen? Schließlich bewegte er sich auf dünnem Eis – immer in Gefahr, als Hehler ins Visier der Polizei zu geraten.

Man tappte im Dunkeln. Es gab keine Hinweise, mit wem man es zu tun hatte. Die Überprüfung der üblichen Verdächtigen – auffällig gewordene Raubgräber etwa – erbrachte nichts. Die einschlägige Szene war schwer zu überschauen. Im ganzen Osten Deutschlands galt das Schatzregal. Sondengänger schreckte das nicht ab. Militariasammler suchten die Orte der großen Kesselschlachten des Zweiten Weltkriegs ab, stets erpicht auf NS-Ehrenzeichen, Helme oder Waffen. Nach der Wende war der Osten zum Eldorado der Schatzjäger geworden. Metalldetektoren waren in der DDR verboten gewesen. Mit dem Fall der Mauer herrschte Goldgräberstimmung. Viele kamen aus dem Westen, besorgten sich Karten, auf denen Bodendenkmäler verzeichnet waren, und zogen los. Auch statteten sie Arbeitslose mit Detektoren aus und drückten ihnen Telefonnummern in die Hand für den Fall, dass sie etwas fanden. Manches Waldstück sah bald wie eine Mondlandschaft aus, Raubgräberkrater an Raubgräberkrater. Während der Polizei vor Ort der eine oder andere Sondengänger ins Netz ging und eine Geldbuße erhielt, agierten die Hintermänner im Westen im Verborgenen und machten mit den Funden den großen Reibach.

Insofern waren der Fantasie keine Grenzen gesetzt, als man sich in Halle ausmalte, wer die Besitzer der Bronzescheibe sein könnten und was sie wohl im Schilde führten. Womöglich war die Scheibe schon längst ins Ausland verkauft und diente einem reichen Sammler als Obstschale auf der Louis-Seize-Kommode. Das war eine Vorstellung, die Meller schlaflose Nächte bereitete.

Es gab noch einen zweiten Gedanken, der ihn quälte: Was, wenn alles nur eine Fälschung war? Wenn er wie Don Quijote Riesen nachjagte, die in Wirklichkeit bloß Windmühlen waren? Träumte er sich vielleicht einen Sensationsfund herbei, der gar keiner war? Andererseits: So dilettantisch und in einem traurig restaurierungsbedürftigen Zustand wurde doch keine aufwendige Fälschung präsentiert, das schreckte jeden Käufer ab. Und überhaupt: Wer würde sich eine so abstruse Fundlegende ausdenken? Aus einem Schatzregal-Land! Damit waren die Stücke praktisch unverkäuflich! Nein, die ganze Geschichte war viel zu idiotisch, um erfunden zu sein. Wenn man etwas fälscht, dann etwas Glaubhaftes. Ein Gemälde von Picasso vielleicht oder eine Dalí-Zeichnung, aber nichts völlig Überraschendes. Oder man macht etwas Hübsches aus Gold, schmiert ein bisschen Lehm dran und stattet es mit einem akzeptablen Fundort wie Bayern aus, da gibt es kein Schatzregal.

Bei Menghin in Berlin meldete sich ein Rechtsanwalt, der behauptete, den Besitzer des Bronzefunds zu vertreten, und nun wissen wollte, ob Menghin die Objekte nicht der Öffentlichkeit in einer wissenschaftlichen Publikation vorstellen wollte. Als Menghin Meller davon erzählte, schmiedeten die beiden Pläne, wie sie dieser Spur nachgehen konnten. Leider war der Polizei die Ermittlungslust der Museumsdirektoren nicht geheuer. Man verfolge die Angelegenheit auf bewährte Weise, ließ das LKA verlautbaren. Die Direktoren waren zum Nichtstun verdammt.

Erst im Januar 2002 tat sich wieder eine heiße Spur auf. Ein Redakteur des Münchener Nachrichtenmagazins *Focus* meldete sich, man habe Fotos vom Schatzfund von Sangerhausen und bäte nun diverse Archäologen um ihre Einschätzung. Ja, der Fund sei noch beisammen, sagte der Redakteur, aber er dürfe seine Quelle nicht nennen. Man habe unter konspirativen Bedingungen Fotos gemacht. Doch die Zeit dränge, es gäbe Interessenten aus den USA. Nein, über die Besitzer könne er wirklich nichts sagen.

Meller war elektrisiert, rief das Kultusministerium an, rief Menghin an. Käme die Bronzescheibe in die Zeitung, adelte die Expertise der befragten Archäologen sie zu einem Jahrhundertfund – und für sensationelle Stücke gibt es immer einen Markt. Der Artikel würde sich nicht verhindern lassen; aber vielleicht könnte man ihn hinauszögern, bis man an die Hintermänner herangekommen war. Wenigstens erteilte die Polizei Menghin nun die Erlaubnis, den Rechtsanwalt, der sich bei ihm gemeldet hatte, zu kontaktieren.

Und das erzielte Wirkung. Zwar behauptete der Anwalt, mit dem ominösen Bronzefund nichts zu tun zu haben, doch eine halbe Stunde später klingelte bei Menghin das Telefon. Eine Frau Hildegard B. war am Apparat. Sie sei Museumspädagogin und im Besitz von Fotos des Schatzes mit der »Sternenscheibe«. Die Stücke befänden sich derzeit in der Schweiz. Ein Privatmann habe sie gekauft, weil er sie für Deutschland retten wollte. Und sie selbst habe einen Roman über die Sternenscheibe geschrieben. Menghin staunte. Sie versprach, sich bei Harald Meller in Halle zu melden.

Das tat Hildegard B. am 12. Februar 2002. Sie erzählte am Telefon, sie sei seit je geschichtsbegeistert und betreibe das Restaurant Historia am Niederrhein. Das sei eine Art Privatmuseum, in dem sich Sammler und Hobbyarchäologen treffen. Schon seit einer ganzen Zeit wisse sie von dem Sternenscheiben-Fund, der sei ja das große Thema in der Szene. Jetzt endlich sei es ihr gelungen, einen Bekannten zu überzeugen, ihn zu kaufen. Dafür habe der Mann 700 000 DM aus seiner Altersvorsorge genommen – ohne dass dessen Frau davon wisse. Ansonsten wäre der Schatz sicher in die USA oder Schweiz verkauft worden. Ihr sei es aber eine Herzensangelegenheit, dass die Scheibe dorthin komme, wo sie hingehöre: ins Museum nach Halle. Nur müsse der Mann sein Geld zurückerhalten, damit seine Familie nicht ruiniert werde. Das müsse Meller unbedingt verstehen.

Sie selbst habe die Scheibe einmal in Händen gehalten – und eine magische Kraft gespürt. Er dürfe sie nicht für verrückt halten, aber sie habe eine Vision erlebt. Für einen Augenblick glaubte sie, sie sei mit der Sternenscheibe schnurstracks in die Bronzezeit zurückgeflogen, auf eine Lichtung mitten im dunklen Wald. Vielleicht komme er einmal zum Essen ins Historia? Dann könne man alles gemeinsam bereden.

Tatsächlich fuhr Meller einige Tage nach dem Anruf ins Historia an den Niederrhein. Nach dem Telefonat hatte er das LKA informiert. Die Polizei stimmte dem Besuch zu, instruierte den Archäologen in Sachen Verhandlungstaktik und stellte ihm einen verdeckten Ermittler an die Seite, den er als Herrn Kaiser, den neuen Verwaltungsleiter des Museums, vorstellen sollte.

Als die beiden in der Nähe von Düsseldorf eintrafen, hatten sie mit vielem gerechnet, nicht aber mit Schröder. Das war der nach dem damals amtierenden Bundeskanzler benannte Yorkshireterrier des anwesenden Rechtsanwalts. Während des Abends sprang der kleine Hund immer wieder auf einen Stuhl, streckte sich, um über den Tisch zu schauen, und legte sein Köpfchen mit den Knopfaugen so schief, als bedenke er jeden geäußerten Satz auf das Genaueste.

Das Gespräch kam schnell auf den Bronzefund von Sangerhausen. Die ursprünglichen Finder hatten 32 000 DM dafür erhalten, erfuhr Meller. Ein erster Zwischenhändler soll dann stolze 270 000 DM Profit gemacht haben. Um den einzigartigen Fund zu retten, habe Frau B. dann einen Bekannten überzeugt, die Stücke zu kaufen. Ihr ginge es gar nicht darum, etwas zu verdienen; sie wolle nur den Fund für die Öffentlichkeit retten und dafür sorgen, dass ihr Bekannter seine 700 000 DM zurückerhalte. Meller müsse verstehen, dass ihr Bekannter besorgt und sehr vorsichtig sei. Er habe eine Heidenangst, alles zu verlieren. Deshalb sei an der Summe auch nicht zu rütteln. Die Sternenscheibe werde nicht billiger, aber auch nicht teurer.

Meller erklärte, dass ein Erwerb der Stücke durch das Land unmöglich sei, dass aber ein Ankauf durch die Kulturstiftung der Länder eine Option sein könnte. Die hatte in den Neunzigern auch den Quedlinburger Domschatz angekauft, obwohl er nach dem Zweiten Weltkrieg illegal in die USA gelangt war. Ein Prozess erschien damals

als eine zu unsichere Angelegenheit, weshalb man sich für den unbürokratischen Weg des Ankaufs über die Kulturstiftung entschied.

Hildegard B. nickte, das wäre doch eine Möglichkeit.

»Dazu ist es aber zwingend notwendig, ihre Echtheit zu prüfen«, entgegnete der Museumsdirektor.

Der Anwalt, der zwar betonte, nur als Freund und nicht als Rechtsberater am Tisch zu sitzen, warf ein, das Land Sachsen-Anhalt könne auf sein Eigentumsrecht verzichten, dann wäre der Fund frei handelbar. Meller winkte ab; Herr Kaiser, der neue Verwaltungsleiter des Museums, schüttelte ebenfalls den Kopf. Hildegard B. brachte daraufhin die Schweiz ins Spiel, wo sich die Scheibe ja ohnehin derzeit befände. Meller könne die Sternenscheibe zum Beispiel in Basel begutachten. Auch wenn der Rechtsanwalt davon abriet, war das der Plan, auf den man sich schließlich einigte. Sollte der Besitzer zustimmen, würde die Echtheitsprüfung in einem Hotelzimmer oder Tresorraum einer Bank in Basel durchgeführt. Schröder bellte zweimal – ob vor Glück oder als Warnung, ließ sich nicht abschließend feststellen.

***

Eine Woche später, am 22. Februar 2002, stieg Meller ins Auto und machte sich auf den Weg in die Schweiz. Am nächsten Morgen fand in aller Herrgottsfrüh die Lagebesprechung in der Staatsanwaltschaft statt. Es handelte sich um eine große Runde der Basler Kantonspolizei, auch drei Kommissare vom LKA aus Magdeburg waren dabei. Die Schweiz hatte das deutsche Rechtshilfegesuch rasch positiv beschieden. Alles lief routiniert ab: Der Kampf gegen illegalen Handel mit Raubgut gehörte zum Alltagsgeschäft in Basel. Fotos von Harald Meller wurden verteilt. »Das ist der Gute«, scherzte der leitende Kriminalkommissär Mario Plachesi, »wir wollen ja nachher nicht den Falschen erschießen!«

Dann, noch in der Staatsanwaltschaft, klingelte Mellers Handy. Hildegard B. war dran. Man wolle sich um elf Uhr im Hilton am Aeschengraben treffen. »Auch wenn Sie uns nicht sehen: Wir sind immer in Ihrer Nähe«, sagte Plachesi zum Abschied, »unternehmen

Sie nichts Unbedachtes!« Der Museumsdirektor machte sich mit dem gelben Köfferchen in der Hand auf den Weg. Kaum war er in der Hotellobby angekommen, zupfte ihn Hildegard B. von hinten am Ärmel. Sie zog ihn zu einer Wendeltreppe, die ins Untergeschoss führte.

»Haben Sie denn kein Zimmer hier?«

Hildegard B. schüttelte den Kopf. Meller war überrascht. Wusste die Polizei davon? Sah sie, dass es die Treppe hinunterging? Schweren Herzens stieg er hinab, wie Orpheus auf dem Weg zu Eurydike in die Unterwelt. Das war sein Fehler gewesen, das wusste er nun. Aber was hätte er anderes tun sollen?

***

»Egal«, dachte Meller in der Toilette der Hilton-Bar und wusch sich zum dritten Mal die Hände, »die Frage ist doch: Was mache ich jetzt? Ich kann mich ja hier nicht ewig verstecken.« Er ging noch einmal die Optionen durch. Den Vertrag unterzeichnen? Nein. Den beiden die Scheibe entreißen ...

Was war das?

Das Handy hatte vibriert.

Sollte ... ja!

Tatsächlich, die SMS war raus!

Das Handy signalisierte Empfang. Doch schon war der Balken wieder weg. Egal! Jetzt wusste die Polizei, wo er steckte. Meller trocknete sich die Hände und ging hinaus.

In der Hotelbar war noch alles wie gehabt: der einbeinige Mann, die junge Frau. Immerhin stand nun ein Kellner hinterm Tresen. Auf dem Tisch lag der Vertrag. »Da sind Sie ja endlich«, sagte Frau B., »wir haben uns schon Sorgen gemacht!« Meller solle doch bitte unterschreiben, es müsse doch alles seine Ordnung haben.

Jetzt musste auf Zeit gespielt werden. Wer konnte wissen, wie lange die Polizei brauchen würde, bis sie hier war. Meller nahm das Papier, begann den Vertrag zu studieren. Plötzlich war da Getümmel, die Bar voller Menschen. So schnell, dass er gar nicht registriert hatte, wo die hergekommen waren. Alle trugen Zivil.

»Polizei, kommen Sie bitte mit!«

Hinter jedem der drei hatten sich kräftige Männer postiert. Auch Meller wurde festgenommen. Immerhin blieben ihm die Handschellen erspart, die man dem grauhaarigen Herrn anlegte. Der wirkte geradezu apathisch, er konnte nicht fassen, wie ihm geschah. Auch Hildegard B. stand der Schock ins Gesicht geschrieben. Sie protestierte, sah den Museumsdirektor bestürzt an. Dann wurden sie abgeführt.

In der Staatsanwaltschaft ließ die Polizei Harald Meller wieder frei. Die Festnahme hatte nur verhindern sollen, dass in der Hektik des Zugriffs der Falsche entkam. Als Meller von seiner Verzweiflung erzählte und fragte, wieso man ihn aus den Augen verloren hatte, blickte er in amüsierte Gesichter.

»Sie hätten sich nicht die geringsten Sorgen machen müssen. Wir haben Sie die ganze Zeit observiert.«

»Wie denn das?«

»Haben Sie denn niemanden gesehen?«

»Doch, einen Einbeinigen und eine junge Frau.«

Kriminalkommissär Plachesi nickte grinsend. »Wir betreiben verdeckte Ermittlungen und keine offenen. Sie befanden sich stets in besten Händen.«

Meller wusste nicht, ob er lachen oder fluchen sollte. Doch da musste er schon ins Nebenzimmer, wo die beschlagnahmten Gegenstände auf einem weißen Resopaltisch lagen – die Himmelsscheibe in der Mitte. Die einzelnen Stücke wurden mit den Fotos des kompletten Funds verglichen. Es waren nicht alle da. Aber das war Meller in diesem Moment egal. Hauptsache, die Scheibe war gerettet!

Die beiden Hehler saßen währenddessen in weiß gekachelten Zellen, mit grüner Plastikmatratze und in den Boden eingelassener Stahltoilette. Der Mann, sein Name war Reinhold S., erwies sich bei der Vernehmung als kooperativ. Er sei Realschullehrer und begeisterter Sammler, gab er zu Protokoll. Der Rest des Funds liege im Keller seines Einfamilienhauses am Niederrhein. Tatsächlich meldeten wenige Stunden später die deutschen Behörden die Sicherstellung der fehlenden Stücke. Am Ende des Tages übergab die Schweizer Polizei die Himmelsscheibe den Kriminalbeamten aus Sachsen-Anhalt, die sie in den Tresor des Landeskriminalamts in Magdeburg brachten. Damit war tatsächlich ein – wenn auch etwas bizarrer – Archäologentraum in Erfüllung gegangen. Zwar hatte Harald Meller die Himmelsscheibe nicht eigenhändig ausgegraben, wohl aber immerhin dabei geholfen, sie aus den Tiefen der Basler Unterwelt für die Öffentlichkeit zu retten.

2
Unter Raubgräbern

»Die Jagd nach den Sternen ist zu Ende« – so lautete der Titel der Pressekonferenz vom 28. Februar 2002 in Magdeburg. Im Blitzlichtgewitter überreichte Innenminister Manfred Püchel dem Kultusminister Gerd Harms die Himmelsscheibe. Püchel lobte die Hilfe der Schweizer Polizei und freute sich, diesen einzigartigen Fund für das Landesmuseum für Vorgeschichte in Halle gerettet zu haben. Zuvor hatten der Archäometallurge Ernst Pernicka und der Restaurator Christian-Heinrich Wunderlich in ihren ersten Analysen keine Hinweise auf eine moderne Herstellung der Scheibe gefunden. Die Presse war begierig, noch das kleinste Detail über die Polizeiaktion in Basel zu erfahren. Alle waren zufrieden. Das Motto der Pressekonferenz hätte aber trotzdem nicht unpassender gewählt werden können. Denn die »Jagd nach den Sternen« begann jetzt erst richtig.

Bereits der erste Blick auf das Bildprogramm der Himmelsscheibe schürte die Erwartungen, dass es äußerst lohnenswert wäre, ihren astronomischen Inhalten auf den Grund zu gehen. Dem Physiker Thomas Richter, EDV-Chef des Landesamts, waren gleich die sieben Sterne aufgefallen, die zwischen der mutmaßlichen Sonne und dem Halbmond eine markante Rosette bildeten: die Plejaden. Auch wenn der auffällige Sternenhaufen im Sternbild Stier eigentlich aus über 1000 Sternen besteht, sind mit bloßem Auge am Nachthimmel nur sechs bis acht, allenfalls zehn Sterne zu erkennen. Es war aber die Sieben, die sich als Plejadenzahl durchsetzte. Viele Kulturen der Welt nutzten das Auftauchen oder Verschwinden des Siebengestirns als himmlisches Kalenderzeichen.

Der Archäologe und Bronzezeitexperte Florian Innerhofer hatte zudem eine Theorie, was die beiden Goldbögen links und rechts am Rand der Scheibe anging, von denen einer nur noch als Abdruck vorhanden war. Er schlug vor, sie als Horizontbögen zu deuten, die den Lauf der Sonne im Jahr wiedergeben. Die Enden der Bögen markierten dann ihre jeweiligen Auf- und Untergänge zur Sommer- und Wintersonnenwende. Solche Ausrichtungen kannte man bereits aus Stonehenge oder dem Hügelgrab von Newgrange in Irland, wo die Sonnenstrahlen zur Zeit der Wintersonnenwende genau in die Grabkammer hineinfielen.

Mochten solche Hinweise auf eine verschlüsselte astronomische Botschaft noch so verheißungsvoll sein, so beschränkt war doch ihre Aussagekraft, solange ungeklärt war, woher die Himmelsscheibe tatsächlich kam. Deshalb hatte die kriminologische Aufklärung des Falls oberste Priorität. Nur so konnte der Himmelsscheibe ihre Geschichte zurückgegeben werden.

***

»Wir werden euch finden!« Mit diesem Satz zitierten die Zeitungen Innenminister Manfred Püchel, der auf der Pressekonferenz Ende Februar den Hehlern und Raubgräbern gedroht hatte, die Polizei werde mit Hochdruck die Kriminalgeschichte der Scheibe aufklären. Allein wer sich freiwillig stelle und bei der Aufklärung helfe, dürfe mit Milde rechnen.

Als die *Bild*-Zeitung von der »unschätzbar wertvollen Sternenkarte« orakelte, meldeten sich Finder gleich im Dutzend und versuchten, ihre Geschichten zu verkaufen. Auch im Museum gingen Bekennerschreiben ein: Man habe die Scheibe im Keller gefunden und auf dem Trödel verkauft, man hätte ja nicht ahnen können, wie bedeutend sie sei – und bitte deshalb um Rückgabe. Doch eine ernst zu nehmende Spur war nicht darunter.

Es sollte bis zum 22. Juli 2002 dauern, bis Staatsanwältin Eva Vogel den Direktor des Landesmuseums für Vorgeschichte anrief: »Herr Meller, ich habe eine Überraschung für Sie. Bei mir sitzt ein Herr Achim S. Er hat ein Geständnis abgelegt und ist bereit, uns zum Fundplatz der Sternenscheibe zu führen. Möchten Sie mitkommen?« Und ob Meller wollte!

Achim S., Mitte 40, war einer der beiden Männer, die den Berliner Museumsdirektor Wilfried Menghin mit schlechten Fotos dazu bewegen wollten, eine Million Mark für das Himmelsscheibenensemble zu zahlen. Er war derjenige mit dem kölnischen Dialekt. 32 000

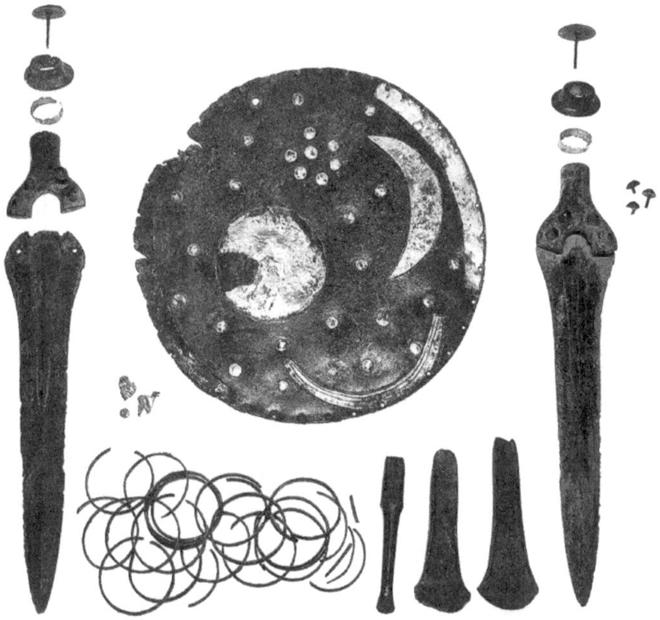

Gerettet: *So sah der Hortfund aus, als er im März 2002 ins Landesmuseum nach Halle kam. Das Nebra-Ensemble umfasst neben der Himmelsscheibe zwei Schwerter mit goldenen Griffmanschetten, zwei Beile, einen Meißel und zwei zerbrochene Armspiralen.*

Mark hatte Achim S. selbst den Findern für deren Schatz bezahlt, wohl wissend, welches Bombengeschäft er damit gemacht hatte.

Mühselig versuchte er dann, die merkwürdige Scheibe zu reinigen. Drei Tage weichte er sie in der Badewanne in Prilwasser ein. Als mit der Zahnbürste allein nichts auszurichten war, griff er zum Schärfsten, was der Putzschrank hergab: Ako Pads. Mit der Stahlwolle schrubbte er die Vorderseite, immer bemüht, das Gold nicht zu sehr zu verkratzen.

Achim S., ein arbeitsloser Kunststoffschlosser, wandte sich zunächst an einen Kunsthändler. Der wollte den Verkauf übernehmen. Doch die Provision, die er dafür verlangte, erschien Achim S. unverschämt hoch. Er beschloss, den Fund auf eigene Faust zu verkaufen. Die Angelegenheit erwies sich jedoch als vertrackt: Sobald die Museen vom Fundort erfuhren, war die Sache erledigt.

Schließlich ging Achim S. zu einem Sammlertreffen ins Historia, wo Hildegard B. den Kontakt zu einem passionierten Sammler herstellte, den man in der Szene »den Lehrer« nannte: Reinhold S. Das war im Frühjahr 2000 gewesen. Mit 250 000 Mark stieg Achim S. in den Verkaufspoker ein, auf 230 000 Mark einigte man sich. Das waren fast 200 000 Mark Gewinn für Achim S.! Den genauen Fundort verheimlichte er aber. Wer weiß, vielleicht gab es da noch mehr zu holen. Stattdessen machte er auf einer Karte ein Kreuz bei Wettelrode, nicht weit von Sangerhausen entfernt. Da gab es eine Wallanlage, das wusste er von anderen Funden.

Alles lief bestens für Achim S., auch wenn er das Geld schnell unter die Leute brachte. Doch dann tauchte zwei Jahre später diese verflixte Scheibe wieder auf – und zwar als »Krimi von Basel«. Alle Zeitungen waren voll davon. Seither hatte der Hehler keine ruhige Minute mehr. Da war die Angst, dass Reinhold S. sein Geld zurückhaben wollte. Doch das war ja weg! Und dann machten ihm die Finder die Hölle heiß. 700 000 DM, so war überall in der Presse zu lesen, hätte Reinhold S. für die Fundstücke zahlen müssen! Und Achim S. hatte sie mit lächerlichen 32 000 Mark abgespeist! Er konnte sogar verstehen, dass die Finder ihm nicht glauben wollten, dass die 700 000 gelogen waren und er ja nur 230 000 Mark kassiert hatte. Schließlich hatte er ihnen selbst damals vorgeschwindelt, er hätte die Stücke für gerade einmal 45 000 Mark weiterverkauft. Aber Geschäft ist nun mal Geschäft, und wenn das Geld weg ist, ist das Geld weg.

Am meisten setzten Achim S. die polizeilichen Ermittlungen zu. »Wir kriegen euch!«, hatte der Innenminister gedroht. Als Achim S. von Bekannten erfuhr, die Polizei habe sich nach ihm erkundigt, fühlte er, wie sich die Schlinge um seinen Hals zuzog. Was sollte er tun? Von einem Rechtsanwalt erhielt er einen einfachen Rat: »Gehen Sie zur Polizei und legen Sie ein Geständnis ab.«

Deshalb saß Achim S. nun in einem Wagen mit der Staatsanwältin. Es ging durch den dunklen Buchenwald des Ziegelrodaer Forsts. Gerade einmal 254 Meter hoch erhob sich der Mittelberg unweit des Städtchens Nebra über die Unstrut. Fast oben auf dem Plateau zeigte Achim S. in der Nähe eines Wegs auf eine noch nicht vernarbte Markierung an einem Baum. Am Boden zeichnete sich eine Mulde ab. Hier hatten Henry W. und Mario R. vor gut drei Jahren ein Loch gebuddelt und begeistert über das, was sie aus der Erde holten, noch am selben Abend ihren Freund Achim S. angerufen.

Doch heute, an diesem 22. Juli 2002, waren Henry W. und Mario R. nicht im Geringsten begeistert, als Achim S. sie anrief, um ihnen zu erzählen, dass er gerade bei der Staatsanwaltschaft in Halle ein Geständnis abgelegt habe und jetzt mit der Staatsanwältin Vogel und dem Museumsdirektor Meller zum Mittelberg fahre. Wie konnte er nur! Er hatte sie verpfiffen, so ein mieser Verräter! Hätte er sie nicht warnen können! Erst hatte Achim S. mit ihrem Fund den großen Reibach gemacht, und jetzt wollte er sich auf ihre Kosten reinwaschen. Was für ein Halunke!

Als im Frühjahr dieses Jahres die Sternenscheibe wiederaufgetaucht war, hatten alle drei beschlossen, sich ruhig zu verhalten. Schon damals waren Henry W. und Mario R. schrecklich wütend gewesen, als sie lasen, für wie viel Geld Achim S. ihren Fund verkauft hatte. Und sie hatte er mit Almosen abgespeist! Der Verrat aber schlug dem Fass endgültig den Boden aus. Henry W. und Mario R. fühlten sich ausgenutzt, belogen, hintergangen. Zugleich hatten sie es satt, dass sich beständig andere im Glanz der Scheibe präsentierten. Die war ihre Entdeckung! Sie waren es, die den großen Fund gemacht hatten, von dem die Zeitungen voll waren. Höchste Zeit, ihren Anteil an Geld, Rummel und Ruhm einzufordern!

Henry W. und Mario R. nahmen sich Anwälte und verlangten als Entdecker der Himmelsscheibe eine Entschädigung. Doch die Gesetzeslage ließ keinen Zweifel. Sie gingen leer aus. Schlimmer noch: Während ihr redseliger, aber geständiger Kumpel Achim S. mit einem Strafbefehl davonkam, sollte jetzt nicht nur den mutmaßlichen Hehlern Hildegard B. und Reinhold S. der Prozess gemacht werden, sondern auch ihnen, den Findern der Himmelsscheibe. Da beschlossen die beiden, dem Rat ihrer Anwälte zu folgen und mit dem Landesmuseum für Vorgeschichte zu reden. Das würde sich positiv auf den Prozess auswirken, hieß es. Außerdem hatten sie ja eine Geschichte zu erzählen.

***

Hätten die beiden Männer beim Seefest in Röblingen am See das eine oder andere Bier weniger getrunken, wäre die Welt vermutlich um eine archäologische Sensation ärmer. Dann wären Henry W., 35, und Mario R., 28, am nächsten Tag, dem 4. Juli 1999, wohl mit ihren Metallsuchsonden nach Teupitz bei Berlin gefahren, ins Eldorado all jener Militariasammler, die es nicht störte, im märkischen Sand auf Knochen zu stoßen. Im Kessel von Halbe waren in den letzten Tagen des Zweiten Weltkriegs über 60 000 Menschen ums Leben gekommen. Doch Militaria waren eine einträgliche Angelegenheit, da war Pietät fehl am Platz.

Aber für einen Sonntagnachmittag war Teupitz viel zu weit weg. So beschlossen sie, mit dem Trabbi von Henry W. in den Ziegelrodaer Forst zu fahren; der lag nur eine halbe Stunde Fahrt entfernt. Und auf der Kreiskarte war auf dem Mittelberg, der sich zwischen Memleben und Nebra bei der Ortschaft Wangen in Sichtweite der Unstrut befand, eine Ringwallanlage eingezeichnet. Dort wollten sie ihr Glück versuchen.

Fernsehdokumentationen über die Himmelsscheibe von Nebra verlegen deren Entdeckung später mit Vorliebe in die Nacht. Da schreien die Käuzchen, der Lichtkegel der Taschenlampe huscht über den Waldboden, die Raubgräber tragen Sturmhauben oder haben zumindest mit Kohle geschwärzte Gesichter. Nichts könnte verkehrter sein. Die Entdeckung der Himmelsscheibe geschah am helllichten Tag.

Die beiden starteten ihre Suche gegen 13 Uhr, sie hatten keine speziellen Erwartungen. Es war ein heißer Sommertag. Zuerst suchten sie einen alten Abschnittswall ab, folgten dann einem Hohlweg bergauf. Der dünne, quirlige Mario R. wie immer vorneweg, der kräftige Henry W. trottete gemütlich hinterher. Die Sonden waren ständig im Einsatz, doch aus ihren Kopfhörern drang kein Pieps, der sie zum Graben animiert hätte. Angesichts der Hitze legten sie bald eine Pause ein, streiften weiter den Buchenwald hinan und machten einen Bogen um eine Rotte Wildschweine, die das Beste tat, was man bei dieser Hitze tun konnte: sich im Schlamm suhlen.

Als sie es fast zum höchsten Punkt des Mittelbergs geschafft hatten, bemerkte Henry W. eine ebene Fläche. Da könnte einmal ein Köhlermeiler gestanden haben. Er beschloss, das Plateau zu inspizieren. Die Sonde schlug Alarm. Und wie! Es schmerzte in den Ohren. Die Meldung »Overload« blinkte auf dem Display.

Das musste gar nichts heißen, wusste Henry W. Zu oft schon war er darauf hereingefallen; zu oft hatte er, vom Sondensignal euphorisiert, mit dem Graben begonnen und war dann doch nur auf Schrott gestoßen. Ofenplatten fanden sich selbst mitten im Wald! Deshalb schob er jetzt erst einmal bedächtig mit dem Fuß das Laub beiseite. Da war nichts Auffälliges, der Boden schien steinhart. Henry W. zog seine Hacke hervor, ein umgeschmiedetes Feuerwehrbeil, und begann, die Erde aufzuhacken.

Als Mario R. registrierte, dass sein Kollege zu graben begonnen hatte, kam er zurück und schaute dem schwitzenden Henry W. zu, wie der sich mit dem harten Boden plagte. »Stopp!«, rief Mario R. plötzlich. »Du hast da was getroffen.« Ja, einen Eimerdeckel! Lag ja nur wenige Zentimeter unter der Erdoberfläche. »Nein, da ist Gold!« Henry W. stoppte das Hacken, lockerte mit dem Beil vorsichtig den Boden; Mario R. kratzte die Erde mit den Fingern weg. Es schien eine Metallscheibe zu sein. Sie stand aufrecht im Boden, aber sie steckte fest, bombenfest. Von hinten gab es kein Herankommen, da war ein großer Stein. Zentimeter um Zentimeter arbeiteten sich die beiden tiefer. Fast zwei Stunden vergingen, bis sie die Scheibe gerade zur Hälfte freigelegt hatten. Was sie da genau ausgruben, wussten sie nicht; es war zu sehr mit Erde verkrustet.

Dann stießen sie auf härteren Widerstand als den ohnehin schon harten Boden. Steine, die vor der Scheibe deponiert waren? Nein, Beile! Zwei Stück. Sie lagen wechselseitig aufeinander, Klinge gegen Klinge. Nach einer Weile zeigte sich: Unter den Beilen war noch mehr. Ein Bronzemeißel. Und der wiederum ruhte auch auf etwas. »Da ist ein Schwert!« Und darunter ein zweites. Die beiden jubelten! Auch die Schwerter waren gegeneinander gekehrt. Die Erde war lehmiger geworden und um die Stücke herum dunkel verfärbt. Hinter einem der Schwertgriffe fanden Mario R. und Henry W. noch zwei Armspiralen, eingebacken in Erde.

Sicher mehr als drei Stunden währte die Buddelei schon, endlich konnten die beiden die Scheibe herausnehmen. Sie war erstaunlich schwer. Am Rand hatte sie Löcher. Verbeult war sie auch. Vermutlich

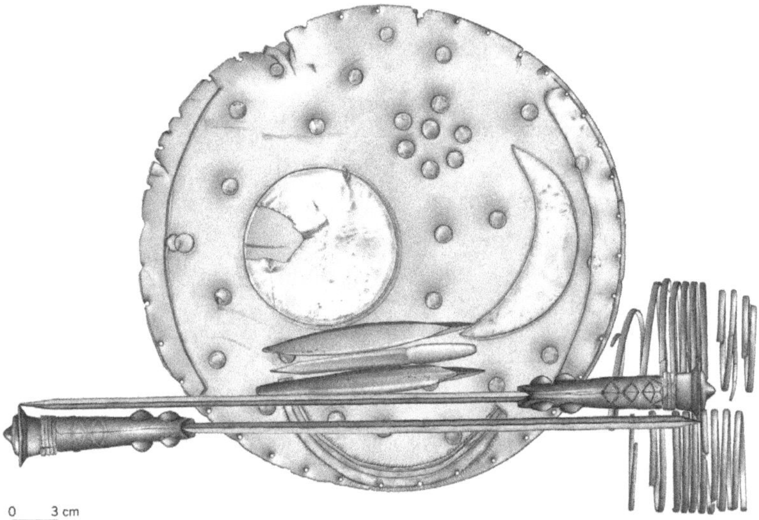

»Da ist Gold!«: *Dicht gepackt ruhten die Gegenstände des Himmelsscheibendepots 3600 Jahre lang in der Erde. Bis an einem Sommertag sie die Hacke der Raubgräber traf.*

hatte das Feuerwehrbeil sie getroffen. Aber was hatten sie da überhaupt ausgegraben? Keinen Eimerdeckel, das war klar. Ein Schild? Zu klein. Etwas von der goldenen Verzierung hatte Henry W. abgeschlagen. Mario R. steckte es in die Hosentasche. Nun aber nichts wie weg hier; nicht dass sie noch jemand erwischte. Sie packten die kleinen Stücke in Gefrierbeutel, die Scheibe in eine Plastiktüte. Die Schwerter mussten sie in den Händen tragen. Ein Griff hatte sich gelöst; der Niet, der ihn an der Klinge fixieren sollte, fehlte. Sie suchten, fanden ihn aber nicht.

Bevor sie das Loch wieder verfüllten, prüften sie noch einmal mit der Sonde, ob sie nichts übersehen hatten. Die machte keinen Pieps mehr. Alles, was sie an Erde und Steinen herausgeholt hatten, schoben sie wieder ins Loch, auch die Mineralwasserflasche warfen sie hinein. Dann traten sie den Boden fest und überdeckten die Stelle mit Laub. Schnell ging es den Berg hinab zu Henry W.s Trabbi – und ab nach Hause. So ein Fund musste gefeiert werden. Außerdem wollten sie Achim S. anrufen, der sollte schon mal das Geld klarmachen!

Tatsächlich ließ Achim S. nicht lange auf sich warten. Bereits am nächsten Tag war er in Röblingen. Seine Freundin hatte ihn fahren müssen, er besaß keinen Führerschein, und das Geld musste sie ihm auch pumpen. Er besah sich die Stücke. Ja, die Reise hatte sich gelohnt. 40 000 Mark wollte Henry W. haben, man einigte sich auf 30 000 für Scheibe und Schwerter, 1000 für Beile, Meißel und Armringe. Und 1000 Mark bekam Mario R. extra, der enttäuscht war, dass Henry W. ihn nur mit zehn Prozent am Fund beteiligte. Dabei suchten die beiden stets auf eigene Rechnung. Dafür verscherbelte Mario R. noch die von der Scheibe abgerissene Goldfolie für 50 Mark an Achim S., ohne dass Henry W. es mitbekam. Den Fundort aber verrieten sie nicht. Wer weiß, was dort noch alles zu finden war.

Wenige Tage später war Achim S. wieder da. Dieses Mal mit der Bahn, seine Freundin hatte sich geweigert, ihn schon wieder durch halb Deutschland zu kutschieren. Der Bronzeniet eines Schwertgriffs fehlte ja noch, der war doch sicher beim Ausgraben verloren gegangen. »Den müssen wir suchen gehen!« Was soll's, sagten sich Henry W. und Mario R., zeigen wir ihm halt den Fundort, und fuhren mit Achim S. auf den Mittelberg, wo sie tatsächlich den fehlenden Schwertniet entdeckten.

Mit der Aussage von Henry W. und Mario R. lag also die Fundgeschichte komplett vor. Fast komplett zumindest. Was nämlich Mario R. verschwiegen hatte: Nachdem die Scheibe im Februar 2002 wiederaufgetaucht war, hatte ihn Achim S. gedrängt, noch einmal zur Fundstelle zu fahren. Die Steine, an denen die Himmelsscheibe gelehnt hatte, würden ihm keine Ruhe lassen. Henry W. und Mario R. hatten bei ihrer Buddelei zwar keine Knochen gefunden, aber wer weiß! Was, wenn es sich doch um ein Grab gehandelt hatte? Dann würden sie womöglich noch wegen Störung der Totenruhe angeklagt. »Wir graben die Steine aus«, sagte Achim S., »rollen sie den Hang hinunter und machen das Loch wieder zu. Dann kann uns keiner was.« Gesagt, getan. Ob Achim S. da schon im Sinn hatte, sich zu stellen? Jedenfalls nutzte er die Gelegenheit, die Fundstelle im Ziegelrodaer Forst mit einer Markierung an einem Baum kenntlich zu machen. Damit er sie wiederfände – man konnte ja nie wissen.

***

Harald Meller stellte noch im Sommer 2002 ein Ausgrabungsteam zusammen, die Forstverwaltung fällte derweil auf dem Plateau des Mittelbergs die Bäume. Ziel war es, das gesamte Terrain zu erkunden, um herauszufinden, was es mit der Wallanlage auf sich hatte, innerhalb derer die Himmelsscheibe gefunden worden war. Könnte das eine Art bronzezeitliche Sternwarte gewesen sein? Oder handelte es sich um eine Befestigungsanlage? Zugleich wurde nach Gräbern, Siedlungsspuren und weiteren Deponierungen Ausschau gehalten.

Das Ziel war es aber auch, die Raubgrabung selbst archäologisch zu belegen. Tatsächlich gelang es, die Schlagspuren nachzuweisen, mit denen Henry W. den Boden umgepflügt hatte – die daraus gewonnenen Negativprofile passten zu dem sichergestellten Feuerwehrbeil. Sogar auf die Scherben jener Wasserflasche stießen die Archäologen, die Henry W. an dem heißen Julitag des Jahres 1999 geleert und dann in der Grube entsorgt hatte. Sie würde noch zu Berühmtheit gelangen. Die Nachgrabung zeigte auch, dass es sich um kein Grab handelte. Die Bronzestücke scheinen als Deponierung, also als mögliche Gabe an die Götter, vergraben worden zu sein.

Damit also war auch die zweite Hauptaufgabe gemeistert: Nach der Sicherstellung war der Himmelsscheibe, den Schwertern, Beilen, dem Meißel und den Armringen ihr Fundort zurückgegeben. Und das war eine Verheißung für die weiteren Forschungen. Denn noch während die Spaten auf dem Mittelberg in den Boden gestoßen wurden, zeigte sich schon: Der Fundort passte bestens zu diesem durchaus himmlischen Fundstück! Nicht nur die Archäologen hatten sich an die Arbeit gemacht, auch die Astronomen folgten längst der Spur der Sterne.

Geschichte ausgraben: *Archäologen untersuchen den Fundort der Himmelsscheibe auf dem Mittelberg bei Nebra. War hier das Zentrum einer bronzezeitlichen Sternwarte?*

3
Die Spur der Sterne

Wenn Geschichte und Gestirne gemeinsam ins Spiel kommen, hat die Archäoastronomie ihren großen Auftritt. Dann ist Vorsicht geboten. So populär sie ist, so berüchtigt ist sie auch. Populär, weil jede ihrer Thesen die Fantasie der Menschen beflügelt, treffen hier doch zwei der großen Menschheitsrätsel aufeinander: die Geheimnisse der unendlichen Weiten des Universums und die Mysterien unserer fernsten Vergangenheit. Berüchtigt, weil sie einen Hang zu abenteuerlichen Spekulationen besitzt.

Man muss das der Archäoastronomie nachsehen: Sie steckt als Wissenschaft noch in den Kinderschuhen. In der Regel sind es Astronomen, die sich auf prähistorisches Terrain wagen – ausgestattet mit dem fantastischen Wissen über kosmologische Konstellationen und begabt mit den raffinierten Rechenkünsten ihrer Zunft. Bloß fehlt es ihnen oft am bodenständigen prähistorischen Know-how.

Es waren Astronomen wie Gerald Hawkins oder Fred Hoyle, die mit Büchern wie *Stonehenge decoded* (1965) oder *From Stonehenge to Modern Cosmology* (1972) ein Massenpublikum begeisterten. Sie deuteten die Megalithanlage im Süden Englands als Computer der Steinzeit, als gigantische Rechenmaschine, die zur Prognose himmlischer Ereignisse wie Sonnenfinsternisse und Mondwenden diente. Überall entdeckten sie Sichtlinien für die Sternpeilung. Dass für solche Interpretationen zuallererst eine sichere Datierung der angeblichen Vorzeit-Observatorien vorliegen musste, kümmerte sie wenig. Dabei veränderte sich schon nach einem Jahrhundert der irdische Blick auf die himmlischen Verhältnisse so sehr, dass die Steinsetzungen nicht mehr recht zur Sternpeilung taugten. Nachjustieren ließen sich die Steinungetüme ja kaum.

Trotzdem wurde in den folgenden Jahrzehnten der Schattenwurf auch noch des kleinsten Menhirs dokumentiert und jede einzelne Achse welcher Pyramide auch immer ins Weltall verlängert. Die Forscher waren zutiefst überzeugt, dass unsere Vorfahren fantastische

Astronomen waren, die über uraltes, heute leider längst verlorenes Wissen verfügten, und unternahmen alles, es den archaischen Bauwerken zu entlocken.

Das war das äußerst fruchtbare Substrat, auf dem seit den Siebzigern des vergangenen Jahrhunderts die New-Age-Mythen blühten und moderne Druiden in Stonehenge Prozessionen zur Sommersonnenwende abhielten. Autoren wie Erich von Däniken brachten Besucher aus dem Weltall ins Spiel. Wer anders als Außerirdische konnte unseren Vorfahren solches Wissen gebracht haben? Waren die Nazca-Linien in Peru nicht die Landebahnen ihrer Raumschiffe? Dienten die extraterrestrischen Astronauten nicht den Menschen als Vorbilder, nach denen diese ihre Götter formten? Und die Pyramiden galten als Kopien jener Apparaturen, mit denen sich die himmlischen Besucher in Kälteschlaf versetzten, um durch die Zeit zu reisen. Die Monumente der Vergangenheit waren demnach nichts anderes als *Erinnerungen an die Zukunft*, wie der – zugegeben geniale – Titel eines Däniken-Bestsellers lautete.

So wirr das heute erscheinen mag: Wir dürfen nicht vergessen, in Sachen Raumfahrt herrschte damals grenzenloser Optimismus. Die Apollo-Missionen hatten Menschen zum Mond gebracht, Pioneer-Raumsonden waren auf dem Weg zu den Planeten Venus, Jupiter und Saturn. Von den Voyager-Missionen über die Grenzen unseres Sonnensystems hinaus haben wir schon in der Einleitung berichtet. Deren Golden Records trugen menschliche Botschaften an mögliche Bewohner des Alls. Da war es doch umgekehrt nicht allzu abwegig anzunehmen, dass die Erde ihrerseits längst von Außerirdischen besucht worden war, die ihre Spuren hinterlassen hatten. Man musste sie nur finden.

***

Dass die Himmelsscheibe von Nebra in dieser Hinsicht Potenzial besaß, hatte sich früh gezeigt. Im Museum trafen Briefe ein, in denen darum gebeten wurde, doch bitte endlich die auf der Scheibe codierte Sternenbotschaft zu verraten. Und war nicht schon Hildegard B. überzeugt gewesen, eine Vision erlebt zu haben, die sie in die Bronzezeit versetzte, als sie die Sternenscheibe das erste Mal in den Händen hielt? »Hilflos bemerkte sie, wie ihr Körper sich in Milliarden winziger Teile auflöste, die wie silbrige Perlen in dem schimmernden Nebel, der sie umgab, versanken«, so beschreibt sie das in ihrem Roman *Die Sternenscheibe.* Geschichte und Gestirne sind ein inspirierendes Gemisch.

Es verwundert daher nicht, dass Harald Meller auf einer Pressekonferenz im Frühjahr 2002 einen liebenswürdigen älteren Herrn mit den Worten vorstellte: »Wir haben uns für die Analyse der astronomischen Inhalte der Himmelsscheibe ganz bewusst den fantasielosesten aller Astronomen ausgesucht.« Schließlich ginge es um gesicherte Erkenntnisse und nicht um stellare Spekulationen.

Da war man bei Wolfhard Schlosser an der richtigen Adresse. Der hatte zwar ein Buch zur Archäoastronomie geschrieben, sich dazu aber die Hilfe des Prähistorikers Jan Cierny als Co-Autor gesichert. Gleich auf den ersten Seiten von *Sterne und Steine* räumen die beiden mit den gängigsten Mythen der Archäoastronomie auf: Stonehenge diente dazu, den Tag der Sommersonnenwende zu bestimmen? Unsinn! »Weder mit Stonehenge noch mit irgendeinem anderen Denkmal lässt sich dieser wichtige Tag im Jahr bestimmen.« Der Grund ist einfach: »Die Sonne ändert um den längsten Tag des Jahres herum kaum ihre Aufgangsrichtung. Während einer vollen Woche geht sie morgens praktisch an der gleichen Stelle des Horizonts auf, sodass der Sonnenwendtag selbst gar nicht festgelegt werden kann.«

Menhire, die berühmten Hinkelsteine, waren Peilmarken für Fixsterne? Von wegen! »Die Fixsterne, die angeblich so bedeutungsvoll entlang der Richtungen megalithischer Steinreihen auf- oder untergingen«, schreiben Schlosser und Cierny, haben dies für eine »Zeit auch genauso gemacht – aber nur rund hundert Jahre lang. Danach stimmte die Richtung nicht mehr, und die oft tonnenschweren Steine hätten für die nachfolgenden Generationen in der Bretagne und anderswo zwecklos herumgestanden.« Schuld daran ist die Präzession: die Taumelbewegung der rotierenden Erde um die Sonne, die langsam, aber sicher zur Perspektivverschiebung auf den Sternenhimmel führt. Und überhaupt: Selbst bei einem Steinkreis mit nur zehn Steinen sind 90 Blickrichtungen in alle Himmelsrichtungen möglich – damit lässt sich so gut wie jede Koinzidenz zwischen Sonne, Mond oder Sternen konstruieren.

Doch das Urteil in Sachen Fantasielosigkeit tut Schlosser unrecht. Zum einen hat der Astronom durchaus eine poetische Ader, man lese nur, was er über die prähistorischen Menschen schreibt: »Der Hirte, der tagsüber mit einem Blick abschätzen konnte, ob in seiner Herde die Zahl der Tiere stimmte, wird nachts sofort gemerkt haben, wenn sich der Herde Sterne einer Konstellation ein Planet hinzugesellt hatte.« Zum anderen aber zeigte sich Schlosser, was die Wahl der Methoden angeht, äußerst kreativ. Wer baut schon ein Planetarium für Seehunde?

***

Wolfhard Schlosser, Jahrgang 1940, Professor für Astronomie an der Ruhr-Universität in Bochum, war Projektleiter der deutschen Spacelab-Mission und ESA-Beauftragter für die Internationale Raumstation (ISS). In jungen Jahren hat er in den Wüsten Südafrikas ein Jahr lang jede Nacht den Sternenhimmel inspiziert, um einen lohnenswerten Teleskopstandort für die Europäische Südsternwarte zu finden. Schlosser gehört zu den Protagonisten, die die Archäoastronomie auf ein solides wissenschaftliches Fundament stellen wollen. In *Sterne und Steine* versuchte er deshalb, »ein zurückhaltendes Bild der gesicherten Kenntnisse« von den frühen astronomischen Fertigkeiten der Menschen zu geben. Den Grundgedanken formulierte er so suggestiv, dass wir ihn in seiner Gänze zitieren möchten. Zumal es auch in unserer Beurteilung der Himmelsscheibe um die Frage gehen wird, welche astronomischen Kompetenzen wir unseren Vorfahren zutrauen:

»Seit der Entstehung des Lebens ist die Sonne mehr als eine Billion Mal auf- und untergegangen, haben Ebbe und Flut an den Küsten der Meere über vier Billionen Mal gewechselt. An die fünfzig Milliarden Mal wurde es Vollmond und dann wieder Neumond; vier Milliarden Mal kamen Frühling, Sommer, Herbst und Winter. Die sich langsam entwickelnden Sinnesorgane waren daher einem streng periodischen und niemals unterbrochenen Reizmuster ausgesetzt. Es kann nicht der geringste Zweifel daran bestehen, dass dieses Auf und Ab, welches das Leben seit seiner frühesten Phase begleitete, die einzelne Zelle bis hin zu ihrer chemischen Feinstruktur geprägt hat. Hier also dürfte die Wurzel der periodischen Vorgänge in der belebten Natur liegen, aller inneren Uhren, vom Schwarmverhalten des Palolowurms bis zum Afrikaflug der Störche. Und ebenso kann vermutet werden, dass die Beschäftigung mit der Astronomie seit den ältesten Zeiten durch den Gleichklang ›der natürlichen Gesetzlichkeit in uns und dem gestirnten Himmel über uns‹ gefördert wurde, wenn man das berühmte Kant-Zitat einmal sinnentsprechend abändert.«

Der himmlische Rhythmus der Gestirne hat sich dem irdischen Leben von Anbeginn an eingeschrieben. Das führte zu solchen Wunderleistungen wie der des von Schlosser bemühten Palolowurms, *Palolo viridis*. Der ist ein entfernter Verwandter unseres Regenwurms, er lebt im Korallenkalk des südlichen Pazifik. Das Schwarmverhalten des Wurms hängt vom Stand der Sonne und des Mondes ab. Ausschlaggebend ist das letzte Mondviertel einen Monat nach der Tagundnachtgleiche im Frühling. »Als Astronom stellt man erstaunt fest«, sagt Schlosser, »dass dieser Wurm schon seit Hunderten von Millionen Jahren unsere Osterfestregel quasi vorweggenommen hat.« Denn die macht das wichtigste Fest des Christentums auf ähnliche Weise vom Auftauchen des Mondes abhängig (beim Osterfest ist es der Frühlingsvollmond). Wie dem Palolowurm das tief im Meer gelingt? Er besitzt ein feines Sensorium, das noch die geringsten Veränderungen der von Sonne und Mond beeinflussten Gezeiten registriert.

Auch die Wüstenameise, *Cataglyphis fortis*, hat es Schlosser angetan. Auf der Suche nach Beute läuft sie Hunderte von Metern im zufälligen Zickzackkurs durch ewig gleiche Sanddünen und kann trotzdem in jedem Moment auf direktem Weg zu ihrem Nest zurückkehren. Der Sonne als Navigationshilfe sei Dank!

Besonders faszinierten Schlosser aber die Seehunde, *Phoca vitulina*. Die schwimmen nachts zehn, zwanzig Kilometer weit ins Meer hinaus, kehren aber zielsicher zur heimischen Sandbank zurück. Um nicht auf bloße Spekulation angewiesen zu sein, ob die Meeressäuger auf himmlische Wegweiser zurückgreifen, baute Schlosser im Kölner Zoo für die beiden Seehunde Malte und Nick ein improvisiertes Planetarium. Tatsächlich gelang es den beiden, nachdem Schlosser sie darauf trainiert hatte, den Sirius am Nachthimmel selbst bei wechselnden Standorten des Sterns zu identifizieren – und zwar mit einer Genauigkeit, die ausreichte, um mit Sirius' Hilfe zur Küste zurückzuschwimmen.

Dass auch der *Homo sapiens* seit jeher ein Auge für die Sterne hat, steht für Schlosser außer Frage. In der finsteren, also von aller Lichtverschmutzung unbehelligten Vorzeit traten die Sterne unseren Vorfahren mit viel größerer Prägnanz entgegen als heute. Während der Jahrzehntausende, die Menschen als Jäger und Sammler durch die Welt streiften, werden sie immer schon die Sterne zur zeitlichen und räumlichen Orientierung genutzt haben. Ethnologische Studien, wie etwa die Analysen der Mythen der australischen Aborigines, liefern zahlreiche Hinweise auf die kalendarische Funktion kosmischer Objekte. Vor allem die Frühaufgänge der Sternbilder, also die erstmalig sichtbaren Aufgänge in der Morgendämmerung nach längerer Unsichtbarkeit, waren ihnen bekannt: Sie galten als himmlische Fingerzeige, dass nun die rechte Zeit gekommen war für das Sammeln von Ameisenpuppen, das Ende der Regenzeit oder den jährlichen Marsch ins Winterlager.

Die Sonne jedoch war für sie als Taktgeber wenig interessant. Diese erhielt beginnend mit der Neolithischen Revolution, dem Sesshaftwerden der Menschen, ihre kalendarische Bedeutung. Denn erst wenn man an einem festen Ort lebt, lassen sich am Horizont Punkte festlegen, wo die Sonne zu bestimmten Terminen des Jahres auf- und untergeht. Mit dem Übergang zu Ackerbau und Viehzucht ist dann auch die Kenntnis der vier Haupthimmelsrichtungen sicher nachweisbar. Da Norden und Süden, Westen und Osten in der Natur nirgends exakt angezeigt werden, mussten sie aus den Sonnenständen abstrahiert werden. »Eine geistige Leistung ersten Ranges«, sagt Schlosser. Wie aber lässt sich das nachweisen? Aus der Vermessung neolithischer Gräber. Über weite Teile der Vorgeschichte war es üblich, die Toten auf eine bestimmte Himmelsrichtung hin zu orientieren: Oft blickten sie der aufgehenden Sonne entgegen. Bei der Auswertung einiger Tausend Gräber Mitteleuropas zeigte sich, dass die Ostrichtung mit staunenswerter Präzision festgelegt worden war.

Wie aber war das möglich? Der Aufgang der Sonne verschiebt

sich ja übers Jahr hinweg. Die Erfindung des Magnetkompasses ließ noch Jahrtausende auf sich warten. Und einen Himmelsnordpol, also einen Stern, der wie heute der Polarstern in der Verlängerung der Erdachse am Himmel steht, gab es damals nicht. Nicht einmal die Südrichtung der Mittagssonne ist hinreichend genau. Benutzt man den Schatten, den ein Stab am Mittag wirft, lässt sich die Himmelsrichtung nur mit einer Genauigkeit von etwa fünf Grad ermitteln. Der Messfehler der Steinzeitgräber aber betrug im Schnitt lediglich drei Grad.

Die Menschen mussten überhaupt erst die abstrakte Vorstellung davon haben, was eine exakte Himmelsrichtung ist. Aus der Erfahrung der auf- und untergehenden Sonne über das Jahr hinweg war das nicht zu gewinnen. Dazu brauchte es eine gewisse Vertrautheit mit einer Reihe astronomischer und geometrischer Grundtatsachen. Eine mögliche Methode, mit der die Himmelsrichtungen auch im Neolithikum recht genau bestimmt werden konnten, ist der Indische Kreis, den Ethnologen nicht nur in Indien, sondern auch an anderen Orten der Welt nachgewiesen haben.

Das Vorgehen ist simpel und zum Ausprobieren empfohlen: Wie bei einer Sonnenuhr steckt man einen Stab senkrecht in den Boden. Dann schlägt man einen Kreis um ihn herum, dessen Radius etwas größer sein muss als die Länge des Schattens, den der Stab am Mittag wirft. Im Lauf eines Tages schneidet die Spitze des Schattens den Kreis zweimal. Einmal vormittags, wenn sich mit der höher steigenden Sonne der Schatten verkürzt; einmal nachmittags, wenn mit der sinkenden Sonne auch der Stabschatten wieder an Länge gewinnt. Verbindet man die beiden Schnittpunkte miteinander, zeigt die Verbindungslinie die Ost-West-Richtung an. Und die Verbindung zwischen der Mitte dieser Linie und dem Fußpunkt des im Boden steckenden Stabes markiert die Nord-Süd-Richtung. Die Genauigkeit des Indischen Kreises liegt bei einem Grad.

Die exakte Ausrichtung der Gräber ist für Schlosser der Beweis, dass in prähistorischen Zeiten bereits gemessen, gezählt und geometrisch konstruiert wurde. Weil sich Schlosser dabei auf eine Vielzahl von Daten stützen kann, ist die Gräberanalyse ein gutes Beispiel, wie er sich eine auf wissenschaftliche Fundamente gestellte Archäoastronomie vorstellt. Massenhaft vorkommende Objekte sind nun mal statistisch aussagekräftiger als singuläre »Renommierdenkmäler« wie Stonehenge. Dort kann alles schlicht dem Zufall geschuldet sein.

Das also war der nüchterne Ansatz, mit dem sich Wolfhard Schlosser der Himmelsscheibe von Nebra annahm. Zu phänomenalen Ergebnissen kam er trotzdem.

***

»Das Ding sieht ja wirklich aus, als hätte es Erich von Däniken eigenhändig vergraben«, war Wolfhard Schlossers erste Reaktion auf die Himmelsscheibe. Zunächst machte sich der Astronomieprofessor an die nüchterne Bestandsaufnahme. Er vermaß alle Objekte genau, um zu erkennen, ob bestimmte Auffälligkeiten Absicht waren oder nur aus einer allzu großen Fehlertoleranz der bronzezeitlichen Schmiede resultierten. Schnell stieß er dabei auf Indizien, die darauf hindeuteten, dass dieser geschmiedete Himmel sehr gut zum Mittelberg passte. Und zwar aus gleich zwei Gründen.

Auch Schlosser interpretierte die beiden Randbögen als Horizontbögen, wie das bereits der Archäologe Florian Innerhofer getan hatte. Zwar war nur noch einer der beiden Bögen vorhanden, sein Gegenstück war aber an den Tauschierrinnen, mit denen das Gold befestigt war, noch deutlich erkennbar. »Hält man die Scheibe horizontal, so bezeichnet der rechte Bogen den Bereich, innerhalb dessen die Sonne während eines Jahres aufgeht«, erklärt der Astronom. Beim vorderen Endpunkt also zur Wintersonnenwende, beim hinteren Endpunkt zur Sommersonnenwende. »Entsprechendes gilt für die linke Seite, sie zeigt die entsprechenden Sonnenuntergänge.« Die Horizontbögen markieren damit nicht nur die Sonnenwenden, sie markieren das Reich der Sonne: »Gold, wohin die Sonne gelangen konnte – kein Gold, wo sie nicht hinkam.«

Verbindet man nun die jeweiligen Bogenenden mit Geraden – und zwar über Kreuz –, ergeben sich links und rechts Winkel mit dem Maß von 82,7 Grad. Die Abweichung ist zu groß, als dass man es für einen missratenen rechten Winkel halten könnte, wie ihn ein Goldschmied wohl benutzt hätte, wären die Bögen bloß zur Dekoration gedacht gewesen. Der Winkel ist also mit Absicht gewählt und belegt die erstaunlichen mathematischen Fähigkeiten der Zeit. Stimmt die Annahme der Funktion als Horizontbögen, lässt sich daraus auf die geografische Breite des Beobachtungsstandorts schließen, für den dieser Winkel galt. Bei Beachtung einer gewissen Fertigungstoleranz ergibt das eine Zone, die je 30 Kilometer nördlich und südlich von Magde-

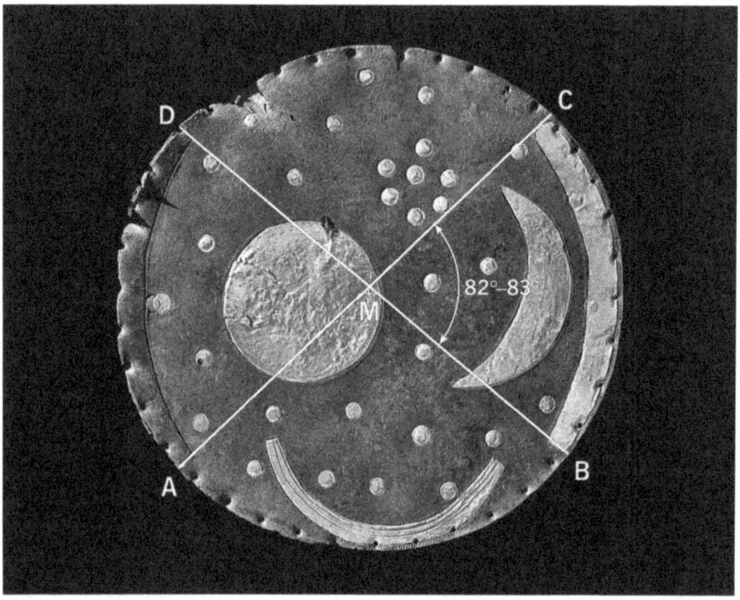

Reich der Sonne: *Die Endpunkte der Horizontbögen links (fehlt) und rechts auf der Himmelsscheibe markieren die Sonnenauf- und -untergänge zur Zeit der Sonnenwenden. Verbindet man diese, lässt sich aus dem Winkel die geografische Breite des Beobachtungsstandorts ermitteln. Die Sonnenbarke am unteren Rand ist eine spätere Zutat.*

burg verläuft. Der Mittelberg, wo die Scheibe vergraben wurde, liegt gut 70 Kilometer südlich davon. Das war also ein erster Beleg dafür, dass die Horizontbögen in Mitteldeutschland angebracht worden sein müssen (wenn auch nicht in Nebra), dass also die Himmelsscheibe keine Importware aus der Welt des Mittelmeers oder des Orients war.

Der zweite Grund, warum Berg und Scheibe gut zueinanderpassten: In der Bronzezeit ist der Mittelberg unbewaldet gewesen. Holz war nicht nur für Hausbau, Heizen und Kochen heiß begehrt, auch die florierende Metall- und Salzproduktion brauchte es in Massen. Den Archäologen zeigt sich die zunehmende Holzknappheit der Vorgeschichte nicht zuletzt daran, dass die für Häuser verwendeten Pfosten durch die Jahrtausende immer dünner wurden: Was mit mächtigen Eichenstämmen begann, endete mit filigranen Holzkonstruktionen. Auch die auf dem Mittelberg gefundenen Grabhügel aus dem späten Neolithikum sprechen für eine kahle Bergkuppe, im Wald hätte man sie nicht anlegen können. Von der Bergkuppe aus gesehen, ging die Sonne in der Zeit der Sommersonnenwende an einem markanten Ort unter: hinter dem Brocken, dem höchsten Berg des Harzes, wo Goethes Faust in Begleitung von Mephisto das Walpurgisnachtfest feierte. Und am 1. Mai selbst, einem Datum, an dem die Kelten ihr Beltaine-Fest begingen, verschwand die Sonne hinter einem weiteren sagenumwobenen Berg: dem Kyffhäuser. Stand man nun auf dem Mittelberg und hielt die Himmelsscheibe horizontal, konnte man den nordwestlichen Rand des linken Horizontbogens mit dem Brocken in Deckung bringen und nordete die Scheibe damit ein. Kurz, der Mittelberg war wie gemacht für die Himmelsscheibe.

Wie sehr die Scheibenkonzeption auf exakten Himmelsbeobachtungen beruhte, zeigt auch der Umstand, dass die Anbringung der Horizontbögen etwas asymmetrisch ist: Der goldfreie Sektor nach unten in Richtung Himmelsbarke ist fünf bis sechs Grad größer als jener oben. »Das ist auch zu erwarten«, erklärt Schlosser, »denn es ist ja der obere Rand der Sonne, dessen Auftauchen oder Verschwinden am Horizont den Sonnenaufgang und den Sonnenuntergang markiert.« Und durch die Brechung der Sonnenstrahlen in der Erdatmosphäre und den Radius der Sonne kommt es dabei zu einer Verschiebung nach Norden, was der leichten Asymmetrie der Horizontbögen entspricht.

Damit steht für den Astronomen fest: Unten auf der Scheibe, wo die Sonnenbarke angebracht ist, liegt Süden. Begreift man das sichelförmige Goldobjekt als den jungen Mond kurz nach Neumond, so wäre Westen auf der Scheibe rechts und Osten links zu verorten. Für einen Astronomen gehört sich das so. »Das mag den Nichtfachmann überraschen«, sagt Schlosser. Der Laie erwartet Osten rechts und Westen links – so wie auf einer Landkarte. »In der Geografie gucken wir aber von oben auf die Erde, in der Astronomie schauen wir von unten gegen den Himmel.« Und deshalb ist bis heute die astronomische Festlegung der Richtungen am Himmel: Westen rechts und Osten links!

***

Weil also die Himmelsscheibe so gut zum Mittelberg passte, erfreute sich die These, dort müsste sich ein bronzezeitliches Himmelsobservatorium befunden haben, zunächst großer Popularität. Die Scheibe war ja innerhalb eines noch deutlich erkennbaren Ringwalls deponiert worden, zwei weitere Wälle schotteten im Nordwesten und im Südosten den Zugang zu dem Bergrücken ab. Das Nachrichtenmagazin *Der Spiegel* schrieb schon von einem »Astro-Tempel«, dessen Betreten nur auserwählten »Sternenpriestern« erlaubt gewesen sei.

Keine ganz abwegige Idee. Nur gut 25 Kilometer vom Mittelberg entfernt gruben Archäologen unter der Leitung François Bertemes' von der Martin-Luther-Universität Halle-Wittenberg in Zusammenarbeit mit dem Landesamt für Archäologie die neolithische Kreisgrabenanlage von Goseck aus – eine Art Stonehenge in Holz. Bei einem Durchmesser von gut 70 Metern war die Anlage fast unglaubliche 7000 Jahre alt (und damit zwei Jahrtausende älter als Stonehenge). Das Südost- und das Südwesttor waren auf den Sonnenauf- und den Sonnenuntergang zur Zeit der Wintersonnenwende ausgerichtet, zwei Unterbrechungen der Holzpalisaden waren auf die Auf- und Untergänge zur Sommersonnenwende hin orientiert – genau das Prinzip, das die Horizontbögen auf der Himmelsscheibe visualisierten. Hinzu kam, dass eine weitere Unterbrechung der Holzpalisaden den 1. Mai markierte, also Walpurgisnacht/Beltaine, wie das auch vom Mittelberg aus die Sichtachse zum Kyffhäuser tat.

Die Parallelen sind erstaunlich. Warum sollte es also nicht über 3000 Jahre später eine Sternwarte auf dem Mittelberg gegeben haben? Leider widerlegten die Ausgrabungen die spektakuläre These: Als die Ringwälle aufgeschüttet wurden, ruhte die Himmelsscheibe schon seit Jahrhunderten in der Erde. Für ein bronzezeitliches Observatorium fanden sich bisher keine Hinweise.

***

Nun sind die Horizontbögen ja tatsächlich nur Marginalien. Randobjekte, überdies solche, die erst später hinzugefügt worden sind und gar nicht zum ursprünglichen Bildprogramm der Scheibe gehörten. Das zeigt die genaue Begutachtung der Himmelsscheibe. Um die Bögen anzubringen, hatte der Schmied zwei Sterne komplett entfernen und einen dritten ein Stück weit nach innen versetzen müssen; die Tauschierrinnen markieren noch immer die ursprünglichen Plätze der Sterne, zwei davon liegen deutlich erkennbar unter dem rechten Horizontbogen.

Später hinzugefügt ist auch das Schiff, die mutmaßliche Sonnenbarke, hineingequetscht zwischen unteren Rand und bestehende Sternenwelt. Tatsächlich ist die feine Fiederung der Barke an einer Stelle so verkürzt, dass sie einem Stern nicht in die Quere kommt. Die Frage, was zuerst da war, Schiff oder Sterne, ist leicht zu beantworten. Ganz klar die Sterne.

Wolfhard Schlosser vermaß jeden einzelnen Stern millimetergenau, um herauszufinden, ob deren Größenunterschiede einem System folgten. Größere Sterne könnten heller leuchtende Sterne anzeigen. Die Statistikanalyse ergab: Fehlanzeige. Dem Himmelsscheibenschmied war es gleich, ob die Sterne in der Größe minimal variierten. Spannender war da, dass ihm etwas anderes ganz und gar nicht egal gewesen war.

Auch Schlosser war überzeugt, es bei den sieben beieinanderstehenden Sternen mit den Plejaden zu tun zu haben, die in vielen Kulturen rund um den Globus erwähnt werden. Deshalb überprüfte der Astronomieprofessor zunächst, ob sich hinter den restlichen 25 Sternen, die ursprünglich auf der Scheibe prangten, noch weitere Sternbilder verbargen. Auch hier: Fehlanzeige – jedoch eine besonders aufschlussreiche. Das Auffälligste an der Verteilung der Sterne war nämlich ihre absolute Unauffälligkeit.

Nicht nur, dass die Sterne sich nicht konkreten Sternbildern zuweisen lassen; wer sie auf der Scheibe verteilt hatte, war ganz offensichtlich darum bemüht, nirgends auch nur für die geringste Anmutung eines Sternbildes zu sorgen. Schlosser, ganz Naturwissenschaftler, prüfte diese Hypothese im Experiment. Er ließ sowohl vom Computer wie von menschlichen Testpersonen 25 Sterne nach dem Zufallsprinzip im Scheibenrund verteilen. Der Computer produzierte dabei immer wieder auffällige Anhäufungen, die zuweilen an reale Sternbilder wie Kassiopeia oder Skorpion erinnerten. Nichts anderes sind ja die Sternbilder am Nachthimmel. »Zufällige Verteilung produziert immer Sternbilder«, sagt Schlosser, »das ist simple Statistik.«

Die Menschen dagegen scheuten im Test davor zurück, Sterne zu dicht beieinander zu platzieren. Sie waren um eine möglichst gleichmäßige Verteilung der Sterne bemüht. Der Meister der Himmelsscheibe, das belegten Schlossers statistische Analysen, hatte sogar auf eine noch ausgewogenere Verteilung geachtet als die Versuchspersonen. Auf der Himmelsscheibe wurde also ein Sternenhimmel gestaltet, in dem absolut nichts anderes zu erkennen sein sollte als die Plejaden. Sie zeigt also den sternbildfreien Sternenhimmel an sich – und rückt damit das Siebengestirn allein in den Vordergrund.

Dass ausgerechnet die Plejaden die Stars der Himmelsscheibe sind, überrascht Schlosser nicht im Geringsten: »Wann immer ich im Planetarium eine Führung für Kinder mache, fällt denen als Erstes die markante Sternengruppe der Plejaden auf.« In Homers *Ilias* schmücken sie den Schild des gewaltigen Achilleus, angefertigt vom Schmiedegott Hephaistos persönlich: »Drauf nun schuf er die Erd', und das wogende Meer, und den Himmel, / Auch den vollen Mond, und die rastlos laufende Sonne; / Drauf auch alle Gestirne, die rings den Himmel umleuchten, / Drauf Plejad' und Hyad', und die große Kraft des Orion.« In der *Odyssee* leiten die Plejaden den Helden übers Meer. Hesiod dann überliefert den Mythos, wie der gewaltige Jäger Orion den sieben Töchtern des Titanen Atlas nachstellte und Zeus die Jungfrauen rettete, indem er sie ans Himmelszelt versetzte, wo Orion in der dunklen Nacht auch heute noch die Plejaden verfolgt.

Auf der Himmelsscheibe nun prangen die Plejaden zwischen zwei Objekten. Die Sichel rechts deutet Schlosser als zunehmenden Mond. Das linke Objekt erinnert zwar an die Sonne, stellt für den Astronomen aber wohl eher den Vollmond dar; die Annahme, dass Tag- und Nachthimmel in einem Bild kombiniert seien, mag Schlosser nicht recht einleuchten. Auch sind die Plejaden nie in der Nähe der Sonne sichtbar, nicht einmal während einer Sonnenfinsternis.

Nun finden sich beide Kombinationen in der frühen Bronzezeit zu markanten Zeiten am Himmel wieder. Um den 10. März waren die Plejaden in Mitteldeutschland das letzte Mal in der Abendröte dort sichtbar, wo auch die junge Mondsichel erschien (auch wenn dies nicht jedes Jahr geschah). Im Herbst bei ihrem ersten Untergang am Morgenhimmel um den 17. Oktober herum konnten sie dagegen oft vom ungefähren Vollmond begleitet werden. Märzsichel und Oktobervollmond jeweils gemeinsam mit Plejaden zeigten also am Himmel den Beginn und das Ende des bäuerlichen Jahres an, die wohl bedeutendsten Termine des bronzezeitlichen Jahres.

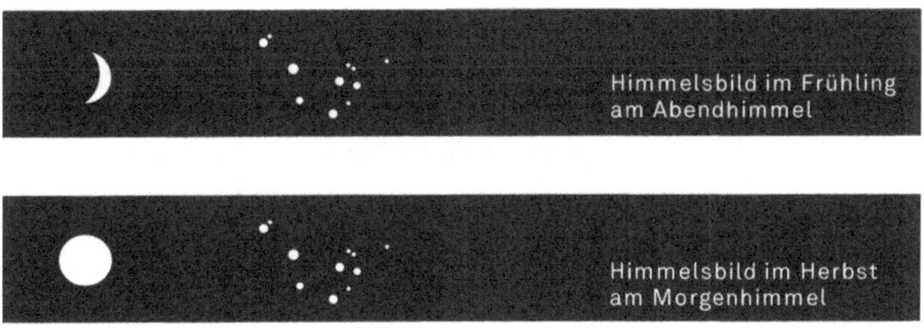

Himmlisches Kalendarium: *Die Plejaden markieren im Wechselspiel mit dem Mond im Frühling und im Herbst Anfang und Ende des bäuerlichen Jahres.*

Die These, dass die Himmelsscheibe als Kalendarium für das bäuerliche Jahr taugte, wird durch eine der ältesten Dichtungen Europas gestützt. In Hesiods um 700 vor Christus entstandenem Lehrgedicht »Werke und Tage« ist der agrarische Bezug der Plejaden eindeutig:

> »Wenn das Gestirn der Pleiaden, der Atlastöchter, emporsteigt,
> Dann beginne die Ernte, doch pflüge, wenn sie hinabgehn;
> Sie sind vierzig Nächte und vierzig Tage beisammen
> Eingehüllt, doch wenn sie wieder im kreisenden Jahre
> Leuchtend erscheinen, erst dann beginne die Sichel zu wetzen.«

Noch bis in die jüngste Vergangenheit wurden die Plejaden als himmlische Taktgeber genutzt. »Standen die Plejaden in der Abendröte«, erklärt Schlosser, »heißt es in einer litauischen Bauernregel: ›Das Siebengestirn in der Röte, der Ochse in der Furche.‹ Die Plejaden gaben also das himmlische Signal, die Frühlingssaat vorzubereiten.«

Ferner könnte auch folgender Sachverhalt noch eine Rolle für das Scheibenprogramm gespielt haben: Bewegt sich der Halbmond oberhalb der Plejaden, so ist eine Woche später eine Mondfinsternis möglich. Läuft er unterhalb entlang, so ist eine Finsternis ausgeschlossen. Damit lassen sich keine Mondfinsternisse vorhersagen, aber für einen bestimmten Zeitraum ausschließen – und das ist durchaus elementar, galten doch Mondfinsternisse als böse Omen.

»Die Himmelsscheibe von Nebra belegt das Interesse der vorzeitlichen Menschen an den Sternen. Weltweit lässt sich aus so früher Zeit nichts Vergleichbares finden«, lautet Schlossers Resümee. »Wir sehen gewissermaßen mit den Augen der bronzezeitlichen Menschen den Himmel, oder genauer das, was ihnen daran wichtig ist.«

Was Schlossers Argumentation schlüssig macht: Alle Elemente, die er auf der Himmelsscheibe identifiziert, gehören zum Standardrepertoire vorzeitlicher Himmelskunde – sie waren schon aus anderen Zusammenhängen bekannt. Auf der Scheibe aber werden sie in einer so eindeutigen Weise gezeigt, wie sie zuvor unbekannt war. Das macht die Himmelsscheibe zum Schlüsselfund der Archäoastronomie. »Rund, wie sie nun mal ist«, avanciert sie für Schlosser somit zur »TÜV-Plakette« für prähistorische Monumente wie Stonehenge und Newgrange.

Am meisten fasziniert den Astronomen die Darstellungsweise: »Nüchtern wie ein Verkehrsschild« sei die Himmelsscheibe, sie ähnele eher den Piktogrammen auf einem Flughafen als den mythologischen Sternbildern der Antike: »Hier zieht kein Pferd die Sonne, keine mythische Gestalt verkörpert den Mond. Ebenso sind die Plejaden nur eine Gruppe von sieben Goldplättchen – von den ›atlasgeborenen Töchtern‹ des Hesiod keine Spur. Die Himmelsscheibe ist durch und durch rational.« In ihrer poesielosen Schnörkellosigkeit, sagt Schlosser, spreche sie deshalb wohl eher einen modernen Astronomen an als dessen antike Kollegen.

***

Aber einen Schnörkel hat die Himmelsscheibe von Nebra dann doch: den Bogen am unteren Rand. Das von den Archäologen für ein Schiff gehaltene Objekt wird im Inneren von zwei Linien in drei Teile geteilt, außen umlaufen es feine Querstriche, eine Fiederung. So, wie der Bogen in das Bildprogramm hineingezwängt ist, handelt es sich deutlich um eine spätere Zutat.

Doch vermutlich um keine astronomische. Allenfalls eine einzige Option mag Wolfhard Schlosser in den Sinn kommen. Hält man die Scheibe so, dass der ominöse Bogen oben ist, könnte dieser als Milchstraße – oder zumindest als ein Teil von ihr – gedeutet werden. Die Milchstraße liegt tatsächlich oberhalb von Plejaden und Mondbahn und besitzt dort eine auffällige bogenartige Partie.

Zwar erhielt Schlosser viele Zuschriften, die den Bogen als Regenbogen deuten – die drei Streifen sollten dann die Farbfolge Rot, Grün, Blau symbolisieren –, doch Schlosser mag daran nicht glauben. »Ein farbiger Regenbogen und der Sternenhimmel schließen sich aus.« Zwar gäbe es auch nächtliche Mondregenbögen, die aber sind stets farblos.

Also bleiben nur zwei offensichtliche Deutungen: Der Bogen könnte eine Sichel darstellen oder, wahrscheinlicher, ein Schiff. Im letzteren Fall wären die Längsrillen dann die Schiffsplanken, die Fiederung könnten Ruder sein. Entsprechende Darstellungen sind schon aus dem 3. Jahrtausend vor Christus aus der Ägäis bekannt. Sie zeigen stark gebogene Schiffskörper mit kurzen Strichen nach oben und unten, die Ruder andeuten.

Die Idee des Sonnentransports per Schiff bildet eine der zentralen Vorstellungen des alten Ägyptens. Der Sonnengott Re reist in seiner Sonnenbarke über den Himmel, jeden Abend steigt er in die Nachtbarke um, mit der er dann – sich des Angriffs durch die Apophis-Schlange erwehrend – durchs Totenreich zum Ort des Sonnenaufgangs zurückkehrt, wo er jeden Morgen wieder die Sonnenbarke besteigt.

Ab etwa 1600 vor Christus, als auch in Skandinavien die Bronzezeit anbrach, tauchen dort zahlreiche Schiffsdarstellungen auf Felsbildern und Bronzeobjekten auf. Archäologen deuten sie als Zeichen einer neuen religiösen Idee. Der dänische Archäologe Flemming Kaul glaubt, aus den Darstellungen auf Rasiermessern der Spätbronzezeit den nordischen Mythos der Tag- und Nachtreise der Sonne rekonstruieren zu können. Dabei wird die Sonne von einzelnen Tieren, Fischen, Pferden oder Schlangen begleitet. Sie scheinen die Sonne zu eskortieren und laden sie vom Tag- auf das Nachtschiff um. Auch einige der mehr als 100 goldenen Miniaturschiffchen aus dem dänischen Nors tragen Verzierungen aus konzentrischen Kreisen, die als Sonnensymbole interpretiert werden.

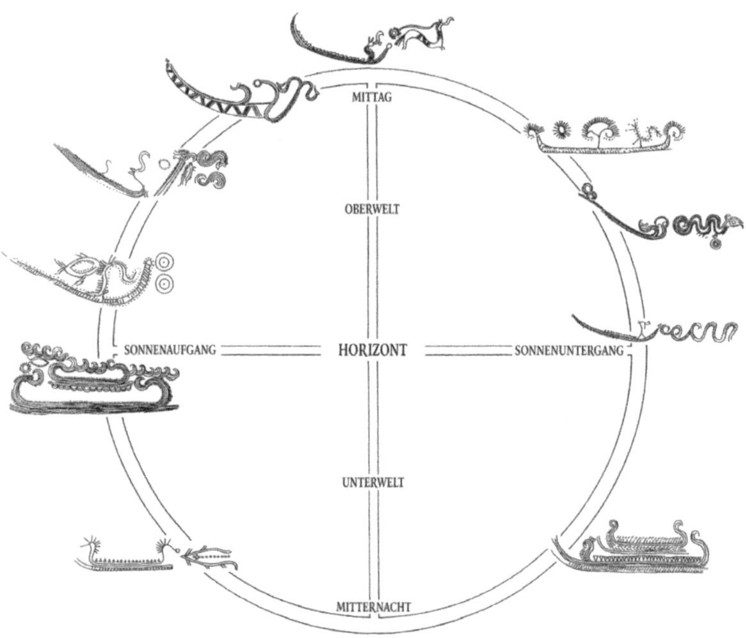

Nordische Sonnenreise: *Der dänische Archäologe Flemming Kaul hat aus auf Rasiermessern der nordischen Bronzezeit platzierten Abbildungen den Mythos von der Tag-und-Nacht-Reise der Sonne (kleiner Kreis mit Strahlen) rekonstruiert. Bei ihrem Lauf wird sie von Fischen, Pferden oder Schlangen begleitet. Ob in der Ober- oder Unterwelt: Das Schiff stellt das wichtigste Transportmittel der Sonne dar.*

Ob es eine Verbindung zwischen Nil, Nebra und dem Norden gab? Immerhin schlängelt sich auch auf einem jener mit der Himmelsscheibe deponierten Schwerter eine dreiköpfige Schlange. Archäologische Funde, die eine direkte Motivreise untermauern, fehlen bisher weitgehend. Zumindest das lässt sich sagen: Handelt es sich auf der Himmelsscheibe um eine Sonnenbarke, haben wir es mit dem frühesten Auftauchen des Motivs in Mitteleuropa zu tun. Sie wäre damit ein Vorbote einer neuen religiösen Idee, die in den folgenden Jahrhunderten die Glaubenswelt Europas dominieren sollte. Bemerkenswert auch, mit ihr kommt das erste eindeutig nicht astronomische Element auf die Scheibe. Hatte diese damit ihren Charakter geändert und war vom astronomischen Instrument zum Kultobjekt geworden?

***

In jedem Fall, davon sind wir überzeugt, gewährt uns die Himmelsscheibe einzigartige Einblicke in die gut 4000 Jahre alte Vorstellungswelt des alten Europa. Sie fand sich aufrecht stehend im Boden vergraben. Die Spuren des Hammers, der den oberen Scheibenrand demolierte, und das Geständnis der Raubgräber belegen das. Demnach war das Schiff unten auf die Scheibe appliziert worden. Folgt man Schlossers Erkenntnissen, dass sich dort Süden befindet und Ost und West wie auf modernen astronomischen Karten vertauscht dargestellt sind, lässt das eine verlockende Annahme zu: Die Himmelsscheibe präsentiert jenen Blick, der sich einem bietet, wenn man in einer klaren Nacht auf dem Rücken liegend den Sternenhimmel betrachtet. Die Horizontbögen finden sich tatsächlich am Rand des Himmels, sind also dort, wo Erde und Himmel sich zu berühren scheinen (nur ist eben jetzt links Osten und rechts Westen). Und das Schiff pendelt zwischen Sonnenuntergang und Sonnenaufgang über den südlichen Himmelsozean. Der Bug links ragt tatsächlich stärker aus dem Wasser. Zeigt das nicht, wie das Schiff gen Osten durch die Wellen pflügt, um die Sonne durch die Nacht zu ihrem Ort des Morgenaufgangs zu bringen? Dann könnte der Schmied das Schiff vielleicht sogar absichtlich so dicht an einen Stern gedrängt haben, dass es aussieht, als reise dieser als Miniatursonne im Schiffsheck unter den Sternen der Nacht dem nächsten Morgen entgegen.

Treffen diese Annahmen zu, zeigt uns die Himmelsscheibe eine sphärische Himmelsprojektion. Damit hätten sich die bronzezeitlichen Menschen Mitteleuropas bereits vor über 3600 Jahren den

Himmel als eine Kuppel vorgestellt, der die Erde überwölbt – so, wie wir das von den Ägyptern, von Thales von Milet oder aus der Bibel kennen. Die Himmelsscheibe gewährt uns damit zum ersten Mal einen Einblick in das komplexe Weltbild vorgeschichtlicher Kulturen. Ein ganzer Kosmos verbirgt sich auf ihr!

***

Mitunter wird der Glaube an die Macht der Sterne als die älteste Religion der Welt bezeichnet. Auf jeden Fall ist er der hartnäckigste, warum sonst wären die Zeitschriften heute noch voller Horoskope? Und sicher ist das einer der Gründe, warum die Himmelsscheibe auf viele Menschen eine geradezu magische Anziehung ausübt: Sie ist ein in Bronze geschmiedetes Sternenorakel.

Manchem scheint die Macht der Himmelsscheibe sogar den Verstand zu vernebeln. Einmal lauerte im Museum ein kleiner Mann Harald Meller auf, sprang ihn von hinten an und schrie, er sei Neburo, der Gott der Himmelsscheibe! Kaum hatte Meller ihn abgeschüttelt, war der Gott Neburo schon wieder verschwunden. Was für eine Epiphanie!

Die Plejadier erwiesen sich als beharrlicher: Sie schrieben dem Museum eine Reihe von Briefen. Der Weltuntergang stünde bevor, und nur 40 Menschen seien auserkoren, dem Inferno zu entgehen. Sie seien 39 und davon überzeugt, dass der Direktor die Himmelsscheibe nicht zufällig gefunden habe. Er solle ihnen die Botschaft der Scheibe überbringen, dafür werde er dann als 40. gerettet. Als Meller ihnen antwortete, in dieser überaus wichtigen Angelegenheit leider beim besten Willen nicht behilflich sein zu können, wandten sich die Plejadier an die Königin von Schweden, vergaßen aber nicht, dem Museum eine Kopie ihres Schreibens zu schicken.

Die Idee, dass es sich bei der Himmelsscheibe von Nebra um eine Zeitmaschine handelt, taucht mit so großer Regelmäßigkeit auf, dass längst jeder Beteiligte eine Antwort darauf parat hat. Da Meller ja nicht nur Museumsdirektor ist, sondern auch der Leiter des Landesdenkmalamts von Sachsen-Anhalt, erwidert er auf entsprechende Hinweise: »Selbstverständlich würde ich gerne die Himmelsscheiben-

Zeitmaschine ausprobieren. Aber bei einer Zeitreise verschwindet auch die Himmelsscheibe – und das verbietet leider das Denkmalschutzgesetz.«

Wolfhard Schlosser, bekannt für seine Lakonie, antwortet in solchen Fällen: »Über Ihre Zeitmaschinen-Hypothese sollten wir uns unbedingt ausführlich unterhalten. Rufen Sie mich doch gestern wieder an.«

4
Vor Gericht

Dass die Entscheidung über Sein oder Nichtsein einer archäologischen Sensation in den Händen von Juristen liegt, ist ein wohl vorbildloser Umstand. Normalerweise stellen die Wissenschaftler sicher, dass es sich bei einem geborgenen oder angekauften Objekt um keine Fälschung handelt, und versuchen ihm möglichst viele Geheimnisse zu entlocken, um es guten Gewissens der Öffentlichkeit zu präsentieren. Die Himmelsscheibe von Nebra sah sich dagegen einem massiv erhöhten Forschungsdruck ausgesetzt: Sie war Gegenstand eines Gerichtsprozesses, in dem so ziemlich alles an ihr infrage gestellt wurde.

Zwar brauchte das Amtsgericht Naumburg im September 2003 nur vier Prozesstage, um die Raubgräber und Hehler zu verurteilen, doch da Hildegard B. und Reinhold S. in Berufung gingen und nichts unversucht ließen, einen Freispruch zu erreichen, währte das zweite Verfahren vor dem Landgericht Halle epische 33 Verhandlungstage. Vom 1. September 2004 bis zur Urteilsverkündigung am 26. September 2005 avancierte der Prozess zum Aufmarsch der Experten und zum Medienspektakel.

Die Verteidigung der Hehler schoss sich regelrecht auf die Himmelsscheibe ein. Da Hehlerei nur nach einer geeigneten Vortat geahndet werden kann, muss die Vortat auch zweifelsfrei feststehen. Deshalb kam der Frage nach der Echtheit des Funds und des Fundorts vor Gericht zentrale Bedeutung zu. War die Scheibe nicht echt oder zumindest kein bedeutender historischer Fund, war die Anklage hinfällig. Dazu reichte die Existenz erheblicher Zweifel. Vor Gericht gilt schließlich: *in dubio pro reo.* Im Zweifel für die Angeklagten bedeutete aber in diesem Fall: im Zweifel gegen die Himmelsscheibe.

Da zur selben Zeit auch das Forschungsprojekt der Deutschen Forschungsgemeinschaft »Der Aufbruch zu neuen Horizonten« seine Arbeit aufnahm, das sich der Himmelsscheibe und ihrem Umfeld widmete, war sie auf gutem Weg, zu einem der vermutlich besterforschten archäologischen Objekte der Welt zu werden.

***

Im ersten Prozess vor dem Amtsgericht Naumburg war die Strafsache gegen die Raubgräber und Hehler der Himmelsscheibe von Nebra flott über die Bühne gegangen. Der Hehler Achim S., der mit seinem Geständnis die Archäologen auf die Nebra-Fährte gebracht hatte, war bereits im Vorfeld erstaunlich glimpflich davongekommen – er war im Strafbefehlsweg lediglich unter Vorbehalt einer Geldstrafe wegen Hehlerei verwarnt worden. Die Finder Henry W. und Mario R. erhielten dagegen wegen Fundunterschlagung und Hehlerei Bewährungsstrafen in Höhe von vier und neun Monaten, ihr Geständnis in letzter Minute hatte das Gericht ein wenig milde gestimmt.

Der letzte Besitzer der Scheibe, Reinhold S., und seine Vertraute Hildegard B. wurden wegen Hehlerei beziehungsweise Absatzhilfe verurteilt: Er zu einer Freiheitsstrafe von sechs Monaten, sie zu einem Jahr, beide Strafen waren zur Bewährung ausgesetzt. Für den Richter stand die Bereicherungsabsicht außer Frage: Sie hatten den Fund für 230 000 DM erworben und ihn dann für 700 000 DM dem Landesarchäologen Meller angeboten. Reinhold S. und Hildegard B. jedoch akzeptierten das Urteil nicht: Sie hatten die Scheibe retten wollen, und es sei doch höchst ungerecht, dass mit dem ersten Hehler Achim S. so milde umgegangen worden sei, obwohl der sogar die 230 000 DM behalten hatte. Sie legten Berufung gegen das Urteil ein.

Was sich in der Stadt an der Saale in den kommenden Monaten abspielte, erinnerte an Dr. Jekyll und Mr. Hyde. Während an die 300 000 Menschen ins Landesmuseum für Vorgeschichte pilgerten, um die Himmelsscheibe als Star der großen Ausstellung »Der geschmiedete Himmel« zu sehen, wurde in gerade zwei Kilometern Entfernung nichts unversucht gelassen, ihre dunkle Seite zu enthüllen. Eine Fälschung sei sie, heimlich auf dem Mittelberg verscharrt. Ihre Patina sei nicht das Werk der Jahrtausende, sondern böswilliger Manipulation. Eine archäologische Sensation? Von wegen, nichts als plumper Betrug.

Das war insofern eine erstaunliche Wendung, als es zuvor nie den Anschein gehabt hatte, dass Hildegard B. und Reinhold S. von irgendwelchen Zweifeln hinsichtlich der Himmelsscheibe geplagt worden wären. Warum sollten sie viel Geld investiert haben und große Risiken eingegangen sein, wenn sie von der Echtheit der Himmelsscheibe nicht restlos überzeugt waren?

Nun aber eröffneten ihre Verteidiger den Revisionsprozess mit einem Paukenschlag: Der Fundort der Himmelsscheibe stehe überhaupt nicht fest; der Mittelberg scheide aus, dessen Boden sei viel zu kalkhaltig. Hätte die Scheibe tatsächlich Jahrtausende dort in der Erde gelegen, wäre sie längst zerfressen. Nein, sie stamme aus der ehemaligen Tschechoslowakei, wenn sie nicht sogar als Fälschung aus der Türkei gekommen sei. Damit läge gar kein Fund vor, schon gar kein bedeutsamer; entsprechend greife das Schatzregal nicht, und das Naumburger Urteil müsse verworfen werden.

Zu beweisen, dass der Boden auf dem Mittelberg mitnichten aus Kalk besteht, sondern aus Buntsandstein, war für die Geologen keine große Kunst. Größere Raffinesse bedurfte es da schon, zu zeigen, dass die Himmelsscheibe tatsächlich vom Mittelberg stammte. Denn auch das Geständnis der Raubgräber zweifelte die Verteidigung an. Dabei waren deren Angaben durch die Nachgrabungen auf der mittlerweile gerodeten Kuppe des Mittelbergs bestätigt worden. Es hatte sich gezeigt, dass die Grube tatsächlich nicht tiefer als 70 Zentimeter gewesen sein konnte, dann traf man auf den Sandstein. Die Raubgräber hatten angegeben, dass die Himmelsscheibe nahezu aufrecht im Boden stand und sich der obere Rand nur wenige Zentimeter unter der Oberfläche befand. Auch passte die Dimension des Raubgräberlochs zum Volumen des gesamten Fundkomplexes. Und schließlich identifizierte der Ausgräber Thomas Koiki im Erdprofil die Abdrücke der umgearbeiteten Feuerwehrhacke der Raubgräber, mit der auch die Himmelsscheibe beschädigt worden war.

***

Keine Spur war zu unbedeutend, um ihr nicht nachzugehen. So waren die Archäologen auch auf die Glasscherben der Mineralwasserflasche gestoßen, die Henry W. in die leere Grube geworfen hatte. Eine Untersuchung auf DNA-Spuren erbrachte keine verwertbaren Hinweise. Dafür nahm sich der Museumsrestaurator Christian-Heinrich Wun-

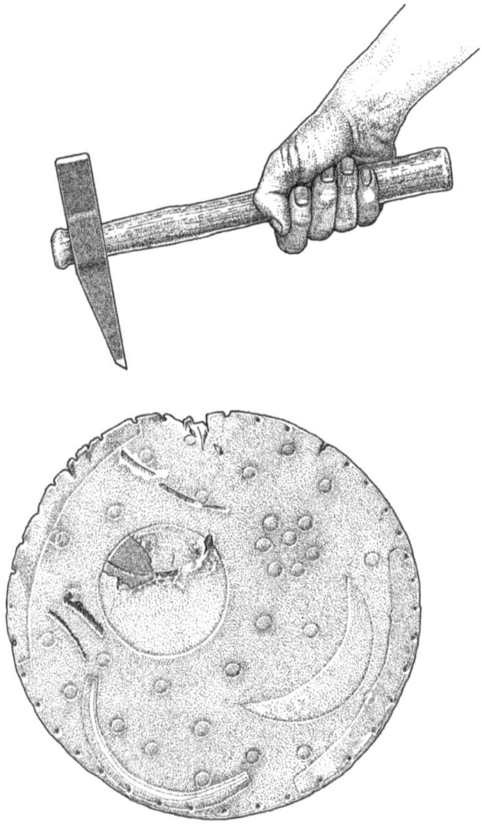

Volltreffer: *Die Schrammen und Beschädigungen der Himmelsscheibe, die aufrecht stehend im Boden vergraben war, passen bestens zur Hacke der Raubgräber.*

derlich der Herausforderung an, Wasserflaschen des Typs »Deutscher Brunnen« zu datieren. Tatsächlich ist das jeweilige Herstellungsjahr im Boden einer jeden Flasche codiert. Bloß fehlte ausgerechnet die Bodenscherbe. Vermutlich war sie verschollen gegangen, als Achim S. und Mario R. im Jahre 2002 das Loch ein zweites Mal geöffnet hatten, um die Steine auszugraben und jeden Verdacht auf ein Grab auszuräumen. So blieben als einziger Datierungsanhalt die Abnutzungserscheinungen am Flaschenhals: Die verwiesen auf eine Umlaufzeit der Flasche von maximal zwei bis drei Jahren. Da es den Flaschentyp in der DDR nicht gab, konnte sie frühestens Anfang der 1990er-Jahre in die Grube gekommen sein.

Von größerer Aussagekraft waren die Bodenanalysen: Zunächst wurden die Sand- und Erdspuren untersucht, die mit der Himmelsscheibe fest verbacken waren. Der Gerichtschemiker vom Landeskriminalamt Brandenburg Jörg Adam machte sich an die Arbeit. Die *Süddeutsche Zeitung* rühmte ihn als »Papst der forensischen Sedimentbodenuntersuchung«. Bei mehr als einem Mordfall hatte er zur Aufklärung beigetragen, weil Sand an der Leiche oder Erde an den Schuhen des Täters den Weg zum Tatort wiesen. Adam also nahm Proben von den Erdanhaftungen der Himmelsscheibe, der Schwerter und Beile und verglich sie mit den Bodenproben aus dem mutmaßlichen Raubgrabungsloch auf dem Mittelberg. Die mineralogischen Zusammensetzungen waren identisch; es fand sich nicht der geringste geologische Hinweis, der auf einen anderen Fundort hingedeutet hätte.

Auch der Chemiker und Archäometallurge Ernst Pernicka untersuchte Bodenproben aus der Raubgrube sowie aus der unmittelbaren Umgebung. Er ermittelte deren jeweiligen Kupfer- und Goldgehalt. Das Ergebnis war eindeutig: Im Sediment direkt unterhalb des Bereichs, in dem Himmelsscheibe, Schwerter und Beile fast 4000 Jahre gelegen haben sollen, ließen sich im Vergleich zur näheren Umgebung um das Hundertfache erhöhte Kupferkonzentrationen nachweisen. Auch besaßen die Proben aus dem Raubgräberloch signifikant höhere Goldgehalte. Beides lässt sich allein dadurch erklären, dass hier Kupfer – oder Kupferlegierungen wie Bronze – und Gold über einen sehr langen Zeitraum im Boden gelegen hatten.

Die naturwissenschaftlichen Untersuchungen untermauerten damit eindrücklich, was durch das Geständnis der Raubgräber und die astronomischen Entdeckungen Wolfhard Schlossers eigentlich schon feststand: Der Hortfund mit der Himmelsscheibe von Nebra stammte vom Mittelberg, unweit der Unstrut.

***

Die Erfolge der naturwissenschaftlichen Beweisführung zwangen die Verteidigung zu immer neuen Kursänderungen. Der Prozessbeobachter der *Frankfurter Allgemeinen Zeitung* staunte über die Strategiewechsel der Verteidigung, die, wie er schrieb, »verzweifelt-groteske Züge« annahmen. Die Anwälte scheuten nicht einmal davor zurück, die Zurechnungsfähigkeit ihrer eigenen Mandantin infrage zu stellen: Hildegard B. habe aus einer »zwanghaften Affinität« zur Himmelsscheibe heraus gehandelt, was ihre Schuldfähigkeit einschränke. Schon spekulierte die Boulevardpresse, ob Hildegard B. vom »Gollum-Wahn« gepackt sei, der sie der Himmelsscheibe als ihrem »Schatz« nachjagen ließ.

Tatsächlich beantragte die Verteidigung ein psychologisches Gutachten. Andreas Marneros, der Direktor der Uni-Klinik für Psychiatrie in Halle, hatte schon Neonazis, Kindermörder und Kannibalen fürs Gericht begutachtet; nun also analysierte er Hildegard B. Sein Ergebnis: Zwar ließen sich bei ihr gewisse Tendenzen zum Mystizismus und zur Esoterik konstatieren, die seien aber völlig harmlos. Symptome einer psychopathologischen Störung, einer krankhaften Obsession, gebe es keine.

Also schossen sich die Anwälte auf Harald Meller ein. Der Museumsdirektor habe in »James-Bond-Manier« das ganze Vorgehen aus reinem Egoismus erst in die kriminelle Ecke gedrängt. Er habe sich von dem Fund persönliche Vorteile versprochen und sich deshalb in einem »Medienspektakel« als »Retter der Himmelsscheibe« aufgespielt. Auch Meller müsse psychologisch begutachtet werden, es bestünde der Verdacht auf »eine krankhafte, histrionische Persönlichkeitsstörung«, die sich durch egozentrisches, dramatisch-theatralisches Verhalten auszeichne. Doch das Gericht lehnte das mit der Begründung ab, an Mellers geistigem Zustand gebe es »überhaupt keine Zweifel«. Auch sei Mellers Engagement kein Grund, an seinen Aussagen zu zweifeln. »Überhaupt«, bemerkte Richter Torsten Gester süffisant, »was spricht gegen engagierte Beamte?«

Als schließlich der Richter mahnte, angesichts der vielen Beweisanträge – insgesamt sollten es 76 werden – könnte der Verdacht auf Prozessverschleppung aufkommen, stellte die Verteidigung einen Befangenheitsantrag gegen das Gericht selbst. Doch auch damit war ihr kein Erfolg vergönnt. Welche Überschrift die *Frankfurter Allgemeine Zeitung* für ihren Prozessbericht wählte? »Komödie der Irrungen«.

5
Im Labor

Die Archäologie ist die Kunst, das Verborgene ans Tageslicht zu holen. Wir erleben derzeit eine Revolution dieser Wissenschaft. Die längste Zeit ihrer Geschichte mussten sich Archäologen darauf beschränken, die Dinge auszugraben, Ruinen von Tempeln und Palästen, Gräber oder die Schlachtfelder antiker Kriege freizulegen, und sich dann mehr oder minder mit der Oberfläche ihrer Funde begnügen. Dank neuester naturwissenschaftlicher Methoden aber dringt die Archäologie nun auch in die Tiefe ihrer Objekte ein, um ihnen ungeahnte Geheimnisse zu entlocken. Sherlock Holmes käme aus dem Staunen nicht heraus.

Tatsächlich haben wir es mit Methoden zu tun, die jedem kriminaltechnischen Labor zur Ehre gereichten. Umso erstaunlicher, dass man sich für diesen Zweig archäologischer Forschung mittels naturwissenschaftlicher Analysen den so ganz und gar unspektakulären Begriff »Archäometrie« ausdachte. Wir werden nun die Arbeit zweier Forscher vorstellen, die sich mit ihren Teams in die archäometrische Ermittlungsarbeit stürzten, um die Himmelsscheibe auf jede erdenkliche Weise zum Sprechen zu bringen: die des international führenden Archäometallurgen Ernst Pernicka und des Restaurators Christian-Heinrich Wunderlich.

Beide sind von Hause aus Chemiker, ihre Arbeit aber erinnert durchaus an die von Medizinern. Der eine, Pernicka, ist eine Mischung aus Internist und Radiologe, ein Röntgenarzt, der die Himmelsscheibe auf Herz und Nieren prüft und ihr Innerstes erkundet. Der andere, Wunderlich, ist der Leibarzt; ihm liegt zuallererst das Wohlbefinden der Scheibe am Herzen. Doch sorgt er sich auch um ihr Äußeres und die Faktoren, die sie zu einer vorgeschichtlichen Schönheit machten.

***

Das Problem mit der Himmelsscheibe ist ihre Einzigartigkeit. Wäre sie allein gefunden worden, lieferte sie selbst keine Anhaltspunkte, um sie datieren zu können. Man hätte sie irgendwann in der Bronze-, vielleicht sogar in der darauffolgenden Eisenzeit verortet. Deshalb war es so wichtig sicherzustellen, dass sie zum Fundort und den angeblich mit ihr gefundenen Schwertern, Beilen und Armspiralen passte. Das war zwar durch die Aussagen der Raubgräber bestätigt, wurde aber von der Verteidigung immer und immer wieder angezweifelt. Schließlich lieferte die C-14-Datierung der Schwerter – in einem der Halbschalengriffe hatte sich ein Stück Birkenrinde erhalten, wo es als Polster gedient zu haben scheint – den einzigen naturwissenschaftlich sicheren zeitlichen Anhalt: um 1600 vor Christus.

Die eigentliche Krux liegt darin, dass für Metalle keine physikalische Datierungsmethode existiert, wie sie für organische Objekte zum Beispiel mit der C-14-, der Radiokarbonmethode vorliegt. Das Alter der Himmelsscheibe ließ sich also naturwissenschaftlich nicht bestimmen. Ernst Pernicka, der erst das Institut für Archäometallurgie der TU Bergakademie Freiberg leitete, später dann das Curt-Engelhorn-Zentrum Archäometrie in Mannheim, unternahm alles, um dieses Manko zu kompensieren.

Zunächst war es ihm noch vor jener Pressekonferenz, in der die Himmelsscheibe zum ersten Mal der Öffentlichkeit vorgestellt wurde, gelungen, eine Nachweismethode zu entwickeln, die wenigstens eine Unterscheidung zwischen altem und modernem Metall erlaubte. »Sie beruht darauf«, erklärt Pernicka, »dass die meisten im Altertum gebräuchlichen Metalle wie Kupfer, Blei, Silber oder Zinn unmittelbar nach der Verhüttung aus Erzen schwach radioaktiv sind. Diese Radioaktivität stammt von dem in der Natur vorkommenden Blei-Isotop Pb-210, einem Zerfallsprodukt des Urans. Sie kann noch ungefähr 100 Jahre nach der Verhüttung nachgewiesen werden. Danach sinkt der Wert unter die Nachweisgrenze.« Da das Metall der Himmelsscheibe keine Radioaktivität mehr aufweist, ist damit schon einmal gesichert, dass sie älter als 100 Jahre ist.

Echt muss sie deshalb noch lange nicht sein, schränkt Pernicka ein. »Es kann Altmetall verwendet worden sein, oder man benutzte Metall mit besonders niedriger Ausgangsradioaktivität. Beides ist allerdings nicht sehr wahrscheinlich.« Denn wie sich in den weiteren Analysen zeigte, passt die Himmelsscheibenbronze nur zu gut zu den mitgefundenen Schwertern und Beilen, an deren Echtheit keine Zweifel bestanden. Ein Fälscher hätte also zuerst deren Metall auf seine Besonderheit hin untersuchen müssen, um dann eine passende alte Bronze aufzutreiben. Die Suche nach der Nadel im Heuhaufen wäre nichts dagegen. Auch war die Pb-210-Methode im Jahr des Nebra-Funds noch gar nicht publiziert – ein Fälscher hätte also gar nicht wissen können, welche Fallstricke hier für ihn lauerten.

Um die Himmelsscheibenbronze zu untersuchen, war im Forschungszentrum Rossendorf mittels eines funkenerosiven Verfahrens ein kleiner Würfel herausgeschnitten worden, dessen Seitenlänge fünf Millimeter betrug (später wurde er wieder eingesetzt). Die Bronze an der Oberfläche taugte nicht für verlässliche Analysen, sie war zu stark korrodiert. Anders die frischen Schnittkanten. Während das Zinn in einer Bronzelegierung meist sehr rein vorhanden ist, enthält altes Kupfer eine Reihe metallurgischer Verunreinigungen. Daraus ergeben sich typische Spurenelementmuster, die mithilfe von Methoden mit monströsen Namen wie Röntgenfluoreszenz- und Neutronenaktivierungsanalyse ermittelt werden können. Der Fingerabdruck in Sachen Spurenelemente war in allen auf dem Mittelberg gefundenen Objekten so ähnlich, dass sie als zusammengehörig anzusehen sind. Das Kupfer aller Teile stammt aus derselben Region, vielleicht sogar aus derselben Lagerstätte. Aus einem Guss, also aus derselben Metallcharge waren sie aber nicht, dazu gab es dann doch zu feine Unterschiede.

Auch der markante Anteil von Arsen (0,2 Prozent) in der Bronze gehört zu den Indizien, die für die historische Authentizität sprechen. Bronze ist heute, allein schon aus Gesundheitsgründen, arsenfrei. Ein Fälscher hätte das hochgiftige Halbmetall erst mal beschaffen müssen – was keine leichte Aufgabe ist, Stichwort »Arsen und Spitzenhäubchen«. So untypisch Arsen für moderne Bronzen ist, so typisch ist es indes für prähistorische. Bevor sich in der Bronzezeit die Zinnbronzen durchsetzten, dominierten Arsenbronzen, also Kupferlegierungen mit Arsen. Ob es sich dabei um gezielt hergestellte Legierungen handelte oder um zufällige Produkte der Verhüttung, ist nur selten zu entscheiden. Kupfer- und arsenhaltige Erze tauchen in der Natur oft miteinander vergesellschaftet auf, insofern weist Kupfer häufig geringe Arsen-Kontaminationen auf.

In einem weiteren Schritt verglich Pernicka die Ergebnisse der Kupferanalyse mit seiner Datenbank bekannter Lagerstätten. Dabei sind vor allem die Isotopenverhältnisse des im Kupfer vorkommenden Bleis entscheidend, da diese während der Verhüttung keine Veränderung erfahren und damit den ursprünglichen Erzlagerstätten entsprechen. Der Abgleich führte zu einem ebenso überraschenden wie passenden Ergebnis. Überraschend, weil das Kupfer der Nebra-Funde nicht aus nahen Erzvorkommen wie dem Harz oder dem Erzgebirge stammte, sondern aus dem weit entfernten Ostalpenraum kam – aller Wahrscheinlichkeit nach vom Mitterberg bei Bischofshofen in Österreich. Passend, weil die Archäologen dort tatsächlich frühbronzezeitlichen Kupferabbau nachweisen konnten. Ein noch in der Bronzezeit ausgebeuteter Stollen drang bis in eine Tiefe von 200 Metern vor. Das Kupfer der Himmelsscheibe war also ein Fernhandelsprodukt.

***

Das galt für das Zinn umso mehr. So wichtig es war, um durch die Legierung mit Kupfer Bronze zu fabrizieren, so rar war es auch. Es ist ein altes Rätsel, wieso im Raum der Hochkulturen Ägyptens und Mesopotamiens Bronze so früh auftauchte, obwohl es dort praktisch keine Zinnvorkommen gab. Heute geht man davon aus, dass diese ihr Zinn aus Innerasien bezogen haben: Afghanistan und Tadschikistan sind mögliche Kandidaten, immerhin kamen auch die im Zweistromland begehrten Lapislazuli und Karneole von dort. Dagegen wurde immer vermutet, dass das Zinn der mitteleuropäischen Bronzezeit aus Cornwall in England stammt. Dort finden sich nicht nur die frühesten Bronzeobjekte Europas in großer Verbreitung, dort haben die Archäologen auch Hinweise auf bronzezeitlichen Zinnbergbau gefunden. Im Erzgebirge dagegen, wo sich die einzigen auszubeutenden Zinnvorkommen der Region fanden, fehlen bisher jegliche Spuren prähistorischer Nutzung.

Pernickas Team gelang es nun, eine Methode zu entwickeln, um die Herkunft des Zinns zu rekonstruieren. Da Zinn selbst in zehn stabilen Isotopen vorkommt (Isotope eines Elements unterscheiden sich in der Zahl der Neutronen im Atomkern), lässt sich für jedes Zinnvorkommen ein typisches Verhältnismuster der Isotope zueinander angeben. Auch das liefert einen verlässlichen Fingerabdruck. Der Vergleich des Himmelsscheibenzinns mit Zinnminen aus dem Erzgebirge, dem Vogtland und Cornwall zeigte, dass es bestens mit dem Zinn aus Cornwall übereinstimmt. Die Handelsbeziehungen zwischen England und Deutschland sind also mindestens gut 4000 Jahre alt.

***

Gold ist schon immer ein besonderes Metall gewesen. Im Fall der Himmelsscheibe erwies sich seine Analyse als ebenso schwierig wie aufschlussreich. Zunächst einmal musste die Scheibe dafür auf Reisen gehen. Auch hier kamen Methoden mit pompösen Namen zum Einsatz. Im Forschungszentrum Rossendorf erfolgte eine protoneninduzierte Röntgenanalyse (PIXE), und am Berliner Elektronensynchrotron (BESSY) wurde mit Röntgenfluoreszenzanalyse angeregt durch Synchrotronstrahlung noch eins draufgesetzt. Die Ergebnisse waren überraschend. Das Gold, aus dem die verschiedenen Himmelsobjekte gefertigt waren, stammte aus unterschiedlichen Quellen.

Zunächst einmal zeigte sich, dass das große, runde Objekt (Sonne oder Mond), die Mondsichel und die Sterne aus demselben Gold bestanden, und zwar aus einem mit deutlich über 20 Prozent bemerkenswert silberhaltigen Gold. Zudem fiel es durch einen relativ hohen Kupfer- und Zinnanteil auf. Allein ein einziger Stern tanzte aus der Reihe, und zwar jener, den man mit der Nummer 23 versehen hatte. Nummer 23 war ausgerechnet der Stern, der am linken Scheibenrand ein Stück nach innen versetzt worden war, weil er sonst dem dort später angebrachten (aber mittlerweile verlorenen) Horizontbogen im Wege gewesen wäre. Tatsächlich wies er dieselbe etwas zinnreichere Goldsignatur auf wie der erhaltene Horizontbogen am rechten Rand der Scheibe. Das bestätigte die These, dass die Horizontbögen zu einem späteren Zeitpunkt auf der Himmelsscheibe befestigt worden waren. Ein Stern musste dazu versetzt werden, vermutlich ist er beim

Ablösen so stark beschädigt worden, dass der Goldschmied einen neuen anfertigte.

Nach diesen Beobachtungen überrascht es kaum, dass sich ausgerechnet die Sonnenbarke hinsichtlich des Goldes am deutlichsten vom Rest unterschied – sie besaß lediglich einen Silberanteil von rund 14 Prozent. Weil es sich bei dem Schiff um eine eher mythische denn astronomische Zugabe zu handeln schien, könnte sie zu einer anderen Zeit oder vielleicht auch von einem gänzlich anderen Personenkreis auf die Scheibe gebracht worden sein.

Damit untermauerte die Goldanalyse eindrücklich die Vermutung der Archäologen, dass das Bild der Himmelsscheibe in mehreren, zeitlich deutlich voneinander getrennten Arbeitsgängen verändert worden war. Auch das ist ein schlagendes Argument für die Echtheit der Scheibe. Welcher Fälscher hätte sich all diese Details ausgedacht und die ideellen und materiellen Inhalte aufeinander abgestimmt? Viele Fälschungen sind aufgeflogen, weil die Analyse des Goldes zeigte: Es handelte sich um modernes Industriegold, das mit seinen 99,99 Prozent von einer für prähistorische Zeiten unvorstellbaren Reinheit war.

Und wo kam das Gold der Himmelsscheibe her? Anfangs vermuteten die Forscher Siebenbürgen im heutigen Rumänien, wo es im sogenannten Goldenen Viereck ähnlich silberreiches Gold gab. Aber da sollte, wie wir bald sehen werden, das letzte Wort noch nicht gesprochen sein.

***

Der Chemiker und Leiter der Restaurierungswerkstätten des Landesmuseums für Vorgeschichte in Halle Christian-Heinrich Wunderlich ist, als ihr Leibarzt, vorrangig für das Wohlbefinden der Himmelsscheibe verantwortlich und hatte die Säuberung und behutsame Restaurierung geleitet. Auch ihn beschäftigte die Bronze der Himmelsscheibe, dabei stand vor allem der technologische Aspekt im Vordergrund: Was verrät dieses mit 2050 Gramm erstaunlich schwere Bronzewerk über seinen Macher, den Schmied der Himmelsscheibe?

Sie besteht aus einer für die Bronzezeit ungewöhnlich weichen

Bronze mit einem Zinngehalt von lediglich 2,6 Prozent – typische Bronzestücke enthalten gut 8 bis 15 Prozent Zinn. Das war eine bewusste Entscheidung, glaubt Wunderlich, denn anders als die meisten kompakten Bronzeobjekte der Zeit war die Himmelsscheibe nicht gegossen, sondern aus einem Bronzefladen kalt geschmiedet worden. Diesen Gusskuchen, er dürfte einen Durchmesser von 15 bis 20 Zentimetern gehabt haben, auf die Endgröße von 32 Zentimetern auszutreiben war mit weicher Bronze viel leichter zu bewerkstelligen. Auf der nicht verzierten Rückseite der Scheibe hat das Aushämmern sichtbare Spuren hinterlassen. Die Dicke der Scheibe nimmt von innen (4,5 Millimeter) nach außen (1,5 Millimeter) hin ab.

Trotz des weichen Metalls war das alles andere als einfache Arbeit. »Bronze zu schmieden erfordert ein hohes Maß an Kunstfertigkeit und Materialkenntnis«, sagt Wunderlich. »Beim Prozess der kalten Umformung wird das Metall zunehmend härter und spröder. Schmiedet man zu lange, reißt das Metall.« Deshalb hat der Schmied die Himmelsscheibe immer wieder zum Glühen gebracht und so die entstandenen Spannungen im Material beseitigt. Erst als sie wieder erkaltet war, griff er erneut zum Hammer. Doch auch so ließen sich Risse an den Rändern der Scheibe nicht völlig vermeiden. Behutsames Überschmieden brachte sie oberflächlich zum Verschwinden.

Die eigentliche technologische Besonderheit der Himmelsscheibe liegt in der Art und Weise, wie der bronzezeitliche Handwerksmeister die goldenen Himmelskörper auf ihr befestigte. Im Mitteleuropa der frühen Bronzezeit waren solche Techniken zuvor unbekannt. Die hauchdünnen Goldbleche – sie sind nur 0,2 bis 0,4 Millimeter stark – sind ja nicht auf die Bronzeunterlage geklebt oder gelötet worden. Sie liegen einfach auf. Halt geben ihnen die Ränder, die in das Scheibenmaterial eingelassen sind. »Damit sind zwei verschiedene Verfahren kombiniert worden, mit denen Metallgegenstände in mehreren Farben gestaltet werden konnten«, erklärt Wunderlich. Das war das Plattieren, also das Überziehen von Metallobjekten mit Goldblechen. Und dann kam das Tauschieren dazu: das Einlegen von Metallen in andere Metalle. Auch diese Einzeltechniken waren aus der frühen Bronzezeit in Mitteleuropa bisher nicht bekannt.

Die Technik des Tauschierens wurde in Ägypten praktiziert, auch

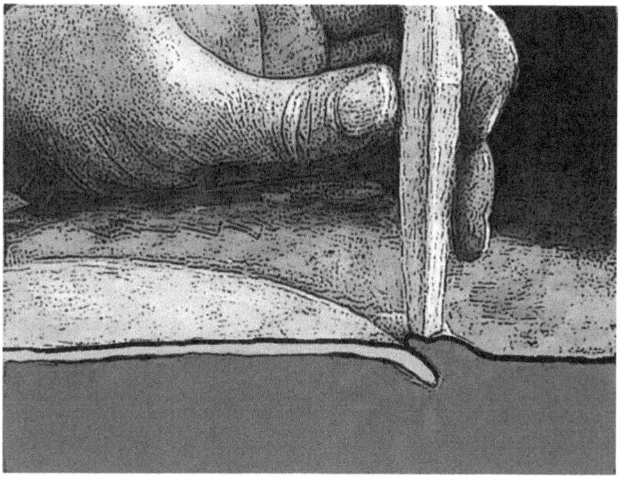

***Hält eine halbe Ewigkeit:** Beim Tauschieren wird das Goldblech in die dafür geschaffene Rinne geschoben und durch das Zurückhämmern der Bronze befestigt.*

in Mykene war sie hoch entwickelt. In den Schachtgräbern fanden die Ausgräber Schwerter mit perfekt gearbeiteten naturalistischen Darstellungen. Ein Prachtdolch zeigt Krieger, die, mit Speer und Schild bewaffnet, auf Löwenjagd gehen. Das ist so realistisch, dass man glaubt, das Löwengebrüll zu hören. »Vermutlich hat der Meister der Himmelsscheibe von Nebra solche Arbeiten gekannt oder zumindest genaue Beschreibungen von ihnen erhalten«, sagt Wunderlich. Das fantastische Niveau der mykenischen Vorbilder erreichte der Scheibenschmied jedoch nicht.

Um die Goldbleche zu befestigen, schlug der Schmied zunächst, den Umrissen der Motive folgend, stark unterschnittene Rillen in die Bronze. Dafür benutzte er einen Hartbronzemeißel, der – wie Experimente zeigten – einen Zinngehalt zwischen 12 und 16 Prozent besaß und während der Arbeit immer wieder nachgeschliffen werden musste. In diese Rillen wurden die zurechtgeschnittenen Goldbleche eingepasst; anschließend trieb der Schmied die Bronzewülste, die durch das Aufmeißeln der Rillen entstanden waren, über die Ränder der Goldbleche zurück. Damit waren die Goldobjekte fixiert. Eine sichere Befestigungsmethode. Schließlich blieben so gut wie alle Goldobjekte über dreieinhalb Jahrtausende an ihrem Platz.

***

Die Restauratoren konnten dem Schmied bei der Arbeit über die Schulter schauen. »Das war keine Routinearbeit. Wir haben typische Anfängerfehler gefunden«, sagt Wunderlich. Typisch? »Ja, wir haben die Scheibe selbst nachgeschmiedet und mit Unterstützung von Goldschmiedestudenten der Kunsthochschule Burg Giebichenstein Sonne, Mond und Sterne auf ihr befestigt.« Pro Stern brauchte es etwa eine Stunde Arbeit. »Dabei sind uns die gleichen Fehler unterlaufen.«

Gleich zwei Sterne zeigen solche anfängerhaften Unregelmäßigkeiten: Beim ersten Aufmeißeln der Befestigungsrillen wird Bronze zu einem Wall nach außen geschoben. Wird der Wall aber zu weit getrieben, lässt er sich nicht mehr glatt zurück über das eingelegte Goldblech treiben. Ein Wulst entsteht. Das ist bei Stern Nr. 3 der Fall, der zuoberst der Scheibe leuchtet und etwas kleiner und unregelmäßiger gearbeitet ist als seine Kollegen. »Da hat es dem Goldschmied noch an Übung gefehlt, deshalb glauben wir, dass dies der erste Stern auf der Himmelsscheibe war.« Und da die Sterne nach unten hin zunehmend besser gelungen sind, liegt die Vermutung nahe, der bronzezeitliche Handwerker habe sich von oben nach unten durch den Himmel gearbeitet.

Der zweite Stern mit solch einem Wulst ist der Stern 23. Der tanzte ja schon deshalb aus der Reihe, weil es sich bei ihm um jenen etwas zinnreicheren Goldstern handelte, der nach dem Anbringen des linken Horizontbogens neu angefertigt wurde. Detektiven gleich rekonstruierten die Restauratoren das Geschehen: Der ursprüngliche Stern ist durch das Anbringen der Tauschierrinne für den Horizontbogen beschädigt worden. Entweder hat er sich dann gelöst, oder er wurde entfernt, weil er zu nahe am neuen Horizont saß. Ein winziger Rest des abgetrennten ersten Goldsterns ist bis heute in der Tauschierrille zu erkennen. Wegen des Defekts musste also ein neuer Stern her. Der wurde aus demselben Gold gefertigt wie die Horizontbögen, die im gleichen Arbeitsgang appliziert wurden. Und wir haben es mit einem neuen Handwerker zu tun. »Der machte das auch zum ersten Mal und beging wieder den gleichen Anfängerfehler«, sagt Wunderlich und lacht. Zunächst nahm er für den neuen Tauschierkanal den abge-

Anfängerfehler: *Stern Nr. 3 (oben links) zeigt als zuerst eingesetzter Stern einen Bronzewulst, ebenso der versetzte Stern Nr. 23 (Mitte). Die Fiederung der Sonnenbarke weicht Stern Nr. 22 aus (unten).*

lösten Stern als Schablone, was dazu führte, dass er den Ersatzstern größer als die anderen machen musste. Und dann hämmerte auch er beim Anlegen des Kanals zu viel Material auf, sodass beim Zurücktreiben der Bronze wieder der markante Wulst entstand. »Dem ersten Handwerker wäre dieser Fehler kein zweites Mal passiert.«

Weitere Indizien sprechen dafür, dass hier ein neuer, in solcher Präzisionsarbeit ungeübter Schmied am Werk war. Die Rillen, die für die Befestigung der Horizontbögen eingeschlagen wurden, sind deutlich schlechter gearbeitet als jene der großen Himmelsobjekte. »Wenn dann die Goldbleche weniger sorgsam eingearbeitet wurden, ist es kein Wunder, dass einer der beiden Horizontbögen abgefallen ist«, sagt Wunderlich. Er war schlicht nicht gut genug befestigt. Wobei die Möglichkeit nicht auszuschließen ist, dass er bei der Deponierung der Scheibe in der Erde des Mittelbergs bewusst abgerissen wurde, um sie rituell für den irdischen Gebrauch zu entwerten.

Für den rechten Horizontbogen hat der Schmied zwei Sterne ganz entfernt. Ihre Umrisse zeichnen sich noch unter dem Gold ab. Dieser Handwerker könnte es auch gewesen sein, der keine Hemmungen hatte, die Schärfe seines Werkzeugs an der Himmelsscheibe selbst auszuprobieren. Auf ihrer Rückseite findet sich eine stark unterschnittene Kerbe von gut fünf Zentimetern Länge: eine Test-Tauschiergrube. Der neue Schmied wusste schlicht nicht, wie weich die Scheibenbronze war und wie hart sein Meißel sein musste. Also probierte er es aus. Auch das ist ein deutlicher Beleg dafür, dass zwischen dem Anfertigen der Himmelsscheibe und ihrer Umarbeitung einiges an Zeit vergangen sein musste.

***

Die von den Archäologen und Astronomen vermutete Biografie der Scheibe, die aus mehreren Veränderungen besteht, lässt sich also bis ins kleinste Detail am Material belegen. Das gilt auch für die dritte Umarbeitung: die Anbringung der Sonnenbarke am unteren Scheibenrand. Auch die ist weniger präzise ausgeführt als die Objekte der ersten Phase. Und sie unterscheidet sich nicht allein wegen der anderen Goldsorte von der zweiten Phase mit den Horizontbögen.

Während der zweite Schmied keine Hemmungen besaß, zwei Sterne zu entfernen und einen zu versetzen, scheute sein Nachfolger vor solch radikalen Schritten zurück: Er quetschte das Schiff zwischen Rand und Stern Nr. 22 hinein. Und als er das Schiff mit seiner Fiederung versah, also jener feinen, punzierten Strichelung, die an Ruder erinnert, geriet diese Arbeit nicht nur deutlich ungelenker als jene, die den Vollmond (oder die Sonne) mit einem feinen Strahlenkranz umgibt. Nein, die Fiederung des Schiffs weicht dem nahen Stern aus. »Schmied Numero drei kümmert sich nicht mehr um die ursprüngliche Abstandsregel, dass die Sterne den wesentlichen Körpern nicht zu nahe kommen dürfen«, erklärt Wunderlich. Diese Regel sorgte ja für die Harmonie der ersten Version der Himmelsscheibe. »Jetzt musste er zusehen, wie er das Schiff im bestehenden Bildprogramm unterbringt.«

Der Blick des Restaurators ist ein anderer als der des Archäometallurgen. Wunderlich vermutet einen optischen Grund dafür, dass die Sonnenbarke aus anders geartetem Gold besteht. Sonne, Mond und Sterne zeichneten sich bekanntlich durch einen Silberanteil von über 20 Prozent aus, das galt auch für die Horizontbögen (die aber etwas mehr Zinn enthielten). Das Schiff dagegen war mit 14 Prozent deutlich ärmer an Silber. Warum? Wegen der Farbe! Denn die wird vom Silbergehalt bestimmt. Während Feingold prächtig orangegelb leuchtet, werden Goldlegierungen mit steigendem Silbergehalt blasser und leicht grünstichig. Aber nicht nur das. Silber läuft an, es korrodiert und wird, wie man das von Silberbesteck kennt, goldener. Das passiert auch mit silberhaltigem Gold.

Sollte also der Schmied, der die Himmelsbarke anbrachte, zunächst zu jenem Gold gegriffen haben, aus dem das ursprüngliche Bildprogramm bestand, wird er schnell festgestellt haben: Das passt farblich nicht! Es ist zu hell und zu blass. Denn das silberreiche Gold der Himmelsscheibe war in den Jahren angelaufen, goldener geworden. Also suchte sich der Schmied aus seinem Vorrat ein Gold heraus, das farblich harmonierte – und das war jenes silberarme, also goldenere Gold. Leider lässt sich aus den Farbunterschieden, die den Patinierungsgrad des ursprünglichen Goldes widerspiegeln, nicht ermitteln, wie lange das erste Gold der Gestirne schon auf der Scheibe angebracht war. Der Korrosionsprozess hängt von zu vielen verschiedenen Umweltfaktoren ab.

Für Wunderlich war diese Beobachtung ein Beleg dafür, wie sensibel die bronzezeitlichen Schmiede in Sachen Farben und Oberflächen zu Werke gingen. Die Ästhetik lag ihnen sehr am Herzen. Das wirft die Frage nach dem ursprünglichen Aussehen der Himmelsscheibe auf. Das heutige Erscheinungsbild ist stark durch die intensiv malachitgrüne Farbe der korrodierten Bronze geprägt. So sah die Scheibe anfänglich nicht aus. Glänzte ihre Oberfläche metallisch in Bronze und Gold? Vermutlich nicht. Die goldenen Sterne hätten im Bronzemeer nur schwach gefunkelt. Der Kontrast wäre gerade im polierten Zustand viel zu gering gewesen. Auch läuft Bronze unbehandelt unregelmäßig und fleckig an. Die Scheibe wäre keine Schönheit gewesen.

»Sicher wird der Schmied einiges unternommen haben, die optische Attraktivität zu erhöhen«, sagt Wunderlich. »Wir haben das experimentell erprobt.« Da war der Chemiker ganz in seinem Element. Gemeinsam mit dem Archäometallurgen Daniel Berger probierte er Chemikalien aus, die bereits in der Bronzezeit bekannt waren: Pottasche, Soda, Ammoniak. Besonders letzterem schenkte man im Museumslabor Aufmerksamkeit. »Als wesentlicher Bestandteil abgestandenen Urins ist Ammoniak von alters her bekannt – allein schon wegen des stechenden Geruchs.« Urin wurde seit je zum Färben von Textilien oder zum Gerben bei der Lederproduktion eingesetzt. Und zumindest für das Mittelalter belegen Schriftquellen, dass Urin auch Einsatz in der Metallurgie fand.

Die Versuche zeigten: Zinnarme Bronze, die mit einer Lösung aus gegorenem Urin und Kupferverbindungen behandelt wird, bildet schwarz-blaue bis schwarz-violette Überzüge aus. War das Metall vorher sorgfältig poliert, erhielt die künstliche Patina den größten Glanz. Das Beste: Die Goldeinlagen blieben davon unbeeinflusst. Auf einfache Weise war ein attraktiver Effekt erzeugbar. Auch wenn es sich nicht mit letzter Sicherheit beweisen lässt: Auf der Urversion der Scheibe funkelten die Gestirne golden im Nachtblau des Himmels! »Das muss umwerfend ausgesehen haben«, sagt der Chemiker. »Praktisch war es auch: Die Scheibe erhielt dadurch gleich einen Korrosionsschutz.«

***

Einlegearbeiten erhielten auch die Schwerter aus dem Fund von Nebra. Zwar nicht aus Gold, dafür aus Kupfer. Ihre Herstellung weicht trotzdem von der der Himmelsscheibe ab. Zunächst sind die Schwerter gegossen und nicht aus einem Bronzerohling getrieben. Die Computertomografie zeigt zahlreiche Hohlräume im Inneren, die durch das leichte Überschmieden der Klingen nicht verdichtet wurden. Die Schwerter waren also vermutlich eher zur Schau gedacht als zum Kampf. Mit einem Zinnanteil von zehn Prozent sind sie dennoch deutlich härter als die Himmelsscheibe.

Die filigranen, etwa zwei Millimeter breiten und einen Millimeter tiefen Tauschierkanäle, in welche die Kupferdrähte eingelegt wurden, sind aller Wahrscheinlichkeit nach bereits in den Wachsmodellen angelegt gewesen, mit denen die Tonformen für den Bronzeguss gefertigt wurden. Zumindest scheiterten Wunderlich und sein Team beim Versuch, ähnlich feine Rillen in Bronze einzuarbeiten. Um den eingelegten Kupferstreifen genügend Halt zu verleihen, rauten die Handwerker den Kanalboden an, in dem sich das weiche Kupfer verkeilte. Anschließend wurden die Unebenheiten an der Oberfläche geschliffen und alles poliert.

Eingefasst werden die tauschierten Streifen auf den Klingen beider Schwerter von Bündeln parallel verlaufender, sorgsam ziselierter Linien; die Ansatzstellen des benutzten Werkzeugs sind fast unsichtbar. Auch bei den Schwertern liegt die Vermutung nahe, dass der Schmied durch künstliche Patinierung die eingelegten Kupferdrähte schwarz gefärbt hatte. Ansonsten würden sich die Kupferdrähte so wenig von der goldenen Bronze abheben, dass sich die aufwendige Einlegearbeit gar nicht gelohnt hätte. Immerhin windet sich auf einer der Klingen eine dreiköpfige Schlange. Die durfte man in keinem Fall übersehen.

Bei den Schwertern, die keinerlei Gebrauchsspuren aufwiesen, handelt es sich um außergewöhnliche Beispiele bronzezeitlicher Schmiedekunst. Auch die ebenfalls ziselierten Goldmanschetten zwischen Griff und Knauf faszinieren, sie gleichen denen dreier älterer Prunkdolche aus Schottland. Ansonsten weisen die stilistischen

Ähnlichkeiten in eine ganz andere Himmelsrichtung, nämlich nach Osten, zu den Schwertfunden aus dem ungarischen Apa. Das ist keine Überraschung, sagt Wunderlich, schon lange ist der Karpatenraum für seine technologischen Kompetenzen bekannt. Das lag nicht zuletzt daran, dass man dort Kontakte in den östlichen Mittelmeerraum pflegte – zu den großen Kulturen der Zeit, Mykene und dem minoischen Kreta. »Es ist davon auszugehen, dass auf diesem Weg technologisches und handwerkliches Wissen bis in den Norden weitergegeben wurden.«

***

Wir sagten es bereits: Christian-Heinrich Wunderlich ist der Leibarzt der Himmelsscheibe. Schon wenige Wochen nach ihrer Sicherstellung im Jahr 2002 hatte er mit der Restaurierung begonnen. Nachdem der Zustand bei der Auffindung akribisch dokumentiert worden war, machten sich die Restauratoren daran, die Scheibe von den Bodenanhaftungen zu befreien. Wochen dauerte es, bis die mit dem korrodierten Metall zementierten Bodenreste entfernt waren. Eine restauratorische Herausforderung erster Güte stellten die Goldoberflächen dar. »Sie waren mit grünlichen, glasharten Korrosionsschichten aus Malachit überzogen«, sagt Wunderlich. »Hätten wir sie mechanisch entfernt, wäre das darunterliegende Gold beschädigt worden.« Also entschied man sich für Chemie und entwickelte eine Paste, die behutsam auf das Gold aufgetragen wurde, um die Korrosionsspuren zu eliminieren.

Als Leibarzt war Wunderlich aber nicht nur für die Kosmetik, sondern auch für die Wiederherstellung der physischen Integrität der Himmelsscheibe verantwortlich. So wurden der kleine, für die Metallanalysen herausgeschnittene Bronzeblock wiedereingesetzt und die Fugen mit Wachs verschlossen; Narben blieben keine zurück. Verarztet werden musste auch die größte Wunde der Himmelsscheibe. Die Hacke der Raubgräber hatte ein mehr als daumenbreites Stück Gold aus dem großen Goldkreis herausgerissen. Wie eine Ziehharmonika war es zusammengeknittert und in zwei Teile gerissen. Keine Chance, es wieder an seinen Platz zu bringen. Heute ruht es in einer Archivschachtel tief im Museumskeller hinter dicken Panzertüren. Stattdessen fertigte Wunderlich ein neues Goldblech an und befestigte es mit mikrokristallinem Paraffin. »Das ist reversibel. Wir können es jederzeit wieder herausnehmen.« So strahlt der Vollmond – oder ist es doch die Sonne? – in seiner ganzen Fülle im Dunkel des Ausstellungsraums. Deutlich aber zeigt eine fein gezackte Narbe jedem Museumsbesucher, wo die Hacke der Raubgräber die Himmelsscheibe traf.

Geschichte wiederholt sich. Als die Restauratoren den Goldmond reparierten, sahen sie sich mit demselben Problem konfrontiert wie die Schmiede der Bronzezeit: Das neue Gold passte nicht zum alten. Diesmal lag es aber nicht an der Farbe, darauf war geachtet worden. Nein, der Hehler Achim S. hatte bei der Reinigung der Himmelsscheibe in der heimischen Badewanne in seiner Verzweiflung zu Ako Pads gegriffen und damit das Gold verschrammt. »Das neue Goldstück mit seiner glänzenden Glätte passte nicht dazu. Das sah aus wie die Faust aufs Auge«, erinnert sich Wunderlich. Und was war die Lösung? Wunderlich lacht: »Was sollten wir tun? Schweren Herzens haben auch wir zu Ako Pads gegriffen.«

Seither muss sich der Restaurator wenig um seinen Patienten sorgen. Die Himmelsscheibe ruht sicher hinter Panzerglas in einer staubdichten Vitrine. Die schwefelfreie Atmosphäre verhindert ein Anlaufen. »Die Aussichten der Himmelsscheibe«, wagt sich ihr Leibarzt an eine Diagnose, »stehen glänzend, auch die nächsten Jahrtausende in bester Verfassung zu überleben.«

6
»Fälschung!«

Im Halle war man mittlerweile einiges gewohnt. Jemand rief im Museum an und gestand, die Himmelsscheibe aus dem Deckel einer Panzerluke gebastelt zu haben. Oder Leute schrieben Briefe, der senile Opa habe die Scheibe versehentlich verhökert – man würde sie gern wiederhaben. Starker Tobak war auch der Befangenheitsantrag, der während des ersten Prozesses gegen das Amtsgericht Naumburg gestellt wurde: Die Scheibe stamme überhaupt nicht aus Sachsen-Anhalt, schrieb da ein Herr, sondern von seinem Grundstück in Mecklenburg-Vorpommern, wo er sie bereits 1983 gefunden habe. Es handle sich bei ihr um den Konstruktionsplan für ein Plejaden-gestütztes Perpetuum mobile. Er habe solch einen Plejaden-Motor entwickelt und diesen noch in der DDR zum Patent angemeldet. Das sei erst anerkannt, dann aber widerrufen worden. Das Gericht in Naumburg sei sicher mit den Patentrichtern von damals verbandelt: »Alles alte Ostler!«

Aber was sich während des zweiten Prozesses vor dem Landgericht in Halle abspielte, das war noch einmal ein ganz anderes Kaliber. Da meldete sich ein Archäologieprofessor zu Wort, ein renommierter Bronzezeitexperte, und behauptete Knall auf Fall: »Die Scheibe ist eine Fälschung!« Im illegalen Antikenhandel sei es bewährte Praxis, dass »originale Fundensembles mit auf alt getrimmten spektakulären Objekten angefettet werden, um die Preise der Ware zu steigern«, sagte Peter Schauer, seines Zeichens Ordinarius für Vor- und Frühgeschichte an der Universität Regensburg.

Begonnen hatte es mit einem Leserbrief des Professors in der *Frankfurter Allgemeinen Zeitung* am 30. November 2004. Anschließend rief er bei der Wochenzeitung *Die Zeit* in Hamburg an (»Gratuliere Ihnen, Herr Michel, zu Ihrem Artikel über die Himmelsscheiben-Ausstellung – aber Sie wissen, dass die Himmelsscheibe eine Fälschung ist?«) und gab der *Mittelbayerischen Zeitung* ein Interview. Alles mit demselben Tenor: Ein moderner Tüftler habe die Himmelsscheibe angefertigt und sie mit den Schwertern kombiniert. Die zumindest seien zweifellos echt. Die Analysen des Archäometallurgen Pernicka hätten aber ja nur ergeben, dass das Metall der Scheibe aufgrund der nicht mehr nachweisbaren Radioaktivität des Blei-Isotops Pb-210 vor mehr als 100 Jahren verhüttet worden sei. Kein Problem für einen Gauner, an die benötigten antiken Ingredienzen zu gelangen. »Der hat eine alte Scheibe im türkischen Antikenhandel für 50 Dollar gekauft und dann ein paar Gold- und Silbermünzen für die Auflagen eingeschmolzen«, sagte Schauer.

Für einen Betrug spreche auch, dass es Aberhunderte von Funden aus der frühen Bronzezeit gebe – wovon jedoch kein einziger der Himmelsscheibe gleiche. Schauer wusste auch, warum: Der Fälscher habe sich von sibirischen Schamanentrommeln inspirieren lassen. Die seien zwar mit Leder bespannt, aber wie die Scheibe oft mit Sonne, Mond und Sternen verziert. Und wer genauer hinsehe, der erkenne auf der Himmelsscheibe eine grüne Laufspur. Da sei die Säure über die Bronze geflossen, mit der die Patina künstlich fabriziert worden sein muss.

Auch ein Stern sah für Schauer höchst verdächtig aus: Die poröse, leicht erhabene Umrundung resultiere aus dem Säureauftrag mit einer Pipette. Das solle aussehen, als sei die Patina über das Goldblech gewuchert. Und die Löcher am Rand der Scheibe waren dem Professor viel zu ebenmäßig: So etwas konnte man gar nicht in der Bronzezeit! Die *Mittelbayerische Zeitung* zitierte Schauer mit den Worten: »Ich wette locker eine Kiste Champagner, dass das alles Humbug ist und die Scheibe den Schwertern untergeschoben wurde.«

In Museumskreisen war man schockiert. Worauf baute Professor Schauer seine Expertise auf? Auf Fotos? Wenn er begründete Zweifel an der Echtheit hatte – warum hatte er sich dann nicht in Halle gemeldet und die Scheibe selbst begutachtet, wie es so viele Forscher taten? Und überhaupt: Man hatte Schauer zum großen international besetzten Kongress »Der Griff nach den Sternen« eingeladen, der sich im Februar 2005 der Himmelsscheibe widmen sollte, und zwar als Mitglied des wissenschaftlichen Beirats. Da sollten die bisherigen Forschungsergebnisse vorgestellt und diskutiert werden: eine gute Gelegenheit für jeden Wissenschaftler, seine Skepsis in Fachkreisen zu diskutieren. Schauer aber hatte wegen Terminüberlastung abgesagt und seinen Brief an Meller mit »allen guten Wünschen für Ihr bedeutsames wissenschaftliches Vorhaben« beendet.

Seltsam war auch, dass der Regensburger Professor anfangs behauptete, die Scheibe selbst in der Hand gehabt zu haben, und zwar noch im unrestaurierten Zustand. Das kann aber nur gewesen sein, als sie noch im Besitz der Hehler war. Hatte Schauer sich mit Achim S. getroffen? Der jedenfalls hatte vor Gericht beteuert, die Funde den vorgeschichtlichen Museen in München und Berlin bloß als Fotos angeboten zu haben. Später sagte Schauer aus, die Himmelsscheibe doch nur von Bildern zu kennen; auch im Museum in Halle habe er sie nicht gesehen. Das aber sorgte nur für noch mehr Kopfschütteln: Wie konnte ein archäologischer Experte vom Range des Regensburger Ordinarius ein so vernichtendes Urteil treffen und sich dabei allein auf Abbildungen in einem Ausstellungskatalog stützen?

***

Wenigstens die Verteidiger von Hildegard B. und Reinhold S. waren begeistert. Sie witterten Morgenluft. Endlich eine Koryphäe, die ihnen zupasskam! Wäre die Scheibe eine Fälschung, wäre sie kein bedeutender Fund, dann läge auch keine Hehlerei vor – und damit wäre ein Freispruch unumgänglich gewesen. Einladen musste das Gericht den Professor als Sachverständigen! Und ein neues Gutachten sollte der Herr Schauer auch gleich anfertigen.

Als das Landgericht dem Antrag der Verteidigung nicht folgen wollte, weil alles, was Schauer bisher in der Öffentlichkeit vorgetragen hatte, lediglich auf dem Betrachten von Fotos beruhe und damit einer schlichten Meinungsäußerung gleichkäme, warfen die Verteidigeranwälte Richter Gester Befangenheit vor. Er sympathisiere überdeutlich mit dem »Lager Meller«.

Die Staatsanwaltschaft konnte es sich daraufhin nicht verkneifen, zu drohen, schon einmal eine Klageschrift für den Fall vorzubereiten, dass die Himmelsscheibe nicht echt sei – und zwar wegen schweren Betrugs. Denn dann hätten Hildegard B. und Reinhold S. versucht, einem Museumsdirektor eine Fälschung für sagenhafte

700 000 DM unterzujubeln. In solch einem Fall kämen sie kaum mit einem Jahr auf Bewährung davon.

Als Ende Januar 2005 Peter Schauer auf Einladung der Verteidigung trotzdem im Gerichtssaal auftauchte, hörte ihn das Gericht an. Der Professor wiederholte seine Vorwürfe. Die Himmelsscheibe sei die Arbeit eines »ungelenken Kesselschmieds aus dem 19. Jahrhundert«, ohne jeden wissenschaftlichen Wert. Er hätte sich ja gar nicht zu Wort gemeldet, erklärte Schauer dem Gericht, es könne jedem einmal passieren, dass ihm ein falscher Fund untergeschoben wird. Aber die »Hybris«, mit der man in Halle versuche, »das ganze prähistorische Geschichtsbild auf den Kopf zu stellen«, indem man Sachsen-Anhalt den »Hochkulturen des Zweistromlandes« an die Seite stellte – das ginge nun doch zu weit. Zumal die Hallenser Forscher 3,4 Millionen Euro von der Deutschen Forschungsgemeinschaft und 1,6 Millionen Euro vom Land Sachsen-Anhalt erhalten hätten, um ihre »wissenschaftliche Schimäre hoffähig« zu machen. »Da werden wissenschaftliche Ressourcen unbotmäßig geplündert. Das darf man nicht zulassen.« Er wolle ja nur verhindern, dass das Land Sachsen-Anhalt der »Lächerlichkeit preisgegeben« werde.

***

Zum Showdown kam es wenige Wochen später. Am 21. Februar sagte Schauer in Saal 155 des Landgerichts erneut zugunsten der Verteidigung aus. Die hatte zur großen Abwehrschlacht geblasen. Auf ihre Initiative sollte auch der Geologe Josef Riederer vor Gericht erscheinen; der Leiter des renommierten Rathgen-Forschungslabors der Staatlichen Museen zu Berlin war gerade in den Ruhestand getreten. Doch auch die Gegenseite hatte einiges aufgeboten. Da im Landesmuseum der letzte Tag des internationalen Himmelsscheiben-Kongresses »Der Griff nach den Sternen« zu Ende ging, war der Gerichtssaal bis auf den letzten Platz mit Archäologen und anderen Wissenschaftlern gefüllt.

Zunächst bestätigte der Geologe Gregor Borg, Professor für Petrologie und Lagerstättenforschung an der Martin-Luther-Universität Halle, noch einmal, dass die an den Nebra-Funden sichergestellten

Bodenanhaftungen bestens mit den Sedimentanalysen vom Mittelberg übereinstimmen: »Wir finden keinerlei Hinweise darauf, dass diese nicht zusammengehören.« Dann wurde über die Definition eines geschlossenen Funds und die Typologie der Schwerter debattiert. Schauer wiederholte seine Vorwürfe, dass allein schon die Säurespuren auf der Scheibe die Fälscher entlarvten – woraufhin ihm die Anklageseite entgegenhielt, es handle sich dabei um den Kratzer, den die Raubgräberhacke im Scheibenantlitz hinterlassen habe.

Dann führte Schauer erneut aus, dass sich für die 39 Löcher am Rande der Scheibe keine einzige Parallele in der Bronzezeit fände. Er zeigte dem Richter die Fotos: So etwas kann nur eine Lochzange gemacht haben oder ein Bohrer. Viel zu gleichmäßig! Daraufhin folgte Christian-Heinrich Wunderlichs großer Auftritt. Der Leiter der Restaurierungswerkstätten trat nach vorne: »Darf ich um eine kleine Vorführung bitten?« Der Richter nickte. Wunderlich zog ein Stück Bronze hervor. Mit 2,6 Prozent Zinn sei es von der gleichen Beschaffenheit wie die Himmelsscheibe. »Dieser Bronzestift hier ist etwas härter«, erläuterte Wunderlich. Er enthalte zehn Prozent Zinn. »Damit werde ich jetzt das Bronzestück lochen.« Es wurde still im Gerichtssaal, alle reckten die Hälse.

»Sie können ein beliebiges Werkzeug dafür verwenden, auch einen Stein.« Wunderlich nahm einen Hammer – und schlug zu. »Passen Sie auf meinen Tisch auf!«, schrie der Richter. Wunderlich verlegte seine Demonstration auf den Fußboden. Er setzte den Bronzestift neu an und schlug zu, versetzte den Stift und schlug erneut zu. Dann präsentierte er dem Richter das Ergebnis. »Optisch identische Löcher«, stellte dieser fest. Wie sie auch auf der Himmelsscheibe zu finden sind. Lautes Gemurmel. Manche Zuschauer klatschten.

Dann ging es um das leuchtende Grün der Scheibe: die Malachitpatina. Sie ist ein Korrosionsprodukt. Malachit, also basisches Kupfercarbonat, bildet sich unter der Einwirkung von Sauerstoff und Kohlendioxyd aus dem Kupfer der Bronze. Schauer hatte behauptet, das sei innerhalb weniger Wochen künstlich zu bewerkstelligen – mithilfe von Urin, Salzsäure und einer Lötlampe. Dazu befragte das Gericht nun Josef Riederer, den gerade pensionierten Chef des Rathgen-Labors, das die Berliner Museen bei der Echtheitsprüfung, aber auch in Fragen der Restaurierung und Konservierung historischer Objekte unterstützt. Die Verteidigung hatte ihn als Sachverständigen aufgeboten, um dem »Lager Meller« etwas entgegenzusetzen. Alle warteten gespannt auf Riederers Urteil.

»Die Malachitpatina«, hob der Professor an, »ist ein Beweis für die antike Echtheit der Scheibe.« Erneut lautes Gemurmel. Manche blickten sich um, fragend, ob sie richtig gehört hatten. Malachit lasse sich zwar tatsächlich künstlich erzeugen, aber dieser sei dann feinkörniger und von blasserer Farbe, führte Riederer aus. Hier habe man es jedoch mit einer grobkristallinen, intensiv grünen Patina zu tun, die viele Jahrhunderte zum Wachstum brauche. Und dass die Korrosion in das Innere der Scheibe vorgedrungen war, sei ein weiterer Beweis für Alter und Echtheit der Scheibe. »Ich bin fest davon überzeugt, dass es sich hierbei um ein bronzezeitliches Objekt handelt.« Die Verteidigung nahm mit versteinerter Miene zur Kenntnis, wie der von ihr bestellte Sachverständige die Gegenseite unterstützte.

***

Übrigens wäre Wunderlich nicht Wunderlich, wenn er nicht später die von Schauer ins Spiel gebrachte Methode der Patinaproduktion – Salzsäure, Urin, Lötlampe – experimentell erprobt hätte. Sein Befund: Auf diesem Weg entsteht kein Malachit, sondern Paratacamit, also kein basisches Kupfercarbonat, sondern basisches Kupferchlorid.

Nach all dem Expertenstreit scherzte die Staatsanwältin Eva Vogel, das Gericht befinde sich jetzt faktisch bereits im dritten Semester Archäologie. Mit diesem 21. Februar 2005 war die Sache entschieden, notierte auch Thomas Schöne, seines Zeichens Prozessbeobachter der *dpa*, in sein Gerichtstagebuch. Danach habe sich der »Prozess nur noch kraftlos ohne Unterhaltungswert dahingeschleppt«.

Trotzdem sollte es noch bis zum 26. September dauern, bis Richter Torsten Gester sein Urteil verkündete. Es überraschte niemanden: Die Berufung werde verworfen, die erstinstanzliche Verurteilung von Hildegard B. und Reinhold S. bestätigt: ein Jahr für sie, ein halbes Jahr für ihn, beides auf Bewährung. Dazu die Kosten der Verhandlung. In seiner Urteilsverkündigung kam der Richter zu dem Schluss: »Wir haben überhaupt keine Anhaltspunkte gefunden, dass die Himmelsscheibe nicht echt ist. Sie ist jetzt echter als vor dem Verfahren. Echter kann sie praktisch nicht sein.«

***

Der Archäologe Konrad Spindler, der als Erster die Gletschermumie Ötzi erforscht hatte, hatte während des Kongresses in Halle gescherzt, die Fälschungsvorwürfe seien der endgültige Ritterschlag für die Himmelsscheibe. Es scheine das Schicksal großer Funde zu sein, in Zweifel gezogen zu werden. In Ötzis Fall war behauptet worden, jemand habe eine ägyptische Mumie in die Alpen hochgeschleppt und ins Eis gesteckt. Und als im 19. Jahrhundert die fantastischen Steinzeitmalereien in der Höhle von Altamira entdeckt wurden, dauerte es mehr als zwei Jahrzehnte, bis sie wissenschaftlich anerkannt waren. Vorher hatten selbst Prähistoriker die gemalten Bisons, Hirsche und Wildschweine als »vulgären Streich eines Schmierers« beschimpft, den man sich gar nicht erst ansehen dürfe.

Im Fall der Himmelsscheibe besticht allein die enorme Fülle an Details, die ein Fälscher hätte bedenken müssen. Details, die in einem schier unauflöslichen Gespinst miteinander verwoben waren. Natürlich wäre es möglich, dass jemand ein antikes Bronzeobjekt eingeschmolzen hätte, um daraus die Himmelsscheibe zu schmieden. Aber dafür hätte er die Blei-210-Methode kennen müssen, die aber, als die Scheibe auftauchte, noch gar nicht publiziert war. Zudem hätte die verwendete Bronze genau jener prähistorischen Bronze entsprechen müssen, aus der die zweifelsfrei echten Schwerter bestanden. Wie wäre jemand dann auf die Idee gekommen, unterschiedliche Naturgoldvorkommen für die einzelnen Gestirne zu verwenden, die mit den einzelnen Bildphasen korrespondieren? Und überhaupt, wieso hätte er sich die Mühe machen sollen, verschiedene voneinander zu unterscheidende Arbeitsphasen – und zwar motivisch wie materiell – zu realisieren? Das betört vielleicht die Archäologen, doch welcher potente Käufer illegaler Ware hätte ein Auge dafür?

Zu allem Überfluss hätte dieser Superfälscher auch noch einen Fundort finden müssen, der nicht nur zu den astronomischen Ausrichtungen und Erkenntnissen passte, die namhafte Astronomen erst Jahre später zu entschlüsseln imstande waren; der Ort hätte auch mit den vorgeschichtlichen astronomischen Gewohnheiten von Goseck bis Stonehenge korrespondieren müssen. Der Mittelberg war in den letzten Jahrzehnten dicht bewaldet – niemand konnte etwas von seiner erstaunlichen Eignung als Kalenderberg ahnen. Von der großkristallinen Malachitpatina, den passenden einkorrodierten Erdanhaftungen und den erhöhten Spuren von Gold und Kupfer in der Fundgrube auf dem Mittelberg möchten wir gar nicht erst anfangen.

Nicht einmal ein Fälschergenie hätte diese Fülle an Details berücksichtigen können. Wer verfügte über die nötige Expertise in so vielen, so verschiedenen Bereichen und die entsprechenden Hightechverfahren? All dieses Wissen ist auf der ganzen Welt in keiner einzigen Person vereint; es brauchte ein interdisziplinäres Forschernetzwerk, um es mittels modernster naturwissenschaftlicher Methoden zutage zu fördern.

Das ist eines der größten Wunder der Himmelsscheibe: Was alles an Details in ihr steckt! Und wir haben ja noch längst nicht alles verraten. Das sollte das Werk eines Fälschers sein, der dafür 32 000 DM bekommen hat? Das ist die Summe, die der erste Hehler bezahlt hatte. Oder war auch der gefälscht?

7
Goldrausch

Ein Schloss am Meer, gelegen in einem Park voll Azaleen und Kamelien, Rhododendren und Magnolien. In der Bibliothek, deren Regale gefüllt sind mit prächtig in Leder gebundenen Folianten aus dem 18. und 19. Jahrhundert, präsentiert ein distinguierter Herr eine Schachtel, in deren Fächern wohlsortierte Goldnuggets liegen; die größten gut zehn Gramm schwer. Der Herr zeigt die Messergebnisse. Die Nuggets besitzen extrem hohe Silberanteile, aber auch markante Spuren von Kupfer. Und mit bloßen Augen sind kleine schwarze Einschlüsse zu sehen: Kassiterit, Zinnstein. Das musste es sein, das Gold der Himmelsscheibe. Endlich, nach jahrelanger Suche, war man fündig geworden – und das an einem ganz außergewöhnlichen Ort.

***

Ausgerechnet das Gold hatte sich lange gesperrt, sein Geheimnis zu verraten. Wo war die Heimat von Sonne, Mond und Sterne, von Horizontbögen und Himmelsbarke? Wo hatten die Schmiede die gut 32 Gramm Gold für die Applikationen her? Das Rätsel war umso drängender, weil es das Gold war, dem die Himmelsscheibe ihre ästhetische, die Jahrtausende überstrahlende Wirkung verdankte.

Dabei hatten die Forscher überhaupt Glück, hoffen zu dürfen, eine Lösung zu finden. Bei modernen Goldmünzen oder Goldbarren wäre es chancenlos, die Herkunft des Goldes zu bestimmen. Über Jahrtausende hinweg ist es immer wieder eingeschmolzen worden. Daher ist modernes Gold in aller Regel eine Promenadenmischung, deren Stammbaum nicht mehr zu rekonstruieren ist. Für Stücke aus der frühen Bronzezeit dagegen stehen die Chancen nicht schlecht, dass sie aus Gold bestehen, dessen Herkunft über alle Zweifel erhaben ist, weil es eben nicht der Mesalliance eines goldenen Bechers und einer Handvoll Münzen im Schmelztiegel eines Goldschmieds entsprungen ist, sondern direkt einer uralten Goldquelle entstammt.

Trotzdem sorgte das Himmelsscheibengold für Verwirrung. Sein hoher Silberanteil sprach für Berggold. Andererseits zeichnete es sich durch eine ordentliche Portion Zinn aus. Das war wiederum ein klarer Hinweis auf Flussgold. Was denn nun? Oder waren doch zwei Arten Gold miteinander verschnitten worden?

Weil Objekte aus dem als »Goldenes Viereck« bekannten Siebenbürgen in ihrer Zusammensetzung eine gewisse Ähnlichkeit mit dem Himmelsscheibengold aufwiesen, vermutete man lange, dass letzteres auch von dort stammte. Schließlich deuteten ja auch die Tauschiertechnik und die Nebra-Schwerter nach Südosten. »Doch da ist ein Problem«, sagt Gregor Borg, Professor für Petrologie und Lagerstättenforschung von der Martin-Luther-Universität Halle. »Man darf nicht nur Artefakte miteinander vergleichen.« Die können immer aus recyceltem Material bestehen. Man muss das Gold der Objekte mit dem Gold der möglichen Herkunftsorte vergleichen. Der Geologe Borg hatte selbst jahrelang in Afrika Gold- und Diamantenminen gesucht und wusste nur allzu genau, wo man fündig wird. Man benötigte also mehr als nur die Spurenelementsignaturen der Artefakte; es brauchte auch die des Naturgoldes, und zwar aus so vielen Quellen wie möglich. Anders aber als bei Kupfer ist das bisher kaum kartiert worden. Für europäisches Berg- und Flussgold gibt es nur spärliche Daten.

Das ist auch alles andere als einfach. »Gold is where you find it«, lautet eine alte Goldsucherweisheit. Geologen, erklärt Borg, unterscheiden zwischen primären und sekundären Lagerstätten. Primär, also als Berggold, kann es in Quarzadern als diskrete goldreiche Mineralphase oder in geringen Konzentrationen in sulfidischen Erzen wie Pyrit vorkommen. Dann ist es nur selten direkt sicht- und nutzbar. Erst mit der Verwitterung des Gesteins wird das gediegene Gold in Form von Goldflittern und Mikronuggets freigesetzt. Diese reichern sich im Boden an und können zu Goldnuggets von einigen Gramm heranwachsen – in seltenen Fällen bis zu mehreren Kilogramm.

Durch Erosion freigesetztes Gold gelangt mit dem Schutt in Bäche und Flüsse. Dabei wird es vom Wasser wie anderes Gestein auch als Rollfracht am Boden transportiert. »Die extrem hohe Dichte des Goldes führt dazu, dass es zur schnellen Trennung und Anreicherung kommt«, erklärt Borg. »Lokale Fallensituationen wie Strudeltöpfe,

Gesteinsrippen oder Pralltöpfe unterhalb von Wasserfällen führen zu einer Anreicherung von Schwermineralien wie Gold. Die weniger dichten Partikel werden ausgewaschen und fortgeschwemmt.« In Regionen, die goldreiches Erz aufweisen, können sich in Bächen und Flüssen über lange Zeit hinweg Goldseifen von bis zu mehreren Kilogramm bilden. Diese sekundären Lagerstätten sind recht einfach und ohne bergmännische Verfahren auszubeuten.

Damit erklärt sich auch die chemische Zusammensetzung. Berggold ist in der Regel sehr silberreich, es hat Silbergehalte zwischen zehn und zwanzig, manchmal sogar mehr Prozent. Seifengold dagegen ist silberarm, mitunter fast silberfrei. Der Grund: Silber löst sich relativ leicht im Wasser. Umso länger das Gold durch Bäche und Flüsse reist, umso mehr Silber wird herausgewaschen, und umso reiner wird das Gold.

Da aber Kassiterit, auch Zinnoxyd oder landläufig Zinnstein genannt, ebenfalls eine sehr hohe Dichte hat, reichert sich dieser, wo er vorkommt, in denselben Fallensituationen von Bächen und Flüssen an. Deshalb kann es passieren, dass lose Kassiteritpartikel zusammen mit Goldpartikeln gewonnen werden und mit diesen dann beim reduzierenden Schmelzen unter Holzkohle legieren. Ebenso ist es möglich, dass sich zuvor winzige Zinnsteinkörner in weiche Goldnuggets eingeknetet haben. Das erklärt den erhöhten Zinnanteil in Objekten, die aus Flussgold bestehen.

Heute sind die entsprechenden Fundstellen längst ausgebeutet. In prähistorischen Zeiten war das anders. Über Jahrtausende sammelte sich das Gold in Fließgewässern an entsprechenden Stellen. Jäger und Sammler tranken aus Bächen, in denen stellenweise goldglänzende Nuggets zum Greifen nah waren. Sicher werden sie den einen oder anderen prächtigen Goldklumpen mitgenommen haben, aber in der Regel ließen sie das Gold, wo es war, und zogen weiter. Wozu sich mit dem nutzlosen Zeug abschleppen? Es war zu weich, um etwas Sinnvolles damit anzustellen. Die Kunst des Einschmelzens sollte noch Jahrtausende auf sich warten lassen. Als Prestigeobjekt machte eine Bärenkralle viel mehr her. Die fischte man nicht einfach aus einem Bach. Da musste erst der Bär erlegt werden, bevor man sich die Kralle umhängen konnte.

Erst als ab dem 5. Jahrtausend vor Christus die Kunst der Metallurgie in Europa einzog, brach die Zeit des Goldes an. Die Menschen nutzten die natürlichen Goldlager, um kostbare Objekte zu fabrizieren, die durch Glanz und Beständigkeit faszinierten. Die Bestattungen aus den Gräberfeldern von Varna in Bulgarien dokumentieren mit ihrer Opulenz den ersten Goldrausch der Menschheit.

Einmal leer geräumt, braucht es lange Zeit, bis sich die Strudel- und Pralltöpfe der Bäche und Flüsse wieder füllen. Aber sie füllen sich, auch heute noch. Denn goldhaltige Erze erodieren in den Gebirgen weiterhin. Die begradigten und durch Staustufen am Goldtransport gehinderten Flüsse unserer Tage geben uns also eine falsche Vorstellung vom eigentlichen Goldreichtum früherer Zeiten.

Wer die Herkunft alten Goldes rekonstruieren wollte, musste deshalb sämtliche primären und sekundären Lagerstätten in Bergen und Flüssen auf ihre jeweiligen charakteristischen Spurenelementmuster hin analysieren. Geochemisch und mineralogisch unterscheidet sich heute anreicherndes Seifengold nicht von dem der Bronzezeit. Solche Vergleiche waren bisher kaum geschehen. Die Arbeit mussten ja Geologen auf sich nehmen, damit Archäologen den Nutzen daraus ziehen konnten. Auch hier erwies sich die Himmelsscheibe als Glücksfall. Nun also machte man sich unter der Ägide des Geologen und Lagerstättenkundlers Gregor Borg an die Goldsuche.

»Man dachte lange, in Sachen Goldvorkommen sei alles erforscht«, sagt Borg, »und ging davon aus, dass es dort, wo keine Daten vorlagen, kein Gold gab. Doch allein die Recherche bei Hobbygoldwäschern zeigte, dass eigentlich alle Flüsse Europas Gold führen.« Also schrieben die Forscher Goldsucher genauso an wie Museen und Universitätssammlungen und analysierten deren Nuggets. Immer wieder zogen die wissenschaftlichen Goldsucher selbst die Gummistiefel an und griffen zur Waschpfanne, um mit klammen Fingern in der Theiß oder der Schwarza nach Goldflittern zu suchen. Mehr als ein halbes Hundert Flüsse wurden untersucht.

Sie wurden zwar fündig, doch nichts passte. Dass Goldfunde ihre Finder enttäuschten, dürfte einmalig sein. Die Doktoranden aber, die sich an die Arbeit gemacht hatten, waren bald frustriert. So viel Gold sie auch anschleppten, es wollte und wollte nicht zur Himmelsscheibe passen. Doch auch das waren wichtige Erkenntnisse. »Negative Ergebnisse sind die einzig wirklich verlässlichen«, sagt Borg. »Bei einem Treffer lässt sich nie ausschließen, dass es auch noch andernorts Gold in gerade dieser Zusammensetzung geben kann.«

Das Himmelsscheibengold kam nicht aus der Saale, nicht aus der Elbe und auch nicht aus der Donau. Jahre vergingen, ohne dass sich eine Spur fand. Was war das für ein verflixtes Gold? Wenigstens bekamen Leute wie Erich von Däniken nicht Wind von der vergeblichen Suche. Sie hätten sicher auf extraterrestrisches Gold getippt – von den Plejaden!

★★★

»Wir sahen uns in ganz Europa um«, erzählt Gregor Borg. »Jedoch waren wir sehr lange auf den Südosten fixiert: die Tauern, Böhmen, Rumänien.« *Ex oriente lux:* Das war ein Mantra der prähistorischen Archäologie. Nach Westen indes ging der Blick eher selten. Dass die Goldwäscher sich dort an die Arbeit machten, war nicht zuletzt dem Zufall geschuldet. Barbara Borg, Gregor Borgs Ehefrau, hat in England an der University of Exeter eine Professur für klassische Archäologie inne. Also begann sich ihr Mann bei seinen Besuchen für britisches Gold zu interessieren und wurde dort tatsächlich fündig. Analysen von Mikronuggets aus dem Carnon River passten. Nach fünfeinhalb Jahren des Suchens war das Rätsel gelöst. Das Gold der Himmelsscheibe stammte aus Cornwall.

»Da hätten wir früher draufkommen können«, sagt der Geologe heute mit einem Schmunzeln. Denn schon immer hatte man vermutet, dass das Zinn der Himmelsscheibenbronze aus Cornwall kommt. Gerade erst hatten Ernst Pernickas Untersuchungen zur Zinn-Isotopie das untermauert. Und schon bei den ersten Analysen hatte sich die starke Zinnkontamination des Himmelsscheibengoldes gezeigt.

Die Granite Cornwalls sind 300 Millionen Jahre alte monströse Magmablasen. Da Zinn ein inkompatibles Element ist, also keine Verbindung zu den meisten anderen Mineralien eingeht, sammelte es sich bei der Kristallisation in den Rest-Fluiden an, die in die Risse des bereits kristallisierten Gesteins flossen. Dort lassen sie sich bergmännisch abbauen, was im Mittelalter und in der Neuzeit auch gemacht wurde. Mit der Verwitterung gelangt aber auch oxidiertes Zinn, Kassiterit, in die Flüsse und sammelt sich als Schwermineral genauso wie das Gold in Fallensituationen an. Und aus den Flüssen war es um vieles leichter zu holen als aus dem Berg.

So löst sich das Rätsel des Himmelsscheibengoldes: Das Zinn wies auf Flussgold hin, das Silber auf Berggold. Dieses geologische Paradox erklärt sich in Cornwall. Das Gold war dort so zinnreich, weil es mit dem Zinn aus einem Fluss geholt wurde – aber aus einem ganz kurzen Fluss! Das Gold hat da keine langen Transportwege im Wasser hinter sich, weshalb das Silber nicht herausgewaschen war.

Tatsächlich reicht der Carnon River kaum mehr als zehn Kilometer ins Hinterland Cornwalls, größtenteils hat er eher das Etikett Bach denn Fluss verdient. Heute ist ein Teil des Tals vom Meer geflutet. Der Rest ist schon mehrere Male umgegraben worden. Bis ins 20. Jahrhundert wurden hier Zinn, aber auch Kupfer und Arsen industriell abgebaut. Seit 2006 gehört die Bergbaulandschaft Cornwalls zum Welterbe der UNESCO. Von dort stammen die Rohstoffe, die die industrielle Revolution in Großbritannien befeuerten. Das den Carnon umfassende Bergbaurevier galt im 19. Jahrhundert als die »reichste Quadratmeile der Welt«. Hier förderten Grubenarbeiter zeitweise zwei Drittel des Weltbedarfs an Kupfer zutage. Geblieben ist eine imposante postindustrielle Gespensterlandschaft voller Ruinen von Pumpen- und Maschinenhäuser, mitunter ragen bloß noch die Schornsteine wie Menhire in den Himmel. Sie zeugen von den Orten, wo Dampfmaschinen das Wasser aus der Tiefe pumpten. Hier und dort klaffen Grubenlöcher Höllenschlünden gleich im Boden. Wer dort an den Erzbrocken schnuppert, verzieht das Gesicht: Schwefel oder Arsen sorgen für einen so stechenden Geruch, als handle es sich tatsächlich um die Hinterlassenschaften des Leibhaftigen. Die Abraumhalden gleichen einer morbiden Dünenlandschaft. Kein Blatt sprießt da, zu hoch ist der Arsengehalt.

In der Bronzezeit, als der Meeresspiegel tiefer lag, ließ sich auf der gesamten Strecke des Carnons, der wildromantisch durch das Tal mäandert, das Zinn ohne großen Aufwand herauswaschen. Bisher ging man davon aus, Zinn sei das Hauptprodukt Cornwalls gewesen;

schließlich war die Nachfrage in den bronzehungrigen Zeiten enorm. Das Gold wäre in dieser Perspektive nur ein Nebenprodukt. Wenn man den schwärzlich grauen Zinnstein aus den Strudeltöpfen fischte, funkelten dazwischen immer wieder Goldnuggets wie Sterne am Nachthimmel. So betrieb man in Cornwall auch den Handel mit Gold, doch Zinn und Kupfer waren das Kerngeschäft.

Da aber neue Untersuchungen zeigen, dass auch die Goldartefakte Irlands nicht aus irischem, sondern aus Cornwall-Gold bestehen, lässt sich die Perspektive umkehren: Dann hatte man hier zuerst das jedem ins Auge springende Gold gewonnen und war bei der Goldsuche im Carnon auf den ähnlich schweren, doch optisch gänzlich unattraktiven Zinnstein gestoßen und fing mit dem Experimentieren an.

***

Als das Royal Cornwall Museum in Truro Gregor Borg eingeladen hatte, einen Vortrag über die neu entdeckte, fast 4000 Jahre alte Gold-Connection zwischen England und dem Kontinent zu halten, erhielt er einen Anruf. Courtenay V. Smale bat ihn um einem Besuch. Er sei der Kurator der Mineraliensammlung auf Caerhays Castle, er habe da etwas für ihn.

Caerhays Castle ist unter Park-Liebhabern legendär. Von einer atemberaubenden Meeresbucht führt der Weg durch sattgrüne Wiesen, über die Fasane flanieren, zum im Stil einer normannischen Burg erbauten Herrenhaus. Der Park beherbergt neben Hunderten von Rhododendren-, Azaleen- und Kamelienarten die größte Magnoliensammlung Großbritanniens. Doch das war nicht der Grund für Borg, die Einladung anzunehmen, etwas anderes begeisterte ihn. Caerhays Castle war seit mehr als 150 Jahren im Besitz der Williams-Familie, der seit dem 18. Jahrhundert bedeutende Minen und Schmelzhütten gehörten.

Tatsächlich waren die Williams' Herren über das Zinn, das Kupfer und das Gold Cornwalls gewesen. Und als solche waren sie nicht nur Gründungsmitglieder der Royal Geological Society of Cornwall; sie legten auch eine Mineralienkollektion an, die ihresgleichen suchte. Sie strotzte nur so vor farbenprächtigen Kupfermineralien aus den eigenen Minen. Auch beachtliche Zinnmineralien waren darunter, Kassiterite. Und wundervolle Aquamarine, Topase, Opale und Diamanten aus allen Winkeln des britischen Commonwealth.

1893 jedoch traf John Charles Williams' eine folgenschwere Entscheidung. Sein Herz schlug für Kamelien und Azaleen, die Gärten gingen ihm über alles, er finanzierte die legendäre China-Expedition der Pflanzenjäger Ernest Wilson und George Forrest. Also lud er Museen wie das Natural History Museum in London ein, sich aus der Mineralienkollektion die schönsten Stücke auszusuchen.

Während sich die Williams-Familie fortan aufs grüne Gold verlegte, versank die Mineraliensammlung im Dornröschenschlaf. Ihre Bestände wurden in allen möglichen Winkeln des Herrenhauses verstaut. Erst 2008 erweckte der heutige Besitzer, Charles Williams, den Edelsteinschatz aus dem Dornröschenschlaf. Er gab den Auftrag, die noch vorhandenen Bestände zu katalogisieren und eine Ausstellung der Familien-Mineralien zu organisieren. Eine Aufgabe, die Courtenay Smale übernahm, der Präsident der Royal Geographical Society of Cornwall, seit Kindheitstagen passionierter Mineraliensammler.

»Wenn Sie wüssten, was ich alles fand, und vor allem, wo ich es entdeckte«, erzählt der grauhaarige Smale lachend in der Bibliothek des Herrenhauses und reicht Kaffee. »Zwar gab es noch einige Mineralien, die in Glasvitrinen gezeigt wurden. Aber das allermeiste war nicht zu sehen.« Schätze ruhten in Schränken, Rumpelkammern, ein ganzer Juwelenhort im Keller. »Immer wieder machte ich neue Entdeckungen: Mineralien lagen in einer Kommode des Gemüseraums, noch mehr fanden sich im alten Kühlhaus, und selbst im Weinkeller waren welche.« Smale ist sich mittlerweile sicher, dass es sich nicht nur um die Reste der Sammlung handelt, zu spektakulär sind die Stücke. »Vermutlich hatten manche Familienglieder einiges versteckt, bevor die Museumskuratoren kamen.«

»Auch diese Schachtel habe ich gefunden.« Smale reicht Borg einen weißen Karton. In den einzelnen Fächern liegen Goldnuggets, je ein bis zwei Zentimeter groß und mehrere Gramm schwer. Fundstücke aus Cornwall, sicher auch aus dem Carnon. Smale zeigt eine Liste mit ersten Metallanalysen. Dabei springt der extrem hohe Silbergehalt von über 20, teils sogar 30 Prozent ins Auge. Borg muss nicht einmal zur Lupe greifen, um die kleinen schwarzen Einschlüsse in den Nuggets zu erkennen: »Kassiterit«, sagt Borg, »Zinnstein.«

Wenn solche Nuggets unter Sauerstoffabschluss geschmolzen werden – »da reicht schon ein Deckel auf dem Schmelztiegel oder die Holzkohle, die man wegen der Hitze darauf häuft« –, wird das Zinnoxid zu Zinn reduziert und kann sich mit dem Gold verbinden. »Das ist das Ungewöhnliche an Minen wie der Poldice Mine in Cornwall, dass dort Gold und Zinn vereint vorkommen«, sagt Borg. »In großen Flüssen finden Zinn und Gold aus verschiedenen Quellen zueinander, nur ist dann das Silber schon wieder weitgehend ausgewaschen. Wir haben lange nicht geglaubt, dass ein Fluss so kurz sein kann, dass sich die Primärvererzung, also auch Silber und Kupfer, noch in den Goldseifen findet.« Und der Kupfergehalt des Himmelsscheibengoldes überrascht ebenso wenig; Kupfer ist hier im Überfluss vorhanden. »Leuchtende Malachite und Azurite aus Cornwall haben wir ja gerade in den Vitrinen bewundern können.« Borg nimmt seinen ersten Schluck des längst erkalteten Kaffees und greift noch einmal zu der Schachtel mit Gold. »Diese Nuggets sind gewissermaßen die Smoking Gun für das Himmelsscheibengold, der Beweis für die Richtigkeit unserer Hypothesen.«

***

Auch das Himmelsscheibengold der Phase zwei, also des Horizontbogens und des Sterns Nummer 23, stammt aus Cornwall: Es war ebenso silberhaltig, nur minimal reicher an Zinn. Das weist auf eine andere Charge Gold hin. Dass dann der Schmied für die Sonnenbarke zu anderem Gold griff, hatte, wie es der Restaurator Wunderlich erklärte, vermutlich ästhetische Gründe. Mit seinen 14 Prozent enthält es deutlich weniger Silber als das Gold der anderen Phasen. Trotzdem passt sein immer noch hoher Silberanteil in das Spektrum des Carnon-Goldes. Das zeigt auch Courtenay Smales Nugget-Schachtel, die Gold in verschiedensten Silbervariationen zu bieten hat. Damit war also das Rätsel des Goldes gelöst.

8
Der Sternencode

Der Philosoph Walter Benjamin war es, der den Begriff der Aura populär machte. Er sprach von der »einmaligen Erscheinung einer Ferne, so nah sie sein mag«, die von Kunstwerken oder historischen Objekten ausgehe. Aura stammt aus dem Griechischen und bezeichnet »Luft« oder »Hauch«. Aura war die Göttin der Morgenbrise. Aura, das ist auch der Heiligenschein, das Charisma. Und in der Esoterik ist die Aura der Energiekörper des Menschen, den nur Empfindsame spüren. Aura ist also jener Zauber, der von Dingen in ihrer Einmaligkeit ausgeht. Etwas, das in unserem Zeitalter der technischen Reproduzierbarkeit, wie Benjamin es nannte, immer mehr verloren geht.

Welch einen besseren Beweis könnte es für die Aura der Himmelsscheibe von Nebra geben als die vielen Zuschriften, die das Museum erhält, ohne dass ein Ende in Sicht wäre. Ihre Aura scheint vor allem auf zwei Weisen zu wirken. Da ist einmal die Ästhetik. Menschen machen aus ihr Ohrringe, Schmuckbroschen oder Kettenanhänger. Selbst wunderschön geklöppelte Himmelsscheiben-Deckchen sind im Museum als Geschenk eingegangen. Und dann ist da ihre Rätselhaftigkeit. Die Scheibe ist ein Enigma, das gelöst werden will. Tatsächlich enthalten die meisten Zuschriften Deutungsvorschläge. Viele Briefe sind gespickt mit mathematischen Berechnungen. Der Rekord steht bei über 100 dicht beschriebenen Seiten voller Zahlenkolonnen. Ein pensionierter Tüftler hat die Himmelsscheibe in eine aufwendige hölzerne Mechanik mit zwei Getrieben integriert, durch die sich der Jahreslauf, die Mondphasen, Sonnenwenden, Tagundnachtgleiche und manches mehr berechnen lassen sollen.

Rätsel fesseln uns. Wir können nicht anders. Ob Sudoku, Kreuzworträtsel oder der *Tatort* am Sonntagabend: Es bereitet dem menschlichen Geist Lust, Dingen auf den Grund zu gehen, Muster zu erkennen, Zusammenhänge aufzuspüren. Die amerikanische Psychologin Alison Gopnik hat dazu einen Aufsatz mit dem bemerkenswerten Titel »Explanation as Orgasm and the Drive for Causation« geschrieben.

Darin legt sie dar, dass Menschen einen angeborenen Erklärungstrieb besitzen und unser Körper uns, wenn wir ein Rätsel, ein Problem lösen, mit einer vollen Dosis Glücksgefühl belohnt.

Und lehrt die Geschichte nicht: Wer ein Rätsel von Format löst, dem winkt Ruhm? Ödipus brüskiert die Sphinx und wird zur Belohnung König von Theben. Von Jean-François Champollion, der das Geheimnis der Hieroglyphen lüftete, hören die Kinder noch 200 Jahre später in der Schule. Und die »Codebreaker« um Alan Turing, die den »Enigma«-Code der Nazis knackten, sind bis heute Nationalhelden in Großbritannien.

Daraus speist sich auch die Attraktion der Archäologie. Sie ist die Rätselwissenschaft par excellence, ihre spektakulärsten Stücke bergen alle ein Geheimnis. Warum musste Tutanchamun jung sterben? Wer erschoss Ötzi? Wozu diente Stonehenge? Gab es den Trojanischen Krieg wirklich? Zeigt das Grabtuch von Turin tatsächlich den Leib des gekreuzigten Jesus Christus? Und was ist die Botschaft der Himmelsscheibe von Nebra?

Archäologie und Astronomie, Ästhetik und Enigma – das sind die Zutaten, die das Erfolgsrezept der Himmelsscheibe ausmachen. Sie erklären, warum sich so viele Menschen von einem über 3600 alten Stück Bronze in den Bann gezogen fühlen und viel Zeit investieren, um sich mit ihm auseinanderzusetzen. Die Zuschriften sprechen eine deutliche Sprache. Alle werden übrigens im Hallenser Museum geprüft. Und das zu Recht: Denn per Post traf auch die Interpretation des Astronomen Rahlf Hansen vom Planetarium Hamburg ein. Und die hatte es in sich.

***

In Sachen Himmelsscheibe stand eine Frage lange unbeantwortet im Raum. Die Urversion der Himmelsscheibe, der zufolge der Mond in Kombination mit den Plejaden Anfang und Ende des landwirtschaftlichen Jahres signalisierte, zeigte genau genommen Allerweltswissen. »Das wusste jeder Bauer«, befindet auch Wolfhard Schlosser. Dafür nahm doch niemand die Mühen und Kosten auf sich, einen solch erstaunlichen Gegenstand herzustellen. Immerhin steckten knapp

32 Gramm Gold in der Scheibe. Sollte sie nicht entsprechend kostbares Wissen bergen?

Gleich vielen Astronomen brütete auch Rahlf Hansen vom Planetarium Hamburg über dem bronzezeitlichen Himmelsbild. Wie bei einem Rebus sei es gewesen, einem Bilderrätsel, wie man es aus Zeitschriften kennt, erzählt der Astronom später. Man muss sich auf die verschiedenen Bildelemente einen Reim machen. Und dazu gilt es, den Schlüssel zur Lösung zu entdecken. Hansen beschränkte sich dabei ganz auf das Urbild, also ohne die Horizontbögen und die Sonnenbarke; die waren später hinzugefügt worden.

Oft liefert eine Merkwürdigkeit den ersten Hinweis, das wusste Hansen. Und merkwürdig war der Sichelmond. Der war seltsam dick, geradezu plump in seiner Gestalt. Der zunehmende Mond wird sonst als schlanke, elegante Sichel dargestellt. Das hier wirkte unbeholfen und passte nicht recht zur Schönheit des restlichen Bildprogramms. Warum?

Dass es der Schmied besser gekonnt hätte, steht außer Frage. Ihm ging es aber nicht um Ästhetik, sagte sich Hansen, sondern – worum dann? Um astronomische Präzision, war die einleuchtende Antwort. Der Schmied hatte genau einen Mond dieser Dicke im Sinn – und nicht eine möglichst hübsche Mondsichel.

Die Dicke des Mondes steht für sein Alter. Wenn der Mond das erste Mal nach dem Neumond wieder am Himmel sichtbar wird, ist er zwischen 1,5 und 2,5 Tage alt. Mit diesem Neulicht beginnt jeder Monat. Hansen also vermaß nun die Sichel und setzte ihre Dicke in Relation zu ihrem Durchmesser als voller Mond. Das Ergebnis: Die Dicke der Himmelsscheibensichel weist auf ein Alter von etwa 4,5 Tagen hin, und damit ist diese Mondsichel älter (und eben dicker) als der 1,5 bis 2,5 Tage alte Neulichtmond. Was könnte das bedeuten?

Hansen wälzte Werk um Werk der Astronomie. Im MUL.APIN schließlich wurde er fündig. Das ist ein Konvolut babylonischer Keilschrifttexte aus dem 7. bis 3. Jahrhundert vor Christus. In ihm waren astronomische Beobachtungen und Analysen aus Mesopotamien zusammengetragen, die teils viel älteren Ursprungs waren. »Dort stieß ich auf den Hinweis«, erzählt Hansen, »dass man im ersten Monat des Jahres, im Frühlingsmonat, der den Namen ›Nisannu‹ trug, auf die

Mondsichel und die Plejaden achten sollte.« Konkret stand dort: Wenn sich am 1. Nisannu Mond und Plejaden in Konjunktion befanden, also nahe beieinanderstanden, dann war mit diesem Jahr alles in Ordnung. Zeigte sich der Mond aber erst am 3. Nisannu bei den Plejaden, war dieses Jahr ein Schaltjahr. Dann musste ein Schaltmonat eingefügt werden. Hansen staunte! Sollte dies das Geheimnis der Himmelsscheibe sein? Codierte sie eine Schaltregel, mit der sich der ungleiche Verlauf des Mond- und des Sonnenjahres überbrücken ließ?

Es ist das Urproblem allen Kalendermachens: Sonne und Mond gehorchen nicht demselben Rhythmus! Erst einmal verwunderte es die Menschen, dass die Gestirne des Tages und der Nacht nicht harmonierten. Dabei liefert die Sonne das Jahr und den Tag, der Mond den Monat und die Woche. Doch die gingen nicht synchron. Ein synodischer Monat, das ist der Abstand von Neulicht zu Neulicht oder Vollmond zu Vollmond, dauert rund 29,5 Tage; ein Mondjahr währt also ungefähr 354 Tage. Das sind gut elf Tage weniger als ein Sonnenjahr. Deshalb wandert der islamische, auf dem Mondkalender beruhende Fastenmonat Ramadan über die Jahre hinweg von Jahreszeit zu Jahreszeit.

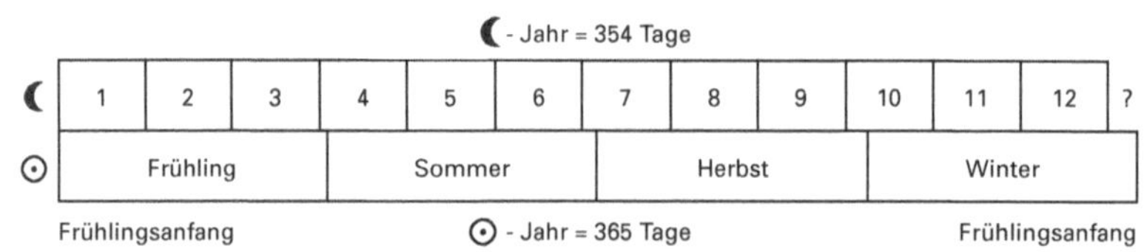

***Aus dem Takt geraten:** Seit alten Zeiten ist es die hohe Kunst des Kalendermachens, das Mondjahr mit dem elf Tage längeren Sonnenjahr in Einklang zu bringen.*

Auch in Babylon wurde ein Kalender angewendet, der auf der Beobachtung der wechselnden Gestalt des Mondes basierte. Um das Mondjahr mit dem Sonnenjahr in Einklang zu halten, also dafür zu sorgen, dass der Frühlingsmonat nicht in den Herbst wanderte, mussten Schaltmonate eingefügt werden: bei elf Tagen Differenz zwischen Mond- und Sonnenjahr im Schnitt alle drei Jahre einer. Das MUL.APIN formulierte hierfür nun eine feste, beobachtungsbasierte Regel, nach der das verlässlich zu gewährleisten war: Wenn der Mond erst am 3. Nisannu bei den Plejaden erschien – dann war er also schon zwei Tage älter und dicker als der Neulichtmond –, war dies das Signal des Himmels, einen Schaltmonat einzuschieben. Erschien der Mond aber am 1. Nissanu als dünner Neulichtmond, dann war das Jahr noch im Takt, und es brauchte keinen Schaltmonat.

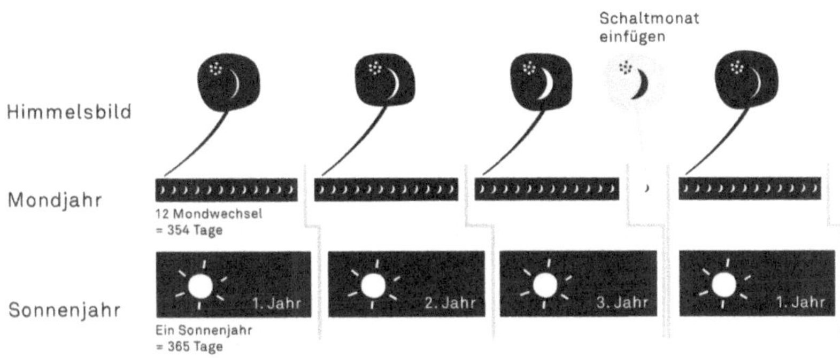

Auf die Dicke kommt es an: *Jedes Frühjahr zieht die Mondsichel in zunehmender Dicke an den Plejaden vorbei. Wird sie so dick, wie auf der Himmelsscheibe dargestellt, muss ein Schaltmonat eingefügt werden, um Sonnen- und Mondjahr synchron zu halten.*

Auf diese Weise ließen sich Mond- und Sonnenjahr verlässlich in Einklang halten: »Ein solcher lunisolarer Kalender kombinierte die Vorteile beider Systeme«, erklärt Hansen. Die wechselnde Gestalt des Mondes erlaubte eine leichte Einteilung des Monats in Wochen und lieferte mit dem Neulicht ein markantes Signal für den Monatsanfang. Der Sonnenkalender ist dagegen für die Ackerbauern unverzichtbar, weil er sich im Einklang mit den Jahreszeiten befindet.

Hansen grübelte. Konnte das wirklich sein? Sollte in der Himmelsscheibe tatsächlich Wissen stecken, das sich 1000 Jahre später in einer Hochkultur Mesopotamiens erstmals schriftlich fassen lässt?

***

Hansen beschloss, der Schaltregel-Spur zu folgen – in der Hoffnung, dass sie ihn zur Lösung des Himmelsscheiben-Bilderrätsels führte. Wenn also die Dicke des Mondes und seine Stellung zu den Plejaden kein Zufall waren, war es nicht abwegig, auch hinter der Zahl der Sterne eine Absicht zu vermuten. Auf der Urversion der Scheibe waren 32 Goldsterne angebracht. Und tatsächlich, jetzt fügte es sich: Wenn man von jenem Neulichtmond aus zählt, auf den einen Monat später das Neulicht folgt, das den Frühlingsmonat Nissanu einläutet, und es vergingen 32 Tage, bis Mond und Plejaden zusammenstanden, war man wieder am 3. Nissanu und musste einen Schaltmonat einfügen. Es ging um das gleiche Prinzip wie mit der Sicheldicke, sie war nur auf eine zweite Weise verschlüsselt. Aber nicht, weil doppelt nun mal besser hält, sondern weil die 32 Tage einen zusätzlichen Bezugspunkt lieferten, eine alternative Berechnungsmöglichkeit für den Fall, dass den frühen Astronomen wieder einmal ihr ärgster Feind das Leben schwer machte: das schlechte Wetter. Bei Wolkendecke war ein Neulicht nicht auszumachen – und deshalb begann man schon vorsichtshalber im Vormonat mit dem Zählen, um so die Konstellation von Mond und Plejaden nicht zu verfehlen. Ganz sicher war das auch nicht, aber es erhöhte die Trefferwahrscheinlichkeit. Eine wirklich beachtliche intellektuelle Leistung: Das Rezept, den jährlichen Rhythmus der beiden wichtigsten Himmelskörper Mond und Sonne in Harmonie zu bringen, war also gleich zweifach auf der Himmelsscheibe codiert – und zwar ebenso einfach wie elegant!

***

Diese Erkenntnis lässt auch das goldene Rundobjekt auf der Himmelsscheibe in neuem Glanz erstrahlen. Halten wir noch einmal fest: Sonnen- und Mondjahr sind synchron, wenn im Frühjahr bei den Plejaden eine neue dünne Sichel erscheint; ist sie zu dick, also der Mond zu alt, dann sind Sonnen- und Mondjahr zu sehr auseinandergedriftet und müssen wieder per Schaltmonat in Einklang gebracht werden. Spannend dabei: Während die Sichel den Frühlingsmonat einleitete, signalisierte zur Zeit der Himmelsscheibe der zwölf Tage später auftretende Vollmond den eigentlichen Frühlingsbeginn. In vielen Kulturen begann mit dem Vollmond zum Frühlingsanfang das Sonnenjahr. Das runde Objekt auf der Scheibe könnte also einen Doppelcharakter besitzen, formulierte Hansen als These. Es kann den Vollmond symbolisieren, mit dem das Sonnenjahr begann, oder eben die Sonne, die an diesem Tag ihren neuen Lauf durch das Jahr startet. Dazu passt, dass der Goldkreis als einziges Objekt einen feinen, nur bei näherer Betrachtung erkennbaren Strahlenkranz besitzt. Ob es sich bei dieser Korona um Sonnenstrahlen oder eine Akzentuierung des leuchtenden Vollmondes handelt, bleibt offen und passt zum Doppelcharakter des runden Goldobjekts.

Und noch eine in dieser Argumentationslinie liegende Deutungsoption fiel Hansen auf: Geht es hier wirklich um die Verschaltung von Mond- und Sonnenjahr, erscheint es nicht abwegig, dass die 32 Sterne 32 Sonnenjahre symbolisieren, die – und dafür muss man den großen Goldkreis als weiteren Punkt hinzuzählen – 33 Mondjahren entsprechen. Und das passt bestens: Die Ungenauigkeit beträgt für gerundete Werte von 29,5 Tagen für den Monat und 365 für das Sonnenjahr lediglich zwei Tage: 11 680 zu 11 682 Tagen.

»Die astronomischen Deutungen von Wolfhard Schlosser«, sagt Hansen, »behalten dabei im vollen Umfang ihre Gültigkeit.« Der große Kreis zeige, wenn er als Vollmond interpretiert wird, in Nachbarschaft zu den Plejaden im Oktober das Ende des bäuerlichen Jahres an.

***

Das waren sensationelle Erkenntnisse: Sollte Hansen recht haben, hat man hier im dunklen Herzen Europas viele Jahrhunderte früher als im Orient raffinierte Gesetze der Himmelsmechanik zwar nicht zu Papier, wohl aber auf Bronze gebracht. Das wäre etwas, das völlig über den bisherigen Erwartungshorizont in Sachen kultureller Kompetenzen der europäischen Frühbronzezeit hinausginge. Ist das wahrscheinlich?

Rahlf Hansen glaubt, dass die Himmelsscheibe importiertes Wissen dokumentiert: »Dass man diese Schaltregel, die auf einer langen Beobachtungstradition des Himmels basierte, in einer schriftlosen Kultur entwickelte, erscheint unwahrscheinlicher als die These, dass eine Verbindung nach Mesopotamien dieses Wissen brachte.« Wir hätten es also mit einem Wissenstransfer zu tun.

Im Mitteleuropa der Frühbronzezeit fehlte aller Wahrscheinlichkeit nach die Tradition der kontinuierlichen Mondbeobachtung; der oft wolkenverhangene Himmel war nicht gerade förderlich (auch wenn hier im Regenschatten des Harzes die Bedingungen dafür deutlich besser waren als an den meisten anderen Orten Mitteleuropas). Schätzungen besagen, es hätte mindestens 40 Jahre kontinuierlicher Observation bedurft, um die entsprechenden Schlüsse zu ziehen – was sofort die Frage aufwirft: Wie hätten die Beobachtungsergebnisse protokolliert und archiviert werden können in einer – nach allem, was wir wissen – schriftlosen Kultur?

Doch die Annahme, dass ein Mensch vor gut 4000 Jahren den beschwerlichen, weiten Weg in den Orient bewältigte – ist das nicht ähnlich undenkbar? Andererseits zeigen uns schon die bisherigen Forschungsergebnisse in Sachen Himmelsscheibe, dass es Kontakte bis nach England und wohl auch in die Ägäis gab. Auch dort hätte jemand mesopotamisches Wissen erfahren können. Der faszinierenden Frage, ob wir es mit einem Marco Polo der Bronzezeit zu tun haben, werden wir noch auf den Grund gehen. An dieser Stelle wollen wir Hansens Argumentation folgen, dass die Himmelsscheibe importiertes Wissen dokumentiert, liefert sie uns doch eine überzeugende Erklärung für deren so erstaunlich rationale Bildgestalt.

Der Schöpfer der Himmelsscheibe hat also, so die Hypothese, auf einer Reise in den Orient – oder vielleicht auch von einem gelehrten Reisenden aus dem Orient in einer Hafenstadt des östlichen Mittelmeers – von dieser Regel Kenntnis erhalten. Da er über keine Schrift verfügte, konnte er nicht anders, er musste sich ein Bild machen. Damit wäre die Himmelsscheibe, so Hansen, ein »Memogramm«, eine bildgestützte »Erinnerungshilfe«. Und dem entspricht die nüchterne Kompaktheit der Darstellung. Wäre dieses astronomische Wissen nämlich in Mesopotamien selbst in einem Bild festgehalten worden, wäre das wohl auf traditionelle, eher mythologische Weise geschehen. »Da aber die mesopotamischen Götter in Mitteleuropa unbekannt waren, machte es keinen Sinn, sie abzubilden.«

Da es sich um fremdes Wissen handelte, das aus einer Kultur in eine völlig andere transferiert wurde, war es umgekehrt unmöglich, es in einheimischer Weise abzubilden. Deshalb finden sich weder typische Ornamente der europäischen Bronzezeit noch Hinweise auf hiesige Götterwelten auf der Urversion der Himmelsscheibe. Das rationale Wissen der Schaltregel war schlicht nicht übersetzbar, es verlangte nach einer rationalen, also realistischen Darstellung. Was also blieb anderes übrig, als die Abbildung auf die Himmelsfakten zu reduzieren?

Deshalb die plakative Einfachheit von Sonne, Mond und Sterne. Deshalb auch können wir noch 3600 Jahre später mit relativ geringem Aufwand die astronomische Botschaft dieses bronzezeitlichen Memogramms entschlüsseln. Es ist das in der Einleitung vorgestellte Flaschenpost-Prinzip: Auch die Golden Record oder die Pioneer-Plaketten bedienten sich für ihren interstellaren Wissenstransfer einfachster naturalistischer Darstellung. Piktogramme kommen überall dort zum Einsatz, wo Verständlichkeit über Sprachgrenzen hinaus gewährleistet werden soll. So einfach aber die Darstellung der Himmelsscheibe, so aufwendig ihre Gestaltung in Gold und Bronze, schließlich handelte es sich um kostbarstes Wissen aus der Ferne.

Nicht zuletzt die Kompaktheit seiner Argumentation stützt die Thesen des Hamburger Astronomen. Hansens Deutung liefert Erklärungen für die Dicke der Mondsichel, die Anzahl der Sterne, die Plejaden, die vergrößerte Darstellung des Sichelmondes und die Korona um den Vollmond, die ihn zugleich zur Sonne werden lässt. »Damit sind alle Objekte der Originalversion der Himmelsscheibe von Nebra in die Erklärung einbezogen«, sagt Hansen, »es bleibt kein Rest.« Rätsel gelöst?

9
Kalenderkünste

Wenn der Hamburger Astronom Rahlf Hansen das Rätsel der Sternenbotschaft gelöst haben sollte, hat er damit nur ein noch viel größeres Rätsel in die Welt gesetzt. Eine Schaltregel, die das Mond- und das Sonnenjahr miteinander verknüpfte, die aber erst gut 1000 Jahre später in einer Hochkultur beschrieben wurde – was sollte die hier verloren haben? Die Forschung geht traditionell von agrarischen Stammesgesellschaften für die frühe Bronzezeit in Mitteleuropa aus. Welcher Bauer, welcher Häuptling sollte dieses komplexe Wissen in einem genialen Bild aus Gold und Bronze codiert haben, das in seiner Eleganz fast wie ein prähistorischer Vorgänger von Einsteins $e = mc^2$ anmutet?

Eine Bauerngesellschaft verfügte weder über die Expertise noch die nötigen Mittel, die es für eine solche Wissensproduktion brauchte. Vor allem hatte sie gar keinen Bedarf an einem ausgeklügelten Lunisolarkalender, der auf einer geradezu gesetzmäßigen Regulierung beruhte. Der Astronom Wolfhard Schlosser trägt das Problem in eher verklausulierter Form vor: Rahlf Hansens These setze »unausgesprochen voraus, dass dem bronzezeitlichen Menschen in Mitteldeutschland am Ausgleich von Sonnen- und Mondjahr gelegen war, dass er deren Längen und Startzeitpunkte also bereits gut gekannt haben muss«. Fragt man den Astronomieprofessor ganz konkret: »Herr Schlosser, brauchten die Bauern eine solche Schaltregel?«, entgegnet er: »Nein, sie brauchten keine Schaltregel. Aufgrund des Sonnenlaufs und der Sternenauf- und -untergänge konnten die Bauern seit alters sagen: Jetzt ist es sinnvoll zu säen.«

Die Bauern brachten das Mondjahr, wenn sie es denn benutzten, einfach nach Sicht und Bedarf mit dem Sonnenjahr in Einklang. Die ethnografischen Befunde sprechen eine deutliche Sprache: »In den noch in der ersten Hälfte des 20. Jahrhunderts untersuchten oralen Gesellschaften Afrikas, Asiens oder Ozeaniens erfolgt die kalendarische Orientierung an Folgen von Phänomenen aus den Bereichen des Wetters und der Wachstumsphasen von Pflanzen, vor allem Kulturpflanzen«, schreibt der Historiker Jörg Rüpke in seiner Kulturgeschichte des Kalenders *Zeit und Fest*. »Der Bezug auf die eigene Lebensgrundlage und landwirtschaftliche Produktion ist überall deutlich zu erkennen, im Fall von Fischergesellschaften kann sich die Jahresgliederung auch an der jährlichen Wanderung und Ankunft bestimmter Fische orientieren.« Es gehe nie darum, präzise Kalender zu entwickeln, sondern darum, die Abfolge wirtschaftlicher und sozialer Aktivitäten wie Feste benennen zu können und sie in Einklang mit dem Sonnenjahr zu bringen. »Dabei ist es viel wichtiger, die richtige Wetterperiode als das richtige abstrakte Datum zu treffen.« Informelle Regelungen kennt man aus vielen Kulturen. Die Mursi etwa, ein nomadisches Volk von Hackbauern und Rinderzüchtern im Südwesten Äthiopiens, machen das heute noch so. Oft wird nach langer Diskussion einfach darüber abgestimmt, ob nun ein Zusatzmonat einzuschieben sei oder nicht.

Wenn also das elaborierte Wissen der Himmelsscheibe nicht recht in die hiesige bronzezeitliche Welt zu passen scheint, bleiben uns zwei Optionen. Erstens: Die Scheibe ist gar nicht von hier. Dagegen aber sprechen die Herkunft ihrer Materialien und die von der Ausrichtung ins heutige Mitteldeutschland passenden Horizontbögen. Option zwei macht die Himmelsscheibe zur Provokation: Dann ist das Verständnis, das wir von unserer eigenen Vergangenheit haben, verkehrt! Dann können wir es hier nicht mit einer simplen Bauerngesellschaft zu tun haben. Und damit wären wir bei der nächsten Rätselfrage: mit was aber dann?

***

Um zu beurteilen, welcher gesellschaftlichen Voraussetzungen es bedurfte, um solches Wissen zu kultivieren, wie es die Plejadenregel dokumentiert, werden wir uns nun dort umschauen, wo dieses Wissen tatsächlich existierte. Wie hielten es die Kulturen Mesopotamiens mit dem Kalender? Und wie mit den Schaltregeln?

Seit dem vierten vorchristlichen Jahrtausend gab es dort erste Staaten, die Reiche der Akkader, Babylonier, Assyrer wechselten sich ab. Die Erfindung der Keilschrift, die zunächst reine Verwaltungsfunktionen erfüllte, trug ihren Teil zur kulturellen Blüte bei. Bereits im dritten vorchristlichen Jahrtausend hatte sich dort die Praxis etabliert, den zwölf Monaten des Mondjahres gelegentlich einen Schaltmonat hinzuzufügen.

Für den Mondkalender war der Mond unter ständiger Beobachtung zu halten. Ein Monat begann, wenn im Westen kurz nach Sonnenuntergang nach einem Neumond wieder die neue Sichel am Himmel erschien. Um herauszufinden, ob der aktuelle Monat 29 oder 30 Tage währte, musste am Ende des Zyklus der Himmel genau inspiziert werden, um das Auftauchen der neuen Sichel zu registrieren. Erst dann wusste man definitiv, wie viele Tage der zurückliegende Monat gedauert hatte.

Durch das konstante Ausschauhalten nach dem Neulicht registrierten die Beobachter jede Auffälligkeit in der Nähe des Mondes. Deshalb wird ihnen auch sein Wechselspiel mit den Plejaden nicht unbemerkt geblieben sein, wie es sich im ersten Jahrtausend vor Christus im MUL.APIN-Konvolut astronomischer Erfahrungssätze niedergeschlagen hatte und das Rahlf Hansen auf der Himmelsscheibe identifizierte.

Entscheidend für uns ist aber: Trotz des vorhandenen Wissens wendete man in Mesopotamien keine festen Schaltregeln an. Für das frühe 2. Jahrtausend vor Christus – die Zeit der Himmelsscheibe – liegen Hinweise auf sehr unregelmäßige Schaltungen vor. Drei, ja manchmal vier Jahre hintereinander musste jedes Jahr ein zusätzlicher Monat eingeschaltet werden, um dafür zu sorgen, dass der Frühlingsmonat auch wirklich im Frühling stattfand. Mond- und Sonnenjahr gerieten mitunter gewaltig aus dem Tritt.

Ab der Mitte des 8. vorchristlichen Jahrhunderts haben wir eine annähernd vollständige Übersicht über alle Schaltmonate. Dabei zeigt sich, dass mit den Jahrhunderten das Schalten immer regelhafter geschieht und sich erst 8-, später 19-Jahres-Zyklen herauskristallisierten. Seit der Herrschaft des Perserkönigs Xerxes (519–465 vor Christus) hatte sich dann der Letztere endgültig durchgesetzt. Er orientierte sich nicht an den Plejaden, sondern operierte mit sieben Schaltmonaten, die auf 19 Jahre verteilt wurden: 235 Mondmonate entsprechen bis auf einen Fehler von zwei Stunden und fünf Minuten

19 Sonnenjahren. Heute ist dieser Zyklus nach dem Athener Astronomen Meton benannt (auch wenn der ihn gar nicht erfunden hat).

Halten wir kurz inne: Erst Mitte des ersten Jahrtausends vor Christus sah man an Euphrat und Tigris die Notwendigkeit, eine feste Schaltregel zu installieren. Da ruhte die Himmelsscheibe schon 1000 Jahr in der Erde des Mittelberges. So eine Schaltregel scheint also keine Killerapplikation gewesen zu sein! Obwohl sie längst bekannt war, verzichtete selbst eine der entwickeltsten Hochkulturen der Welt auf ihren Einsatz. Warum?

Einmal, weil auch für die Bauern der Hochkulturen Ähnliches galt, wie wir es bereits für ihre europäischen Kollegen beschrieben haben. Der Wissenschaftshistoriker Bartel Leendert van der Waerden hat es so formuliert: »Ebenso wie in Ägypten das landwirtschaftliche Jahr mit dem Morgenerst des Sirius anfing und ebenso wie Hesiodos sein Bauernjahr durch Sternphasen und Sonnenwenden gliederte, so wird auch in Babylonien der Bauer auf gewisse jährlich wiederkehrende Himmelserscheinungen geachtet haben, die ihm z. B. den Anfang der Regenzeit im Voraus ankündigten.«

Der planwirtschaftlich arbeitenden Verwaltung dagegen war die Unberechenbarkeit eines unregelmäßig geschalteten Jahres ein Dorn im Auge. Das galt schon für den unvorhersehbaren Wechsel der Monatslänge, die mal 29, mal 30 Tage dauerte. Der Assyriologe Stefan Maul erklärt, wie man sich behalf: »Rechnungsführer, die für die langfristige Planung von Arbeitseinsätzen, für Lohnzahlungen, Rationenzuteilungen und Geldgeschäfte zuständig waren, hatten schon im dritten vorchristlichen Jahrtausend ein für administrative Belange geltendes Verwaltungsjahr durchgesetzt, das ganz unabhängig vom Lauf des Mondes aus zwölf Monaten mit jeweils 30 Tagen bestand.« Solch ein 360-Tage-Jahr ist der Traum eines jeden Bürokraten. Kein Wunder, dass hier eine der dauerhaftesten Traditionen der Weltgeschichte begründet wurde. Im Bankwesen gilt noch heute: Ein Monat hat 30, ein Jahr 360 Tage.

Dieser Verwaltungskalender zeigt, dass es staatlicherseits ein ausgeprägtes Bedürfnis nach kalendarischer Regelmäßigkeit gab. Warum also verweigerten sich Assyrer und Babylonier trotzdem einer einheitlichen Schaltregel? Einen Extramonat einzuschieben ist eben alles andere als eine rein astronomische Angelegenheit. Das hat Konsequenzen für alle Bereiche des Alltags. Feste mussten verschoben, Dienstzeiten an Tempeln verlängert werden, Steuern und Tribute drohten einen Monat später einzutreffen. Welch eine sensible Angelegenheit das war, zeigt eine Anweisung des babylonischen Königs Hammurapi aus dem 18. Jahrhundert vor Christus. Er ordnete einen Schaltmonat an, verfügte aber zugleich, die Tribute dafür einen Monat früher abzuliefern.

Die Herrscher waren es, sagt der britische Astronomiehistoriker John Steele, die sich sperrten, die Macht über den Kalender in die Hände der Experten zu legen. Sie wollten weiterhin je nach Belieben einen Schaltmonat anordnen können oder eben nicht – damit die Gelder flossen, wenn sie dieser bedurften. Erst als sich die orientalischen Reiche zu Imperien wie dem der Perser auswuchsen und dazu immer größere Bürokratieapparate entstanden, sahen die Könige ein, dass es die Effektivität des Staatsbetriebs steigerte, wenn man sich auf einen sauber prognostizierbaren Jahresverlauf verlassen konnte, der nicht durcheinandergewirbelt wurde, nur weil der Monarch ganz dringend auf das Eintreffen der Tribute angewiesen war. So etablierte sich im Lauf des ersten Jahrtausends vor Christus zur Freude der Händler und Bürokraten, der Priester und Diplomaten ein regelmäßiger Schaltzyklus. Trotzdem blieb es immer das Vorrecht des Königs, offiziell die Einfügung eines Schaltmonats zu verfügen. Der Herrscher beugte sich also nicht den Experten; die Größe und Komplexität des Reichs waren es, die diesen Rationalisierungsschub nötig machten und dazu führten, dass der Herrscher seine Selbstherrlichkeit ein Stück weit aufgab.

***

Eine allgemeine Lehre daraus zu ziehen ist nicht leicht. Zuallererst lässt sich mit Clive Ruggles, dem Herausgeber des monumentalen *Handbook of Archaeoastronomy and Ethnoastronomy*, feststellen, dass das Wissen um Schaltregeln allein dort auftauchen kann, wo die dafür notwendigen astronomischen Beobachtungen nicht nur dauerhaft und systematisch durchgeführt wurden, sondern auch ein stabiles Darstellungssystem existierte: »Das macht eine soziale Hierarchie nötig, die spezialisierte Astronomen unterhalten kann, die aber auch stabil genug ist, dass deren Aufzeichnungen bewahrt und über Generationen hinweg gelesen werden können.« Ob es dafür unbedingt der Schrift bedarf, hält Ruggles für »diskutabel«.

Dann ist zu konstatieren, dass – so zeigt es das Beispiel Mesopotamien – die Existenz einer fortschrittlichen Idee, wie einer astronomisch basierten Schaltregel, längst nicht heißt, dass sie auch angewendet wird. Sacha Stern weist in *Calendars in Antiquity* darauf hin, dass die Evolution des Kalenderwesens wenig mit dem zu tun hat, was man wissenschaftlichen Fortschritt nennt, und untermauert das mit dem Verweis, dass selbst griechische Städte wie Athen, in denen astronomisches Wissen leicht verfügbar war, »stur ihrem flexiblen, aber unvorhersehbaren Mondkalender treu blieben bis an das Ende der Antike«.

Ohnehin herrschte ausgerechnet im gerne als Geburtsstätte der Wissenschaft gefeierten Griechenland in Sachen Kalender ein »Tohuwabohu«. Das sagt der Historiker Alexander Demandt. »Die Zahl der griechischen Kalender dürfte dreistellig gewesen sein, näher bekannt sind 77.« Dabei wäre ein gemeinsamer Kalender durchaus wünschenswert gewesen, um etwa die Termine der panhellenischen Spiele bekannt zu geben. »In Olympia fanden sie im Hochsommer statt und endeten unter einem Vollmond«, sagt Demandt. »Welcher das sein würde, mussten die Festboten verkünden, die zuvor in alle Welt verschickt wurden.«

Vernünftig zu sein reicht allein also nicht. Es muss sich lohnen! Auch Sacha Stern konstatiert, es sei naiv, Kalendergeschichte als rein mathematisch-astronomische Frage zu betreiben. Hier geht es um Sozialgeschichte. Kalender sind eine Frage der Macht. Es geht darum, wer das Regime über die Zeit innehat.

Was bedeutet das alles für die Himmelsscheibe? Allein der Umstand, dass sich in Mitteldeutschland vor über 3600 Jahren eine verlässliche Schaltregel findet, impliziert, dass wir es hier nicht einfach nur mit einer lockeren, von Häuptlingen angeführten Bauerngesellschaft zu tun haben können. Eine solche hätte weder einen Bedarf an, noch überhaupt ein Bewusstsein für solch komplexes astronomisches Wissen besessen; ganz zu schweigen von den fehlenden Möglichkeiten, es zu gewinnen. Es müssen also gesellschaftliche Strukturen vorhanden gewesen sein, die eine rationale Verwaltung nötig machten. Es muss, in welcher Form auch immer, Institutionen und Experten gegeben haben. Sie erst führten dazu, dass der erste Schöpfer der Himmelsscheibe einen Nutzen der Plejadenregel gesehen haben könnte, der es wert war, sie in Stein zu meißeln, Pardon, in Bronze zu schmieden.

Verwaltung und Experten verweisen aber auf die Existenz eines Staatswesens. Vor gut 4000 Jahren mitten in Europa? Ein Ding der Unmöglichkeit, sagen die Wissenschaftler. Sieht man vom römischen Imperium ab, gab es bis zum Mittelalter nördlich der Alpen dergleichen nicht. Das ist die Lehrmeinung. Muss sie revidiert werden?

Nun haben wir aber auch beobachtet: Das vorhandene Kalenderwissen wird in den antiken Kulturen gar nicht konsequent angewendet. Der Verwaltung erscheint es zwar nützlich, aber im politischen Alltag dient es nicht den Interessen der Herrscher, es schränkt deren Macht ein. Erst wenn ihre Reiche so groß werden, dass sie nicht mehr ohne einen nach rationalen Prinzipien organisierten Staatsapparat auskommen, ändert sich das. Was also bedeutet das für uns? Sind wir auf der falschen Fährte?

Vielleicht aber sind wir auch nur blind. Vielleicht nehmen wir mit unseren modernen Scheuklappen nur einen Teil der historischen Wirklichkeit wahr. Kalender sind für uns so selbstverständlich, dass damit bereits alles erklärt zu sein scheint. Wir sehen, dass die Plejadenregel dazu taugt, Mond- und Sonnenjahr zu synchronisieren, und setzen deshalb einfach voraus, dass sie auch kalendarisch angewendet, ja, dass sie allein aus kalendarischen Bedürfnissen heraus gewonnen wurde. Damit haben wir aber den zweiten Schritt vor dem ersten gemacht. Wir reduzieren die Himmelsscheibe auf einen einzigen Nutzen und erklären diesen dann zum Grund, warum sie überhaupt geschaffen wurde. Da aber vieles dafür spricht, dass die Schaltregel gar nicht genutzt wurde, erscheint es nicht unwahrscheinlich, dass wir einen entscheidenden Punkt bisher übersehen haben. Machen wir nun also den ersten Schritt, dafür müssen wir der Himmelsscheibe ihren Zauber zurückgeben.

10
»Ihr Atem ist der Tod«

Ein Phänomen, mit dem wir es in diesem Buch noch öfter zu tun haben werden, ist die Entzauberung der Welt. Der Soziologe Max Weber sah in ihr eine Konsequenz der Rationalisierung. Dort, wo die Menschen die natürlichen Ursachen des Geschehens erkannten, brauchten sie keine übernatürlichen Erklärungen mehr. Deshalb entzauberte der wissenschaftliche Fortschritt die Welt. Das ist besonders gut am Beispiel der Himmelsphänomene zu beobachten. Astrologie und Astronomie waren früher eins. Man beobachtete die Sterne, weil diese schicksalsbestimmende Mächte waren. Mit der Einsicht in Gravitation, Planetenlaufbahnen und die Entstehung des Universums aber ging die Entgöttlichung des Kosmos einher. Das Weltall ist zum Gegenstand der Physik geworden – und die Astrologie zum Aberglauben. Allein dort, wo die Naturwissenschaft bisher keine überzeugenden Erklärungen hat – vor dem Urknall etwa –, bleibt ein letztes Refugium für das Göttliche.

Was uns heute als Hirngespinst erscheint, war früher die Hauptsache: Die Menschen beobachteten den Himmel, um die überirdischen Kräfte zu verstehen, die ihr Leben bestimmten. Heute strikt getrennte Bereiche wie Religion, Mythos und Wissenschaft waren in prähistorischen Zeiten eins. Die Gegenüberstellung zwischen irrationaler Religion und rationaler Wissenschaft ist ein modernes Konstrukt, das uns die Sicht auf die geschichtliche Realität verstellt.

Die längste Zeit der Evolution hatten die Vertreter der Spezies *Homo sapiens* nicht die geringste Ahnung, was Klima und Wetter bestimmte, Dürren und Fluten auslöste, die Erde zum Beben und Vulkane zum Ausbrechen brachte. Auch Viren und Bakterien waren ihnen unbekannt. Sie hatten keine Kenntnis vom Aufbau des Kosmos, seinen astrophysikalischen Zusammenhängen und der realen Eigenart der Sterne. Trotzdem versuchten sie die Welt zu verstehen, Menschen können nicht anders. Sie mussten Erklärungen für die Geschehnisse im Himmel wie auf Erden finden und Strategien entwickeln, um sich vor bedrohlichen Ereignissen zu schützen. Wie machten sie das – ohne das, was wir heute Wissenschaft nennen?

Sie konnten sich allein auf ihren Kopf verlassen, auf das, was ihnen ihre Art des Denkens soufflierte. Schon der schottische Philosoph David Hume (1711–1776) stellte fest: »Wir sehen menschliche Gesichter im Mond, Armeen in den Wolken und schreiben auf Grund eines natürlichen Hanges, sofern er nicht durch Erfahrung und Nachdenken korrigiert wird, einem jeden Ding, das uns verletzt oder gefällt, Böswilligkeit oder einen guten Willen zu.«

Dieser »natürliche Hang« des menschlichen Denkens beschäftigte seither viele Denker. Friedrich Nietzsche (1844–1900) diagnostizierte bei den Menschen den »Irrtum einer falschen Ursächlichkeit« und führte ihn auf die »älteste und längste Psychologie« zurück, »alles Geschehen war ihr ein Tun, alles Tun Folge eines Willens, die Welt wurde ihr eine Vielheit von Tätern, ein Täter (ein ›Subjekt‹) schob sich allem Geschehen unter«.

Evolutions- und Kognitionspsychologen wie Jean Piaget, Stewart Guthrie, Pascal Boyer oder Justin Barrett haben seither diesen »natürlichen Hang«, die »älteste und längste Psychologie« wissenschaftlich ergründet. Die Evolution hat uns darauf spezialisiert, Aktivitäten in unserer Umgebung wahrzunehmen. Wir vermuten überall Akteure am Werk – zu unserem eigenen Besten. Boyer erklärt das so: »Evolutionsgeschichtlich betrachtet, sind wir Organismen, die sich sowohl gegen Raubtiere behaupten als auch ihrerseits Beute machen müssen. In beiden Fällen ist es vorteilhafter, in unserer Umwelt zu viel Aktivität zu erkennen als zu wenig. Fehlanzeigen (das Entdecken von Akteuren, die gar nicht da sind) fallen nicht ins Gewicht, solange wir unseren Irrtum rasch korrigieren. Hingegen kann es äußerst kostspielig sein, Akteure (Räuber oder Beute) nicht zu bemerken, obwohl sie tatsächlich da sind.« In einem Satz: Lieber einmal zu oft vor einem vermeintlichen Raubtier fliehen als einmal zu wenig.

Geschah etwas in der Welt, lief die Suche nach einem Verursacher an. Wer steckte dahinter? Ein Tier? Ein Mensch? Was aber, wenn Dinge vor sich gingen, bei denen sich partout kein Verursacher entdecken ließ? Oder es sich um Sachen handelte, die man einem Tier oder Menschen nicht zutraute? Dann steckten übersinnliche Mächte dahinter: in der Regel Ahnen oder Dämonen, Geister oder Gottheiten. Und natürlich unternahmen die Menschen alles in ihrer Macht Stehende, um herauszufinden, was diese Wesen, welcher Art sie auch immer sein mochten, im Schilde führten. Das sicherte jahrhunderttausendelang das Überleben.

Die Evolution hat uns zu Menschen gemacht, die die Geschehnisse der Welt intuitiv als soziale Ereignisse, als konkrete Aktionen von Akteuren, nicht als Produkte abstrakter Naturgesetze interpretieren. Alles, was sich bewegte, wurde entweder von Wesen bewegt, oder es war selbst belebt. Diese tief in der menschlichen Psychologie verankerte Wahrnehmung machte auch vor den Sternen nicht halt. Sterne galten als die »Bewohner des Nachthimmels«, um den Archäoastronomen Clive Ruggles zu zitieren, als die »Götter der Nacht«. Zu allen Zeiten wurden sie auf astronomischen Bildern und Karten als Tiere, Menschen oder Götter dargestellt, sagt auch Ruggles' deutscher Kollege Wolfhard Schlosser. Das heißt also als Akteure, nie als etwas, das nicht agieren kann: »Sie können noch so lange suchen«, sagt Schlosser, »Sie finden keine Pflanzen auf Darstellungen des Himmels.«

***

Nun haben wir mit einem Problem zu kämpfen: Aus der Welt der Himmelsscheibe besitzen wir weder schriftliche noch mündliche Überlieferungen; wir können also nichts über ihre Götterwelt aussagen, über die Weise, wie sich die Menschen himmlische Sphären vorstellten. In solchen Fällen hilft der historische und ethnologische Vergleich. Dass Sonne und Mond allerorten als göttliche Mächte angesehen wurden, müssen wir nicht gesondert ausführen. Deshalb konzentrieren wir uns auf jene Sterne, die zu den Hauptdarstellern der Himmelsscheibe gehören: die Plejaden.

Zwar haben die Astronomen auf ihre wichtige Rolle und weite Verbreitung hingewiesen; aber selbst dort, wo die Wissenschaftler Hesiod oder Bauernregeln zitierten, traute man ihnen nur eine Nebenrolle als Kalendersterne zu und sah in ihnen kaum mehr als Zeiger einer kosmischen Uhr. Dabei zeigt ein flüchtiger Blick in die mythologische und ethnologische Literatur, wie sehr die Plejaden seit jeher die Fantasie der Menschen fesselten. Die sieben Punkte der Himmelsscheibe sind globale Stars, wahre Evergreens auf der Bühne der Nacht.

Manche Archäoastronomen glauben, die Plejaden schon in den 17 000 Jahre alten Höhlenmalereien von Lascaux entdeckt zu haben. Dort, im Saal der Stiere, prangt über der Schulterpartie eines mächtigen Auerochsen eine markante Punktformation. Die Parallele zu neuzeitlichen Himmelskarten ist überraschend: Da finden sich die Plejaden auch im Sternbild Stier in nahezu der gleichen Position. Allgemein anerkannt ist diese These jedoch nicht.

Sicher ist in jedem Fall, die Plejaden zogen rund um den Globus die Aufmerksamkeit auf sich. Von den Maoris in Neuseeland über die Aborigines in Australien, den Menschen in Japan und China, Kirgisien und der Mongolei, in Indien, Persien, Ägypten, Griechenland bis hin zu den Cherokee und Navajo im Norden, den Inkas im Süden Amerikas – überall beschäftigte der markante Sternenhaufen die Fantasie. Schon der Lexikoneintrag in der aus dem 19. Jahrhundert stammenden *Paulys Realencyclopädie der classischen Altertumswissenschaft* umfasst stolze 20 Seiten. Ihr Erscheinen oder ihr Untergang läutete das neue Jahr ein oder markierte den Beginn der Regenzeit. Sie galten als Künder des Frühlings, des Lebens, sie signalisierten, wann es Zeit war, in See zu stechen, und wann die Schiffe besser im Hafen blieben. Oft hielten die Menschen sie für einen himmlischen Schwarm Bienen oder Vögel; man identifizierte sie aber auch als Glucke mit Küken oder als Schildkröte. In Amerika, berichtet der Ethnologe Claude Lévy-Strauss, erzählen viele Mythen, dass es hungrige Menschen oder Kinder waren, die auf der Suche nach Essen in den Himmel gestiegen waren und dort – meist zur Strafe – als Plejaden verbleiben mussten. Und den Schamanen Sibiriens galten die Plejaden als Öffnung des Himmels, die ihnen als Startpunkt ihrer Reisen in die kosmischen Weiten diente. Insofern stehen all jene Leute, die heute dem Museum in Halle schreiben, die Himmelsscheibe liefere eine verschlüsselte Anleitung für Reisen durchs Weltall, in einer uralten Tradition.

»Tatsächlich sind die Plejaden das auffälligste Gestirn nach Sonne, Mond, Venus und Jupiter«, sagt der Theologe Matthias Albani, der den Plejaden im Umfeld der Bibel nachspürte. »Der im Sternbild Stier gelegene Sternhaufen lenkt magisch die Blicke des Himmelsbetrachters auf sich.« Wolfhard Schlosser berichtete bereits, dass Kinder im Planetarium stets als Erstes auf sie zeigen. Vielerorts steht der Name der Plejaden als Synonym für Sterne schlechthin. »In astrologischen und astronomischen Texten aus Mesopotamien«, sagt Albani, »treten die Plejaden gewöhnlich unter ihrem sumerischen Namen auf: Mul. Mul gleich ›die Sterne‹.«

Den besonderen Status verdanken sie nicht allein ihrer Auffälligkeit. Da gibt es zwei weitere Gründe. Erstens ihre Position: Die Plejaden befinden sich nahe der Ekliptik, der Bahn des mutmaßlichen Sonnenlaufs durch den Sternenhimmel. Der Mond und Planeten wie Merkur, Venus und Saturn kommen ihnen regelmäßig nahe. Mitunter bedeckt der Mond sie sogar. Diese prominente Stellung, ihr Zusammenspiel mit den Protagonisten des nächtlichen Himmelstheaters prädestinieren sie, als himmlische Taktgeber und Wegweiser zu fungieren.

Den zweiten Grund teilen die Plejaden mit der Himmelsscheibe: Sie geben Rätsel auf! Ständig hat es den Anschein, als ob eine Plejade verschwinden würde. Mal sind sieben zu erkennen, mal nur sechs. Heute wissen wir, dass es sich bei einer von ihnen um einen veränderlichen Stern handelt, dessen Helligkeit schwankt. Aber früher dachten die Menschen eben nicht in physikalischen Kausalitäten, sondern in sozialen. Die Frage war immer: Warum verschwindet eine Plejade?

Wir sprachen schon von dem Zwang der menschlichen Psyche, für rätselhaftes Geschehen eine Erklärung liefern zu müssen. Das Rätsel der Plejaden ist ein eindrucksvolles Beispiel dafür. Für Hesiod waren die sieben Sterne die Töchter des Titanen Atlas. Als Einzige von ihnen heiratete Merope einen Sterblichen und verblasste aus Scham darüber von Zeit zu Zeit. Andere erzählten, es sei die Plejade Elektra gewesen, die aus Verzweiflung über den Untergang Trojas den Reigen der Schwestern verlassen habe und nun mit wehendem Haar am Himmel als Komet herumirre.

Wie aber waren die Plejaden überhaupt an den Himmel gekommen? Eine Geschichte geht so: Die Plejaden waren Jungfrauen und Jagdgenossinnen der Göttin Artemis. Der gewaltige Jäger Orion stellte ihnen nach. In ihrer Not flehten sie zu den Göttern, Zeus erbarmte sich und verwandelte sie in einen Schwarm Tauben, den er ans Himmelszelt versetzte. Den lüsternen Orion gleich mit. Ein Blick zum Nachthimmel zeigt: Orion ist ihnen noch immer auf den Fersen. Kaum sind sie aufgegangen, folgt ihnen sein Sternbild.

Es ist faszinierend zu beobachten, wie eine Geschichte sogleich neue Fragen aufwirft: Wenn Orion die sieben nie erreicht, wieso verschwindet dann trotzdem eine von ihnen? Die Antwort: Zeus war es, der die Plejaden-Tauben ausschickte, ihm Ambrosia zu holen, so berichtet es Homer in der *Odyssee*. In den gefährlichen Klippen der Plankten zerschellte eine von ihnen jedes Mal, Zeus aber schuf stets eine neue, siebte Taube. Kein Wunder, dass Odysseus die Plankten umschiffte und lieber den Weg zwischen Skylla und Charybdis wählte.

Selbst am anderen Ende der Welt kursierten solche Geschichten. Die Aborigines in Australien erzählten, eine Plejade sei gefangen worden, habe sich am Feuer gewärmt und dabei ihren kalten Glanz verloren, weshalb sie seit ihrer Rückkehr schwächer leuchtet als ihre Schwestern. Aber auch *Down Under* sind die Schwestern auf der Flucht. Ihnen stellt ein wüster Mann nach, meist ein Jäger. Und auch dort endet die Flucht in schöner Regelmäßigkeit am Nachthimmel, wo ihnen bis in alle Ewigkeit der Jäger nachstellt.

***

Zeigt die Himmelsscheibe also Jungfrauen auf der Flucht? Wohl kaum. Es gibt noch eine Deutung der Plejaden, und diese kursierte dort, von wo die Schaltregel vermutlich importiert wurde: in Mesopotamien. Diese Geschichte ist ebenso schaurig wie populär gewesen, sodass wir uns beim besten Willen nicht vorstellen können, dass unser Reisender, der das Geheimnis der Plejaden in den Norden brachte, nichts von ihr erfahren haben sollte.

Wieder steht eine Merkwürdigkeit am Anfang: Warum ballen sich die sieben zu einem Haufen? Weil sie verängstigt waren und auf der Flucht, das war die Erklärung, die wir bereits hörten. Eine alternative Antwort lautet: Sie drängen sich nicht dicht an dicht, sie werden zusammengedrängt, sind geknebelt und gefesselt.

Zwar verehrten die Menschen im Zweistromland die Plejaden

zuweilen auch als gute Siebengottheit; berühmt, berüchtigt und vor allem gefürchtet aber waren die »göttlichen Sieben« als die finsteren »Sebettu«, als Dämonen, die nichts übers Land brachten als Seuchen, Krieg und Vernichtung. Sie gehörten zum fürchterlichen Gefolge des Pestgottes Erra, der mitunter mit Nergal gleichgesetzt wird, dem Gott der Unterwelt und des Krieges. Im babylonischen *Erra*-Epos sind es die Sebettu, die den Pestgott zum Krieg gegen die Menschheit anstacheln. Aus einem banalen Grund: Langeweile! Der lange Frieden auf Erden drohte die Waffen der Sebettu unbrauchbar zu machen!

Auf der ersten Tafel des *Erra*-Epos heißt es über die Sebettu: »Voll Schrecken sind sie! Wer sie ansieht, wird in Angst versetzt, ihr Atem ist der Tod.« Jeder der Sieben steht für eine unheilvolle Macht. Sie sind die apokalyptischen Reiter Mesopotamiens, die Unheil über die Welt bringen: Ihre Wassermassen überfluten das Land, mit Finsternis verschlingen sie den Tag, ihr Sturm löscht die Sterne aus.

Archäologen haben aus dem ersten Jahrtausend vor Christus mehr Abschriften des *Erra*-Epos gefunden als von der weltberühmten *Gilgamesch*-Saga! Der Autor des *Erra*-Epos hatte seinen Lesern empfohlen, sein Werk stets im Haus zu haben, weil der Pestgott all jene verschonen werde, die sein Epos in Ehren halten. Selbst auf Amuletten finden sich Textauszüge, denen die Menschen das zuschrieben, was Religionswissenschaftler eine »apotropäische« Wirkung nennen: die Abwehr böser Mächte. Wir haben es hier mit keiner obskuren Geschichte zu tun, sondern mit dem Kernbestand mesopotamischer Kultur.

Über die Gefangennahme der Sebettu erfahren wir aus dem Erra-Epos nichts, wohl aber aus anderen Göttermythen. Da ist es Marduk, Stadtgott Babylons und Oberhaupt des babylonischen Pantheons, der die Dämonen besiegt und die Sebettu als »gebundene Götter« an den Himmel verpflanzt, wo sie aller Welt Marduks Macht bezeugen.

Kein Wunder also, dass die Sterndeuter die Plejaden, die gebundenen Sieben, stets im Blick haben. Archäologen haben zahlreiche Omina-Texte identifiziert, die von deren unheilvoller Wirkung künden. Wenn die Plejaden am Anfang des Jahres links der Venus stehen, heißt das etwa, der Feind wird die Ernte vernichten. Die Begegnung von Mond und Plejaden war besonders bedeutsam. Manchmal verheißungsvoll: »Die Plejaden rollen sich über den Mond: der König wird die Weltherrschaft ausüben; sein Land wird sich weiten.« Meist aber herrschte Alarmstufe Rot: »Die Plejaden gehen in den Mond hinein: das Land wird sich gegen den König erheben.« Oder schlimmer noch: »Wenn die Plejaden in ihm stehen, wird es Tote geben, und die Sieben werden das Land auffressen.«

***

Wir haben keine Hinweise darauf, welche Geschichten über die Plejaden im Mitteleuropa der Frühbronzezeit kursierten und was ihre Begegnung mit dem Mond dort bedeutete. Doch sollten wir es ausgerechnet hier mit dem wohl einzigen Ort der Welt zu tun haben, an dem der rätselhafte Sternenhaufen die Menschen nicht in den Bann geschlagen hätte und keine fantastischen Geschichten über sie erzählt wurden?

Eine Alternative zu dem, was wir heute als mythologische Anschauung der Sterne bezeichnen, gab es nicht. Niemand wäre je auf die Idee gekommen, dass die Sterne fix am Himmel stehen und es die Erde ist, die durchs Weltall reist, dass der Mond aus einer Planetenkollision entstand und die Sonne ein heißer Ball aus Gas ist. Die Sterne sich schlicht als Sterne vorzustellen? In der Bronzezeit ein Ding der Unmöglichkeit.

Wenn wirklich ein Reisender in Mesopotamien von der Schaltregel erfahren hat, bei der die Plejaden die zentrale Rolle spielten, ist es unwahrscheinlich, dass er nicht von deren dämonischer Aura erfahren haben sollte. Ebenso wenig wird er von den Sieben unbeeindruckt geblieben sein, während diese eine ganze Hochkultur in Angst und Schrecken versetzten.

Insofern könnte der moderne Blick auf die Himmelsscheibe täuschen. Ihre Darstellungsweise ist nur deshalb nüchtern und rational, weil hier eine komplexe Beobachtung in konzentrierter Form als Memogramm fixiert wurde. Der Meister der Himmelsscheibe besaß keine Schrift, also behalf er sich mit Bildern und konzentrierte sich auf das Wesentliche. Auch auf den Rollsiegeln des Vorderen Orients wurden die Plejaden schlicht als Rosette aus sechs oder sieben Punkten, mal in Kugel-, mal in Sterngestalt, dargestellt. Nicht selten kombiniert mit einer nüchternen Mondsichel. Auf ihr mythisches Beiwerk ließ sich verzichten, das spukte ohnehin in den Köpfen herum.

Hier liegt das Problem des modernen Betrachters. Wir haben das alles nicht mehr in unseren Köpfen. Fast 4000 Jahre sorgten für einen kompletten Kontextverlust. Wenn wir Sterne sehen, sehen wir weder Atlastöchter noch eine Horde Dämonen. Die Nüchternheit der Himmelsscheibe wäre damit ein Artefakt, ein typisches Phänomen der Überlieferung. So wie uns mag es den Archäologen der fernen Zukunft gehen, die in unserem Zivilisationsschutt in monumentalen Ruinen auf Kreuze stoßen. Sie werden deren strenge Geometrie loben, die einfache Rationalität zweier sich orthogonal kreuzender Geraden, und sagen: »Die sind ja nüchtern wie ein Verkehrsschild!«

Kontextverlust heißt, dass die Himmelsscheibe ihrer ursprünglichen Assoziationen beraubt wurde. Die Jahrtausende im Boden haben sie entzaubert. Und deshalb dürfen wir uns nicht vorschnell täuschen lassen. So nüchtern, aufs Wesentliche reduziert ihr Bildinventar erscheint, so fehlt uns modernen Betrachtern der Kosmos, der für die damaligen Menschen damit verknüpft war. Wir müssen also auch der Himmelsscheibe ihren Zauber zurückgeben.

Das fängt mit dem Kalenderwesen an. Für uns ist die Existenz eines Kalenders mit seinen regelmäßigen Zahlenkolonnen, in die wir bereitwillig unser Leben fügen, eine ebenso praktische wie offensichtliche Notwendigkeit. Doch kehren wir noch einmal an Euphrat und Tigris zurück, um zu verstehen, warum es einst bei einem Kalender um so viel mehr ging als bloß um eine möglichst effektive Verteilung von Tagen, Wochen und Monaten.

Wir sagten es schon: Astronomie und Astrologie waren damals eins. Da die Sterne göttliche Wesen waren oder zumindest den Göttern als himmlische Zeichengeber dienten, wäre es für die Menschen erstens Blasphemie und zweitens reiner Selbstmord gewesen, sie nicht genau im Auge zu behalten. Katastrophen, Krankheiten und Kriege lagen in der Verantwortung der himmlischen Mächte. Sie schickten sie entweder als Strafe: Im Atrahasis-Epos initiierten die Götter erst eine Seuche und dann die Sintflut, weil die Menschen zu viel Krach machten. Oder das Unheil kam als Kollateralschaden himmlischer

Affären über die Menschen: Wir erinnern uns, die Sebettu stachelten den Pestgott allein deshalb auf, um das Stumpfwerden ihrer Waffen zu verhindern. Konsequenterweise war es höchst ratsam, auf Erden alles daranzusetzen, die Gemütslage der Götter zu erkunden, ihre Zeichen zu deuten und alles zu vermeiden, was ihren Zorn, Neid, ja selbst ihre Langeweile erregen konnte. Ebenso unverzichtbar war es, sie sich mittels Opfern, Lobpreisungen und aufwendigen Ritualen gewogen zu halten oder sie gegebenenfalls schnell wieder zu besänftigen. Dann standen die Chancen nicht schlecht, vom Unheil verschont zu bleiben. Das, was wir heute als Religion interpretieren, war immer auch eine Art kulturelles Schutzsystem.

Seit alters pflegte man in Mesopotamien die Divination, die Kunst, den Willen der Götter zu erkunden, sei es durch die Eingeweideschau, das Beobachten des Vogelflugs oder durch die Sterndeutung. Sterne projizierten das Wohl und Wehe an den Himmel. Man musste sie nur zu lesen wissen. Die Sterndeuter überwachten die Himmelsphänomene deshalb mit größter Aufmerksamkeit. Sie archivierten ihre Beobachtungen, stellten Berechnungen an, Hypothesen auf und übten sich dabei in größter Exaktheit. Kein Zeichen sollte ihnen entgehen, jedes bedeutungsvolle Omen meldeten sie dem König. Sie waren zur Geheimhaltung verpflichtet, damit niemand anderes Kapital aus ihren Erkenntnissen ziehen konnte und keine Panik das Land ergriff, wenn die Sterngucker ein dunkles Vorzeichen registrierten.

Immer waren die Sterndeuter auf der Suche nach außergewöhnlichen Himmelsereignissen und Unregelmäßigkeiten des Sternenlaufs, die selten Gutes verhießen. Darum war ihnen der Mondkalender nie ganz geheuer. Zwar beschenkte der Mond die Welt mit einem ewigen Takt der Zeit. Aber diese unregelmäßigen Monatslängen! Und warum stimmte das Mondjahr nicht mit dem Sonnenjahr überein? Dass sich die beiden wichtigsten Gestirne widersprachen, dass Tag und Nacht nicht zusammenpassten, beunruhigte sie zutiefst. War die Welt aus den Fugen geraten? Solches Chaos war der Götter unwürdig, ein himmlischer Skandal.

Tatsächlich berichtet das babylonische Weltschöpfungsepos, das im ausgehenden zweiten Jahrtausend vor Christus niedergeschriebene *Enuma Elisch*, wie vernünftig Marduk den Kosmos ursprünglich eingerichtet hatte. »Er formte den himmlischen Standort der großen Götter, die Sterne – ihre Ebenbilder – stellte er im Sternbildgefüge auf«, heißt es da. Die Nacht gab er in die Obhut des Mondes, »auf dass man die Tage erkenne«. In der ursprünglichen Ordnung Marduks benötigte die Sonne für ihren Jahreslauf 360 Tage, während der Mond seine Bahn in exakt 30 Tagen bewältigte und also genau zur Monatsmitte, am 15. Tag, der Sonne als Vollmond gegenübertrat. Sonne und Mond befanden sich in perfekter Harmonie.

Übrigens lebt auch diese Vorstellung bis zu uns fort: Da die Sonne also in idealen Zeiten 360 Tage brauchte, jenen Kreis zu vollenden, den wir heute als Ekliptik bezeichnen, die scheinbare Bahn der Sonne vor dem Hintergrund des Fixsternhimmels, teilten die babylonischen Sterndeuter den Kreis in 360 Segmente ein: 360°, das lernen Kinder noch heute in der Schule, hat ein Kreis.

Mitunter wird die These vertreten, dass es der regelmäßige Lauf der Gestirne gewesen sei, der in den Menschen die Vorstellung von Geometrie und Gleichmaß entstehen ließ. Hier war es umgekehrt. Hinter dem idealen 360-Tage-Kalender steht unverkennbar jener vereinfachte Verwaltungskalender, der in Mesopotamien schon Jahrhunderte vor dem *Enuma Elisch*-Epos verwendet wurde – und zwar, weil mit Monaten von je 30 Tagen so viel einfacher zu rechnen war. Die Menschen projizierten also ihre eigenen Rationalitätsansprüche auf die Götterwelt. Diese sollten die Welt doch vernünftig eingerichtet haben. Wer aber war dann für die kosmische Disharmonie verantwortlich, die Sonne und Mond außer Takt geraten ließ? Die Menschen? Oder böse Mächte wie die Sebettu?

Die Schaltregeln erhalten damit eine neue Dimension. Dann sind sie nicht mehr nur ein astronomisches Werkzeug, um einen ordentlichen Kalender zu fabrizieren. Dann enthüllen sie den Grad der Abweichung, wie sehr die ursprüngliche, von den Göttern intendierte Ordnung aus dem Lot geraten war. Dann verriet die Schaltregel, wie Sonne und Mond noch in Einklang standen. Sie gewährte Einblick in das göttliche Geheimnis des Himmels.

***

Ziehen wir unsere Schlüsse. Für die Himmelsscheibe heißt das: In ihrer Urversion könnte sie zauberhafter gewesen sein, als sie uns heute anmutet. Was aber lange noch nicht bedeutet, sie sei damit »nur« religiöser oder mythologischer Natur. Der Glaube an Götter und die Gestirne als ihre himmlischen Repräsentanten war alles andere als ein irrationaler Aberglaube. Er stellte eine Weltanschauung dar, die durchaus rational war und die darauf zielte, die Welt vor Unheil zu schützen. Bessere Mittel standen den Menschen nicht zur Verfügung.

Die Himmelsscheibe war also nicht entweder rational oder symbolisch. Sie war beides. Die rationale Seite können wir heute noch erkennen, sie lässt sich berechnen; für die symbolische fehlt uns das Sensorium. Deshalb haben wir in diesem Kapitel versucht, mittels kultureller Vergleiche den möglichen Kontext zu rekonstruieren. Ob der Schöpfer der Himmelsscheibe sein Wissen nun selbst dem Himmel abgewonnen hat oder es aus Mesopotamien mitbrachte, ist da zweitrangig. Sie war zu gleichen Maßen ein astrologisches wie astronomisches Objekt, das die Menschen vor Unheil schützen sollte. Und die mathematische Präzision, mit der der Macher dieses Unterfangen Gestalt werden ließ, spricht für sein Genie. Dieser Einstein der Bronzezeit hat einen Ehrenplatz in der Ahnengalerie der Wissenschaft verdient.

Das Geheimnis des Himmels, der verborgene Rhythmus von Mond und Sonne: das war die Weltformel der Bronzezeit. Wer sie kannte, war den Göttern auf die Schliche gekommen. Das gab ihm Macht. Er konnte sich auf sie berufen und damit seine Herrschaft stützen. Welche bessere Legitimation gibt es, als ein Günstling der Götter zu sein? Wichtiger als eine kalendarische Nutzung der Himmelsscheibe (die wir gar nicht ausschließen möchten) war also das Eingeweihtsein in die Absichten der Götter. Das machte sie zum heiligen Objekt, zu einer unvergleichlichen Quelle der Macht, die es verdiente, in Bronze und Gold verewigt zu werden.

11
Metamorphosen

Der Forschungskrimi um die Himmelsscheibe von Nebra hat Fortsetzungspotenzial. Ist ein Rätsel gelöst, taucht schon das nächste auf. Kaum haben wir uns ein erstes Bild von den möglichen Motiven ihres Schöpfers gemacht, drängt sich die Frage auf: Wer hat die Veränderungen an der Scheibe vorgenommen und warum? Die Untersuchungen belegen, dass sie wiederholt gravierende Umgestaltungen erfuhr. Zum Abschluss des ersten Teils wollen wir nun die Stationen ihres bewegten Lebens Revue passieren lassen und nach den Motiven fragen, die für die jeweilige Umgestaltung entscheidend gewesen sein könnten.

Die Scheibe ist sicher ein Auftragswerk gewesen. Unwahrscheinlich, dass eine Person das Wissen, das Gold und die technologischen Fertigkeiten besaß, um sie allein herzustellen. Für die Urversion der Scheibe brauchte es einen erfahrenen Schmied, dem mindestens ein Gehilfe zur Hand ging. Da hier heiliges Wissen im Spiel war, wird er seine Arbeit im Geheimen vollbracht haben, wohl unter dem Schutz seines hochgestellten Auftraggebers, des ersten Meisters der Himmelsscheibe. Auch in Mesopotamien waren die sternenkundigen Experten dem König verpflichtet, sie unterlagen einer Schweigepflicht. Das delikate Wissen über die himmlischen Affären, das über das Schicksal des Königs und des Landes entschied, durfte nicht in falsche Hände geraten. Wie der griechische Historiker Diodor im 1. Jahrhundert vor Christus berichtet, wurde die Kunst des Sternedeutens innerhalb eines bestimmten Geschlechts nur vom Vater an den Sohn übertragen.

Aber halt! Wie können wir denn überhaupt sicher sein, dass der Meister der Himmelsscheibe keine Frau gewesen ist? Nun zeigen ethnologische Studien, dass kaum ein Handwerk so ausschließlich Männersache war wie das Schmieden. Auch werden wir noch auf reiche Gräber hochgestellter Personen stoßen, die Schmiedeutensilien enthielten; dort belegen die anthropologischen Analysen: so gut wie alles Männer. Das Gleiche gilt für die frühbronzezeitliche Herrschaftselite, in deren Kontext wir die Himmelsscheibe verorten werden. Selbst die Schwerter, der Meißel und die Beile, die der Scheibe auf ihre Reise durch die Zeit mitgegeben wurden, lassen in Sachen Geschlecht wenig Zweifel aufkommen. Dass eine Frau die Quelle des Wissens war oder bei späteren Umgestaltungen die Hände im Spiel hatte, können wir nicht ausschließen. Nur deutet bisher nichts darauf hin.

Die fertige Scheibe enthielt den Schlüssel zum Himmel, der jedoch nur Eingeweihten nützlich war. Wurde sie geheim aufbewahrt, als erlesene Erinnerungsstütze ihres Schöpfers, oder öffentlich gezeigt? Im kleinen oder großen Kreis? Die kostbare Darstellung legt nahe, dass Wirkung erzielt werden sollte. Die Himmelsscheibe ist als mächtiges Objekt gefertigt worden, das beweist, dass ihr Besitzer die Gesetze der Götter kennt. Sie soll überwältigen. Da die Ursprungsversion keine Hinweise dafür liefert, dass sie in irgendeiner Weise ausgestellt wurde (die Löcher kamen erst später), liegt es nahe, dass sie im Arkanum der Macht ihren Platz hatte, also nur einem erwählten Personenkreis zugänglich war, vielleicht aber zu besonderen Feierlichkeiten dem staunenden Volk gezeigt wurde. Das konkrete Wissen, das golden auf ihr verschlüsselt war, blieb jedoch ein Geheimnis, das nur vom Vater an den Sohn weitergegeben wurde.

***

Die erste Frage, die sich aufdrängt: Wie lange zeigte die Himmelsscheibe ihr ursprüngliches Antlitz? Wann wurden die goldenen Horizontbögen links und rechts am Scheibenrand befestigt? Es gibt mehrere Indizien, die dafürsprechen, dass mindestens eine Generation vergangen sein muss, vermutlich eher zwei oder drei: Ein neuer Schmied war am Werk. Nicht nur war seine Arbeit von geringerer Qualität als die des ersten – der erhaltene rechte Horizontbogen lässt es an Eleganz missen. Auch war er nicht mit der Tauschiertechnik vertraut und beging Anfängerfehler. Wir haben uns das im Detail angeschaut. Vor allem aber ist ein deutlicher Bruch erkennbar: Sterne wurden entfernt oder versetzt, das sind massive Eingriffe. Immerhin wird noch das gleiche Gold aus Cornwall benutzt.

Die nächste Frage: Haben wir es bei der Umgestaltung, dieser

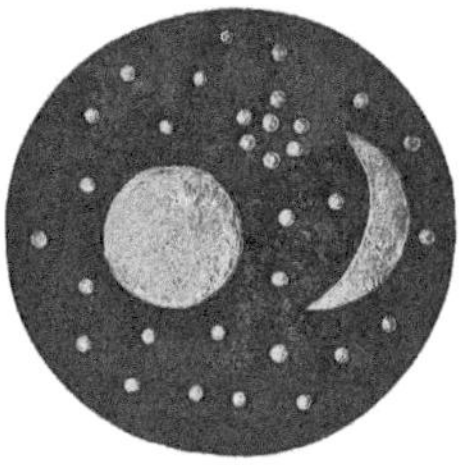

Phase 1: Im Urzustand zeigt die Himmelsscheibe nur astronomische Objekte, die eine Schaltregel codieren.

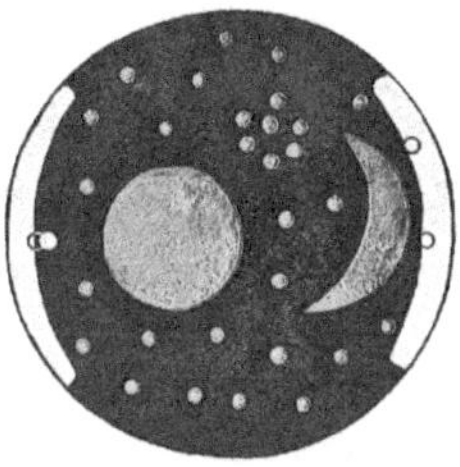

Phase 2: Einige Generationen später werden links und rechts die Horizontbögen angebracht.

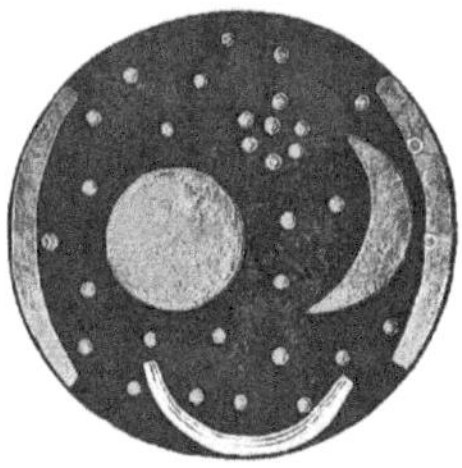

Phase 3: Unten wird das Schiff hinzugefügt, vermutlich ein Symbol für die Reise der Sonne.

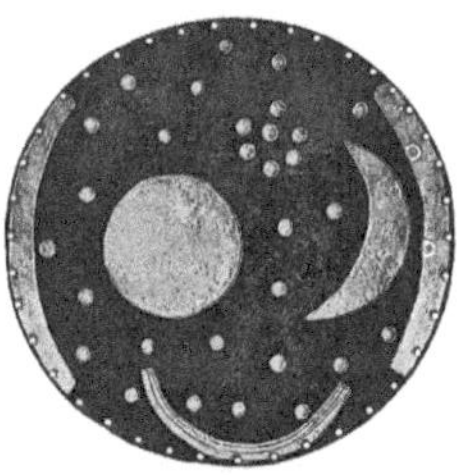

Phase 4: Die Scheibe wird am Rand herum 39 Mal gelocht – sollte sie als Standarte dienen?

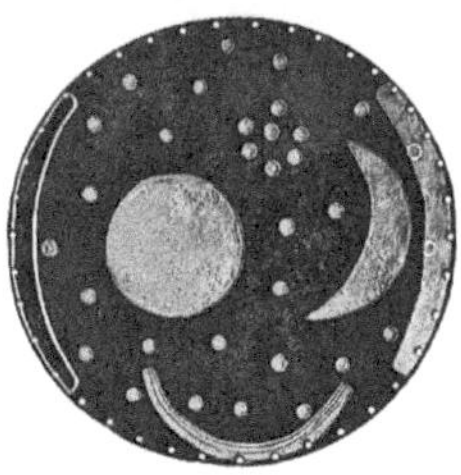

Phase 5: Als sie vergraben wird, fehlt ein Bogen. Vielleicht wurde er abgerissen, um sie rituell zu entwerten.

Metamorphose ihres Bildprogramms, mit einem Wissensverlust oder einer Wissensanreicherung zu tun? Erinnern wir uns: In der zweiten Phase der Himmelsscheibe werden links und rechts die Horizontbögen montiert, die den Verlauf der Sonne zwischen den Sonnenwenden wiedergeben. Das war uraltes neolithisches Wissen, wie wir es schon aus gut 7000 Jahre alten Kreisgrabenanlagen Mitteleuropas kennen. Nichts Neues also. Um das auf der Himmelsscheibe unterzubringen, mussten ein Stern versetzt und zwei entfernt werden. Damit war die ursprüngliche Doppelcodierung der Schaltregel zerstört. Jener Teil des Codes, der lautete: Vergehen 32 Tage, bis der Mond seit dem vorherigen Neulicht im Frühlingsmonat bei den Plejaden steht, so muss geschaltet werden. Das spricht also für Wissensverlust. Hier war jemand am Werk, der nicht mehr in Gänze über den ursprünglichen Scheibeninhalt informiert war – und dazu brachte er noch antiquiertes Wissen auf die Scheibe. Es scheint also nicht das pietätvolle Werk eines vom Vater eingeweihten Sohnes gewesen zu sein.

Dennoch haben wir es auch hier mit einem durchaus mathematisch-himmelskundlich begabten Geist zu tun: Dafür sprechen die exakte Winkelwiedergabe der Horizonte und deren Nordverschiebung. Unklar bleibt im Moment, warum dieses altbekannte Wissen mit viel Aufwand hinzugefügt wurde. Als Peilinstrument jedenfalls war die Himmelsscheibe ungeeignet. Wozu also ist man das Risiko eingegangen, die Scheibe zu beschädigen?

Oder handelt es sich gar nicht um einen Wissensverlust? Die Plejadenregel selbst blieb ja erhalten. Für die zählt nur die Dicke der Mondsichel beim Zusammentreffen mit den Plejaden, da spielt die Anzahl der Sterne keine Rolle (die sorgten nur für eine zusätzliche Verschlüsselung). Es könnte also sein, dass hier das neue, aus der Fremde importierte Wissen mit dem Lauf jenes Gestirns angereichert wurde, das die europäische Bronzezeit beherrschte wie kein zweites: dem der Sonne. Dann wollte jemand die Himmelsscheibe vervollständigen. Zeigte die Urversion die Ordnung der Nacht an, brachte er nun die Ordnung des Tages auf die Scheibe. Sonne, Mond und Sterne, kombiniert mit den irdischen Horizonten: Damit war die Scheibe komplett und der Himmel auf Erden gebracht. Wohl dem, der solch einen geschmiedeten Himmel in Händen hielt.

***

Doch auch dabei blieb es nicht. Die Scheibe erlebte eine zweite Metamorphose: Das Schiff wurde auf ihr festgemacht. Wieder war Zeit vergangen. Diesmal sogar so viel, dass es weniger silberhaltiges Gold brauchte, um die Hinzufügung farblich zu kaschieren. Der dritte Handwerker zeigte Respekt gegenüber dem Bestand. Weder versetzte er Sterne, noch entfernte er welche, wie das Schmied Numero zwei getan hatte. Er integrierte das Schiff so behutsam in den vorhandenen Bildbestand, wie man das im Umgang mit heiligen Objekten erwartet.

Das Schiff ist ein Beleg für die mythologische Dimension des Himmels, für die Annahme, dass die Himmelskörper mehr sind als nur astronomische Objekte. Insofern ließe sich diese Metamorphose unter den Titel stellen: vom Logos zum Mythos. Doch könnte das, wie wir im letzten Kapitel ausführten, ein modernes Missverständnis sein. Sonne, Mond und Sterne waren für die Menschen himmlische Wesen. Dann passt auch das Schiff ins Programm, wenn es das Transportmittel der Sonne darstellen soll, mit der diese den Himmelsozean durchquert. Ab etwa 1600 vor Christus avanciert es zu einem der zentralen Symbole der nordischen Bronzezeit. Wir kennen Schiffsdarstellungen von Felsbildern oder Bronzen wie dem Schwert von Rørby in Dänemark. Und auf den ebenso detaillierten wie faszinierenden Mythos der Sonnenreise in Skandinavien haben wir bereits hingewiesen. Er erzählt, wie die Sonne von Fischen, Schlangen, Pferden, ja sogar Seepferdchen begleitet und von einem Schiff aufs nächste verladen wird.

Auch eine Beziehung des Schiffs zu den Plejaden rückt ins Reich des Möglichen. Der Schiffsbogen öffnet sich schließlich deutlich Richtung Siebengestirn, die in der Höhe über ihm leuchten. Weisen sie ihm den Weg durch den Himmelsozean, wie es die Plejaden mit Odysseus taten, als er die Nymphe Kalypso auf der Insel Ogygia verließ? Und Hesiod bringt sie mit der Zeit in Verbindung, da die »Schiffe nicht länger auf dunklem Meer verweilen« sollten, weil die Zeit der Stürme nahte. Noch Dante wird in der *Göttlichen Komödie* die Plejaden rühmen, »nach denen die Schiffer sich sehnen«.

Nun ist Mitteldeutschland weder berühmt für sein brausendes

Meer noch seine gewaltigen Ströme. Wir könnten es mit einem Motiv auf Wanderschaft zu tun haben. Als Sonnenbarke kennen wir es von alters her aus Ägypten. Auch in der Ägäis finden sich zahlreiche Schiffsdarstellungen. Später dominiert es den Norden Europas. Insofern würde die Himmelsscheibe die Weitergabe einer faszinierenden Idee aus dem Süden in den Norden dokumentieren.

***

Die dritte Metamorphose dann: Die Himmelsscheibe wird einmal um den Rand herum gelocht. Bisher dominierte hier eine funktionalistische Deutung: Die Löcher dienten dazu, sie auf einem Träger aus Leder oder Holz zu befestigen, um sie einer staunenden Menschenmenge zu präsentieren. Aus der archäologischen Überlieferung der Bronzezeit sind sogenannte Sonnenstandarten bekannt. Das würde zur stärkeren Solarisierung der Scheibe in den späteren Phasen passen und mit der überragenden Bedeutung der Sonne in der mittleren und späteren Bronzezeit einhergehen. Haben Priester die mittlerweile altehrwürdige Himmelsscheibe bei Prozessionen herumgetragen?

Weil aber die Scheibe nicht allzu behutsam gelocht wurde – Schiff und Horizontbögen wurden perforiert –, ist der Verdacht nicht von der Hand zu weisen, die Himmelsscheibe könnte von Feinden erbeutet und als Trophäe von den Siegern im Triumphzug präsentiert worden sein. Raunt uns die Himmelsscheibe eine uralte Geschichte von Sieg und Niederlage zu?

Eines aber ist merkwürdig: Ginge es nur um die Befestigung der Scheibe, dann hätten es weniger Löcher auch getan. Die hätten so gesetzt werden können, dass sie keines der Goldobjekte beschädigten. Warum also hat sich jemand die Mühe gemacht, sage und schreibe 39 Löcher dicht am Rand zu platzieren und dabei das Risiko einzugehen, die Scheibe nachhaltig zu beschädigen? Wirklich nur, um sie aufzuhängen? Oder besaßen sie eine symbolische Bedeutung?

Warum 39? Dem Astronomen Wolfhard Schlosser ist bei der Vermessung der Himmelsscheibe aufgefallen, dass die Abstände von Loch zu Loch nicht völlig regelmäßig sind. »Der Handwerker begann am oberen Teil der Himmelsscheibe mit einem einigermaßen festen Lochabstand zu arbeiten«, sagt Schlosser. Der mittlere Lochabstand betrug 24,5 Millimeter, was dicht am heutigen noch in den USA verwendeten Längenmaß »Zoll« von 25,4 Millimetern liegt, das auf die Daumenbreite zurückgeht und in historischen Zeiten durchaus um einige Millimeter variierte. »Dann aber stellt der Handwerker fest, dass der verbleibende Platz für dieses Maß nicht mehr ausreicht.« Um den Kreis vernünftig zu schließen, muss er gegen Ende hin die Abstände zwischen den Löchern verringern. Sollte der Handwerker, dessen planerisches Geschick nicht das beste gewesen zu sein scheint, ursprünglich sogar im Sinn gehabt haben, 40 Löcher auf der Scheibe unterzubringen? Eine reizvolle Vermutung. Hesiod hatte davon gesprochen, dass die Plejaden 40 Nächte und 40 Tage beisammen waren. Das kann wohl nur als ungefähre Schätzung gemeint sein, kommentiert Bartel Leendert van der Waerden in dem Klassiker *Erwachende Wissenschaft*. »Bei einer genauen Angabe müsste es entweder ›40 Nächte und 39 Tage‹ oder ›41 Nächte und 40 Tage‹ heißen«, die zwischen Abendletzt und Morgenerst der Plejaden vergehen.

Auf die Zeit, in der die Plejaden nicht am Himmel zu sehen waren, soll im alten Babylon die magisch-heilige Bedeutung der Zahl 40 zurückgehen, wie sie uns ja noch die Bibel überliefert: 40 Jahre zieht das Volk Israel auf dem Exodus aus Ägypten durch die Wüste. Und auch die 40-tägige Sintflut der Genesis wird mitunter auf die ebenso lange Abwesenheit der Plejaden zurückgeführt, die mit Regen, Unwetter und Gefahren in Verbindung gebracht wurde. Dienten die 39 Löcher der Himmelsscheibe als Zählhilfe, als Steckkalender, in dem ein Stift das Verstreichen der gefährlichen Tage von Loch zu Loch markierte?

Was den Charme dieser Spekulation ausmacht: Damit hätten wir es auch in Phase vier mit einer Anreicherung zu tun. Nach Horizontbögen und Schiff käme mit der Durchlochung ein weiteres astronomisch-astrologisches Element auf die Scheibe, das sich in den bestehenden Plejaden-Kontext einfügt.

Ist erst einmal die Annahme erschüttert, es handle sich um nichts als banale Löcher, bieten sich weitere Deutungen an. Vielleicht fehlt es uns heute schlicht an Fantasie. Auf den schwedischen Schriftsteller

August Strindberg (1849–1912) geht das Aperçu zurück, die Sterne am Himmel seien »Löcher in einer Wand«, durch die Licht schimmert. Wer sich den noch intakten Scheibenkreis vorstellt, dessen Rand von einer engen Perlenschnur von Löchern umschlungen war, dem wird es nicht völlig absurd erscheinen, dass diese als Sterne gemeint sein könnten. Tatsächlich funkeln sie heute noch im Museum, wenn von hinten Licht durch sie fällt.

Der Effekt könnte aber auch dadurch erreicht worden sein, dass die Scheibe, wie der Restaurator Christian-Heinrich Wunderlich vermutet, mit bronzenen oder goldüberzogenen Nieten auf einem Holz befestigt war. Womöglich haben wir es also mit beidem zu tun: mit der nützlichen Befestigung *und* der symbolischen Bedeutung. Wie schon bei der Schaltregel würden hier das Rationale und das Symbolische verschmelzen. In diesem Fall hätte das ursprüngliche Bild der Himmelsscheibe einen zusätzlichen Sternenkranz erhalten, der die Fülle des Nachthimmels symbolisierte und so die Unendlichkeit des Weltalls auf die Scheibe brachte.

***

Auch die allerletzte Metamorphose provoziert die Frage nach Bruch oder Tradition. Wir meinen jenen Akt, als der geschmiedete Himmel seine Reise in die Dunkelheit der Erde antrat und die Himmelsscheibe auf dem Mittelberg deponiert wurde. Wurde der Scheibe der linke Horizontbogen willentlich abgerissen, um sie aus dem irdischen Lauf der Dinge auszuscheiden? Oder ging der Bogen schlicht verloren? Seine Machart war nicht die beste; die Durchlochung könnte ihm den Rest gegeben haben. In die Erdgrube gelangte er jedenfalls nicht. Die bis zum äußersten Rand wuchernde Malachitpatina lässt da keinen Zweifel: Hier fehlte der Bogen schon seit Jahrtausenden.

Die Art und Weise, wie die Himmelsscheibe deponiert wurde, erinnert sehr an die frühbronzezeitlichen Fürstengräber von Leubingen und Helmsdorf, deren Ausgrabungen wir noch beiwohnen werden. Beile, Meißel und Armspiralen gehörten zum üblichen Inventar von Bronzedepots, die beigegebenen Schwerter waren kostbar. Auch erinnert die Doppelung der Gegenstände und die Verwendung von

Gold und Bronze stark an das, was Archäologen aus den Fürstengräbern kennen. Die Himmelsscheibe von Nebra wurde also nicht einfach vergraben. Sie wurde wie ein Fürst bestattet. Was fehlt, ist der Grabhügel.

Das wird uns noch beschäftigen. Hier nur so viel: Zwar war mit der Deponierung die vermutlich 100 bis 200 Jahre währende irdische Karriere der Himmelsscheibe an ein Ende gekommen, trotzdem lässt sich auch das als ein Prozess der weiteren Akkumulation interpretieren: Die Himmelsscheibe war ja nicht irgendwo begraben worden, sondern an einem Platz, der bestens zu ihr passte. Wir haben beschrieben, wie vom Mittelberg aus wichtige Landmarken wie der Brocken oder der Kyffhäuser ein natürliches Sonnenobservatorium bildeten. Auf dieser Anhöhe unweit von Nebra wird das Bildprogramm der Himmelsscheibe, was die Horizontbögen betrifft, teilweise Realität. Sie wird als das Herzstück des Landes deponiert: Erde und Himmel verschmelzen in diesem Akt. Die Himmelsscheibe heiligt das Land durch die Kräfte des Kosmos.

***

Wir sind jetzt an dem Punkt angelangt, an dem sich Fragen mit Macht aufdrängen, die nicht mehr die Himmelsscheibe allein beantworten kann. Es ist an der Zeit, sich in jene Welt aufzumachen, aus der sie stammt. Das ist heute zum ersten Mal möglich. Die naturwissenschaftlich basierte Archäologie hat in den letzten Jahren immense Fortschritte gemacht, vor allem löste die Entdeckung der Himmelsscheibe eine Forschungsoffensive aus, in der sich nicht allein Archäologen mit Hacke und Schaufel darangemacht hatten, ein sagenhaftes Reich auszugraben, von dem keine Legende die Zeiten überdauerte. Wer aber denkt, mit den Krimis wäre es damit endgültig vorbei, den müssen wir enttäuschen.

Teil 2

Das Reich der Himmelsscheibe

»Eigentlich dürfte es ihn gar nicht geben, so modern ist er.« Mit diesen Worten beschreibt die Wissenschaftsautorin Jo Marchant ein wahres Wunderwerk der Antike: den Mechanismus von Antikythera. Mit seinen Zahnrädern, Zifferblättern und Getrieben konnte er den Lauf von Sonne und Mond durch den Tierkreis anzeigen und unterschiedliche kalendarische Zyklen berechnen. Schwammtaucher entdeckten die fantastische Apparatur in einem antiken Schiffswrack vor der Insel Antikythera zwischen Kreta und der Peloponnes. Sein Alter: 2100 Jahre.

Das Erstaunlichste an dieser feinmechanischen Meisterleistung aus der Tiefe der Ägäis ist, für wie wenig Aufmerksamkeit sie bis heute gesorgt hat. Zwar wird darüber spekuliert, ob es sich nicht um ein Werk des größten Erfinders der Antike, Archimedes von Syrakus, handelte und wir es mit einem Urahn aller Computer zu tun haben. Trotzdem kennen die meisten Menschen den Antikythera-Mechanismus nicht. Er passt einfach nicht zu den Vorstellungen, die wir traditionellerweise von der Vergangenheit haben. »Wie ein *Da Vinci Code* aus dem wirklichen Leben«, titelte der britische *Telegraph*. Tatsächlich gäbe der Mechanismus von Antikythera eine wunderbare Höllenmaschine für den nächsten Dan-Brown-Thriller ab, dabei beweist er vor allem eins: wie wenig Ahnung wir vom Genius der Antike haben.

Das ungläubige Staunen, das die 3700 bis 3800 Jahre alte Himmelsscheibe von Nebra mitunter erntet, resultiert aus demselben Impuls. Sie wirkt wie ein Schnappschuss aus einer unbekannten, mysteriösen Welt: »Was? So etwas soll es damals bereits bei uns gegeben haben?« Oft regt sich Unwillen. Wer erkennt schon gerne das eigene Unwissen an?

Damit sind wir beim eigentlichen Kern des Problems: Was wissen wir nicht alles über Mesopotamien oder Ägypten – unsere eigene Vergangenheit ist uns dagegen gänzlich unbekannt! Die Problematik verschärft sich noch durch die Erkenntnis, dass das auf der Himmelsscheibe wiedergegebene Wissen überaus raffiniert verschlüsselt ist. Wenn die Erkenntnisse der Astronomen zutreffen – müssen dann nicht unsere Schulbücher umgeschrieben werden?

Dass das prähistorische Europa so lange eine *terra incognita* war, liegt vor allem am Fehlen schriftlicher Quellen. Lange schienen allein Scherben, Gräber und Pfostenlöcher vergangener Häuser von den zivilisatorischen Anfängen unseres Kontinents zu künden. Auch der Dünkel der Historiker trug seinen Teil dazu bei: Viele von ihnen befanden, ganz im Geiste des 19. Jahrhunderts, nur jene Kulturen für geschichtswürdig, die über Schrift verfügten. Und deshalb galt, zumindest unausgesprochen, die längste Zeit das Urteil des römischen Geschichtsschreibers Tacitus, der noch 1700 Jahre nach der Himmelsscheibe in seiner *Germania* über die Bewohner hiesiger Gefilde spottete: »Ein Volk von Hause aus nicht schlau und durchtrieben«.

Das aber stellt die Himmelsscheibe von Nebra radikal infrage. Sie forderte uns heraus, das Hightecharsenal der heutigen Archäologie einzusetzen – und zwar an einem gänzlich unerwarteten Ort wie Sachsen-Anhalt. Wer hätte sich vor 20, 30 Jahren dafür interessiert, was vor 4000 Jahren zwischen Harz und Elbe geschah? Die Himmelsscheibe war der Funke, der eine Forschungsexplosion auslöste. Um es auf Tacitus-Weise zu formulieren: Da sie echt war und schlaues Wissen auf schlaue Weise codierte, sollte es auch ein entsprechend fabelhaftes Umfeld geben, das sie hervorgebracht hatte. Das musste doch gefunden werden.

In der Tat haben die Ausgrabungen und Forschungen der letzten Jahre aufsehenerregende Erkenntnisse produziert. Sie bringen nicht nur Licht ins Dunkel der Vorgeschichte; sie lassen die Himmelsscheibe plausibel erscheinen, weil sie ihr Heimat, Menschen und Geschichte zurückgeben. Und das ist umso bedeutender, weil wir es mit der Keimzelle jenes Europas zu tun haben, in dem wir heute leben. Wir legen die Wurzeln unserer eigenen Welt frei.

Dazu werden wir nun etwas ausholen, haben wir doch mit einem grundsätzlichen Manko der Geschichtsbetrachtung zu kämpfen: Wir blicken immer vom Heute auf das Damals zurück; die Dinge aber verstehen wir erst wirklich, wenn wir wissen, was davor geschehen ist. Und was die europäische Prähistorie angeht, ist das nötige Wissen allgemein eher begrenzt. Sie verlief deutlich anders als im Mittelmeerraum oder im Vorderen Orient. Zudem hat die Genetik in den letzten Jahren ein neues Bild gezeichnet und gezeigt, welch ein Migrationsprodukt Europa doch ist.

Mit grobem Strich werden wir also die Ausgangslage skizzieren, um die großen Entwicklungslinien aufzuzeigen, ohne die nur schwer nachzuvollziehen ist, mit was für einer entscheidenden Wegscheide der Menschheitsgeschichte wir es im Fall der Bronzezeit zu tun haben. Vor diesem Hintergrund tritt uns die erstaunliche Welt der Himmelsscheibe umso klarer entgegen. Dann sind wir bestens gerüstet, das Reich von Nebra zu erkunden.

12
Jenseits von Eden

Die Geschichte der Menschheit wird nur zu gern als eine des Fortschritts erzählt, als ein heroischer Siegeszug der Spezies *Homo sapiens*. Nachdem unsere Vorfahren die Bäume verlassen hatten und mit dem aufrechten Gang begannen, lernten sie Feuer und Sprache zu beherrschen, erfanden Ackerbau und Viehzucht, gründeten Städte und Staaten und schufen die Schrift. Und ehe wir uns versehen, sind wir über industrielle und digitale Revolution in unserer modernen Welt angelangt, in der wir uns den Kopf über künstliche Superintelligenzen und Kolonien auf dem Mars zerbrechen. Was für eine Erfolgsgeschichte für eine Trockennasenprimatenart aus dem afrikanischen Busch!

Doch das ist ein Mythos. Es wird übersehen, dass diese Entwicklung gewaltige Zäsuren und Rückschläge aufweist. »Boom and bust« ist ein Begriff aus den Wirtschaftswissenschaften: Dem Aufschwung folgt der Niedergang. Das trifft auch auf unsere Geschichte zu: Phasen des Erfolgs endeten mit einem Kollaps – das ist fast so sicher wie das Amen in der Kirche. Und oft genug gab es nicht einmal einen Boom, sondern nur einen weiteren Fehlschlag. Nichts hat die menschliche Evolution mehr geprägt als Sackgassen und Irrwege.

Wir haben es mit einem klassischen »Survivorship Bias« zu tun: Nur aus Sicht der Überlebenden erscheint unsere Entwicklung als Erfolgsstory – allein wegen des ebenso simplen wie traurigen Umstands, dass wir die Geschichten all jener nicht kennen, die auf der Strecke geblieben sind. Und die sind in der Überzahl – gewaltig.

In den letzten Jahren bricht sich immer mehr die Erkenntnis Bahn, dass die Menschheit irgendwann auf Abwege geraten ist. Keiner hat das so prägnant auf den Punkt gebracht wie Jared Diamond, der schon 1987 vom »schlimmsten Fehler der Menschheit« sprach. Damit meinte er das Sesshaftwerden und die Entstehung der Landwirtschaft, also das, was Schulbücher als »neolithische Revolution« feiern, die »Erfindung« von Ackerbau und Viehzucht.

Die Einsicht, dass dies kein Geniestreich gewesen ist, wird gerade Mainstream. Schon ist in Bestsellern wie Yuval Noah Hararis *Eine kurze Geschichte der Menschheit* zu lesen: »Lange wollte uns die Wissenschaft den Übergang zur Landwirtschaft als großen Sprung für die Menschheit verkaufen und erzählte uns eine Geschichte von Fortschritt und Intelligenz.« Das aber sei ein »Ammenmärchen«: »Die landwirtschaftliche Revolution war der größte Betrug der Geschichte.« Dabei sei nicht mehr herausgekommen als elende Schufterei für die Menschen – und eine ausbeuterische Elite.

Das mag kulturpessimistisch klingen, schließlich haben wir diesen Entwicklungen unsere heutige Welt mit allen Annehmlichkeiten des modernen Lebens zu verdanken – wer wollte schon darauf verzichten? Aber hier geht es nicht um Kulturpessimismus, hier geht es um schlichten Realismus. Jared Diamond wollte mit seiner Rede vom schlimmsten Fehler der Menschheit den Blick dafür schärfen, dass die angebliche Erfolgsgeschichte des *Homo sapiens* mit immensen Kosten für uns und unseren Planeten verbunden war – und es immer noch ist. An den Annehmlichkeiten des modernen Lebens erfreut sich nur ein Teil der Menschheit.

***

Versuchen wir also, die Dinge realistisch zu sehen. Wir haben es, was die neolithische Revolution angeht, mit einer dramatischen Verhaltensänderung der Spezies Mensch zu tun: dem Übergang von einer jagenden und sammelnden Lebensweise zu einer sesshaften, die eigenen Nahrungsmittel produzierenden Subsistenzform. Für Jahrhunderttausende waren die Menschen in kleinen, egalitär organisierten Gruppen als Jäger und Sammler umhergezogen. Weder gab es nennenswerten Besitz noch ausgeprägte Hierarchien. Die Jagdbeute wurde geteilt und das Teilen zelebriert. Da man keine großen Vorräte anlegen konnte, waren die sozialen Beziehungen die Lebensversicherung. In der Not musste man sich auf die anderen verlassen können. Egoisten wurden in die Schranken gewiesen, wenn nicht gar verstoßen oder eliminiert. Dann, vor über 13 000 Jahren, begannen die Menschen mancherorts, sich dauerhaft an einzelnen Plätzen niederzulassen, sie domestizierten Pflanzen und Tiere und erfanden das Eigentum an Grund und Boden.

Die wenigen Jahrtausende, die wir nun ein sesshaftes Leben führen, sind aus der Perspektive der Evolution ein sehr kurzer Zeitraum – würde man sich die Entwicklung von den ersten als Jäger und Sammler lebenden Vertretern der Gattung *Homo* vor mehr als zwei Millionen Jahren bis zum heutigen Menschen als einen Tag von 24 Stunden vorstellen, fingen gerade mal vor sieben, vielleicht acht Minuten die ersten Menschen an, sesshaft zu werden. Das ist eine viel zu kurze Zeit, als dass sich unsere genetisch basierten Intuitionen, Präferenzen und Verhaltensmuster an die neuen Verhältnisse hätten anpassen können. Seither leben wir unter Bedingungen, für die wir nicht gemacht sind. Die Bibel bringt es auf den Punkt: Für den Garten Eden geschaffen, müssen die Menschen ihr Dasein jenseits von Eden fristen und im Schweiße ihres Angesichts schuften.

Ohne Frage, für die Spezies Mensch in der Gesamtheit war die Landwirtschaft ein Erfolg: Von geschätzten vier Millionen Menschen zu Beginn des Neolithikums stieg ihre Population auf die fast acht Milliarden Exemplare von heute an. Das nennt man eine Bevölkerungsexplosion! Für die allermeisten Individuen der Menschheitsgeschichte jedoch brachte diese Entwicklung immense Nachteile.

Zwar konnte die Produktivität des Landes gesteigert werden, die zusätzlichen Münder indes aßen die Überschüsse schnell wieder auf. Und Zeitbudgetstudien zeigen: Die Bauern mussten länger schuften, um auf die Kalorienmenge der Jäger und Sammler zu kommen. Auch verlor die Ernährung an Vielseitigkeit. Skelettfunde belegen: Die Menschen wurden nicht mehr so groß wie zuvor, litten verstärkt an Krankheiten und Mangelernährung, waren Hunger ausgesetzt und starben früher. Hinzu kamen soziale Probleme: Die alten Gruppen mit ihrer verhaltensregulierenden Funktion verloren in den immer größer werdenden Gesellschaften an Einfluss. Dafür entfaltete die neue Erfindung des Eigentums ihre Dynamik. Da man nun Vorräte anlegen konnte, war man weniger auf die Nachbarn angewiesen; im Gegenteil, die wurden jetzt allzu leicht zu Konkurrenten. Auf Dauer waren es gerade die Rücksichtslosen, die in der neuen Konkurrenz das Rennen machten.

Warum aber ließen sich die Menschen darauf ein? Schon Jared Diamond hat in seinem Klassiker *Arm und Reich* darauf hingewiesen, dass Begriffe wie »Entdeckung« oder »Erfindung« der Landwirtschaft in die Irre führen. Auch war es keine Revolution im Sinne einer raschen Umwälzung. Wir haben es mit einem über Jahrtausende währenden Prozess zu tun, der sich in zahllosen kleinen Schritten hinzog. Niemand wusste die Folgen abzuschätzen. Sehen wir uns das im Schnelldurchlauf an.

***

Es begann im Fruchtbaren Halbmond, in jenem sichelförmigen Landstrich, der sich von der Levante (den heutigen Ländern Israel, Libanon und Syrien) über die Ausläufer des Taurusgebirges in der Südosttürkei durch Nordmesopotamien zum Zagrosgebirge (dem nördlichen irakisch-iranischen Grenzgebiet) zieht. Seit der letzten Eiszeit nahm die Zahl der als Jäger und Sammler umherziehenden Menschen dort stetig zu. Die Klimaverbesserung hatte einen Garten Eden geschaffen: Die Wildbestände wuchsen, wilde Getreidearten gediehen prächtig. Wozu also noch groß umherziehen? Die Speisetafel war reich gedeckt.

Doch Überjagung und eine dramatische Klimaverschlechterung bereiteten dem Schlaraffenland ein Ende. Als die Gletscher der letzten Eiszeit vor 15 000 Jahren dahinschmolzen, bildete sich ein riesiger Gletschersee im Norden Amerikas. Vor gut 13 000 Jahren barst der Eisdamm. Die eiskalten Fluten ergossen sich in den Atlantik und brachten die globale Wärmepumpe des Golfstroms zum Erliegen. Die 1000 Jahre währende Kälteperiode der Jüngeren Dryaszeit war das Ergebnis. Auf der Nordhalbkugel schoben sich Gletscher wieder nach Süden vor.

Auch im Fruchtbaren Halbmond wurde das Klima kälter und trockener, das Nahrungsangebot verschlechterte sich. Mancherorts versuchten die Menschen zur nomadischen Lebensweise zurückzukehren, doch für viele sesshaft gewordene Gruppen war das keine Option mehr. Krise und höhere Bevölkerungsdichten zwangen zum Experimentieren. Vor allem jene behaupteten sich, die darauf setzten, die Samen der wilden Vorläufer von Getreiden wie Einkorn, Emmer und Gerste oder Hülsenfrüchte wie Linsen und Erbsen zu sammeln. Bald erkannten sie, dass sie sich gezielt vor Ort ansäen ließen. Das so produzierte Kalorienplus zahlte sich mit mehr Nachwuchs aus.

Dann fingen die Menschen an, Tiere zu halten und zu domestizieren: Ziege, Schaf, Rind und Schwein wurden zu Haustieren. Das brachte zwar Fleisch und später auch Milch, hatte aber Konsequenzen. Von den Tieren, mit denen man nun im engen Kontakt, oft sogar unter einem Dach lebte, sprangen Krankheitserreger auf die Menschen über. Die meisten Infektionskrankheiten verdanken wir der neolithischen Revolution. Pocken, Pest, Cholera: Sie alle fanden als Zoonosen ihren Weg zum Menschen. Der Masernvirus stammt von Rindern, der Grippevirus von Schweinen und Vögeln. Heute oft mehr oder minder harmlose Krankheiten begannen ihre Karriere als Seuchen, die ganze Dörfer dahinrafften.

Trotz Epidemien und der Bedrohung der Ernten durch Dürren, Heuschrecken oder Pilzbefall wuchsen die menschlichen Populationen. Bei den Jägern und Sammlern bekamen die Frauen im Schnitt nur alle vier bis sechs Jahre ein Kind. Ihre Fettreserven waren ohnehin nie üppig bemessen, während des mehrjährigen Stillens verloren sie auch das letzte Gramm Fett – weshalb sie in dieser Zeit deutlich weniger fruchtbar waren. Eine kluge Anpassung: Bei den häufigen Ortswechseln konnten sie ohnehin nicht mehr als ein Kind tragen. Wegen ihres höheren Anteils an Fettgewebe wurden die sesshaften Frauen jedoch schon während des Stillens erneut schwanger, was dann fast jährlich geschah. Über die Konsequenzen geben die Skelettfunde Auskunft: Die Kindersterblichkeit schoss in die Höhe, die Gesundheit der Frauen litt, viele überlebten die zahlreichen Geburten nicht.

Die Evolution schert sich nicht um das individuelle Wohlbefinden, für sie zählt allein der Reproduktionserfolg. Die Bevölkerungsdichten stiegen, ohne dass die Menge der verfügbaren Nahrung Schritt halten konnte. Daraus resultierte ein Zwang beständiger Innovation – und einer zur Expansion. Die mit der neolithischen Revolution in die Welt getretene Devise lautete: »Mehr!« Die aus den neuen Lebensumständen resultierenden Probleme und Krisen erwiesen sich als Kulturmotor erster Güte. Denn für biologische Anpassungen reichte die Zeit nicht, also brauchte es kulturelle Innovationen, um

Die Himmelsscheibe von Nebra gewährt einen einzigartigen Einblick in die Ideenwelt der bronzezeitlichen Menschen. Sie ist das zweidimensionale Bild eines dreidimensionalen Weltmodells: Über der Erde wölbt sich der Himmel als Kuppel, an der die Gestirne prangen. Ein Schiff wartet, die Sonne an Bord zu nehmen. Sphärische Weltbilder kennen wir auch aus Ägypten, Griechenland oder der Bibel.

Auf der Rückseite der Himmelsscheibe verläuft unterhalb des Mittelpunkts eine gut fünf Zentimeter lange Furche. Dort testete ein Schmied sein Werkzeug. Deutlich sind die abgeschliffenen Randlöcher zu erkennen. Auch die Befestigung der Goldauflagen auf der Vorderseite hat hier Spuren hinterlassen. Die Bronzescheibe misst 32 Zentimeter im Durchmesser und ist 2050 Gramm schwer.

Der große goldene Kreis auf der Himmelsscheibe kann als Sonne oder Vollmond gedeutet werden. Zwischen ihm und der Mondsichel befindet sich oben die aus sieben Sternen bestehende Rosette der Plejaden. Links und rechts markieren die Horizontbögen die Auf- und Untergangsbereiche der Sonne (der linke fehlt). Unten ist die Sonnenbarke zu sehen.

1999 entdeckten zwei Sondengänger auf dem Mittelberg bei Nebra das Himmelsscheibendepot. Zunächst dachten sie, einen Eimerdeckel gefunden zu haben, entsprechend rabiat gingen sie zu Werk.

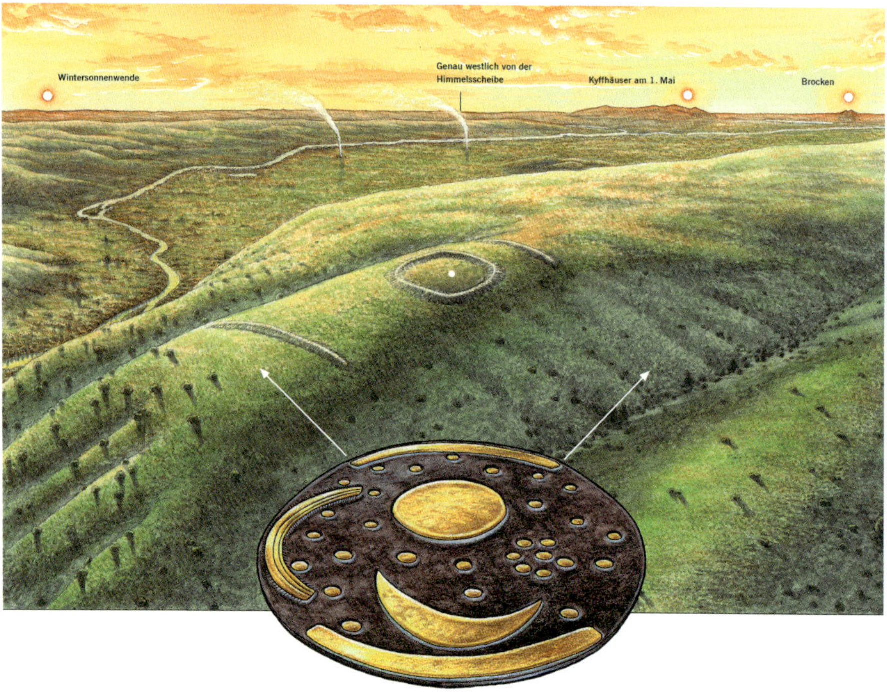

Vom Deponierungsort der Himmelsscheibe aus gesehen (Bildmitte), geht die Sonne zum Zeitpunkt der Sommersonnenwende (um den 21. Juni) hinter dem Brocken und am 1. Mai hinter dem Kyffhäuser unter. Berg und Scheibe passen bestens zusammen.

Der auf dem Mittelberg bei Nebra vor 3600 Jahren vergrabene Hort besteht neben der Himmelsscheibe aus zwei Schwertern, zwei Beilen, einem Meißel und zwei Armspiralen, die bei der unsachgemäßen Bergung zerbrachen. Die Schwerter bestechen mit ihren goldenen Griffmanschetten.

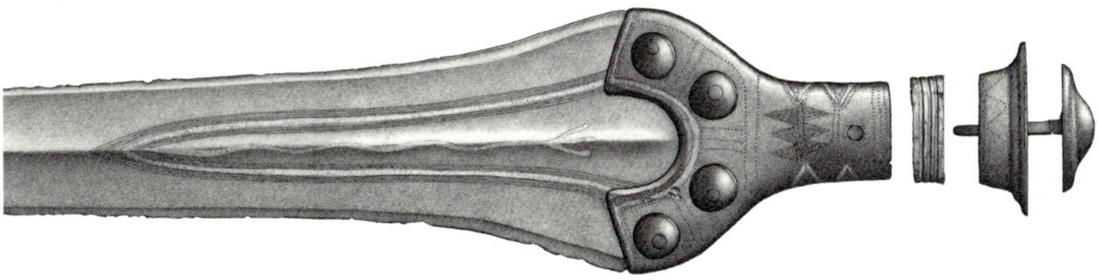

Auf einem der Schwerter windet sich eine dreiköpfige Schlange. Wurde das Schwert der Himmelsscheibe zum Schutz mitgegeben? Im ägyptischen Mythos wird die Sonne in der Unterwelt von der Apophis-Schlange angegriffen.

Weil die Erde um die Sonne reist und der Mond die Erde umkreist, verändert sich der irdische Blick auf den Sternenhimmel – der Himmel wird zum Kalender. Wenn die Mondsichel neben den Plejaden so dick erscheint wie auf der Himmelsscheibe (oben links), ist ein Schaltmonat einzufügen.

Die Kreisgrabenanlage von Goseck ist fast 7000 Jahre alt. Die Ausrichtung auf die Sonnenwenden zeigt, dass seit alters her versucht wird, irdisches und himmlisches Geschehen in Einklang zu bringen.

Der 3400 Jahre alte Sonnenwagen von Trundholm ist einer der bedeutendsten Funde der skandinavischen Bronzezeit. Er dokumentiert eindrucksvoll die Vorstellung, dass die Sonne über den Himmel transportiert wird.

Die Flotte von Nors besteht aus über 100 goldenen Miniaturbooten (um 1400 v. Chr.). Einige von ihnen tragen Sonnensymbole. In der bronzezeitlichen Vorstellungswelt dienen auch Schiffe der Sonne als Reisevehikel.

Die »Arche Nebra« ist das Ausstellungszentrum am Fuße des Mittelbergs, auf dem die Himmelsscheibe entdeckt wurde. Seine Architektur spielt auf deren Sonnenbarke an. Ein Planetarium führt in die astronomischen Zusammenhänge ein.

Das »Himmelsauge« markiert den Fundort des Nebra-Horts. Der Aussichtsturm ermöglicht es, die Sichtachsen nachzuvollziehen, die sich vom einst unbewaldeten Mittelberg ergaben und ihn zu einem natürlichen Kalender machten.

die Probleme zu bewältigen. Wir begreifen unsere Geschichte wohl besser als ein konstantes Krisenmanagement denn als eine glanzvolle Fortschrittsgeschichte.

***

Das Bevölkerungswachstum ließ die lokalen Ressourcen schwinden; Brenn- und Bauholz wurden knapp, die Böden laugten aus und erodierten. Es wurde immer schwerer, die Menschen vor Ort zu ernähren. Also machten sich manche auf den Weg, um andernorts ihr Glück zu suchen. Bald waren alle Orte besetzt, an denen es genügend regnete, um Landwirtschaft zu betreiben. Was blieb den Menschen, als von den Gebirgshängen in die Niederungen des Zweistromlandes zu ziehen? Hier reichte zwar der Niederschlag nicht aus, aber die Menschen lernten, das Land zu bewässern. Sie gruben Kanäle und Speicherbecken, bauten Deiche und gewannen so Ackerland.

Doch sie schufen sich neue Probleme. Das Abholzen der Berghänge hatte zur Verkarstung geführt. Nach heftigen Regenfällen wälzten sich gewaltige Mengen fortgeschwemmten Erdreichs flussabwärts, füllten die Bewässerungskanäle und Wasserreservoirs mit Schlamm. Mitunter begruben sie ganze Siedlungen. Auch verlagerten sich wegen des geringen Gefälles die Flussläufe. Gerade der träge dahinfließende Euphrat war berüchtigt, sich ein neues Bett zu suchen. Die Stadt Uruk, einst an seinem Ufer gegründet, liegt heute zehn Kilometer vom Strom entfernt. In der Hitze verdunstete das Wasser, das zurückbleibende Salz vergiftete die Böden.

Um die Bewässerungssysteme vor Verschlammung, Deichbrüchen und Überflutung zu bewahren, waren große Mengen Arbeitskräfte nötig. Weil dafür in aller Regel Zwangsarbeiter eingesetzt wurden, brauchte es das, was der Soziologe Max Weber einen »Erzwingungsstab« nannte: Truppen, die solche Schwerstarbeit durch physische Gewalt erzwingen konnten. Zudem benötigte man Verwaltungsstrukturen, die alles organisierten. Das waren Entwicklungen, die sich über lange Zeiten hinzogen und mancherorts zu den ersten Staaten führten. Die Schrift, die dann im 4. Jahrtausend vor Christus erstmals als Keilschrift auf Tontafeln in Mesopotamien auftauchte, wurde erfunden, um Nahrungsproduktion und -verteilung, Arbeitseinsätze, Steuern und Tribute zu organisieren. Der Handel florierte, Reichtum wuchs, Hierarchien entstanden. Die erwirtschafteten Überschüsse finanzierten Priester, Verwalter und Soldaten – sowie eine Herrschaftsschicht mit Potentaten, die sich bald als Könige göttlicher Abkunft inszenierten.

Die orientalischen Staaten entwickelten sich zu Despotien, für die Heere von Sklaven schufteten. Sie standen zueinander in Konkurrenz um die fruchtbarsten Böden. Jede Dürre, jedes Feld, das aufgegeben werden musste, weil das Salz die Pflanzen verkümmern ließ, verschärfte die Rivalitäten. Krisen, Kriege und Katastrophen standen auf der Tagesordnung und schufen den Zwang zu effektiven Bewältigungsstrategien. Das war es, was Hand in Hand mit dem unbändigen Repräsentationsbedürfnis der Eliten das schuf, was die Schulbücher uns heute als Hochkulturen präsentieren.

***

Lange diskutierten die Prähistoriker, wie die Landwirtschaft wohl ihren Weg nach Europa fand. Pflanzte sich hier eine so überlegene Idee fort, dass Nachbar um Nachbar das Leben als Jäger und Sammler aufgab und zu Ackerbau und Viehzucht überging? Oder waren es Menschen, die kamen und ihre Kultur mitbrachten? Unverkennbar basiert das erste Modell der Diffusion auf dem Fortschrittsmythos: Das neue Dasein war eine so begehrenswerte Innovation, dass niemand widerstehen konnte. Heute wissen wir, die neolithische Lebensweise, die sich vom Orient nach Europa ausbreitete, war kein Siegeszug einer Kulturform, die alle dazu brachte, begeistert Bauern zu werden. Nein, es war eine Expansion von Menschen, der Versuch von Siedlern, den Problemen in der Heimat zu entkommen und sich andernorts ein Überleben zu sichern. Es waren Flüchtlinge auf der Suche nach einem besseren Leben.

Die im Fruchtbaren Halbmond ständig wachsende Bevölkerung war gezwungen, nach neuen akzeptablen Ackerböden Ausschau zu halten. Erst ging es durch Anatolien, dann über die Dardanellen nach Griechenland, bald in den Balkanraum und schließlich nach Mitteleuropa, das in der Mitte des 6. Jahrtausends vor Christus innerhalb von weniger als 200 Jahren von den ersten Bauern – oder wie die Archäologen es formulieren, der ersten frühneolithischen Kultur Mitteleuropas, der Linearbandkeramik – in Besitz genommen wurde.

Nur eine Theorie? Nein, genetische Analysen haben in den letzten Jahren die alte Diskussion beendet. Das aus Knochen extrahierte Erbmaterial lässt keine alternative Deutung zu. Hier reiste keine Kulturtechnik, hier reisten Menschen. Wir haben es mit Einwanderern zu tun, ihr Erbmaterial weist eine zuvor in Europa unbekannte Signatur auf, also charakteristische Varianten im menschlichen Genom, die für bestimmte Populationen typisch sind. Als Migranten aus dem Orient brachten sie das »neolithische Paket« aus Kulturpflanzen und domestizierten Tieren gleich mit. Mit ihren Steinbeilen fällten sie jahrhundertealte Bäume, bauten Langhäuser und betrieben Hackfeldbau. Das war Knochenarbeit, noch war der Pflug nicht erfunden.

Die Genetik verrät mehr: Lange ging man davon aus, dass sich die Neuankömmlinge kaum mit den in Europa lebenden Jägern und Sammlern vermischten. Deren Schicksal schien dem der Indianer in Nordamerika nach Christoph Kolumbus' Ankunft zu gleichen: Die von den Farmern eingeschleppten Krankheiten rafften große Teile der indigenen Bevölkerung dahin. Wer überlebte, floh. Nicht nach Westen wie die Indianer vor der ständig vorrückenden *Frontier*, sondern gen Norden, Richtung Küste, Richtung Skandinavien, aber auch in unwegsame Bergregionen. Erst auf wenig zur Landwirtschaft geeigneten Böden waren sie in Sicherheit. Das ist immer noch zutreffend. Mittlerweile aber kommen populationsgenetische Analysen zu einem differenzierteren Bild. An einigen Orten existierten Jäger und Sammler und erste Bauern jahrhundertelang nebeneinander, teils entwickelten sich Parallelgesellschaften, teils vermischten sie sich allmählich.

***

Eine spannende Frage: Wie fanden die Bauern aus dem Orient in der Fremde die fruchtbaren Böden? Europa war zu großen Teilen mit Urwäldern bedeckt. Vor allem Flüsse taugten als Leitbahnen durch die Wildnis, auf gehölzarmen Schotterbetten war das Vorankommen weniger beschwerlich. Für Felder jedoch war es zu nass und zu steinig. Die Wanderer tasteten sich von den Flüssen langsam ins Landesinnere vor; oft ließen sie sich gerade dort nieder, wo sie beim Graben auf keine Steine mehr stießen. Dort war die Erde leicht zu bearbeiten – selbst mit Gerät aus Stein, Knochen oder Holz. Und es war ein guter Ort zum Siedeln. Auf den höher gelegenen Flächen rodeten sie die Bäume und legten zwischen den im Boden verbliebenen Wurzelstöcken Felder an, weiter unterhalb, zum Wasser hin, hielten sie das Vieh. Das Beste aber entdeckten die Bauern nach der ersten Aussaat: Die steinlosen Böden waren überaus fruchtbar, fast, als entstammten sie dem Paradies. Tatsächlich waren sie ein Geschenk des Himmels.

Genauer gesagt, waren sie eine Gabe des Windes: Denn die steinlosen Böden bestanden aus Löss, einem Produkt der Eiszeit. Gletscher hatten Berge und Felsen zu Geröll und feinem Gesteinsstaub zermahlen. Leichte Beute für den Wind, der das, was heute Gartencenter als »Urgesteinsmehl« zur Bodenverbesserung verkaufen, durch die trockene, vegetationslose Kälte-Ödnis blies. Der Staub lagerte sich im Windschatten der Gebirge ab. Das geschah in Nordamerika, in China und auch in Europa, wo der Wind den Löss in den Börden am Nordrand der Mittelgebirge anhäufte, im Pariser und im Karpatenbecken, aber auch in den süddeutschen Gäulandschaften.

Ein Blick auf moderne Bodenkarten zeigt, das Gebiet im Windschatten des Harzes gehört zu den fruchtbarsten Böden Europas, insbesondere die Magdeburger Börde und die Leipziger Tieflandbucht bis in das Thüringer Becken hinein, mit Weimar und Erfurt als südlicher Begrenzung. Der Löss hat sich hier zu tiefgründigen Schwarzerden gewandelt, mit einer Mächtigkeit von über einem Meter. Wie das geschah, darüber diskutieren die Geologen. Die einen sprechen von natürlichen Bodenbildungsprozessen, die anderen sehen darin Menschenwerk: Brandrodungen der Jungsteinzeit. Bei den großflächigen Schwarzerdeböden erscheint eine natürliche Bildung wahrscheinlicher. Auf dem nacheiszeitlich angewehten Löss siedelten Pionierpflanzen. In den steppenartigen Gebieten waren unzählige Bodenwühler aktiv: Regenwürmer, Feldhamster, Steppenmurmeltiere, die alle besten Humus produzierten. Der Schwarzerdeboden von

Eickendorf in der Magdeburger Börde erhielt 1934 als ertragreichster Boden Deutschlands die damalige maximale Bodenwertzahl 100.

Wie fruchtbar diese Böden schon zu Zeiten der ersten Bauern, also unter eher düngerarmen Bedingungen waren, verdeutlicht eines der am längsten währenden Experimente der Welt: Seit 1878 wird in Halle an der Saale in einem Dauerdüngungsversuch namens »Ewiger Roggen« auf dem immer selben Boden Winterroggen angebaut. Dass mit Stallmist oder Mineraldünger gedüngte Vergleichsflächen mehr als das Doppelte an Ertrag des puren Bodens bringen, ist keine Überraschung. Erstaunlich dagegen ist, dass auch die seit über 100 Jahren ungedüngte Schwarzerde jährlich noch immer 1,5 Tonnen Roggen pro Hektar liefert. Schwarzerde ist der Stoff, aus dem das Paradies der Bauern gemacht ist. Kein Wunder, dass diese Böden die ganze Vorgeschichte hindurch sehr begehrt sein sollten.

Die ersten Bauern entdeckten die Löss- und Schwarzerdeböden mit großer Treffsicherheit. Sie wussten bald typische Zeigerpflanzen zu identifizieren. Wo es in Mitteleuropa Löss gab, wurde innerhalb kürzester Zeit Ackerbau betrieben. Das östliche Harzvorland bot noch einen weiteren großen Vorteil: Trockenheit – dem Regenschatten der westlich gelegenen Mittelgebirge sei Dank. Hier fanden sich beste Bedingungen für die Pflanzen, welche die Einwanderer aus den ebenfalls nicht regenverwöhnten Regionen des Taurus und des Zagros mitgebracht hatten. Wenn aber Regen fiel, versickerte er nicht; die Schwarzerde speicherte das Wasser wie ein Schwamm und stillte den Pflanzendurst dauerhaft. Wegen der geringen Niederschlagsmenge, die der Verdunstungsrate entsprach, bedrohten weniger Pilzerkrankungen die Ernte, und die Nährstoffe im Boden wurden nicht wie andernorts ausgewaschen.

***

Der Boden ist aber nicht nur das Substrat, auf dem das Getreide sprießt. Der Boden beeinflusst auch die menschlichen Kulturen, die auf ihm entstehen. Der wohl größte Vorzug der Lössböden Mitteleuropas war: Hier mussten die Menschen nicht wie im alten Ägypten sehnsüchtig auf das Erscheinen des Sirius warten, der das Kommen der

Nilflut ankündigte – bangend, dass sie nicht zu gewaltig ausfallen und alles verschlingen würde. Hier waren keine gewaltigen Bewässerungsbauten notwendig wie in den Hochkulturen an den großen Strömen Mesopotamiens. Keine Deiche, Kanäle, Schleusen, Rückhaltebecken, die instand zu halten waren, aus denen mühselig der Schlamm herausgeschaufelt werden musste und die Brutbecken für Krankheiten und Parasiten aller Art waren. Hier mussten die Menschen nicht zu Fronarbeiten zwangsverpflichtet werden, damit überhaupt erst Landwirtschaft betrieben werden konnte. Die fruchtbare Erde war einfach da! Die Saat war nur auszubringen. Auf der Schwarzerde östlich des Harzes mussten die Menschen also nicht so sehr im Schweiße ihres Angesichts schuften. Doch so viel Gutes sorgte auch für Probleme: Wer wollte nicht unter solch paradiesischen Bedingungen leben?

13
Krieg ums Land

Es steht ja schon in der Bibel: Was geschieht jenseits von Eden, nachdem die Menschen angefangen haben, im Schweiße ihres Angesichts den Acker zu bestellen? Brüder werden zu Feinden und schlagen sich die Köpfe ein. Das liegt in der Konsequenz der neuen Erfindung des Eigentums. Wo die Bevölkerung wächst, geraten die Menschen in Konkurrenz um die Ressource Boden. Gewalt und Krieg sind die Folge.

Man muss wahrlich kein Freund des französischen Philosophen Jean-Jacques Rousseau (1712–1778) sein, aber aus archäologischer Sicht lag er nicht falsch, als er mit großer Emphase schrieb: »Der erste, der ein Stück Land mit einem Zaun umgab und auf den Gedanken kam zu sagen ›Dies gehört mir‹, und der Leute fand, die einfältig genug waren, ihm zu glauben, war der eigentliche Begründer der bürgerlichen Gesellschaft. Wie viele Verbrechen, Kriege, Morde, wie viel Elend und Schrecken wäre dem Menschengeschlecht erspart geblieben, wenn jemand die Pfähle ausgerissen und seinen Mitmenschen zugerufen hätte: ›Hütet euch, dem Betrüger Glauben zu schenken; ihr seid verloren, wenn ihr vergesst, dass zwar die Früchte allen, die Erde aber niemandem gehört.‹«

Tatsächlich lassen sich im Neolithikum erstmals Zäune archäologisch nachweisen; Zäune, die Land und Vieh schützten. Und bald schon gab es Befestigungen. Zwar kamen die frühesten Siedlungen der Bauern in Mitteleuropa ohne aus, doch das änderte sich rasch. Die Bevölkerung wuchs, ab etwa 5200 vor Christus verschlechterte sich das Klima. Missernten waren die Folge – und Verteidigungswerke. Dass die bitter nötig waren, zeigen grausige Entdeckungen der Archäologen: Massengräber. Ob im baden-württembergischen Talheim, im hessischen Schöneck-Kilianstädten, im Harz in Halberstadt-Sonntagsfeld oder in Asparn-Schletz in Niederösterreich: Die Ausgräber stießen auf Gräben oder Gruben, in denen Skelette von Männern, Frauen und Kindern zu Dutzenden lagen; mitunter waren es mehr als 100 Menschen – einfach hineingeworfen.

Könnten es nicht Seuchentote gewesen sein? Nein. Die Knochen lassen keine Zweifel: eingeschlagene Schädel zuhauf. In einem Grab liegen Männer mit gebrochenen Schienbeinen. Folteropfer? Oder sollten sie an der Flucht gehindert werden? Pfeilspitzen fanden sich kaum, wohl aber zerbrochene Keulen. Das war Nahkampf. Manche Schädel zeigen Verletzungen von bis zu sechs Schlägen. In Asparn fehlen vielen Skeletten die Hände und Füße. Tiere fraßen an den Knochen – die Leichen lagen tagelang unter freiem Himmel, bevor sie verscharrt wurden. Nicht in jedem Fall sind die Archäologen völlig sicher, Kriegszeugnisse vor sich zu haben; Massaker waren es in jedem Fall.

***

Der Krieg ist ein Produkt des Neolithikums. Natürlich gab es auch unter Jägern und Sammlern blutige Konflikte, sowohl zwischen einzelnen Individuen wie unter Gruppen. Aber die Auseinandersetzungen eskalierten nicht zu solch massiven Gewaltexzessen, denen wir den Stempel »Krieg« aufdrücken würden. Das lag an fehlenden logistischen Voraussetzungen und den geringen Bevölkerungsdichten. Vor allem: Die mobilen Jäger und Sammler konnten einfach fortziehen, um Konfrontationen zu entgehen. Andernorts fand sich immer ein Auskommen. Allein dort, wo besondere Orte einen Überfluss an Ressourcen boten, wie etwa das besonders reiche Nahrungsspektrum eines Seeufers, kam es in Ausnahmefällen zu Gemetzeln.

In neolithischen Gesellschaften war Weiterziehen kaum eine Option. Hier waren Bauern auf Gedeih und Verderb an ihre mühsam gerodeten Äcker, ihre Häuser und Vorräte gebunden; Flucht kam nur selten infrage. Konflikte eskalierten deshalb schneller. Auslöser waren Überbevölkerung, Klimaverschlechterungen, Dürren, Missernten, aber auch simpler Streit um Grenzen oder Wasser. Die Massengräber verraten einen weiteren Kriegsgrund: Frauen! In ihnen sind die Skelette junger Frauen oft deutlich seltener vertreten, als es die demografische Wahrscheinlichkeit erwarten ließe – ein deutlicher Hinweis auf Frauenraub. Sie waren in expansiven Ackerbaukulturen besonders wertvoll. Die hohe Müttersterblichkeit bei der Geburt sorgte für ein

Frauendefizit, das Gemeinschaften ausgleichen mussten, um zu prosperieren.

Für den griechischen Philosophen Heraklit war der Krieg der Vater aller Dinge. Zumindest so viel ist richtig: Wir sehen, wie im prähistorischen Europa einerseits Strategien entwickelt wurden, den Krieg effektiver zu betreiben, und wie andererseits alles unternommen wurde, sich besser gegen ihn zu schützen. So ist das 4. Jahrtausend in Mitteleuropa eine Blütezeit der Doppelpalisaden, gestaffelten Verteidigungsringe und Kammertore. Auf Anhöhen entstehen komplexe Verteidigungsanlagen.

Doch selbst ohne Krieg war die Innovationslogik zwingend: Mehr Menschen bedeuteten mehr Konkurrenz und damit mehr Probleme, aber auch mehr Ideen. Deshalb brachte diese Zeit, in der eine wachsende Bevölkerung ernährt werden musste, so viele neue Erfindungen hervor, dass Archäologen schon von einer zweiten neolithischen Revolution sprechen. Zu den Errungenschaften gehörten das Wollschaf, die Domestizierung von Pferden, die Erfindung von Rad und Wagen und die Traktion: Ochsen wurden unter ein Joch gespannt und als »neolithischer Traktor« zum Ziehen eines Pflugs eingesetzt. Nun konnten Felder großräumig von Baumstümpfen und Findlingen frei geräumt werden (Letztere fanden bei der Errichtung von Großsteingräbern Verwendung); die Anbauflächen stiegen im Vergleich zum Hackbau auf ein Vielfaches. Die Errungenschaften der Neolithischen Revolution 2.0 führten zu einer enormen Produktionssteigerung. Mit bekannten Konsequenzen: noch mehr Menschen, noch mehr Konkurrenz, noch mehr Schwierigkeiten.

Wie wir heute rekonstruieren können, korrespondierte die Zunahme der Verteidigungsanlagen nicht zuletzt mit einem langen Eroberungskrieg: Teile jener einst vor den Bauern in den Norden geflohenen Jäger und Sammler schlugen zurück. Ab etwa 3800 vor Christus drangen die sogenannten Trichterbecherkulturen aus Skandinavien und Norddeutschland nach Süden vor. Es handelte sich um eine langsame, über 1000 Jahre währende Rückkehr der aus Mitteleuropa vertriebenen Jäger und Sammler, die selbst zur neolithischen Lebensweise übergegangen waren. Dank innovativer Technologien war es ihnen gelungen, auch auf weniger guten Böden außerhalb der Lössregionen

Landwirtschaft zu betreiben. Sie kehrten nun nach Süden zurück, angelockt von den produktiven Böden und dem freundlichen Klima.

***

Allein zwischen dem 40. und 23. Jahrhundert vor Christus zählen Chronologieexperten wie der Archäologe Ralf Schwarz vom Hallenser Landesamt für Archäologie 15 verschiedene Kulturgruppen auf dem Territorium des heutigen Bundeslands Sachsen-Anhalt. Teils existierten sie zeitgleich, teils lösten sie einander ab. Leider hat kein Homer diese Ereignisse besungen; auch haben wir weder einen Herodot noch einen Thukydides, die uns über das Geschehen berichtet hätten. Stattdessen müssen wir alles aus spärlichen, immer rätselhaften Befunden rekonstruieren, die der Boden Jahrtausende später preisgibt. Mitunter sind sie so merkwürdig, dass alle archäologische Kombinationsgabe kaum ausreicht, um herauszufinden, was damals passierte. Schauen wir uns an, welch dramatische Ereignisse sich den Ausgräbern präsentierten.

Vor wenigen Jahren eröffnete ein Autobahnbau sieben Kilometer westlich von Halle die Möglichkeit, unter der Leitung der Archäologin Susanne Friederich das Erdwerk von Salzmünde auszugraben. Schon aus der Luft hatte sich die gewaltige Doppelgrabenanlage deutlich im Getreidefeld abgezeichnet. In einem Abstand von 10 bis 18 Metern umfassten zwei je 3 bis 6 Meter breite und stolze 4,5 Kilometer lange Gräben ein Areal von fast 40 Hektar. Ein Tor im Südwesten gewährte Zugang.

Die Gräber, auf die man stieß, waren so mysteriös wie einmalig. Sie waren älter als die Gräben und begründen die besondere Aura des Orts. Die Toten lagen meist in runden Gruben (im Neolithikum sind Körpergräber ansonsten eher rechteckig) und waren nicht, wie üblich, auf eine besondere Himmelsrichtung hin orientiert. Bedeckt waren die sterblichen Überreste von bis zu 30 Zentimeter dicken Schichten aus Scherben (teils waren es bis zu 8000 Bruchstücke, die von weit mehr als 100 Tongefäßen stammten). Unter dieser Lage fand sich Brandschutt mit Hausinventar und Steingerät. Der verbrannte Lehmputz zeigte Abdrücke von Flechtwerk und Holzbohlen. Die Ausgräber kamen zu dem Schluss: Hier waren Häuser, Interieur inklusive, abgebrannt und den Toten mit ins Grab gegeben worden.

Was war der Zweck des obskur anmutenden Rituals? Wer waren die Toten, denen dieser enorme Aufwand zuteilwurde? Wer erwartet, in solchen Gräbern seien hochgestellte Persönlichkeiten bestattet, sieht sich getäuscht. Die anthropologischen Untersuchungen zeigten: Die Toten in den Scherbengräbern scheinen willkürlich niedergelegt worden zu sein. Was auffiel: Unverhältnismäßig oft waren sie Opfer von Gewalt. Rund ein Viertel wies massive Verletzungen auf. Sogar einem Kleinkind von anderthalb bis zwei Jahren war der Schädel eingeschlagen worden. Keulen und Beile hatten ihr blutiges Werk verrichtet. Kriegsopfer?

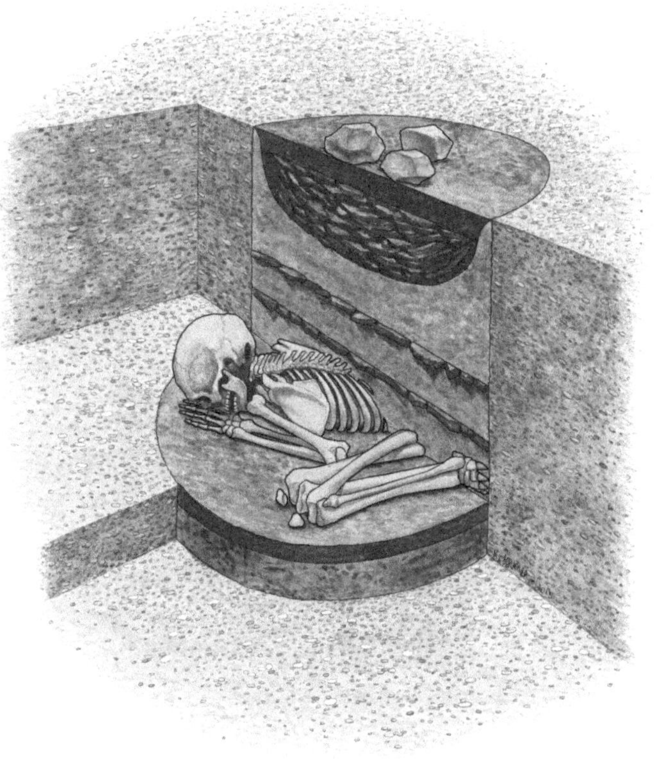

Mysteriöses Ritual: *Schematischer Aufriss eines Scherbenpackungsgrabs in Salzmünde. Der Tote ruht unter Keramikbruchstücken und Brandschutt.*

Schlimmer noch. Betrachten wir Befund 15 814: Unter 19 Kilogramm Scherben lag dort eine Frau, circa 1,47 Meter groß, keine 25 Jahre alt, die Knie angezogen, der Kopf ruhte auf den Händen. Der verheilte Ermüdungsbruch eines Brustwirbels belegt, dass sie von Jugend an schwerste Arbeiten verrichten musste. Sie ist immer wieder misshandelt worden. Ihr Schädel weist drei stumpfe Verletzungen auf, Schläge eines Knüppels oder einer Keule. Auch diese waren verheilt. Wenige Wochen vor ihrem Tod hatte ihr jemand brutal ins Gesicht geschlagen – ihr Unterkiefer war mehrfach gebrochen. Mit wem ging man so um? Mit einer Sklavin?

»Die Frau starb, als der Kieferbruch gerade begonnen hatte zu verheilen«, konstatieren die Anthropologen Kurt W. Alt und Marcus Stecher, die die Toten von Salzmünde untersuchten. »Die eigentliche Todesursache waren dann mehrere Hiebe mit einem Beil durch die Schädeldecke, die das Gehirn so massiv schädigten, dass der Tod unmittelbar eingetreten sein dürfte.« Als ob das alles nicht schon schrecklich genug wäre, wiesen die Knochen Bissspuren an Brustkorb, Unterarm, Becken und Beinen auf. Die rechte Hand fehlte ganz. Hatte man die Tote den Hunden vorgeworfen oder ihren Leichnam unbestattet liegen gelassen?

Weil längst nicht alle tödlichen Wunden Spuren am Knochen hinterlassen, ist nicht auszuschließen, dass auch die anderen unter Scherben Bestatteten eines gewaltvollen Todes starben. Zumindest das ist klar: Es handelt sich nicht um die Opfer eines einzigen Ereignisses. Die C-14-Datierungen der Skelette belegen, dass die Gräber aus einem Zeitraum von 300 Jahren stammen. Ist hier vielleicht ein Totenhaus abgebrannt worden, in dem zuvor über Jahrhunderte Menschen bestattet wurden, deren Überreste nun rituell wieder niedergelegt wurden?

Besonders mysteriös war das mit fünf Metern erstaunlich lange Grab eines 12- bis 14-jährigen Individuums, dessen Geschlecht nicht sicher festgestellt werden konnte. Vermutlich war es weiblich. Sie war in ungewöhnlicher Hockhaltung bestattet, die Arme erhoben. Solch eine Geste ist schon von altsteinzeitlichen Darstellungen bekannt und wird als Beter-, als Adoranten-Geste gedeutet. Die Archäologen stellten fest, dass das Grab wieder geöffnet worden war, um bei dem

Angst vor Wiedergängern? *Dem vermutlich weiblichen Skelett wurde im Grab der Schädel entnommen und durch einen passend zugehauenen Mahlstein ersetzt. Ein über den Körper gelegter schwerer Stein fixierte die Tote in der Erde.*

bereits skelettierten Körper den Schädel zu entnehmen. An seiner Stelle war ein Ersatzschädel platziert: das auf Kopfgröße zugehauene Bruchstück eines farblich passenden Mahlsteins.

Nun aber wird es richtig merkwürdig – die Ausgräber fanden den Schädel wenige Meter entfernt in einer Grube. Anthropologische und genetische Analysen belegen die Zugehörigkeit zur jugendlichen Adorantin. Dem Schädel waren ähnliche Beigaben mitgegeben, wie wir sie in den Scherbenpackungsgräbern gesehen haben. Zeitgleich mit dieser Grube waren noch vier weitere angelegt worden, ebenfalls mit Scherben, Steinen und Lehmputz gefüllt. In einer lag ein 30- bis 40-jähriger Mann, der anscheinend auf dreierlei Weise getötet worden war: Ein Pfeil hatte sein Brustbein getroffen, eine speerähnliche Waffe war in seine Hüfte gerammt, eine Keule hatte den Schädel zertrümmert.

Das rätselhafte Ensemble legt den Verdacht nahe, dass es sich um ein Menschenopfer handelt. Aus der gleichen Zeit, nicht weit entfernt in Niederwünsch, sind Rinderopfer bekannt, die nach einem ähnlichen Ritual der »Übertötung« geopfert worden sind: vom Pfeilschuss über Stichwaffen bis hin zum Beileinsatz weisen sie multiple Tötungsspuren auf. Glaubte man an drei Seelen, die auf je verschiedene Weise zu töten waren? Der jugendlichen Adorantin hatte man den Körper noch mit einem großen Stein beschwert. Als sollte verhindert werden, dass sie als Wiedergänger nach ihrem Kopf suchte.

Solche Befunde spiegeln nicht den Alltag des ausgehenden 4. Jahrtausends vor Christus, wohl aber zeigt sich in ihnen die Glaubenswelt der Menschen, von der wir allenfalls einen kleinen Ausschnitt zu fassen bekommen. Wir haben es mit Ritualen zu tun, die sich unserem Verständnis entziehen. Tote Körper, Schädel, Feuer, vermutlich auch Menschenopfer spielten eine große Rolle.

Nun sind Erdwerkareale an sich keine Besonderheit. Archäologen diskutierten viele Funktionen, selbst die Möglichkeit, als Refugium für Hirten und deren Herden gedient zu haben. Was aber die befestigte Anlage von Salzmünde prägt, ist ihre Lage. Sie thront auf einem über dem Zusammenfluss von Saale und Salza gelegenen Plateau. Die Gräben sollten Schutz spenden, die Salzmünder Kultur geriet massiv unter Druck. Zum Ende des 4. Jahrtausends – in jener Zeit übrigens, als sich Ötzi auf seinen verhängnisvollen Weg über die Alpen machte – wurde die Bedrohung durch die Eroberer aus dem Norden größer und größer. Bald nannten die Salzmünder gerade noch ein Territorium von der Größe der Region Halle ihr Eigen.

Tatsächlich legten sie die Gräben erst spät, um etwa 3100 vor Christus an, kurz bevor die Kultur verschwand. In einer gewaltigen Anstrengung schufen sie sich eine Zufluchtsstätte. Man stelle sich das vor: nur mit Holzspaten neun Kilometer Gräben auszuheben! Die Verzweiflung muss groß gewesen sein, dass solch ein Aufwand betrieben wurde. Erstaunlicherweise aber fanden sich keine Hinweise auf Palisaden. Vielleicht fehlte es an Holz, vielleicht hielt man sie auch für überflüssig. Die Menschen vertrauten auf anderen Schutz.

In den Gräben stießen die Ausgräber auf sorgsam deponierte Menschenschädel. Hochgerechnet auf das gesamte Rund werden es 200 bis 300 Stück gewesen sein. Kopfjägertrophäen? Dazu fehlten Schnitt- oder Hiebspuren, wie sie typisch für Enthauptungen sind. Es handelte sich um Schädel, die man entnommen hatte, nachdem die Leichname bereits skelettiert waren. Ein Beleg mehr für einen elaborierten Schädelkult. Wie die Altersuntersuchungen zeigen, verteilen auch sie sich auf einen langen Zeitraum. Da sich keine Verwitterungsspuren finden, muss man von einer Lagerung oder Präsentation in einem Gebäude oder auf Gerüsten ausgehen, wie das in Neuguinea noch bis ins 20. Jahrhundert geschah.

Sollten die Totenschädel für eine magische Barriere sorgen, die jedem Feind den Zutritt verwehrte? Verzichtete man deshalb auf Holzpalisaden? Sind die Ahnen als letzte Unterstützung mobilisiert worden? Standen sie bereit zum letzten Gefecht? Zugegeben, das klingt sehr nach Tolkiens *Herrn der Ringe*, als Aragorn das Schattenheer der Toten in die Schlacht um Minas Tirith führt.

Ob der Schutz in Salzmünde half? Nein. Auch wenn Susanne Friederichs Team keine Spuren des letzten Kampfs gefunden hat, ist doch sicher: Die Salzmünder Kultur verschwand, die Gräben wurden verfüllt, die Eroberer übernahmen. Der magische Bann muss gebrochen worden sein. An einer markanten Stelle des Grabens deponierten die Sieger ihrerseits Tausende menschlicher Knochen. Nicht die Überreste der Besiegten, auch nicht die eigenen Gefallenen. Sie hatten selbst Tote mitgebracht! Daran lassen die anthropologischen Untersuchungen keinen Zweifel. Mithilfe der eigenen Ahnen, die vermutlich aus einem Kollektivgrab im Norden stammten, nahmen sie den alten Ritualort von Salzmünde in Besitz. Sie besiegten Zauber mit Gegenzauber.

14
Steppenkrieger

Einer der Gründe, warum es die europäische Vorgeschichte lange Zeit schwer hatte, die Menschen zu begeistern, ist folgender: Wir kennen keine Namen! Weder die der Völker und Stämme noch die ihrer Könige, Prinzessinnen oder Heerführer. Weder die prähistorischen Vorläufer der Langobarden oder Goten noch einen vorgeschichtlichen Attila oder Dschingis Khan, die in den Jahrtausenden vor Christi Geburt Europa in Angst und Schrecken versetzt haben mögen.

Ein zweiter Grund für die mangelnde Attraktivität: Die Ur- und Frühgeschichte hatte sich nur zu bereitwillig für die pseudowissenschaftlichen Zwecke des Nationalsozialismus einspannen lassen. Sie suchte eifrig nach der Urheimat von Ariern und Germanen und ließ nichts unversucht, die Überlegenheit der »nordischen Rasse« zu demonstrieren. Jedes neu entdeckte Dekormuster wurde mit Völkerschaften gleichgesetzt und als weiterer Beleg für die ewig tobenden »Rassenkriege« gewertet. Da überrascht es nicht, dass sich die westdeutsche Archäologie nach dem Zweiten Weltkrieg in dieser Hinsicht äußerst zurückhaltend zeigte – und mit allem Völkischen auch den Begriff des Volks entsorgte. Im Osten Deutschlands dagegen fanden sich nun überall Slawen, die Vorläufer der sozialistischen Bruderstaaten.

Seither beschränken sich Archäologen darauf, »Kulturen« und »Kulturgruppen« am Werk zu sehen und deren materielle Äußerungen in aller Breite zu dokumentieren – ohne sich allzu sehr der Frage zu stellen, was sich real dahinter verbirgt. So dominieren Bezeichnungen wie Walternienburger Kultur, Tiefstichkeramik oder Schöninger Gruppe. Bei den dramatischen Ereignissen, von denen wir im letzten Kapitel berichteten, ging es um die Ablösung der Salzmünder durch die Bernburger Kultur. Wen überrascht es angesichts solch nüchterner Terminologien, dass sich bei den Menschen nur schwer Interesse für die eigene Geschichte wecken lässt?

So werden die Invasoren des 3. Jahrtausends vor der Zeitenwende, oder für uns zutreffender des 1. Jahrtausends vor der Himmelsscheibe, ausgerechnet nach ihren bevorzugten Keramikverzierungen benannt. Und das, obwohl wir es mit zwei der faszinierendsten europäischen Kulturen überhaupt zu tun haben. So heißen jene ersten Reiter, die wie später Skythen, Hunnen oder Awaren aus den weiten Steppen des Ostens kamen, die Reflexbögen von tödlicher Durchschlagskraft mit sich führten und ihre Krieger mit Steinäxten in Hügelgräbern bestatteten, Schnurkeramiker. Sie verzierten ihre Becher und Amphoren mit Abdrücken gezwirnter Schnüre (in martialischeren Zeiten nannte man sie die Streitaxtkultur). Und die geheimnisvollen Menschen aus dem Westen, deren berühmtester Vertreter der »Amesbury Archer« (»Bogenschütze von Amesbury«) ist, dessen überreiches Grab nahe Stonehenge die Archäologen verblüffte, werden wegen ihrer Vorliebe für markant gekurvte Tongefäße der Glockenbecherkultur zugerechnet. Das ist so, als würden die Archäologen der Zukunft die Männer Al Capones die Whiskeyglasleute nennen und die Cosa Nostra der Weinflaschenkultur zurechnen.

Krieger lieben es filigran: *Die Becher und Amphoren der Schnurkeramiker sind mit Schnurabdrücken verziert. In den umlaufenden Linien- und Dreieckmustern finden sich oft Farbreste. Die typische Waffe der Schnurkeramiker war die Steinaxt.*

Rauschspendend: *Die Form der Keramik gab der Glockenbecherkultur ihren Namen. Die Becher spielten vermutlich bei Trinkritualen eine Rolle. Ihr Ansehen verdankten die Glockenbecherleute der Metallverarbeitung. Ihre Waffe war der Bogen.*

Beide Kulturen sind zentral für die Entstehung dessen, was wir das Reich der Himmelsscheibe, das Reich von Nebra, nennen werden. Lange erschienen sie tatsächlich wie Phantome. Weil sich hier keine ihrer Behausungen fanden, hielt man sie für nomadische Reiterhirten. Im Fall der Glockenbecherleute war man sich nicht einmal sicher, ob dahinter wirklich Invasoren aus Fleisch und Blut standen, oder ob es sich nur um ein höchst attraktives Ensemble von Prestigeobjekten handelte, das an vielen Orten Europas die Eliten begeisterte. Schon machte die Rede vom »Glockenbecherphänomen« die Runde.

Mittlerweile hat die Archäologie nicht nur Häuser beider Kulturen in Mitteleuropa aufgespürt. Genetiker wie Johannes Krause, Wolfgang Haak und Guido Brandt vom Max-Planck-Institut für Menschheitsgeschichte, aber auch David Reich von der Harvard University haben mit ihren bahnbrechenden Studien in den letzten Jahren dafür gesorgt, dass wieder Fleisch an die alten Knochen kommt – und wir der Menschen und ihrer Herkunft habhaft werden. Als Untersuchungsmaterial dienten ihnen häufig Skelette aus dem mitteldeutschen Raum, deren Erbmaterial sich aufgrund der Lagerung im Löss und des trockenen Klimas besser als anderorts erhalten hatte. Über 10 000 Individuen, meist bei Rettungsgrabungen vor gefräßigen

Tagebaubaggern oder Autobahnbulldozern bewahrt, ruhen in grauen Archivkästen in den endlosen Depotregalen des Landesmuseums für Vorgeschichte.

Den Anthropologen waren schon immer die lang gestreckten Schädel aufgefallen, die in Gräbern mit schnurverziertem Tongeschirr lagen. Auch hatten Archäologen früh Beziehungen hergestellt zu den Kulturen der Steppe des Ostens – der markanten Grabhügel wegen. Nun liefern die genetischen Untersuchungen weitere Belege. »Die Skelette aus schnurkeramischen Gräbern zeigen eine hohe genetische Ähnlichkeit zu 5000 Jahre alten Individuen aus der eurasischen Steppe nördlich des Schwarzen und Kaspischen Meers«, stellen Johannes Krause und Wolfgang Haak vom Max-Planck-Institut für Menschheitsgeschichte in Jena fest. Sie unterscheiden sich damit deutlich von den in Mitteleuropa vorher ansässigen Menschen.

Die Steppenbewohner stehen in Verbindung mit der Jamnaja-Kultur. Das waren Pastoralisten, Viehhirten, mit einem halbnomadischen Lebensstil. Ihre Kultur zeichnet sich durch die Nutzung von domestizierten Pferden, Last- und Zugtieren sowie Rad und Wagen aus. Sie waren sehr mobil, was ihnen in den Weiten der Steppe einen immensen Überlebensvorteil brachte. Die Toten bestatteten sie in Grabgruben unter aufgeworfenen Hügeln. Ihre Gene verbreiteten sich in nur wenigen hundert Jahren über die Steppe nach Osten bis ins Altaigebirge, im Norden bis ins Baltikum und Südskandinavien und im Westen bis an den Rhein und die Schweiz.

Für das Mittelelbe-Saale-Gebiet, das sie ab 2800 vor Christus erreichten, zeigen Berechnungen Krauses und Haaks, »dass mehr als 75 Prozent der ortsansässigen Ackerbauergene durch die mit der Schnurkeramikkultur assoziierten Gene aus der pontischen Steppe verdrängt wurden«. Ein massiver Bevölkerungsaustausch! Die Schnurkeramiker sind derzeit die heißesten Verdächtigen, das Indoeuropäische mitgebracht zu haben, aus dem die meisten der heute in Europa gesprochenen Sprachen hervorgegangen sind.

Auffällig ist das typische Bestattungsmuster der Schnurkeramiker: Die Reise ins Jenseits traten Männer und Frauen unterschiedlich an. Zwar lagen beide Geschlechter mit angewinkelten Beinen und dem Blick nach Süden gerichtet in ihren Gräbern, doch die Köpfe der

Frauen wiesen nach Osten, die der Männer nach Westen. Während den Frauen oft Ketten aus Tierzähnen beigegeben wurden, nahmen Krieger ihre Steinäxte mit ins Grab. Die waren perfekt gearbeitet und bestachen mit ihrem facettierten Schliff. Von einer Darstellung aus dem Grab von Göhlitzsch wissen wir, dass auch Bögen zum Waffenarsenal der Schnurkeramiker gehörten.

In den Glockenbecherbestattungen dagegen inszenierten sich die Männer als Bogenschützen, die beigegebenen Pfeilspitzen sprechen eine deutliche Sprache. Reiche Gräber enthalten kunstvoll polierte Platten aus Stein, die wahrscheinlich den Unterarm gegen die zurückschnellende Bogensehne schützten. Wie in der Schnurkeramik liegen die Toten mit angezogenen Beinen im Grab, die Ausrichtung der Körper folgt jedoch der Nord-Süd-Achse. Auch die Glockenbecherbestattungen sind »bipolar«: Die Männer sind auf die linke Körperseite gebettet mit dem Kopf nach Norden; die Frauen liegen umgekehrt auf der rechten Körperseite, den Kopf im Süden. Beide Geschlechter blicken nach Osten – der aufgehenden Sonne entgegen. Die Glockenbecherleute betraten um 2500 vor Christus, also gut 300 Jahre nach den Schnurkeramikern, die mitteleuropäische Bühne, führten dann aber gut 300 Jahre lang eine erstaunlich friedliche Koexistenz mit den Invasoren aus dem Osten.

Mittlerweile scheint die Genetik das Geheimnis der Glockenbecher gelüftet zu haben: Sie sind kein reines Phänomen, hinter dieser Keramik verbargen sich reale Menschen, und die kamen – das legen die neuen Forschungsergebnisse nahe – auch aus dem Osten. Sie scheinen aus etwas südlicher gelegenen Steppenregionen als die Schnurkeramiker zu stammen. Das ist eine durchaus überraschende Erkenntnis, lokalisierte man doch ihren Ursprungsort traditionell im Westen, auf der Iberischen Halbinsel – und viele Archäologen tun das aufgrund der Funde noch immer. Auffallend ist ihre inselhafte Ausbreitung über Mittel- und Westeuropa.

Auch sie hinterließen deutliche Spuren in der heutigen genetischen Grundausstattung Europas. Die ist damit das Ergebnis dreier großer Einwanderungswellen. Die Ersten waren die dunkelhäutigen und blauäugigen Jäger und Sammler der Eiszeiten. Dann kamen vor über 7000 Jahren die ersten Bauern aus den Regionen Anatoliens;

schließlich erreichten im 3. Jahrtausend vor Christus als letzter großer Migrationsschub die Reiternomaden aus den Steppen des Ostens Europa. Die männlichen Y-Chromosom-Linien R1a und R1b, die ursprünglich in Mittel- und Westeuropa so gut wie nicht vertreten waren, aber so typisch für Schnurkeramiker (R1a) und Glockenbecher (R1b) sind, stellen heute in Europa die häufigsten männlichen Linien dar. Sie sind unser Steppenerbe.

Ob Schnurkeramiker oder Glockenbecher: Sie drangen erstaunlich einfach von den Rändern ins Zentrum Europas vor. Bisher fanden sich kaum Zeugnisse kriegerischer Expansion, weder eine Zunahme von Befestigungen noch Überreste von Pfeilhageln oder niedergebrannte Dörfer. Das legt einen Verdacht nahe. Die Schnurkeramiker waren mächtige Krieger, sie hatten das Pferd domestiziert, und ihre Bögen, die sie vermutlich sogar während des Reitens benutzen konnten, waren den einheimischen Waffen überlegen – aber ihren durchschlagenden Erfolg könnten sie einem noch schrecklicheren Verbündeten zu verdanken haben, den sie aus der Steppe des Ostens mit nach Europa brachten: der Pest!

Dänische Genetiker und Archäologen konnten das Genom des Pestbakteriums *Yersinia pestis* in einem 5000 Jahre alten Skelett aus Südsibirien nachweisen, wo der Ursprung dieser Menschheitsgeißel vermutet wird. Dem Team von Johannes Krause und Wolfgang Haak gelang es dann, das bisher älteste Pestgenom aus 5200 Jahren alten Jamnaja-Nomaden aus dem Kaukasus und bis zu 4500 Jahre alten Skeletten Zentraleuropas und des Baltikums zu entschlüsseln. Es drängt sich der Verdacht auf, dass es beginnend vor gut 5200 Jahren zu einer ersten großen Pestepidemie kam, die sich aus der Kaukasusregion Richtung Osten und Westen ausbreitete. Eventuell waren die Steppenbewohner resistenter, weil ihr Immunsystem schon von alters her in Kontakt mit dem Pesterreger stand. In Ost- und Mitteleuropa könnte die Pest die Bevölkerung so stark dezimiert haben, dass die schnurkeramischen Steppennomaden widerstandslos nach Westen vordrangen. Sie konnten ungestört das tun, was alle Neuankömmlinge vor ihnen getan hatten: sich auf den besten Böden niederlassen. Das würde erklären, warum die Schnurkeramiker dem europäischen Genpool so deutlich ihren Stempel aufdrücken konnten. Und warum später Schnurkeramiker und Glockenbecherleute erstaunlich konfliktfrei im Herzen Europas nebeneinander siedelten. Die Pest hatte den Konkurrenzdruck reduziert – es gab für 200 bis 300 Jahre wieder Land für alle.

***

Beide invasive Kulturen zeichneten sich durch einen großen Männerüberschuss aus. Die Genetik legt Verhältnisse von fünf bis sieben Männern auf eine Frau nahe. Die Invasoren nahmen sich Frauen aus der lokalen Bevölkerung – was fatale Konsequenzen hatte. Das tritt uns nirgends eindrücklicher vor Augen als in den schnurkeramischen Gräbern von Eulau, die ein Grabungsteam um den Archäologen Robert Ganslmeier in Diensten des sachsen-anhaltinischen Landesamtes für Archäologie vor den Baggern eines Kiestagebaus rettete.

Der Anblick, der sich den Ausgräbern bot, war auch nach 4500 Jahren berührend. 13 Skelette lagen dort, gut erhalten: acht Kinder, drei Frauen und zwei Männer. Gesicht an Gesicht, Hand in Hand waren sie auf vier Gräber verteilt. Die Kinder schmiegten sich eng an die Erwachsenen. Im größten Grab ruhten ein 50- bis 60-jähriger Mann und eine gut zehn Jahre jüngere Frau, die jeweils einen Jungen im Arm hielten; der eine war ungefähr vier, der andere acht Jahre alt.

Mehrfachbestattungen zeigen an, dass hier Menschen zum gleichen Zeitpunkt beigesetzt und folglich auch gestorben sind. Insofern wussten die Ausgräber, dass hier niemand einen allzu friedlichen Tod erlebt hatte. Betroffenheit verdrängte das anfängliche Gefühl der Rührung, als sie die Skelette inspizierten: Die Anthropologen um Kurt W. Alt von der Universität Mainz stießen auf massive Schädelfrakturen, bei einer Frau steckte eine Pfeilspitze fest im Lendenwirbel, ein zweiter Pfeil hatte sie mitten ins Herz getroffen. Bei den Männern wiesen Hände und Unterarme Brüche auf, die keine Spuren der Heilung aufwiesen: Abwehrverletzungen im Todeskampf. Hier lagen die Opfer eines Überfalls, das jüngste war kein Jahr alt geworden.

Von der liebevollen Bestattung kann sich heute jeder im Hallenser Museum für Vorgeschichte selbst überzeugen, dort hängen die komplett im Erdblock geborgenen Gräber im Dunkel des Museumssaals wie Gemälde an der Wand. Jeder sieht: Die Toten wurden sorgsam von ihren Angehörigen beerdigt (und nicht von den Tätern verscharrt). Den Beweis dafür erbrachten Genetiker rund um Wolfgang Haak, damals noch an der Universität von Adelaide in Australien: Mittels der Analyse der Kern-DNA konnten die Verwandtschaftsverhältnisse der Bestatteten bestimmt werden. Die prähistorischen Bestatter wussten, wer zu wem gehörte. In einem Grab lagen Mutter und Vater mit ihren beiden Söhnen zusammen. Eine Sensation, die rund um den Globus für Schlagzeilen sorgte: Das war die bisher älteste nachgewiesene Kernfamilie der Welt.

Familienbande: *Die genetischen Untersuchungen belegen, in diesem Eulauer Grab liegt die älteste bisher nachgewiesene Kernfamilie der Welt, gut 4500 Jahre alt.*

Was war geschehen? Ein Überfall, keine Frage. Doch aus welchen Gründen? Die eine Frau war mit zwei präzise gesetzten Axthieben auf den Kopf getötet worden, ebenso präzise war die andere Frau von mindestens zwei Pfeilen getroffen worden – jeder für sich tödlich. Man beauftragte einen erfahrenen Profiler mit dem Fall: Michael C. Baurmann, wissenschaftlicher Direktor der Kriminalistisch-kriminologischen Forschungsgruppe des Bundeskriminalamts. Die Art der Tötung deutete für ihn auf einen »geplanten, emotional hoch aufgeladenen Rachefeldzug« hin. Die Angreifer schienen gewartet zu haben, bis die meisten wehrhaften Männer das Dorf verlassen hat-

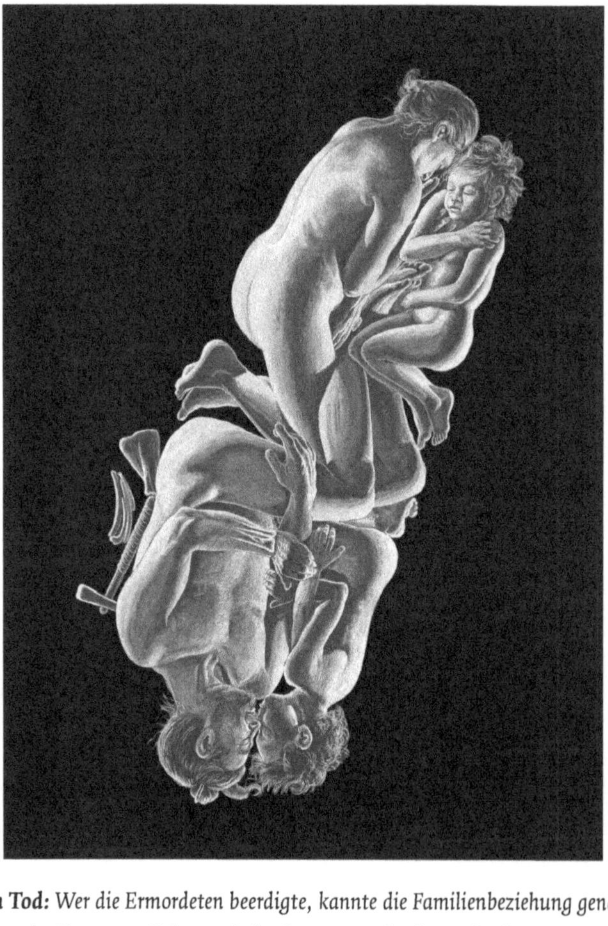

Vereint im Tod: *Wer die Ermordeten beerdigte, kannte die Familienbeziehung genau. Rekonstruktion der Toten von Eulau nach der Bestattung durch Karol Schauer.*

ten, um dann zuzuschlagen. Aus seiner kriminalistischen Erfahrung sprach gerade die Brutalität dafür, dass sich Täter und Opfer kannten, und zwar nur zu gut: »Die schlimmsten Gewalttätigkeiten drohen von Menschen, die uns vertraut sind und mit denen wir emotional verwickelt sind.«

Der Profiler irrte nicht. Die erste Spur lieferten die Pfeilspitzen aus Feuerstein. Querschneider waren es, die Klinge einen Zentimeter breit; beim Eindringen in den Körper sorgen sie für größtmögliche Verletzungen. Die Frau wird nach den beiden Treffern innerhalb kürzester Zeit verblutet sein. Die Archäologen erkannten die Projektile. Sie stammten aus der weiter nördlich im Harz angesiedelten Schönfelder Kultur, der einzigen Kultur dieser Zeit, die ihre Toten verbrannte und sie in sonnenstrahlenverzierten Urnen bestattete. Gab es Nachbarschaftsstreit? Grenzscharmützel? Dafür aber schienen die Exekutionen zu gezielt durchgeführt. Und überhaupt, hätte man es dann nicht eher darauf angelegt, Männer zu töten und nicht Frauen und Kinder?

Den entscheidenden Hinweis auf das Mordmotiv lieferte die Strontium-Isotopen-Analyse: Der Zahnschmelz verrät, wo Menschen aufgewachsen sind. Je nach Gesteinsart weisen die jeweiligen Bodenverhältnisse spezifische Verteilungsmuster an Strontium-Isotopen auf. »Da geringe Mengen Strontium über die Nahrung aufgenommen werden und sich während des Wachstums in den Zähnen einlagern«, erklärt der Anthropologieprofessor Kurt W. Alt, »verrät der Zahnschmelz, wo Menschen ihre Kindheit verbrachten.«

Die toten Männer und Kinder stammten tatsächlich aus der Gegend um Eulau, das keine 25 Kilometer von Nebra entfernt liegt. Die Frauen aber waren nicht von hier. Das war an sich keine Überraschung. Das spricht für Patrilokalität: Die Männer verbleiben am Ort ihrer Geburt, die Frauen kommen von anderswo her. Mitunter werden sie gehandelt, manchmal auch geraubt; ein Charakteristikum patriarchaler Zeiten. Spannender aber ist dies: Die Zahnschmelzanalyse der Frauen deutete als Herkunftsregion auf die Gegend nordwestlich des Harzes hin, auf ebenjene Region, in der die Schönfelder Kultur siedelte. Dann sind die Frauen mitsamt ihren Familien von den eigenen Leuten umgebracht worden! Weil sie einst mit den Feinden mitgingen? Oder weil sie geraubt wurden und sich dann nach Ansicht der Schönfelder nur allzu bereitwillig mit den Schnurkeramikern eingelassen hatten? Alles deutete auf einen Rachemord hin. An den Frauen sollte ein schreckliches Exempel statuiert werden. Damit scheint das 4500 Jahre alte Verbrechen aufgeklärt zu sein.

Und so sind wir an der Schwelle zum Reich der Himmelsscheibe von Nebra angelangt. Denn die Kulturen der Glockenbecher und der Schnurkeramik verschmelzen zu einer neuen Kultur, der hier im Herzen Europas das gelingen wird, was zuvor nie gelungen war: dem beständigen kriegerischen Hin und Her ein Ende zu bereiten und sich auf den begehrten Böden dauerhaft anzusiedeln und Reichtum in bisher unvorstellbaren Dimensionen anzuhäufen. Ein neues Zeitalter bricht an. Es steht ganz im Zeichen der Metalle der Macht.

15
Glänzende Zeiten

Steinzeit, Bronzezeit, Eisenzeit – noch immer lernen wir in der Schule den aufsteigenden Dreiklang der Vorgeschichte. In Zeiten, in denen sich mit keinen verlässlicheren Methoden feststellen ließ, aus welcher Tiefe der Vergangenheit ein archäologischer Fund stammte, war die Einsicht, dass sich bestimmte Epochen über die verwendeten Materialien identifizieren lassen, eine großartige Leistung.

Heute dagegen versperrt uns das vom dänischen Altertumsforscher Christian Jürgensen Thomsen (1788–1865) begründete Dreiperiodensystem eher die Sicht auf die tatsächlichen historischen Entwicklungen. Vor allem verhindert es, die Akzente richtig zu setzen. So ist das von uns als entscheidende Wegscheide der menschlichen Evolution beschriebene Sesshaftwerden im traditionellen Modell am Übergang vom Mesolithikum zum Neolithikum angesiedelt, also zwischen Mittelsteinzeit und Jungsteinzeit. Klingt, als sei das eine zu vernachlässigende Marginalie der Weltgeschichte, die allenfalls die Experten interessiert. Ironischerweise sind es Klimatologen und Geowissenschaftler wie der niederländische Meteorologe Paul J. Crutzen, die heute dafür eintreten, diese gewaltige Zäsur entsprechend begrifflich zu würdigen und hier ein neues Erdzeitalter, das Anthropozän, beginnen zu lassen.

Zugleich verschleiert die Idee von der langen, bis an die Bronzezeit heranreichenden Steinzeit den Umstand, dass die Metallnutzung bedeutend älter ist. Neue Epochenbegriffe wie Kupferzeit oder Chalcolithikum einzuklinken hat außerhalb der Fachkreise keine Resonanz erfahren. Wir wiesen bereits darauf hin, dass die Gräber im bulgarischen Varna schon vor über 6000 Jahren mit einer sagenhaften Fülle an Goldobjekten ausgestattet waren. Auch Ötzi nahm vor mehr als 5000 Jahren ein Kupferbeil mit in sein Grab aus Eis. Insofern reicht die Geschichte menschlicher Metallverwendung bis weit in die Steinzeit zurück.

Trotzdem ist der Übergang zur Bronzezeit eine der großen Zäsuren der Menschheitsgeschichte. Gerade im Fall des Reichs der Himmelsscheibe wird das besonders deutlich. Im Herzen Europas, wo wir es mit einem beständigen Wechsel der Kulturen zu tun hatten, etablierte sich mit dem Anbrechen der Bronzezeit um 2200 vor Christus dauerhafte Herrschaft. Das hängt eng mit einer Produktionsrevolution zusammen – zum ersten Mal können durch den Metallguss nahezu identische Dinge hergestellt werden. Vorher war jedes Objekt ein Original, jetzt gibt es viele Kopien. Die Erfindung des Seriellen geht mit einer Wissens- und einer sozialen Revolution einher: Erstmals häufen einzelne Individuen gewaltige Reichtümer an. Das alles weist geradewegs in die Welt von heute. Rationalisierung und Differenzierung nennt der Soziologe Max Weber das nüchtern. Doch er hat auch einen poetischeren Ausdruck dafür im Angebot, der uns schon begegnet ist: die Entzauberung der Welt. Und die Himmelsscheibe von Nebra fasst diesen Prozess wie ein Brennglas zusammen.

***

Die Erfindung der Metallurgie, also das Gewinnen und Verarbeiten von Metallen, ist eine der zentralen Innovationen in der kulturellen Evolution des *Homo sapiens*. Doch aus der modernen Perspektive laufen wir Gefahr misszuverstehen, wie es dazu kommen konnte. In unserem Alltagsverständnis gehen wir davon aus, dass die Menschen das Metallgießen erfunden haben, um eben Metalle zu gießen, also um Dolchklingen, Schwerter oder kunstvollen Schmuck herzustellen. Dabei haben wir es mit einem typischen Denkfehler zu tun; der Entwicklungspsychologe Jean Piaget bezeichnete ihn als »Finalismus«: Der heutige Zweck einer Sache wird mit dem Grund ihres Seins verwechselt. Dinge wurden demnach erfunden, *um* eine bestimmte Funktion zu erfüllen. Aber so fing es nicht an. Vieles entwickelte sich aus gänzlich anderen Gründen. Am Anfang der Metallverarbeitung standen die Lust am Besonderen, die Sehnsucht nach Schönheit und der Wunsch nach Distinktion.

Seit unsere Vorfahren Werkzeuge benutzen, haben sie ein Auge für Materialien. Das Wissen um das Vorkommen und die spezifischen Vorzüge dieses oder jenes Gesteins war immens. Feuerstein oder Obsidian, der rasiermesserscharfe Klingen lieferte, wurden über weite Entfernungen transportiert. Auch waren die Urmenschen früh fasziniert von rot und gelb färbenden eisenhaltigen Erden und Steinen wie Rötel oder Ocker. Den Neandertalern dienten sie dazu, Körper zu bemalen und Muscheln zu färben. Sie präparierten damit Gräber für die Reise in die anderen Gefilde, und Höhlenmalereien erhielten dadurch das gewisse Etwas.

Die Lust auf Farben steht auch am Anbeginn des menschlichen Faibles für Kupfer. Kupfermineralien sind die Kolibris der Geologie. Azurit besticht durch sein mythisches Blau, und die grün schillernde Schönheit des Malachits erlebt jeder Betrachter der Himmelsscheibe. Exotische Farben stachen den Menschen schon immer ins Auge. Sie sammelten Kupfermineralien, zerstießen sie und verarbeiteten sie zu Steinzeit-Make-up. Archäologen fanden durchbohrte Malachitperlen in 10 000 Jahre alten Siedlungen. Zuweilen kommt auch gediegenes Kupfer in Klumpen oder mit Azurit vergesellschaftet vor. Dabei entging den Menschen nicht der erstaunliche Umstand, dass sie es mit formbaren Steinen zu tun hatten. Hämmern brachte diese in andere Gestalt. So konnten Angelhaken oder Ahlen zum Löchern von Leder gefertigt werden.

Mit Metallurgie im eigentlichen Sinne hatte das noch nichts zu tun, das war eine Form der Steinbearbeitung. Einige der ältesten gefundenen Kupferperlen sind aber offensichtlich im Feuer zum Glühen gebracht worden. Auch das ist ein uraltes Phänomen: Dass Feuer Dinge verwandelt, wussten unsere Vorfahren, seit sie das erste in einem Buschfeuer gebrutzelte Stück Fleisch aßen. Steine wurden immer schon im Feuer zum Sprengen gebracht, um geeignete Rohstücke für Werkzeuge zu erhalten, und in der Glut härteten hölzerne Speerspitzen. Insofern war es normale Neugier, auszuprobieren, was mit den glänzenden oder auffällig blau und grün gefärbten Steinen passierte, wenn man sie eine Weile in die Glut gab.

Eine bedeutende Rolle für die Anfänge der Metallurgie spielt das Gold, das schon früh zu wunderbaren Schmuckgegenständen verarbeitet wurde. Auch hier stand das ästhetische Interesse im Vordergrund; für den Werkzeugeinsatz war Gold zu weich und zu schwer. Das Schmelzen von Kupfer, vor allem die extraktive Metallurgie, also das Gewinnen von Kupfer durch die Verhüttung von Kupfererz, fand vermutlich erstmals im 5. Jahrtausend vor Christus statt. Die ältesten bekannten Hinweise dafür stammen aus der Vinča-Kultur in Serbien und aus dem Süden des iranischen Hochlands. Noch im selben Jahrtausend finden sich die ersten Beile und Meißel, die in Gussformen hergestellt wurden. Kupfergeräte jedoch hatten stets das Problem, leicht abzustumpfen. Als Krieger blieb man da lieber der altbewährten Steinaxt treu.

Bald entdeckten die Schmiede, dass Kupferlegierungen mit Arsen oder Antimon bessere Eigenschaften besaßen. Sie wiesen einen höheren Härtegrad auf und bestachen durch besondere Farbqualitäten. Dabei ist wichtig, sich klarzumachen: Die Menschen wussten nichts von Elementen und Legierungen, für sie waren bestimmte Erzvorkommen schlicht besser einsetzbar als andere. Das lag daran, dass Kupfer mitunter in natürlicher Gesellschaft mit Arsen oder Antimon auftrat und deshalb gemeinsam verhüttet wurde. Aus diesem Grund dürften manche Erzgänge generationenlang ausgebeutet worden sein, weil sie besonders robuste Metalle lieferten – ohne dass jemand wusste, weshalb das so war. Vermutlich ist bald aktiv nach diesen Erzen gesucht worden: Ein Hinweis auf Arsen etwa war der markante Geruch nach Knoblauch, der in der Nase sticht, schlägt man einen Erzbrocken auf. Anfangs waren Arsenbronzen, also Legierungen aus Kupfer und geringen Anteilen von Arsen, die Regel. Noch in der Himmelsscheibe finden sich Spuren von Arsen.

***

Innovationen basieren oft auf Analogiebildung. Sicherlich zogen die Metallurgen Inspiration aus der um Jahrtausende älteren Keramikherstellung. Für Bauern, die nicht mehr umherzogen und Vorräte anlegen konnten, war das Herstellen von Geschirr aus gebranntem Ton von elementarer Bedeutung. Dabei experimentierten sie mit verschiedenen Tonsorten, mischten mal Sand, kleine Steine oder Getreidespreu bei, um die Materialeigenschaften zu variieren. Gleiches werden die Metallurgen getan haben. Sie probierten, gaben mal dieses, mal jenes zur Kupferschmelze dazu.

Traditionell heißt es auch hier: *ex oriente lux*. Im 3. Jahrtausend vor Christus geriet in Vorderasien und Mesopotamien erstmals das Zinn zum Kupfer in den Schmelztiegel. Den Historikern erschien das eine so grundlegende Neuerung zu sein, dass sie überall dort, wo sich diese Technik etablierte, ein neues Zeitalter anbrechen ließen: die Bronzezeit (weshalb deren Beginn von Region zu Region anders terminiert wird). Zwar werden mitunter zinnlegierte Fundstücke aus dem frühen 4. Jahrtausend oder teils sogar noch ältere als erste Belege diskutiert, aber dabei handelt es sich um Einzelfunde, deren Datierung umstritten ist. »Tatsächlich tauchen Zinnbronzen sicher erst ab der Wende vom 4. zum 3. Jahrtausend vor Christus von der Ägäis bis zum Persischen Golf auf«, sagt der Archäometallurge Ernst Pernicka. »Die prominentesten Beispiele stammen aus den Königsgräbern von Ur im Irak, aus Susa im Iran und aus Troja in der Türkei.«

Erstaunlich: In diesen Regionen gab es gar kein Zinn, das musste aus Zentralasien importiert werden. Dabei verbesserten sich die Materialeigenschaften der Zinnbronzen nicht einmal sonderlich im Vergleich zu Kupfer-Arsen-Legierungen. Es war die Farbe – und damit wieder die Ästhetik! Während Arsen oder Antimon dem Kupfer einen silbernen Glanz verliehen, bestachen Zinnbronzen durch ihr fast golden zu nennendes Gelb. Die ersten Bronzen dienten als Schmuck- und Repräsentationsobjekte der Eliten. Bald zeigte sich aber auch, dass die Schmiede aus Bronze längere und schärfere Dolchklingen fabrizieren konnten. Als Prestigemetall verbreitete sie sich schnell bis nach Europa. So weit die traditionelle Geschichte des »Lichts aus dem Orient«.

Mittlerweile aber zeigen Metallanalysen, dass ab 2200 vor Christus mit einem Mal massiv Zinnbronzen in Cornwall auftauchen, und zwar gleich mit erstaunlich hohen Zinnanteilen von 8 bis 14 Prozenten. Auf dem europäischen Kontinent finden sich in der fraglichen Zeit jedoch keine Zinnbronzen, die eine Weitergabe der technologischen Innovation aus dem Orient belegen würden. »Die Kenntnis des Zinns muss also entweder auf dem Seeweg nach Cornwall gekommen sein«, sagt Pernicka, »oder wir haben es mit einer eigenständigen Erfindung zu tun.« Die zweite Option dürfte die wahrscheinlichere sein. »Cornwall ist ein perfekter Ort, wo Bronze zufällig erfunden worden sein könnte«, sagt auch der Geologe Gregor Borg, der die Suche nach dem Gold der Himmelsscheibe leitete. »Das war ein Experimentierlabor für frühe Metallurgen.« Weil es zinnführende Kupfererze gab, erhielt man, ohne es beabsichtigt zu haben, Zinnbronze, die golden glänzte und härter war. Als man sich dann an die Ursachensuche machte, gerieten beim Vergleich mit anderen Bronzen und deren Erzen die unscheinbaren schwarzen Kassiteritkörner in Verdacht: Zinnstein. In Bächen und Flüssen sind sie leicht zu entdecken. Ob man dabei dann Goldnuggets fand oder umgekehrt überhaupt erst bei der Goldsuche auf den Zinnstein in den Flussseifen gestoßen war, lässt sich nicht entscheiden.

***

Hier kommt die Glockenbecherkultur ins Spiel. Die aktuellen genetischen Untersuchungen zeigen, dass ab 2400 vor Christus eine massive Einwanderung der Glockenbecherleute aus den Niederlanden nach England stattfand. Ihr bekanntestes Grab ist der unweit von Stonehenge gefundene Amesbury Archer. Angesichts der reichen Grabbeigaben erklärte die britische Presse den um 2300 vor Christus verstorbenen Mann bereits zum »König von Stonehenge«. Immerhin stellen seine beiden goldenen Lockenringe die ältesten in England gefundenen Goldobjekte dar. Um die 40 Jahre alt, groß und stark gebaut, humpelte er jahrelang, seine linke Kniescheibe war zertrümmert. Die Pfeilspitzen und die beiden vermutlichen Armschutzplatten brachten ihm den Titel eines Bogenschützen ein. Doch nahm er auch drei Kupferdolche, einen Steinamboss und Eberhauer mit ins Grab. Ambosse und Eberzähne oder Bärenklauen, mit denen Metall poliert werden konnte, finden sich immer wieder in Metallurgengräbern. Der Amesbury Archer ist sicher kein König von Stonehenge gewesen, wohl aber ein Herr über das Metall.

Auch in Zentral- und Südeuropa sind fast alle Fundstätten von frühen Zinnbronzen mit den hochmobilen Glockenbecherleuten verknüpft. Sie dürften im Besitz des Wissens gewesen sein, wie man Erz findet und es verwendet. Dazu würde passen, dass vor allem Männer unterwegs waren, wie die genetischen Untersuchungen zeigen.

Schließlich ist keine andere Technologie so männerdominiert wie das Schmelzen von Erzen. Caterina Provost und George Peter Murdock untersuchten 185 Gesellschaften aus aller Welt in Hinblick auf 50 verschiedene Technologien, um zu sehen, wie geschlechtsspezifisch diese ausgeübt wurden. Tatsächlich gab es zwei Aufgaben, die in allen 185 Kulturen ausschließlich Männersache waren: die Jagd auf große Meerestiere – und das Schmelzen von Erz.

Die Glockenbechermänner waren also Vertreter einer Elite, die als Erzprospektoren und Schmiede herumwanderten, immer eine Kollektion an Mineralien dabeihatten und die Menschen fragten: »Gibt es das bei euch?« Ihr Wissen hüteten sie als Geheimnis. »Männer, die die Fähigkeit besitzen, in die Mysterien der Natur einzugreifen und mittels Feuer unscheinbares Gestein in schimmerndes Metall zu verwandeln, treten oft als Schamanen, Magier oder Priester auf«, erklärt François Bertemes, Archäologieprofessor an der Martin-Luther-Universität Halle-Wittenberg. »Dafür gibt es viele Beispiele aus der Ethnologie.« Schmiede wurden schon immer mit dem Unheimlichen in Verbindung gebracht und zogen aus ihrem Handwerk nicht selten politische Macht. Schließlich waren sie es, denen die Mächtigen ihre Waffen verdankten. »Im Sudan hatte der Schmied direkten Zugang zum König und durfte bei Hofzeremonien nicht fehlen«, erzählt Bertemes, »und bei den Mangbettu und Makraka am oberen Nil regierten Schmiedekönige.«

In prähistorischen Gräbern treten uns Schmiede deutlich als solche entgegen. Für die Reise ins Jenseits sind den Toten ihre Utensilien mitgegeben: Steinhämmer, Meißel, polierte, als Amboss dienende Steine, und ab der frühen Bronzezeit auch Tondüsen, die auf Blasrohre gesetzt dazu dienten, das Feuer anzuheizen. »Mit dem Aufkommen des Metalls setzt in den prähistorischen Gesellschaften die erste wirkliche Spezialisierung ein«, sagt Bertemes. »Prospektion, also die Suche nach Erz, Abbau, Verhüttung und Verarbeitung führten zur Entwicklung komplexer berufsgebundener Techniken, deren Kenntnis und Vermittlung mit gesellschaftlichem Prestige und wirtschaftlicher Macht einhergehen konnten.«

***

Zinnbronzen forcierten den Prozess der Differenzierung – durch die neue Technologie entstanden arbeitsteilige, komplexe Gesellschaften. Kupfer war an vielen Orten verfügbar; Zinn aber wurde in der frühen Bronzezeit in Europa, soweit wir derzeit wissen, fast ausschließlich in Cornwall abgebaut. Die große Nachfrage nach Bronze machte also Fernhandel quer durch Europa nötig, was konstante Handelsbeziehungen und -wege schuf. Es brauchte ein stabiles Tauschsystem für Produkte – schließlich gab es noch kein Geld. Bei alldem könnten die Glockenbecherleute eine entscheidende Rolle gespielt haben. Sie waren die Experten, im Besitz des Wissens und netzwerkartig über Europa verteilt.

Der Handel eröffnete neue Optionen, Überschüsse zu erwirtschaften. Bis heute aber gilt: Der Reichtum entsteht nicht dort, wo das Erz aus der Erde geholt wird, sondern an den Knotenpunkten der Handelsnetze. Deshalb steigt das an Cornwall angrenzende Wessex, wo auch Stonehenge liegt, zu einer der reichsten Kulturen der europäischen Bronzezeit auf: Dort wird der Handel von Gold und Zinn nach Irland und auf den Kontinent organisiert.

Und das gilt auch für Mitteldeutschland. Wir haben es ja nicht nur mit einer agrarischen Überflussregion zu tun, sondern mit einem geostrategischen Handelsknotenpunkt erster Güte. Noch im Mittelalter werden sich hier die vom Rhein nach Schlesien führende Via Regia und die von Rom nach Stettin an der Ostsee führende Via Imperii kreuzen. Heute liegt dort das Schkeuditzer Kreuz, das nicht zufällig das älteste Autobahnkreuz Europas ist. »Und auf dem danebenliegenden Flughafen Leipzig-Halle hat sich Europas größter Logistikkonzern sein europäisches Verteilerzentrum installiert«, kommentiert Gregor Borg. »Wenn das keine Funktionskontinuität ist!«

An solch einem zentralen Knoten des Fernhandelsnetzes akkumulierte sich Reichtum. Und dieser Reichtum war es, der den Mächtigen die Mittel zur Verfügung stellte, das zu erreichen, woran all ihre Vorgänger gescheitert waren: sich das schwarzerdige Paradies dauerhaft zu sichern. Hier entsteht zum ersten Mal in Mitteleuropa Herrschaft in zuvor unbekannten Dimensionen. Und diese Herrscher neuer Qualität werden sich in gewaltigen Gräbern bestatten lassen. Sie inszenieren sich noch im Tod als Meister des Metalls, sie werden die Herren der Himmelsscheibe von Nebra sein. Der Name des mächtigen Reichs, von dem Sie in diesem Buch vermutlich zum ersten Mal lesen, lautet: Aunjetitz.

16
Die zwei Hügel

Es ist schon kurios, dass die wohl bedeutendste Kultur der mitteleuropäischen Vorzeit, die zugleich am Anbeginn unserer eigenen Geschichte steht, den meisten Menschen heute nichts sagt. Aunjetitz, das klingt nach böhmischen Dörfern. Das aber wenigstens zu Recht! Sie ist wirklich nach einem böhmischen Dorf benannt worden, nach dem kleinen Weiler Únětice (deutsch: Aunjetitz) wenige Kilometer nordwestlich von Prag. Der Mediziner und Archäologe Čeněk Rýzner (1845–1923) hatte dort zwei Gräberfelder ausgegraben. Seine Funde dienten fortan als Referenz für gleichartige Objekte, die in Böhmen, Mähren und Niederösterreich, der Westslowakei, der Oberlausitz und Schlesien, besonders aber in Mitteldeutschland geborgen wurden. Doch erst die durch die Himmelsscheibe von Nebra ausgelöste Forschungsoffensive hat gezeigt, auf was für eine bemerkenswerte Kultur Čeněk Rýzner gestoßen war.

Wo vor allem Bestattungssitten und Keramik Auskunft geben, wird es zur Herausforderung, großartige Geschichten zu erzählen. Glücklicherweise können wir heute selbst Knochen zum Sprechen bringen und damit Antwort auf die Frage geben: Wer waren die Aunjetitzer? Die genetischen Analysen bestätigen die Beobachtungen der Archäologen: Wir haben es mit keiner neuen Bevölkerung zu tun. Stattdessen verschmelzen die Glockenbecher- und Schnurkeramikkultur zur frühbronzezeitlichen Aunjetitz-Kultur. Und diese Hybridkultur erweist sich als erstaunlich langlebig. Nach einer Formationsphase, die um 2200 vor Christus beginnt, dominiert sie von etwa 2000 an für gut 400 Jahre Mitteldeutschland. Erst um 1600 vor Christus verschwindet sie – gerade zu der Zeit, als die Himmelsscheibe unweit von Nebra im Boden deponiert wird.

Die Kartierung der Aunjetitzer Gräber zeigt: Sie liegen so gut wie ausschließlich auf den allerbesten Ackerböden. Dort war ein homogenes kulturelles Gebilde entstanden. Das reichhaltige Keramiksortiment besticht durch seinen hohen Wiedererkennungswert, die Aun-

Legendäre Tassen: *Die dunkle, polierte Keramik der Aunjetitz-Kultur erscheint geradezu klassisch modern, ganz so, als wolle sie dem neuen Bronzezeitalter entsprechen.*

jetitzer Tassen sind zumindest unter Archäologen legendär für ihre modern anmutende Eleganz. Wäre dies ein Buch allein für Bronzezeitexperten, müssten wir jetzt zu sperrigen Begriffen wie »Circumharzer Gruppe« wechseln; so aber erlauben wir es uns, auch weiterhin von Aunjetitz zu sprechen, obwohl wir damit nur den mitteldeutschen Bereich bezeichnen. Hier, östlich des Harzes, kam es zu gesellschaftlichen Entwicklungen, die sich in dieser Form in den anderen Regionen, die zur Kultur von Aunjetitz gerechnet werden, nicht finden und die es uns legitim erscheinen lassen, hier ein eigenständiges Reich zu postulieren.

Während in den heroischen Vorgängerkulturen des Endneolithikums die Männer ihre Waffen mit ins Grab nahmen, findet sich nun in den normalen Gräbern kein Kriegsgerät mehr. Auch werden die Männer plötzlich genauso wie die Frauen ins Grab gelegt: Die Aunjetitzer betten ihre Verstorbenen ohne Unterschied nach Geschlecht auf der rechten Körperseite mit angewinkelten Beinen und Blick nach Osten. Was steckt hinter diesem massiven Wandel der Bestattungssitten? Ein Verlust des Heroischen? Doch es gibt Ausnahmen, und diese nahmen mehr Waffen mit ins Grab, als ein Mann tragen kann, und ruhen unter mächtigeren Grabhügeln, als sie zuvor in Europa für einzelne Menschen aufgehäuft wurden – und das nur wenige Kilometer von Nebra entfernt.

***

Unsere aufgeräumten, an die Bedürfnisse einer industrialisierten Landwirtschaft und eines effizienten Verkehrswesens angepassten Landschaften von heute geben einen falschen Eindruck vom einstigen Geschichtsreichtum. Jahrtausende dominierten allerorten Großsteingräber, Wallanlagen, Burgen, Viereckschanzen, Hohlwege und Grabhügel. Nur in agrarisch kaum genutzten Regionen wie in manchen Teilen Großbritanniens und Skandinaviens oder auf Inseln wie Sardinien und Malta zeigt sich noch ein Abglanz der einstigen Fülle. Insbesondere in den Lössgebieten Mitteleuropas aber, in denen seit Jahrtausenden kontinuierlich Landwirtschaft betrieben wird, ist die einstige Denkmalfülle so gut wie vollständig weggeackert.

Viele Kulturen bestatteten ihre Toten unter Erdhügeln. Alte Karten verzeichnen noch ganze Hügelgräberlandschaften – die Menschen lebten inmitten einer Topografie der Ahnen. Spätestens im 19. Jahrhundert galt es dann, jeden Quadratmeter Ackerfläche zu nutzen; im Feld liegende Hügel wurden als Hindernisse beseitigt, zumal sich herumgesprochen hatte, dass viele von ihnen aus fruchtbarer Erde bestanden, mit der sich die Bodenqualität verbessern ließ. Und die Steine, die sich zuweilen im Kern fanden, waren im Straßen- und Hausbau begehrt. Knochen und Grabbeigaben wurden geplündert oder zerstört, in seltenen Fällen an Liebhaber verkauft. Kein Denkmalschutzgesetz kümmerte sich um die Monumente der Vorzeit. Um zu retten, was zu retten war, entstanden Geschichtsvereine und erste Provinzialmuseen. Dahinter standen begeisterte Bürger, die auch die

Koloss der Vorzeit: *Einst dominierten Grabhügel unsere Landschaften. Nur wenige waren so groß wie der des Fürsten von Leubingen, der das seltene Glück hatte, die Zeiten zu überdauern – gut dreißig Kilometer von Nebra entfernt.*

heimische Vergangenheit für archäologiewürdig hielten und sie den Kulturen des Mittelmeers und des Orients an die Seite stellen wollten. Die Ur- und Frühgeschichte begann sich als eigenständige Disziplin zu formieren.

Das ist der Hintergrund für zwei spektakuläre Ausgrabungen, die vor über 100 Jahren tiefe Einblicke in die höchsten Sphären von Aunjetitz gaben. Die gut acht Meter hohen Grabhügel von Leubingen und Helmsdorf wiesen solch herausragende Funde auf, dass sie auf den Namen »Fürstengräber« getauft wurden. Ob der Begriff »Fürst« eine Übertreibung oder eine Untertreibung darstellt, wird uns noch beschäftigen. Erst einmal werden wir ihn verwenden.

In beiden Fällen liegen uns detaillierte Ausgrabungsberichte vor. Dass sie außerhalb der Fachwelt kaum Aufmerksamkeit erfahren haben, ist historischen Zufälligkeiten geschuldet: Der Ausgräber von Leubingen konnte wegen schwerer Krankheit keine Abschlusspublikation vorlegen. Im Fall von Helmsdorf starb der Archäologe kurze Zeit später, und bald schon brach der Erste Weltkrieg aus. Noch war das Grab Tutanchamuns nicht geöffnet, sonst hätte damals wohl die Rede vom »Fluch der Fürsten« die Runde gemacht, der all jene ereile, die es wagten, die letzte Ruhe der Bronzezeitherrscher zu stören.

***

Zwar hat der Grabhügel von Leubingen durch die Ausgrabungen einiges an Höhe verloren; doch wer ihn heute besteigt, ist immer noch von zwei Dingen fasziniert: von der dominierenden Position, die er inmitten des Thüringer Beckens einnimmt, und von der enormen Herausforderung, vor der Friedrich Klopfleisch (1831–1898) stand. Wie macht man sich an die Ausgrabung eines Monstrums, das 1877 die Maße von 34 Metern Durchmesser, 145 Metern Umfang und 8,5 Metern Höhe besaß? Insbesondere wenn man wie der Professor für Kunstgeschichte von der Universität Jena darum bemüht ist, die heimische Archäologie auf wissenschaftliche Füße zu stellen und weniger rabiat vorzugehen, als es damals allgemeine Praxis war?

Klopfleisch gehört zu den Pionieren der Ur- und Frühgeschichte; er erkannte die Möglichkeit, die graue Vorzeit mittels vorherrschender Keramikstile chronologisch zu gliedern. Begriffe wie »Bandkeramik« und »Schnurkeramik« sind seine Schöpfungen. Als er erfuhr, dass in Leubingen ein »mächtiger uralter Grabhügel« zur Lehmgrube degradiert werden sollte, war er zur Stelle. Mit einem Dutzend Arbeiter, die mit Hacken und Picken, Spaten und Schaufeln von sechs Uhr morgens bis sieben Uhr abends schuften würden. Tageslohn: 2,25 Mark (mit Bier) oder 2,50 Mark (ohne Bier).

»Die zweckmäßigste Art, Grabhügel zu untersuchen« – das war das ganze 19. Jahrhundert hindurch ein viel diskutiertes Thema. Zunächst hatte sich die Ringgrabenmethode bewährt, bei der die Ausgräber sich von außen langsam zum Mittelpunkt vorarbeiteten. Später setzten die Archäologen auf die flächige Abtragung. Beides aber erwies sich angesichts der Leubinger Dimensionen als nicht praktikabel. Also entschied sich Klopfleisch für ein unkonventionelles Vorgehen: vom höchsten Punkt trichterförmig in die Tiefe graben. Doch kaum hatten die Arbeiter die ersten Spatenstiche gesetzt, stießen sie auf Skelette – und es wurden immer mehr. Am Ende waren sie bis in eine Tiefe von zwei Metern auf etwa 70 Bestattungen gestoßen. Die slawischen Beigaben zeigten: Die Hügelkuppe war im Mittelalter zum Friedhof umfunktioniert worden.

Nachdem Klopfleisch die Bestattungen dokumentiert und Schädel zur anthropologischen Vermessung entnommen hatte, gruben sich die Arbeiter weiter in die Tiefe. Um der Erdmassen Herr zu werden, stachen sie von der Seite zusätzlich eine 15 Meter lange Gasse aus. Bretter, durch Querbalken gestützt, sicherten die bedrohlich aufragenden Erdwände. »Gott sei Dank war kein einziger ernster Unfall zu beklagen«, notierte Klopfleisch im Grabungsbericht.

Die Schaufeln fraßen sich durch eine vier Meter mächtige Erdschicht hinab; fette schwarzbraune Erde war das. Dann wurde der Boden eisenhart, die Arbeiter griffen zur Hacke. Anscheinend war hier die Erde feucht eingestampft und durch Trocknen ausgehärtet worden. Vermutlich sollte die gut 70 Zentimeter dicke Schale das Hügelinnere vor eindringendem Wasser schützen. Doch die Plackerei war nichts im Vergleich zu dem, was nun kam: Steine, nichts als Steine.

Um zu erkennen, womit er es überhaupt zu tun hatte, ordnete Klopfleisch an, einen Schnitt zum östlichen Hügelrand hin anzulegen, um bis auf den Boden zu gelangen. Das Ergebnis verblüffte: Das Grab war durch einen 20 Meter breiten, über zwei Meter hohen Steinkegel geschützt. Wie Dachziegel waren die einzelnen Steine geschichtet. Um zu verhindern, dass der Steinpanzer auseinanderdriftete, waren die äußersten Felsbrocken in einem Graben verkeilt.

Geologen bescheinigten Klopfleisch, dass die Steine aus einem Umkreis von 30 Kilometern herbeigekarrt worden sein mussten – roter Sandstein vom Kyffhäuser und weißer Sandstein aus der Umgebung von Nebra. »Was lässt uns aber diese sichere Tatsache für einen tiefen Blick in die Verhältnisse jener Urzeit tun, aus welcher unser Grabhügel stammt!«, staunte Klopfleisch. »Wir sehen hier im Geiste die mächtigen Reihen holzrädriger Wagen oder Karren vor uns, welche, durch den leitenden Willen eines Stammesoberhaupts befehligt, den umliegenden Gau nach geeigneten Steinen ... durchsuchen. Dies alles setzt bereits die Entwicklung eines mächtigen Gemeinwesens und die Anfänge eines Verkehrslebens voraus, welches schon fahrbarer, wenn auch noch unvollkommener Straßen sich bediente.« Auf 3270 Kubikmeter taxierte Klopfleisch das Gesamtvolumen des Grabhügels.

Den Steinkern zu öffnen war Knochenarbeit. Stunde um Stunde wuchteten die Arbeiter Steine beiseite. Langsam befreiten sie ein eigenartiges Bauwerk aus seinem Steinmantel. Sie stießen auf »eine uralte Form menschlichen Wohnens«, wie Klopfleisch notierte, ein sorgfältig konstruiertes Haus des Todes. »Nachdem über den gesamten Hügelgrund ein an schwärzlicher Branderde mit eingemischten Tierknochen und Tongefäßscherben erkenntliches Gesamt-Totenopfer dargebracht worden war, ward im Hügelmittelpunkte ein 2,10 m breites und 3,90 m langes Oblongum [Rechteck] abgegrenzt, das ein 0,60 m breiter Graben von derselben Tiefe umgab.« Diese Fläche war mit Steinplatten gepflastert. Auf ihr erhob sich eine zeltartige Konstruktion. 18 je gut 20 Zentimeter dicke Eichenbalken bildeten das Grundgerüst. Sie ruhten links und rechts mit den Enden im Graben, wo sie mit Steinen verkeilt waren. In dachartiger Schräge liefen sie über der Mittellinie zusammen. In den Dachfirstbalken war auf der einen Seite ein 1,70 Meter hoher und 0,50 Meter dicker Baumstamm als Stütze verzapft.

Auf dieser Grundkonstruktion ruhten mit Holznägeln befestigte Bohlen, die anscheinend direkt von der Oberfläche mächtiger Baumstämme abgespalten waren. Wo Fugen klafften, hatten die Zimmerleute sie sorgfältig mit einer mörtelähnlichen Substanz verschlossen. Als oberste Deckung schließlich diente eine auch nach Jahrtausenden immer noch 15 Zentimeter dicke Schicht Schilf. Einst müssen mächtige Lagen Schilfgras die Totenhütte bedeckt haben.

Totenhütte? Totenvilla trifft es besser. Denn im Inneren hatten die Zimmerleute über die Steinpflasterung einen hölzernen Dielenboden verlegt. 3,90 Meter lang und 2,10 Meter breit, waren die Dielen mit den schrägen Dachstützen verzapft. Ein Meisterwerk prähistorischer Handwerkskunst, das sich jahrtausendelang der gewaltigen Stein- und Erdlast entgegenstemmte. Nur ein wenig hatte es sich zur Seite geneigt. Seinen Bewohnern dagegen hatte die Reise durch die Zeit mehr zugesetzt.

In der Mitte des Dielenbodens lag in Nord-Süd-Richtung ein »menschliches Skelett ausgestreckt«, so Klopfleisch, »das von einem Greise herrührte, wie die abgenutzten Zähne und die häufigen Spuren von Altersgicht an den Knochen desselben bewiesen«. Klopfleisch glaubte, ein zweites Skelett identifizieren zu können, das quer über die Hüfte des ersten gelegt war. Es schien ihm von einem »jugend-

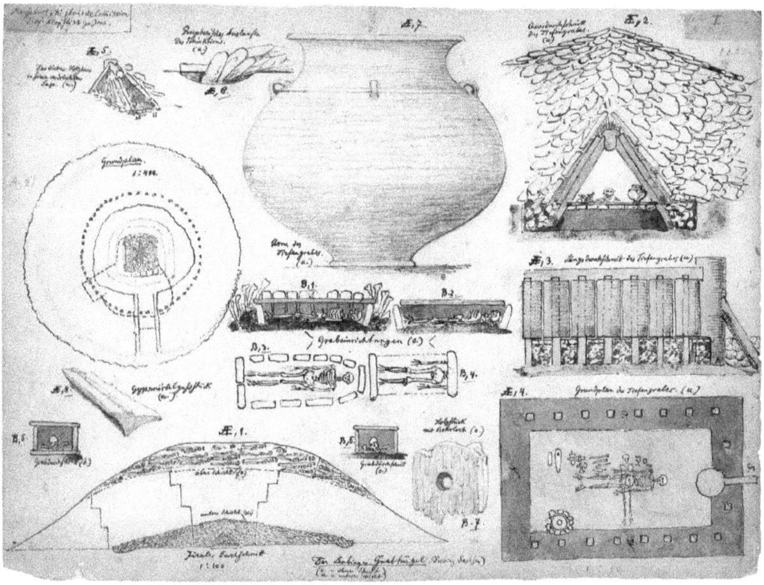

»Ein fürstliches Kind«: *Die Skizzen des Ausgräbers Klopfleisch vom Fürstenhügel in Leubingen. Rechts unten sein Rekonstruktionsversuch der angeblichen kreuzförmigen Bestattung eines Greises mit einem Kind. Darüber Ansichten der Grabkammer unter dem Steinpanzer und links ein Hügelquerschnitt.*

lichen Individuum im Alter von etwa 10 Jahren« zu stammen. »Leider war das letztere Skelett fast gänzlich und das erstere ebenfalls so stark zerstört, dass nur noch wenige charakteristische Reste entnommen werden konnten. Von Feuerspuren fand sich an diesen Knochen nichts.« Um wen konnte es sich handeln? Neben den Toten schimmerte Gold.

Die Grabbeigaben würden ihm helfen, das Geheimnis zu lösen. Da war ein in Scherben gegangenes Tongefäß, das einst Speisen oder Trank für die Reise ins Jenseits enthielt. Imposant war der mächtige, über 30 Zentimeter lange »Serpentinhammer«; eine kolossale Gerätschaft, den konnte nicht jeder schwingen. Dann entdeckte Klopfleisch ein Arsenal von Bronzedolchen unterschiedlicher Größe, sie lagen paarweise gekreuzt. Zwei Beile aus Bronze könnten sowohl Waffen als auch Zimmermannswerkzeuge gewesen sein. Drei weitere schwer identifizierbare Bronzegegenstände hielt er für Bohrer. Und schließ-

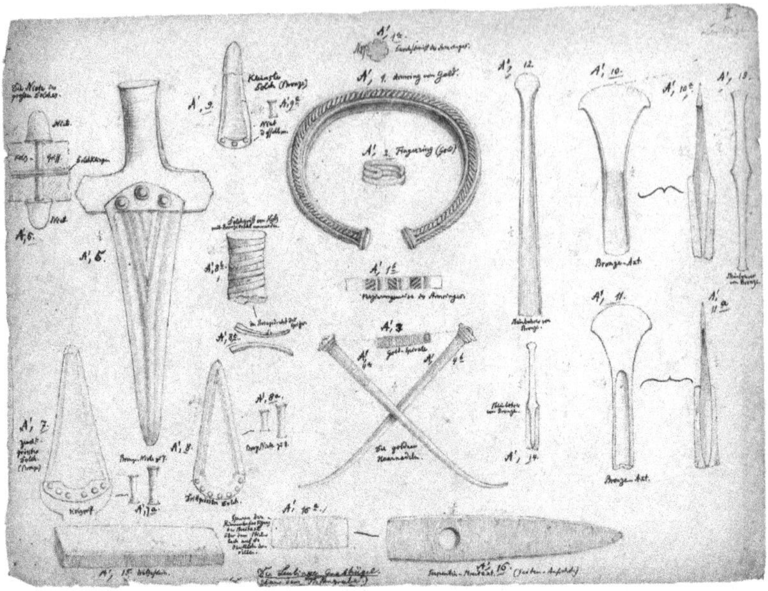

Eine Kunst für sich: *Klopfleisch zeichnete auch die fürstlichen Grabbeigaben aus Bronze und Gold. Es fällt die Vielzahl der Grabbeigaben auf, für die Archäologen die wenig poetische Bezeichnung »Überausstattung« verwenden.*

lich war da noch etwas, das Klopfleisch als »Streichschale, jedenfalls zum Schärfen der Waffen und Geräte bestimmt« ansprach. All diese Gerätschaften konnten seiner Ansicht nach nur zum männlichen Skelett gehören. Und das Gold?

Den ersten Hinweis gaben ihm zwei kunstvoll gearbeitete Nadeln, jede etwa zehn Zentimeter lang, sie trugen oben eine Öse und waren nach unten wie ein Säbel gebogen. Klopfleisch hielt die massiv goldenen Stücke für Haarnadeln. Dazu gehörte wohl auch die kleine Spirale aus Golddraht, die auf einen Faden gezogen als aparter Haarschmuck zwischen den beiden Nadeln gefunkelt haben könnte. Und dann war da als prominentestes Stück der schwere goldene Armring. Zwei kleine aus Golddraht gefertigte Ringe rundeten die Kollektion ab. Da es sich um kostbaren Schmuck handelte, glaubte Klopfleisch, ganz Mann seiner Zeit, dass dies die Beigaben einer weiblichen Person waren: Hatte er das Grab einer jungen Prinzessin gefunden?

Bei Gemeinschaftsgräbern stellt sich stets die Frage, was die gemeinsam Bestatteten verbindet. Starben sie zufällig zur gleichen Zeit? Unwahrscheinlich. Also könnten beide Opfer desselben Ereignisses sein: einer Gewalttat, eines Unglücks, einer Seuche. Oder musste die eine Person der anderen in den Tod folgen? Diener starben nach ihren Herren, Witwen durften ihren Mann nicht überleben. Die Mythen des Altertums sind voll von Geschichten, in denen Heldenbegräbnisse mit Menschenopfern einhergingen. Natürlich kannte Klopfleisch sie.

Deshalb war für ihn allein die Frage: Wer war hier wem ins Grab gefolgt? Der Greis dem »fürstlichen Kind«? Die junge Frau ihrem Herrn? Klopfleisch musste nicht lange grübeln. Werkzeuge und Waffen konnten nur dem Mann gehören, der kostbare Goldschmuck dagegen war das Geschmeide einer Frau. Damit war für ihn das Rätsel gelöst: »Denn hat es nicht in unserem Hügel den Anschein, als ob dem mit reichen Goldschmuck ausgestatteten fürstlichen Kinde sein Lieblingssklave oder altersgrauer Mentor, ausgestattet sowohl mit vielen Waffen als nützlichem Werkzeug, in den Tod gefolgt sei?« Wir kommen darauf zurück.

Wie alt aber war das Grab? Hier sehen wir, wie schwer man sich mit Datierungen tat in Zeiten, in denen verlässliche Methoden fehlten. Klopfleischs Einschätzung lautete: »Es dürfte daher der Leubinger Bronzefund wohl mindestens noch dem 5. Jahrhundert v. Chr. entstammen.« Er glaubte, hier den »Grabhügel eines keltischen Stammes zu erblicken« – und lag damit gute 1500 Jahre verkehrt. Moderne Analysen der Jahrringe des in der Totenhütte verbauten Eichenholzes lieferten ein ebenso exaktes wie beeindruckendes Datum: das Jahr 1942 vor Christus.

Klopfleischs Leistung schmälert das nicht. Die Leubinger Grabbeigaben sind heute im Landesmuseum für Vorgeschichte in Halle zu bestaunen. Der Grabhügel selbst wurde wieder verschlossen und thront bis heute im Thüringischen Becken, nur eine Delle kündet vom archäologischen Eingriff. Mittlerweile rauscht die Bundesautobahn A71 an ihm vorbei, der neue Rastplatz trägt den Namen »Leubinger Fürstenhügel«.

Leider scheinen die Knochen aus dem Grab schon früh verloren gegangen zu sein, nicht einmal ein Zahn ist überliefert. Wen Klopfleisch da wirklich gefunden hatte, das zeigte sich erst gute drei Jahrzehnte später, als ein zweiter solcher Hügel ausgegraben wurde.

***

Der Geschichte wohnt zuweilen ein merkwürdiger Sinn für Humor inne. Ausgerechnet der Kupferbergbau war es, der einem der mächtigsten Grabhügel der kupferbasierten Bronzezeit das Ende bereitete. Das, was gut 1900 Jahre vor Christus erst den Reichtum schuf, der solche monumentalen Grabmäler ermöglichte, eliminierte diese gut 1900 nach Christus wieder. Die metallurgische Revolution frisst ihre Kinder – auch wenn sie manchmal Jahrtausende dafür braucht.

Um das Kupfererz, das der Paul-Schacht bei Helmsdorf ans Tageslicht holte, abzutransportieren, beschloss die »Mansfeldsche Kupferschieferbauende Gewerkschaft« im Jahr 1906, die Gleise der Bergwerksbahn direkt zum Schacht zu legen. Die Strecke führte mitten über jene Landmarke, die der Volksmund »großer Galgenhügel« nannte. Das rief Hermann Größler (1840–1910) auf den Plan. Der Gymnasiallehrer und Vorsitzende des Vereins für Geschichte und Altertümer der Grafschaft Mansfeld war überzeugt, dass der große Galgenhügel ein Werk von Menschenhand sei und sicher ein »Hünengrab« enthalte, wenn nicht gleich mehrere, so groß, wie er war.

Bereits 40 Jahre früher war der nördlich gelegene »kleine Galgenhügel« abgetragen worden, und dabei waren, wie die Anwohner zu erzählen wussten, Grabaltertümer zutage getreten – welcher Art, wusste niemand mehr. Größler hatte deshalb schon eine Weile ein Auge auf den großen Galgenhügel bei Helmsdorf geworfen, aber sich eingestehen müssen, dass an »eine Erschließung desselben ... zunächst nicht zu denken [war], weil – ganz abgesehen von der Genehmigung des Grundeigentümers – die Kosten einer Ausgrabung oder Abtragung des Hügels voraussichtlich sehr erhebliche sein mussten«. Als aber der Galgenhügel dem Kupferschieferbergbau zum Opfer fallen sollte, war Größler sofort vor Ort.

Da die heimische Archäologie so etwas wie das Freizeitvergnügen der gebildeten Stände im Kaiserreich war – viele Honoratioren waren Mitglieder in Geschichtsvereinen und gingen am Wochenende auf Ausgrabungen wie andere in die Kirche –, war es ein Leichtes, die Verantwortlichen für sein Vorhaben zu gewinnen. Die Vermessung des Hügels von Helmsdorf ergab, dass er mit seinen 34 Metern Durchmesser die gleiche Größe wie der Leubinger Hügel besaß (auch wenn der Durchmesser des letzteren größer gewesen sein könnte, wie aktuelle Ausgrabungen nahelegen). Das galt auch ungefähr für die Höhe, denn wenn man in Leubingen die zwei Meter starke, erst mittelalterlich aufgestockte Begräbnisschicht abzog, so Größler, hätte der Hügel dort einst eine Höhe von 6,50 Metern gehabt. Und damit war der Helmsdorfer Hügel, wie er stolz vermerkte, mit 6,82 Meter der höhere.

Die Ausgräber hatten dieses Mal leichteres Spiel: Da der komplette Hügel beseitigt werden sollte, transportierte die Bahn die Erdmassen gleich ab. Die Grabungskampagne begann mit einem makabren Fund: Auf der Kuppe stießen die Arbeiter auf die Fundamente des Galgens, der dem Hügel seinen Namen gegeben hatte. Daneben entdeckten sie vier paarweise über Kreuz gelegte menschliche Skelette – vermutlich hingerichtete Delinquenten – und die Reste eines Pferdeskeletts.

Nach gut drei Wochen des Schaufelns zeigte sich am 9. Dezember 1906, dass Größler recht gehabt hatte: Ein massiver Steinkern trat zutage. Es dauerte aber noch bis Ende Januar 1907, bis er komplett freigelegt worden war. Auch hier war die Ähnlichkeit zu Leubingen groß, selbst wenn der Kegel mit 13,5 Metern Durchmesser und einer Höhe von 3,45 Metern deutlich steiler angelegt war. Er war von einer gut einen Meter starken Trockenmauer eingefasst, die aus regelmäßig aufeinandergelegten Steinblöcken bestand, jeder im Schnitt einen Meter lang und bis zu 40 Zentimeter dick. Die restliche Erde wurde abtransportiert, die Arbeiter trugen den Steinpanzer Stein um Stein ab. Als die letzte Schicht zu erkennen war, beraumte Größler die offizielle Graböffnung für Samstag, den 2. März 1907, an.

Es sollte ein gesellschaftliches Ereignis werden. Mit dem Zug reisten Beamte der Mansfeldschen Kupferschieferbauenden Gewerkschaft sowie Mitglieder des Altertumsvereins an, darunter Königliche Bauräte, Bergdirektoren, ein Oberpfarrer, der Direktor des Provinzialmuseums in Halle und der einstige Besitzer des Hügels, der Baron von Krosigk aus Helmsdorf nebst Gemahlin. »Es kennzeichnet den Wandel der Zeiten, dass hier die Umstände gestatteten«, bemerkte Größler, »mit Hilfe der Dampfkraft dicht an ein vorgeschichtliches Grab heranzufahren, das seit Jahrtausenden in schweigsamer Verlassenheit dagelegen hatte.«

Mit der schweigsamen Verlassenheit war es jetzt zu Ende. Eine lärmende Schar Schaulustige hatte sich versammelt. Größler war alles andere als begeistert: »Die einige hundert Köpfe zählenden unwissenschaftlichen Zuschauer aus der Nachbarschaft waren der Mehrzahl nach Kinder; doch auch humpelnde Alte und Weiber mit Säuglingen hatten sich eingefunden, die wohl zumeist der Wahn herbeigelockt hatte, hier werde ein Geldschatz ausgegraben werden.« Größler hatte vorgesorgt: »Auf meine Bitte war darum auch, um allen unliebsamen Störungen durch Raublustige vorzubeugen, der Hügel in den vorhergehenden Nächten durch eine Wache gesichert worden.«

Nun machten sich die Arbeiter daran, vor großem Publikum das Innere aus seiner Steinhülle zu schälen. Das Grab trat »aus der mit dünn aufliegender aschiger Erde bedeckten Aufschüttung als ein hüttenähnlicher Holzbau mit steilem Dach hervor«. 6,80 Meter lang, 5 Meter breit, 1,60 bis 1,70 Meter hoch. Die Konstruktion ähnelte der des Leubinger Totenhauses. Wieder bestand das Grundgerüst aus mächtigen Eichenbohlen. Doch kam die Helmsdorfer Totenstätte ohne Dachfirstbalken aus, auch fehlte ein Dielenboden, dafür war der Grund mit Steinen gepflastert und mit Schilf ausgelegt. Wie in Leubingen waren die Fugen des Dachs mit einer Art Mörtel verschlossen, auch hier mussten darüber »sehr dichte Lagen von Schilf ausgebreitet« gewesen sein, »dessen Blätter nun aber infolge ihres hohen Alters so dünn wie das feinste Seidenpapier geworden waren«.

Wie Klopfleisch stieß Größler auf mächtige Baumsäulen, die im Grab das Dach zusätzlich stützten. Sie erschienen ihm als »Grenzmarken des Bestattungsraumes«, als »warnende Wächter«. Im Grabinnenraum fand er etwas, das er zum »wohl ältesten Erzeugnisse der Holzarbeiterkunst« erklärte: einen Eichensarg. Gezimmert aus einer 2,05 Meter langen, fast einen Meter breiten und 30 Zentimeter dicken Eichenbohle, oben und unten besaß diese Totenlade einen Giebel, mittels Nut und Feder waren Seitenwände montiert, und inmitten der

Bohle hatte der Tischler eine Vertiefung von 1,70 Meter mal 65 Zentimeter herausgehauen: ein Bett für die Ewigkeit.

Auf ihm war der Tote aufgebahrt. Zumindest das, was noch von ihm übrig war; viele Teile des Skeletts waren fast völlig verschwunden. »Vom Schädel fanden sich nur noch einige ganz kleine Bruchstücke von der Größe eines Markstücks«, schrieb Größler. »Von dem Gebiss, insonderheit von den Zähnen, fand sich ebenfalls kein Überbleibsel.« Wobei er einschränkte: »Doch ist möglich, dass einige Zähne mit anschließenden Stückchen des Kiefers, deren Fundstelle ich nicht mehr sicher im Gedächtnis habe, die aber dem Hügel entnommen sind, von dem Einlieger der Lade herrühren.« Aus der schrägen Lage der Rückenwirbel schloss Größler, »der Tote müsse als liegender Hocker unter mäßiger Anziehung der Knie mit dem Gesicht nach Osten bestattet worden sein«. Ein anwesender Arzt identifizierte die Knochenreste als die eines erwachsenen Mannes.

Die Last des Grabhügels hatte das Totenhaus etwas demoliert, durch das Dach waren Erde und die von einem Opferfeuer stammende Asche hereingerieselt. Größler suchte nun nach Beigaben; manche lagen dort, wo einmal die Brust des Toten gewesen sein musste. Leider schreibt der Ausgräber nicht, ob er jeden Fund einer Trophäe gleich in die Höhe hob, um sie der anwesenden Menschenmenge zu zeigen. Gab es Rufe des Erstaunens? Johlten die Leute gar?

Auch die Grabbeigaben ähnelten denen von Leubingen auf frappante Weise. Wieder fand sich ein in Scherben gegangenes Vorratsgefäß, wieder lag dort ein mächtiger Steinhammer, dieses Mal über 500 Gramm schwer, aus dunklem Diorit. »Diesen Hammer, der die Gestalt der Steinäxte hat, wie sie aus megalithischen Gräbern gehoben sind«, also aus der Jungsteinzeit stammen, erhielt der frühere Hügelbesitzer Baron von Krosigk »zum Andenken«.

Dann folgten diverse Objekte aus Bronze, denen die Oxidation stark zugesetzt hatte. Größler vermutete, es handle sich um Beile, Dolche und Bohrer. Und dann endlich das, auf das die Menschenmenge so begierig gehofft hatte: Gold! Wieder war da ein massiver goldener Armring. Zwei Objekte hielt Größler zunächst für Ohrringe, bezeichnete sie dann aber als Hängespiralen, die als Schmuck getragen worden sein könnten. Wieder ist ein filigranes Spiralröllchen dabei: ein nur 1 Millimeter starker Golddraht, der sich 14-fach windet. Und schließlich entdeckte auch Größler zwei goldene »Säbelnadeln«. Jene, die mit »sorgfältig eingepunzten Tannenwedel- oder Fischgrätlinien verziert« ist und sich »in tadelloser Unversehrtheit erhalten« hat, gleicht den beiden Nadeln im Grab von Leubingen fast völlig. 30 Jahre nach Klopfleisch identifizierte Größler diese Ösenkopfnadel nun korrekt als vom »Aunjetitzer Typus«.

Auch wusste er, dass er hier keinen Grabhügel eines Keltenfürsten ausgrub, sondern den eines Herrschers der Bronzezeit. Dem Fürsten von Leubingen stellte Größler den Fürsten von Helmsdorf an die Seite. Moderne Dendro-Datierungen des Eichenholzes der Totenlade sollten zeigen, dass der dazu verwendete Baum im Winter 1829/1828 vor Christus gefällt wurde. Das Helmsdorfer Grab ist damit mehr als ein Jahrhundert jünger als das Grab von Leubingen. Umso mehr überrascht die große Ähnlichkeit in Grabarchitektur und Ausstattung.

Ob er alles gefunden hatte, was dem Fürsten mitgegeben war? Größler war sich nicht sicher. »Da die schon beschriebenen, viel massigeren Waffen und Geräte aus Bronze einen hohen Grad der Auflösung erreicht haben, so kann es nicht befremden, wenn sich Perlen, Nadeln oder andere kleine Schmuckstücke aus derselben Legierung in Pulver oder formlose Reste verwandelt haben. Nur das lautere Gold hat sich unversehrt in blitzendem Glanze erhalten.«

Obwohl sich in der Helmsdorfer Totenhütte keine Spuren eines zweiten Toten fanden und damit Waffen und Werkzeuge, Keramik und Schmuck die Grabausstattung einer einzigen Person sein mussten, entfachte auch Größler die Menschenopferdiskussion. Unter dem Grab befand sich nämlich eine 1,40 Meter starke Aschenschicht – und nur einen halben Meter unter den Steinplatten der Grabkammer stießen die Arbeiter auf ein Skelett, die Beine angezogen, auf der rechten Seite liegend mit dem Gesicht nach Südosten. Die Knochen waren auf einer Seite angesengt. Der Tote scheint also in die heiße Asche gelegt und dann mit Erde bedeckt worden zu sein. Noch mal 40 Zentimeter tiefer lag ein weiteres Skelett, dieses aber war in einem so schlechten Zustand, dass Größler lapidar konstatierte: »... über welches nichts weiter zu sagen ist.«

Was war hier geschehen? Größler entwarf folgendes Szenario:

»Die feierliche Bestattung des in ferner Urzeit verstorbenen Landesfürsten erforderte, wie uns die Beobachtung bei der Abtragung des Grabhügels lehrt, eine sehr umständliche Vorbereitung. Gewaltige Holzmassen, vielleicht in Scheiterform, aus allen Teilen des Herrschaftsgebietes – wie ein paar tausend Jahre später noch zur Zeit des Geatenkönigs Beowulf geschah – wurden auf die Höhe des Bergrückens gebracht, aufgeschichtet und ein gewaltiges Opferfeuer angezündet.« Und hatten nicht auch die Trojaner neun Tage lang Holz herbeigeschleppt, um Hektors Scheiterhaufen aufzurichten? »Nachdem die Glut sich gelegt hatte und durch aufgeschüttete Erde einigermaßen abgedämpft worden war, wurden zwei Gefolgsleute oder Diener ihres Herrn als Totenopfer getötet, auf der erst wenig abgekühlten Aschenschicht niedergelegt und mit Erde überschüttet.«

Das schien Größler nicht abwegig, auch in anderen Fällen seien im Hügel selbst oder in der Nähe weitere Bestattungen erfolgt. Warum sollte es sich bei den Toten nicht um seine Diener, Gefolgsleute oder Kriegsgefangene handeln, die den Fürsten in den Tod begleiten mussten? Auch hier stand Homer Pate. Heinrich Schliemanns Entdeckung Trojas am Hellespont lag ja nur wenige Jahre zurück. Und Größler kannte wie jeder Gebildete seiner Zeit die *Ilias* nur zu genau: »So wurden zu Ehren des erschlagenen griechischen Helden Patroklos nicht nur Schafe, Rinder, Rosse und Hunde, sondern auch zwölf gefangene Troer geschlachtet und mit ihm verbrannt.« Und hatte Herodot nicht von den Königen der Skythen berichtet, denen man »eins ihrer Weiber, ihren Mundschenk, ihren Koch, ihren Pferdewärter, ihren Botenläufer, Pferde und allerlei Gerät und Schmuck ins Grab mitgegeben habe«?

Um das aus dem gewaltigen Feuer entstandene Aschepostament herum sei dann die Ringmauer errichtet worden, innerhalb derer der Grabbau platziert wurde: »Nachdem dann der Tote – vermutlich unter feierlichen Bräuchen – in sein Haus eingeführt worden war, hat man dieses in einen Mantel von Steinen und Erde so weit eingehüllt, dass der ganze Holzbau unter dieser Bedeckung dem Auge entschwand.« Nun muss darauf aber nochmals ein Opfer- oder Gedächtnisfeuer angezündet worden sein, ein Teil des Giebels der Totenhütte sei ja verkohlt gewesen und Asche ins Grab gerieselt. Sein Zweck? Unglück vom Grab fernzuhalten, vermutete Größler. Dann häuften die Menschen den schützenden Steinmantel in Kegelform bis in eine Höhe von fast vier Metern auf, um schließlich Unmengen Erde darüber aufzuschütten. Sie schufen damit ein weithin sichtbares Denkmal, in welchem »wir«, so beendete Größler sein Szenario, »ein frühestes Denkmal der Ahnen unseres eigenen Volkes zu erblicken« haben.

Wir wissen nicht, wie das Publikum an diesem Samstagnachmittag des 2. März 1907 auf den Ausgrabungserfolg reagierte. Größler ließ die Fundstücke »in das nahe Revierhaus in Sicherheit« bringen, wo er in »Gegenwart einer zahlreichen Zuhörerschaft ... einen kurzen Vortrag über die Eigenart und das Alter der Fundstücke hielt«. In den folgenden Wochen trugen dann die Arbeiter die letzten Reste des Grabhügels ab – und verlegten die Gleise für die Bergwerksbahn.

Und die Geschichte beweist in Helmsdorf ein zweites Mal ihren Sinn für Ironie. Auch die Zeit der Bergwerksbahn ist längst vorbei, aber an der Stelle, wo einst der imposante Fürstenhügel stand, wurde der Abraum aus dem Kupferschieferbergbau angehäuft und dabei eine 104 Meter hohe Kegelhalde geschaffen. Sie gilt heute als eine der Pyramiden des Mansfelder Landes. Geheimnisse aber stecken in ihr keine mehr.

***

Die Ähnlichkeit zwischen den Hügeln von Leubingen und Helmsdorf ist immens, auch Umfang und Höhe waren nahezu identisch – und so warfen schon in den Augen der Zeitgenossen die Grabungsergebnisse von Helmsdorf neues Licht auf die Funde aus Leubingen. Der Archäologe Paul Höfer (1845–1914) hatte gerade den Abschlussbericht über das Fürstengrab von Leubingen fertiggestellt, zu dem Friedrich Klopfleisch aufgrund seiner Krankheit nicht mehr gekommen war, als ihn die Ausgrabungen in Helmsdorf zu einem Nachtrag bewegten. »Die große Übereinstimmung mit Leubingen ist evident«, stellte er fest. Und sie blieb nicht ohne Konsequenzen: Ihr fiel Klopfleischs Prinzessin zum Opfer.

Höfer hatte auch schon vorher nicht an die These einer jungen Herrin glauben mögen, der ihr alter Diener oder Lieblingssklave in den Tod folgen musste. Ein solcher, davon war er überzeugt, wäre nicht im Zentrum des Grabs, sondern am Rande platziert worden. Auch hätte man ihn nicht mit so reichen Grabbeigaben ausgestattet, wäre er doch selbst eine Beigabe gewesen. Nun aber warfen die Helmsdorfer Erkenntnisse die ganze Theorie über den Haufen. Höfers Argumentation war diese: »Endlich: wenn goldene Schmucksachen von derselben Art und Zahl, wie sie in Leubingen gefunden sind, in Helmsdorf von dem dort bestatteten fürstlichen Manne getragen worden sind, so haben wir keinen Grund mehr, diese Goldzieraten für Frauenschmuck zu halten und sie dem in Leubingen mit bestatteten, wahrscheinlich geopferten Kinde zuzuschreiben.« Was zur Folge hat: »Das Geschlecht dieses Kindes, das nur in Rücksicht auf den vermeintlichen Frauenschmuck als weiblich bestimmt worden ist, bleibt dann fraglich. Der Goldschmuck von Leubingen ist dann nicht Opferschmuck gewesen, sondern der stolze Zierrat und Reichtum des großartig bestatteten Fürsten.«

Das können wir heute nur bestätigen: In Leubingen wie in Helmsdorf haben wir es jeweils mit dem typischen Fürstenornat eines Herrschers von Aunjetitz zu tun. Das wird uns noch einige Rätsel aufgeben. Wir gehen aber noch einen Schritt weiter und versehen die Existenz des Kindes von Leubingen selbst mit einem großen Fragezeichen. Was durchaus schade ist, haben wir es doch mit einem suggestiven Bild zu tun: der Fürst, über dessen Hüften der tote Körper eines Kindes drapiert worden war, sodass die beiden ein Kreuz ergaben. War hier der Sohn für den Vater geopfert, musste die Tochter ihm in den Tod folgen?

Wir haben schon gesehen, wie die Stereotypen in den Köpfen der Ausgräber ihre Interpretation bestimmten. Goldschmuck? Natürlich Frauensache. Man muss die Fantasiefreudigkeit der Archäologen des 19. Jahrhundert verstehen: Sie waren geboren und aufgewachsen in einer Welt, die sich an den Sagen der alten Griechen berauschte und einen fast verzweifelt zu nennenden Hang zum Heroischen besaß. Im deutschen Kaiserreich, dieser »verspäteten Nation«, war die Sehnsucht nach einer heldenhaften Vergangenheit besonders groß.

Bis heute präsentiert die Fachliteratur ihren Lesern gern die alte Zeichnung, auf der im Leubinger Grabhügel zwei übereinanderliegende Skelette ein Kreuz bilden. Wer aber im Archiv des Landesmuseums die originalen Notizen Friedrich Klopfleischs studiert, bemerkt, dass die flüchtigen Skizzen, die er während der Ausgrabung anfertigte, ein anderes Bild zeigen: Da liegt zwar etwas über dem Männerskelett, das Klopfleisch jedoch lediglich mit »auch Knochen« bezeichnete und das eher nach einem einzelnen Knochen aussieht als nach einem ganzen Skelett. Klopfleisch hatte ja selbst vom äußerst schlechten Erhaltungszustand der menschlichen Überreste gesprochen. Zudem lässt die Lage der Grabbeigaben keinen Raum für ein über die Seiten hinausragendes Kinderskelett. Heute drängt sich der Verdacht auf, dass in den Zeichnungen für die Abschlusspublikation das Arrangement der Interpretation Klopfleischs entsprechend angepasst wurde. Da wir kein Skelettmaterial aus Leubingen mehr besitzen, muss die Frage offenbleiben, ob es sich bei »auch Knochen« tatsächlich um mehr handelte als einen seltsam verlagerten Knochen, der vom Toten selbst stammte.

Die Frage aber, warum wir überzeugt sind, dass die beiden Personen, die vor nahezu 4000 Jahren in Leubingen und Helmsdorf mit in Mitteleuropa bis dahin nie gekanntem pompösen Aufwand bestattet worden waren, etwas mit der Himmelsscheibe von Nebra zu tun haben, werden wir jetzt beantworten.

17
Das Geheimnis der Macht

Wir beschäftigen uns ja nicht aus rein antiquarischem Interesse mit einer bronzezeitlichen Kultur schwer aussprechbaren Namens (auch wenn es da ganz andere Kaliber gibt, zum Beispiel die Novotitarovskaja-Kultur). Nein, wir erkunden die Kultur von Aunjetitz, weil wir überzeugt sind, dass wir ihr die Himmelsscheibe von Nebra verdanken. Basierend auf den im ersten Teil des Buchs vorgestellten Forschungen müssten wir es mit einer Gesellschaft zu tun haben, die ein Interesse an einem Kalender hatte, der das Sonnen- und das Mondjahr in Einklang brachte. Dann kann es sich nicht nur um Bauern, Hirten oder Stammeskrieger handeln, dann müssen wir das erste staatsähnliche Gebilde Mitteleuropas vor uns haben.

Das ist eine Behauptung, die vielerorts für Stirnrunzeln sorgen wird. Wir bewegen uns schließlich in Zeiten weit über 1000 Jahre vor den germanischen Stämmen, jenen »Barbaren«, denen in aller Regel gerade einmal Anführer, Häuptlinge, vielleicht noch »Heereskönige« zugebilligt werden. Wie also können wir in der noch viel graueren Vorzeit von »Fürsten«, »Staat« oder »Reich« sprechen, ganz so, als befänden wir uns in der »zivilisierten« Sphäre orientalischer Hochkulturen?

Und überhaupt: Können wir denn sicher sein, dass die Fürsten etwas mit der Himmelsscheibe zu tun hatten? Weder im Grab von Leubingen noch von Helmsdorf fanden wir Hinweise auf astronomische Vorlieben, einen Sonnen- oder Plejadenkult. Der Umstand, dass es vom Deponierungsort der Himmelsscheibe auf dem Mittelberg Luftlinie nur 30 Kilometer nach Leubingen und keine 40 Kilometer nach Helmsdorf sind, reicht als Beweis nicht aus. Zumal zwischen dem Vergraben der Himmelsscheibe um 1600 vor Christus und den bisher bekannten Fürstengräbern über 200 beziehungsweise 300 Jahre liegen. Da braucht es schon mehr, um die These zu stützen, dass einer der Fürsten von Aunjetitz der Meister der Himmelsscheibe war. Denn wenn das stimmt, macht es die Sache noch unglaublicher. Dann existierte das Reich von Nebra für Jahrhunderte.

Deshalb müssen wir zunächst belegen, dass es sich bei den Fürsten tatsächlich um die Herren der Himmelsscheibe handelt. Daraus würde die Hypothese folgen, dass wir es im Herzen Europas wirklich mit einem Novum zu tun haben: Dann entstünde hier erstmals eine viele Generationen währende Herrschaft über ein gut 18 000 Quadratkilometer umfassendes Territorium (das Bundesland Sachsen-Anhalt ist heute nur wenig größer). Das lässt kaum etwas anderes als die Annahme zu, dass wir es tatsächlich mit dem ersten Staat Mitteleuropas zu tun haben. Da diese These zentral für die weitere Erforschung des Reichs von Nebra ist, werden wir ihre Konsequenzen in diesem Kapitel in einem zweiten Schritt diskutieren.

Bevor wir dann die Konsequenzen ziehen und uns auf die Suche nach all den vielen anderen Fürsten begeben, die in dieser Zeit geherrscht haben müssen, werden wir unsere Hypothese in einem dritten Schritt noch einmal anhand der beiden Fürsten von Leubingen und Helmsdorf überprüfen: Liefern Bestattungen tatsächlich Hinweise auf Herrschaftsstrategien und Gesellschaftsstrukturen, die eines Staatswesens würdig wären? Wir wollen ja keine prähistorischen Luftschlösser bauen.

***

Erinnern wir uns an jenen Tag im Mai 2001 in Berlin. Damals saß einer von uns beiden auf einem Biedermeiersofa und betrachtete zum ersten Mal auf den Raubgräberfotos die Himmelsscheibe von Nebra und all jene Gegenstände, mit denen sie auf dem Mittelberg vergraben worden war. So miserabel die Bilder waren, etwas ließ sogleich an die Fürstengräber von Leubingen und Helmsdorf denken. Es war das Kompositionsmuster des Himmelsscheiben-Ensembles, es erinnerte an die Zusammensetzung der Grabbeigaben unter den mächtigen Grabhügeln. Und zwar an etwas, für das Archäologen den wenig poetischen Terminus »Überausstattung« verwenden. Gemeint ist damit: mehr Dinge, als eine Person allein gebrauchen kann.

In Leubingen stieß der Archäologe Friedrich Klopfleisch auf drei Dolche, drei Meißel, zwei Beile, einen Stabdolch, alles aus Bronze, und eine Axt aus Stein. In Helmsdorf waren es immerhin noch ein

Beil, ein Dolch, ein Meißel, eine Steinaxt; wobei es dort auch mehr Stücke gewesen sein könnten, war der Erhaltungszustand der Bronze im Helmsdorfer Grabhügel doch nicht der beste: »Wolken von Grünspan« habe er vorgefunden, berichtete Ausgräber Größler. Doch das war noch nicht alles. Beide Fürsten besaßen eine identische Ausstattung an Gold: je zwei Gewandnadeln, zwei Lockenringe, ein Spiralröllchen und einen massiven Armring. Tatsächlich folgt auch das Nebra-Depot der Himmelsscheibe dem Prinzip der Überausstattung mit dem Hang zur Doppelung: zwei Beile, zwei Schwerter, zwei Armspiralen, ein Meißel. Zusätzlich bieten Scheibe und Schwerter jene exquisite Kombination von Bronze und Gold, die typisch für die Aunjetitz-Fürsten ist.

Nun war schon erstaunlich genug, dass über 110 Jahre hinweg ein identischer goldener Fürstenornat bestand, der allenfalls in den Verzierungen ein wenig variierte. Trotzdem waren die von Nicole Lockhoff und Ernst Pernicka durchgeführten Goldanalysen noch einmal eine Überraschung. Die massiven Armringe aus beiden Gräbern stimmten hinsichtlich der Spurenelemente so sehr überein, dass sie aus einer Goldquelle kommen mussten. Auch je eine Gewandnadel aus Leubingen und aus Helmsdorf und die kleinen Spiralröllchen waren aus den gleichen Sorten Gold gefertigt. Ein verblüffendes Traditionsbewusstsein, dass konstante Goldquellen über viele Generationen hinweg für bestimmte Objektgattungen verwendet wurden.

Das Wichtigste aber: Es war das Cornwall-Gold, das für die Gewandnadeln benutzt wurde! Jenes mit dem so typischen Muster von hohen Anteilen an Silber, Kupfer und Zinn. Es war die Sorte Gold, aus dem die astronomischen Objekte der ersten und zweiten Bearbeitungsphase der Himmelsscheibe gefertigt waren. Und es war jenes Gold, aus dem auch die Griffmanschetten der beiden Nebra-Schwerter bestanden. Das Gold der Himmelsscheibe und das Gold der Fürsten stammen aus derselben Quelle.

Damit haben wir eine symbolische und eine materielle Verbindung zwischen dem um 1940 vor Christus bestatteten Fürsten von Leubingen, dem nach 1830 vor Christus bestatteten Fürsten von Helmsdorf und den um 1600 gefertigten und deponierten Schwertern sowie der Himmelsscheibe. Es ist also nicht nur so, dass es in den zwischen Leubingen und Helmsdorf liegenden 110 Jahren noch mindestens vier, fünf Fürsten gegeben haben muss. Der Umstand, dass der fürstliche Goldornat bereits in Leubingen in kanonischer Form vorlag, lässt zudem vermuten, dass sein Herr nicht der Allererste gewesen war, den seine Untertanen mit solcher Grandezza bestatteten. Insofern können wir also mit mindestens 400 Jahren Fürstenherrschaft rechnen. Zudem haben wir hier den Beweis für eine wohl fast ebenso lange stabile Handelsbeziehung durch halb Europa.

Wenn damit auch als gesichert gelten kann, dass die elitäres Wissen tragende Himmelsscheibe der elitären Sphäre der Fürsten von Aunjetitz entstammt, ist trotzdem weder jener von Leubingen noch der von Helmsdorf ein ernsthafter Kandidat, als ihr Schöpfer in die Annalen einzugehen. Denn das Kupfer, aus dem die Himmelsscheibe hergestellt wurde, wurde nach derzeitigem Forschungsstand erst ab dem 18. Jahrhundert vor Christus in den österreichischen Alpen abgebaut. Aber wir sagten es ja bereits: Es muss noch viel mehr Herrscher gegeben haben.

***

Sehen wir uns nun die Konsequenzen an: Die Verbindung mit der Himmelsscheibe wertet die Fürsten gewaltig auf. Die traditionelle Sichtweise sah in ihnen, kulturanthropologisch korrekt gesprochen, Häuptlinge. Dank der lokalen Salz- und möglicherweise auch Erzvorkommen schienen diese zu erstaunlichem Reichtum gelangt zu sein. Sie galten als Ausnahmeerscheinungen, die ebenso plötzlich wieder verschwanden, wie ihre mächtigen Grabhügel aufgehäuft worden waren. Trotzdem schien man zu spüren, dass der Begriff »Häuptling« nicht recht passte; es wurde weiterhin von »Fürsten« gesprochen, wenn auch in Anführungszeichen. Allenfalls von Prunk- statt Fürstengräbern redeten einige Wissenschaftler.

Doch die Häuptlingsthese gerät nun mächtig ins Wanken. Das kalendarische Wissen der Himmelsscheibe verlangt nach einer avancierteren Gesellschaft. Vor allem aber stehen 400 Jahre kontinuierliche Herrschaft dagegen. Kann Aunjetitz dann das Reich von Häuptlingen sein? Oder ist es der erste Staat auf mitteleuropäischem

Boden? Folgt man dem Soziologen Stefan Breuer, geht die Antwort Richtung Staat. Häuptlingstümer seien aufgrund der Rivalitäten »ständig von Abspaltungen bedroht und deshalb meist nur von kurzer Dauer«, schreibt der Soziologe. Selbst die eindrucksvollen, mehrere Stämme umfassenden Verbände der Mississippi-Kultur – die als »Paramount Chiefdoms« bezeichnet werden – verfügten nur »über eine durchschnittliche Lebensdauer von maximal 50 bis 150 Jahren«. Auch in anderen Regionen sei »Instabilität ein wesentliches Merkmal, das Häuptlingstümer von Staaten trennte«. Der Staat hingegen, so Breuer, sei gewiss dies: »Herrschaft im Raum, über ein angebbares Gebiet und die darauf lebenden Menschen. Wenn man jedoch wissen will, ob es sich bei einer bestimmten Gebietsherrschaft um einen Staat handelt und nicht bloß um einen politischen Verband, kommt man ohne die *longue durée*, und damit die Dimension der Zeit, nicht aus.«

Bei 400 Jahren Herrschaft mit konstanten Handelsbeziehungen müssten wir also zum Stempel »Staat« greifen. Was uns zögern lässt: In der Checkliste für die Frage »Staat – ja oder nein?« können wir im Fall von Aunjetitz so wesentliche Punkte wie »Schrift« oder »Städte« nicht ankreuzen. Doch um hier eine endgültige Entscheidung zu treffen, ist es an dieser Stelle noch zu früh. Da uns jedoch die Frage bei den weiteren Forschungen begleiten wird und in Sachen Staat ohnehin einige Missverständnisse kursieren, wollen wir uns kurz mit ihr auseinandersetzen.

Aus der modernen Perspektive erscheint der Staat als beste aller Welten. Schon der griechische Philosoph Aristoteles sah in ihm die natürliche Form menschlichen Zusammenlebens. Es war das 19. Jahrhundert, das sich im Zeichen von Nationalstaat, Kolonialismus und Imperialismus aufmachte, die ganze Welt damit zu beglücken. Evolutionistische Fortschrittsmodelle dienten dazu, die eigene Überlegenheit über staatenlose, vulgo »primitive« Kulturen zu begründen. Bis heute stellen wir uns die Menschheitsgeschichte gern als das Erklimmen einer Stufe nach der anderen vor. Die Versuche, politische Systeme evolutionistisch zu typologisieren, werden zwar kritisiert, leben aber fort. Sehen wir uns die zentralen Begriffe an, von denen keiner unumstritten ist.

Es beginnt mit den Jägern und Sammlern, die uns schon beschäftigt haben. Die Menschen leben in kleinen egalitären »Gruppen« (selten findet noch der altertümliche Begriff »Horde« Verwendung). In diesen Face-to-Face-Gesellschaften kennt prinzipiell jeder jeden, Entscheidungen werden ausgehandelt, einen gesonderten Bereich des Politischen gibt es nicht. Dort, wo die Populationen größer wurden und das Zusammenleben sich nicht mehr im überschaubaren Rahmen abspielte, brauchte es neue Ordnungssysteme: »Lineages« bezeichnen Abstammungsgemeinschaften, die sich in der Regel über den Vater, seltener in der Mutterlinie definieren; mehrere Lineages bilden dann einen »Stamm«. Der Begriff »Clan« wird manchmal synonym mit Lineage, manchmal auch synonym für Stamm verwendet. Im Allgemeinen gilt: Während eine Lineage sich auf einen konkreten gemeinsamen Vorfahren bezieht, steht hinter einem Clan meist ein mythischer, nicht mehr fassbarer Urahn.

Diese »segmentären« (weil aus gleichrangigen Segmenten gebildeten) oder auch »akephalen« (hauptlosen) Gesellschaften zeichnen sich durch eine Abneigung gegenüber politischer Dominanz aus, ganz gleich, ob diese von einzelnen Personen oder Gruppen beansprucht wird. Trotzdem können sie mehrere Zehntausend Menschen umfassen.

Wo aber politisch ambitionierte Individuen (in den allermeisten Fällen sind das Männer) um Status, Besitz und Macht konkurrieren, spielt der strategische Einsatz von Gütern eine entscheidende Rolle. Geschenke oder große Feste dienen dazu, Loyalitäten und Abhängigkeiten zu schaffen und Gefolgschaften aufzubauen. Die Macht eines »Big Man« basiert auf seiner ökonomischen Leistungsfähigkeit und seinen persönlichen Anführerqualitäten, dem Charisma. In Big-Man-Gesellschaften wird die erreichte Macht nicht vererbt, die Machtposition ist stets gefährdet.

Und zwar nicht nur durch Rivalen. Wir dürfen nicht vergessen: Die Gattung *Homo* hatte für Jahrhunderttausende unter egalitären Bedingungen gelebt. Führer gab es nur im Konfliktfall, danach ordneten sie sich wieder in die Gruppen ein. Da es an Besitz fehlte, war allein die persönliche Reputation als guter Jäger oder weise Frau für die relativ geringen Statusunterschiede in einer Gruppe verantwortlich. Wenn Menschen versuchen, dauerhaft über andere Menschen zu herrschen, sehen sie sich Widerständen gegenüber.

Wo es gelingt, die Autorität eines Anführers von einer Generation auf die nächste zu vererben, ist von »Häuptlingen« die Rede. Da manchen das Suffix »ling« als Herabsetzung erscheint, tauchen oft die Alternativen »Chief« und »Chiefdom« (anstelle von »Häuptlingstum«) auf. Um seine Macht abzusichern, führt der Chief seine Herkunft auf einen Urahnen oder die Götter zurück. Häuptlinge können sich dort etablieren, wo größere Populationsdichten und höhere Produktivität zu finden sind. Hier entsteht das, was Soziologen stratifizierte, also geschichtete Gesellschaften nennen: Die Menschen gehören jeweils zu einer bestimmten, mehr oder minder klar umrissenen sozialen Schicht oder Kaste.

Um die nächste Stufe zu beschreiben, die der Staaten, wird traditionell auf die Definition des Soziologen Max Weber zurückgegriffen. Weber bestimmte den Staat als »diejenige menschliche Gemeinschaft, welche innerhalb eines bestimmten Gebietes ... das Monopol legitimer physischer Gewaltsamkeit für sich (mit Erfolg) beansprucht«. Ethnologen wie Karl-Heinz Kohl sehen es ähnlich: »Ein bedeutsamer Unterschied von ›Häuptlingsgesellschaften‹ gegenüber staatlich organisierten Gesellschaften besteht in der Nichtexistenz eines Gewaltmonopols.«

Der Übergang ist fließend: »Die ersten Staaten ähnelten in vieler Hinsicht großen (d.h. aus einer Vielzahl von Dörfern bestehenden) Häuptlingsreichen«, schreibt Jared Diamond. »In puncto Größe setzen sie den Trend von der Gruppe über die Stammesgesellschaft zum Häuptlingsreich fort.« Je größer, umso komplexer und spezialisierter: Überschüsse werden abgeschöpft und umverteilt, um die elitengestützte Zentralgewalt, eine Verwaltung und den »Erzwingungsstab«, also Formen von Polizei oder Soldaten, zu unterhalten. In Staaten emanzipiert sich das politische System von den alten Verwandtschaftsbeziehungen, Institutionen treten an ihre Stelle. Das ist der Kontext, in welchem ab dem 4. Jahrtausend vor Christus in Mesopotamien die ersten Staaten entstanden, die auch die ersten Formen der Schrift entwickelten, um Verwaltung und Herrschaft so effizient wie möglich zu gestalten.

Aber das bedeutet längst noch keine Verbesserung der Lebensbedingungen: Für Gesellschaften, die den Pfad zu dem einschlagen, was gemeinhin als »Zivilisation« gilt, Städte, Schrift und intensive Arbeitsteilung entwickeln, um schließlich Staaten zu werden, konstatiert der Sozialwissenschaftler Peter Turchin: »Solche Gesellschaften werden hochgradig ungleich und despotisch.« Wir haben es also mit keinem unwiderstehlich ablaufenden, menschheitsverbessernden Fortschrittsprozess zu tun. Das Leben in Staaten ist die längste Zeit der Geschichte nur für einen geringen Teil der Menschen der Idealzustand gewesen.

Es gibt Kulturanthropologen wie Marvin Harris, die kein Blatt vor den Mund nehmen: »Die letzten fünf oder sechs Jahrtausende lang haben neun Zehntel aller Menschen, die je gelebt haben, ihr Dasein als abhängige Bauern oder Angehörige irgendeiner anderen dienstverpflichteten Kaste oder Klasse gefristet. Mit der Entwicklung des Staates mussten gewöhnliche Menschen, die sich den Reichtum der Natur nutzbar machen wollten, bei jemand anderen die Erlaubnis dafür einholen und dafür mit Steuern, Tributen oder Extraarbeit zahlen.« Und Harris setzt noch eins drauf: »Unter der Vormundschaft des Staates lernten Menschen erstmals, wie man sich verbeugt, buckelt, auf dem Bauch rutscht, kniet und Kratzfüße macht. In vieler Hinsicht war der Aufstieg des Staates der Abstieg der Menschheit aus der Freiheit in die Knechtschaft.«

Solchen Sichtweisen wird oft vorgehalten, sie verklärten das Leben in staatenlosen Gesellschaften. Aber es spricht einiges dafür, dass Anthropologen wie James C. Scott recht haben, wenn sie zu dem Schluss kommen, dass das Leben »außerhalb des Staates – das Leben als ›Barbar‹ – oftmals materiell einfacher, freier und gesünder gewesen war als das Leben all jener, die innerhalb der Staaten nicht zur Elite gehörten«.

Der Ethnologe Robert L. Carneiro vertrat deshalb die Ansicht, dass sich die frühen Staaten mit ihren steilen Hierarchien nur dort bilden konnten, wo natürliche Grenzen wie Wüsten, Meere oder Gebirgsketten die Abwanderung der unterdrückten Menschen verhinderten. Mit »Caging« brachte das der Soziologe Michael Mann in Anlehnung an Carneiros Theorien auf den Punkt: Ohne einen Käfig kamen die frühen Staaten nicht aus. So verkehrt ist das nicht: Schließlich wird das, was Weber »Erzwingungsstab« nannte, immer mal wieder als eine Form der Räuberbande, der Schutzgelderpressung gedeutet. Der amerikanische Historiker Charles Tilly bezeichnete die frühen Staaten als »größte Fälle organisierten Verbrechens«, und auch Steven Pinker schlägt in diese Kerbe. Der englische Philosoph Thomas Hobbes (1588–1679) habe falschgelegen, als er in seiner ebenso berühmten wie folgenreichen Schrift *Leviathan* behauptete, der Naturzustand der Menschen sei der Krieg aller gegen alle gewesen, erst der Staat habe diesem unsäglichen Umstand ein Ende bereitet. »Anders als Hobbes' Theorie besagt, war keiner der frühen Staaten ein Gemeinwesen, das durch einen zwischen seinen Bürgern ausgehandelten Gesellschaftsvertrag mit Macht ausgestattet worden wäre«, schreibt der Harvard-Psychologe Pinker. »Es war eher eine Art Schutzgeldkartell, in dem mächtige Mafiosi den Einheimischen Ressourcen abpressten und ihnen im Gegenzug Sicherheit gegenüber feindseligen Nachbarn und untereinander anboten.«

Prinzipiell also hat Jared Diamond nicht unrecht, wenn er anmerkt, dass im Prinzip nur ein »gradueller Unterschied« zwischen Kleptokraten und weisen Herrschern bestünde, »der davon abhängt, wie hoch der Prozentsatz des Tributs ist, der in den Taschen der Elite verschwindet, und wie sehr dem einfachen Volk mit dem, wozu der umverteilte Tributanteil verwendet wird, gedient ist«.

Wir werden darauf zurückkommen. Hier ging es nur darum zu zeigen, dass erstens Staat nicht automatisch Fortschritt für alle bedeutet und sich zweitens die Entwicklung zu immer komplexeren Gesellschaften allenfalls über sehr lange Zeiträume hin bemerkbar machte und von zahlreichen Rückschlägen begleitet war: »Auf 1000-mal Vereinigung kam 999-mal Auflösung«, schreibt Diamond. Staaten sind in den alten Zeiten meist fragile Gebilde gewesen, ständig vom Kollaps bedroht. »Boom and Bust« nannten wir das an früherer Stelle.

Was wir aus alldem mitnehmen: Wenn das Scheitern, die Implosion der Normalfall war, demonstriert das die eigentliche Besonderheit des Reichs von Nebra: Hier gelang es, für mindestens 400 Jahre eine Herrschaft über die allseits begehrten fruchtbaren Böden aufrechtzuerhalten. Das ist die Zeit vom Dreißigjährigen Krieg bis heute! Wie konnte das gelingen? Und welchen Preis hatten die Menschen dafür zu bezahlen?

***

Auch hier gilt: Die modernen Begriffe versperren den Blick auf das historische Geschehen. Begriffe schreiben die Dinge fest, sie behaupten, man habe es mit einer »Entität« zu tun, mit etwas konkret Seiendem, über das immer entschieden werden kann, es sei dieses oder jenes, aber nichts anderes. Wir haben es hier jedoch nie mit etwas Fertigem, Statischem zu tun, das anhand einer Checkliste klassifiziert und dann in die passende Schublade gesteckt werden kann. Wir beobachten ein Werden, über dessen Sein noch nicht entschieden ist.

Auch der französische Soziologe Pierre Bourdieu betont, dass der Staat keine »Entität« sei; nichts, was man »mit dem Finger berühren« könne oder über das sich sagen ließe: »Der Staat tut dies« oder »der Staat tut das«. Viel produktiver sei es, den Blick auf die tatsächlichen Handlungen zu lenken, also auf jene politischen Akte, die Wirkung erzielen, weil sie als »legitim« anerkannt werden, weil die Menschen an die Existenz jenes Prinzips glauben, mit dem diese Akte begründet werden. Was etwas verklausuliert klingt, führt für Bourdieu zur banalen, jedoch alles entscheidenden Frage: »Wie kommt es, dass die Beherrschten gehorchen?«

Das ist die Frage, die beantwortet werden muss, will man verstehen, wie es zu Jahrhunderte währender Herrschaft kommen kann. Denn Beherrschtwerden ist alles andere als eine Selbstverständlichkeit. Bourdieu zitiert den schottischen Philosophen David Hume: »Nichts erscheint denen, die die menschlichen Angelegenheiten mit philosophischem Blick betrachten, erstaunlicher als die Leichtigkeit, mit der die vielen von den wenigen regiert werden, und die stillschweigende Unterwerfung, mit der die Menschen auf ihre eigenen Gefühle und Leidenschaften zugunsten derjenigen ihrer Führer verzichten.«

Folgt man Bourdieu, lassen wir uns beim Blick in die Geschichte von den verkehrten Phänomenen beeindrucken, von Dingen wie »Rebellionen, Subversionen, Insurrektionen, Revolutionen, während das Verblüffende, das Erstaunliche gerade das Umgekehrte ist: dass der Ordnung so oft gehorcht wird«. Problematisch sei gerade das Unproblematische: »Wie kommt es, dass die soziale Ordnung so leicht aufrechtzuerhalten ist, obwohl doch, wie Hume sagt, die Regierenden wenige, die Regierten aber viele sind und also zahlenmäßig die Übermacht haben?«

Halten wir fest: Uns interessiert weniger die Frage, in welche Schublade das Reich der Himmelsscheibe von Nebra wohl passen könnte. Uns interessieren viel spannendere Fragen: Wie entsteht hier erstmals Herrschaft in für Mitteleuropa unbekannten Dimensionen? Und wie gelang es den Fürsten, diese für Jahrhunderte aufrechtzuerhalten? Ein naturräumlich begrenzter Käfig stand ihnen im Herzen Europas keiner zur Verfügung. Und was hat die Himmelsscheibe damit zu tun?

***

Nun haben wir reichlich Theorie betrieben. Bevor wir uns auf die Suche nach weiteren Herrschern begeben, gilt es zu prüfen, welche Hinweise die Fürsten von Leubingen und Helmsdorf selbst liefern, dass wir es im Fall von Aunjetitz mit einer viel komplexeren Gesellschaft zu tun haben, als man das in den letzten 100 Jahren für möglich gehalten hätte. Wir wollen ja keinem Phantom hinterherjagen.

Erinnern wir uns: Die Kultur von Aunjetitz, das haben kombinationssichere Archäologen rekonstruiert, ist hervorgegangen aus einer Verschmelzung der Kulturen der Schnurkeramik und der Glockenbecher. Beides sind heroische Gesellschaften gewesen. Über die Jahrhunderte hinweg vermischten sie sich, wobei die Glockenbecher in der Fundüberlieferung immer dominanter wurden, während die Erkennbarkeit der Schnurkeramiker schwand. Indizien, dass Gewalt dafür verantwortlich war, gibt es keine.

Nun bestätigen die genetischen Untersuchungen, dass sich hier tatsächlich Populationen vermischt haben. Während in der Mittelelbe-Saale-Region die schnurkeramischen Individuen gut 76 Prozent genetisches Steppenerbe aufweisen und die Glockenbecher 39 Prozent, pendelt sich dieser Wert bei Menschen aus Aunjetitz auf rund 54 Prozent ein. Auffallend, dass bei den Aunjetitzern der spezifische Anteil des genetischen Jäger und Sammler-Erbes höher war als bei Schnurkeramikern und Glockenbechern. »Das war hier ein richtiger *Melting Pot*«, sagt der Genetiker Wolfgang Haak. »Am Beginn der

Frühbronzezeit muss es hier zudem noch Menschen gegeben haben, die deutliche Anteile mittelneolithischer Bauern-Signaturen in ihren Genomen hatten.« Vor diesem Hintergrund fangen die Fürstengräber von Leubingen und Helmsdorf zu schillern an. Sie illustrieren, wie sich die Vermischung von Populationen kulturell niederschlägt, und geben einen Einblick in jene Inszenierungsstrategien, mit denen die Fürsten ihre Herrschaft absicherten.

Auch wenn die Kultur der Schnurkeramik zum Ende des 3. Jahrtausends hin verblasst, greifen die Fürsten doch auf manches aus deren heroischem Arsenal zurück. So hatten die Schnurkeramiker aus der Steppe die imposante Sitte mitgebracht, die Toten unter weithin sichtbaren Hügeln aus Erde und Steinen zu begraben. Archäologen wie Gordon Childe und Marija Gimbutas prägten dafür den Begriff »Kurgankultur«. Die Fürsten aber steigerten das: Ihre Grabhügel waren um ein Vielfaches größer als die der Schnurkeramiker. Für Mitteleuropa, wo man zwar große Megalithgräber – »Hünengräber« – kannte, die aber in aller Regel Kollektivgräber waren, war das eine unerhörte individuelle Machtdemonstration.

Auch bei der Waffenüberausstattung griffen die Fürsten auf die Schnurkeramiker zurück: Manche von deren herausragenden Vertretern nahmen nicht nur eine Axt oder ein Beil mit ins Grab (Äxte übrigens haben ein Loch, Beile werden mit Schnüren oder Ähnlichem an einem Holzstab befestigt), sondern gleich mehrere in unterschiedlichen Kombinationen. Heroen brauchten schon immer mehr als eine Waffe: Bevor Gilgamesch und Enkidu losziehen, um den Wächter des Zedernwalds Humbaba zu töten, lassen sie sich gewaltige Beile und Schwerter machen. Inszenierungsstrategie Nummer eins der Aunjetitz-Herrscher: Der Fürst ist ein heroisches Individuum, das über allen anderen steht.

Inszenierungsstrategie Nummer zwei dagegen entstammt dem Arsenal der Glockenbecherkultur: Im älteren Grab von Leubingen finden sich Utensilien, die auf eine okkulte Profession verweisen: Metallurgie. Es gibt einen »Cushion Stone«, das ist ein rechteckiger, geschliffener Stein, der als Amboss oder Probierstein fungierte und den Klopfleisch für einen Schleifstein hielt. Auch das Set kleiner Meißel diente der Metallbearbeitung. Mit ähnlichem Werkzeug wird der

Schmied der Himmelsscheibe Sonne, Mond und Sterne in der Bronze verankern. Die Botschaft: Die Fürsten sind Herren des Metalls.

Dann finden wir in beiden Fürstengräbern Statusobjekte, die nach Glockenbechersitte den hohen sozialen Rang ihres Besitzers symbolisieren: die Dolche zum Beispiel. Vor allem aber die goldenen Schläfen- oder Haarringe. Früher hielt man diese gewundenen Ringe für Ohr- oder Fingerschmuck. Dafür sind sie aber entweder zu groß oder zu klein. Tatsächlich wurden sie über eine Haarsträhne gezogen, sodass jedem Gegenüber die Würde ihrer Besitzer entgegenblitzte. Die ersten solcher Ringe finden sich in Gräbern des späten 4. Jahrtausends – und zwar im Kaukasus. Dank der neuen genetischen Erkenntnisse, die eine Wurzel der Glockenbecherleute im Osten enthüllten, scheint es nun so, als ob sie diese goldenen Insignien der Macht aus dem Kaukasus mit nach Europa brachten. Sie finden sich überall dort, wo sich die Glockenbecherkultur ausbreitete – vom heutigen Portugal bis auf die Britischen Inseln (auch der Amesbury Archer nahm zwei mit ins Grab). Inszenierungsstrategie Nummer drei: Die Fürsten sind Teil einer europäisch vernetzten Elite.

Inszenierungsstrategie Nummer vier lautet: mit Reichtum protzen! Dass die Fürstengräber viel größer waren als all die ihrer Vorgänger, sagten wir bereits. Auch die Goldausstattung stieß in neue Dimensionen vor. Nahmen die Eliten zuvor zwischen 5 und 15 Gramm Gold mit ins Grab, waren es jetzt 256 Gramm in Leubingen und 177 Gramm in Helmsdorf. Um das ansatzweise einschätzen zu können: Thomas Stöllner vom Deutschen Bergbau-Museum Bochum hat die Arbeitszeit berechnet, die bei einer goldreichen Mine in einem Haarring von 9,4 Gramm steckte. Er kam dabei auf 395 Stunden. In jedem einzelnen Gramm Gold steckte also eine gute 40-Stunden-Arbeitswoche. Allein mittels Masse signalisierten die Gräber: Ihre Fürsten spielten in einer ganz neuen Liga.

Das zeigten vor allem die massiven Goldarmringe, die mit 199,4 Gramm (Leubingen) und 128,2 Gramm (Helmsdorf) den Löwenanteil des Fürstengolds ausmachen. Sie sind Prunk pur. Vergleichbares hatte man in Mitteleuropa zuvor noch nicht gesehen. Der Eindruck, den sie machten, war so groß, dass hier eine langlebige Tradition begründet wurde, die das Reich von Aunjetitz überdauerte. Die späteren Provinzhäuptlinge werden sich mit einem goldenen Armring schmücken (wenn die auch oft nur hohl sind), und noch die fränkischen Könige des frühen Mittelalters werden welche tragen.

Inszenierungsstrategie Nummer fünf ist bemerkenswert: Das sind die Steinäxte in Leubingen und Helmsdorf. Die Archäologen von heute wissen, dass es sich im Fall der Leubinger Axt um einen steinzeitlichen Schuhleistenkeil handelte, der, als er dem Fürsten ins Grab gegeben wurde, bereits eine sagenhafte Antiquität mit einem Alter von über 2500 Jahren war. Damit wurden keine Bäume gefällt, er diente als Keil zum Spalten von Stämmen. Er ist von so ungewöhnlicher Größe und ausgezeichneter Verarbeitung, dass er selbst unter den vielen Tausend Stücken des Museums in Halle seinesgleichen sucht. Zwar ist die Helmsdorfer Steinaxt aus dunklem Diorit wohl nur 1000 Jahre älter als die Fürsten gewesen, mit ihrem Gewicht von 500 Gramm aber war auch sie ein imposantes Stück. Nicht umsonst hatte der Baron von Krosigk sie sich als Geschenk erbeten. Am Anbeginn der Bronzezeit indes wusste niemand etwas über die tatsächliche Herkunft solcher Äxte – und das provozierte die mythengebärende Fantasie der Menschen.

Noch im Volksglauben der Neuzeit galten steinzeitliche Äxte und Beile als vom Donnergott auf die Erde geworfene Blitze. Selbst in Kirchen wurden »Donnerkeile« neben anderen Raritäten ausgestellt. Eine Steinaxt, die der von Leubingen ähnelt, hängt an einer Kette im Dom von Halberstadt, daneben ein großer Knochen, von dem es mal hieß, er stamme von einem vorsintflutlichen Tier, mal war er der Wirbelknochen des biblischen Walfischs, in dessen Bauch der Prophet Jona saß.

Unbekannte Objekte, vor allem, wenn sie ungewöhnliche Ausmaße hatten, zogen die Menschen schon immer in ihren Bann. Ein eindrückliches Beispiel ist die Geschichte von den Kyklopen, jenen einäugigen Riesen, deren berühmtester Polyphem war. Wir kennen ihn als Unhold, der auf einer Insel Odysseus mitsamt Gefährten verspeist hätte, wäre Odysseus nicht auf die Idee gekommen, ihn zu blenden und anschließend mit der List zu täuschen, sein Name sei »Niemand«. Der Kern der Geschichte? Noch bis vor wenigen Jahrtausenden lebten auf manchen Mittelmeerinseln Zwergelefanten. Deren als Fossilien gefundene, immer noch gewaltige Schädel verwunderten die Griechen; vor allem das riesige mittig gelegene Nasenloch regte die Fantasie an. Das konnten ja nur die Schädel einäugiger Giganten gewesen sein! Mythen erklärten die Welt, sie waren die Wissenschaft ihrer Zeit.

Von daher glauben wir, dass auch die Fürsten von Aunjetitz in den gewaltigen Steinäxten Gerätschaften riesenhafter Vorfahren sahen. Welche andere Erklärung hätte es gegeben? Und sie werden sich ihrer bedient haben, um sich selbst als die Nachfahren der Riesen der Vorzeit zu inszenieren. Jede Herrschaft beruft sich mit Vorliebe auf glorreiche Vorfahren, so, wie es zur Zeit des ersten römischen Kaisers Augustus Vergil tat, der den aus dem brennenden Troja geflohenen Aeneas als Stammvater der Römer besang. Zu den Fürsten der frühen Bronzezeit mit ihren riesenhaften Grabhügeln passten Riesen als Vorfahren bestens. Dienten die gewaltigen Äxte einst als Zepter? Der britische Historiker Eric Hobsbawm hat für solche Legitimationsstrategien den Terminus »Invention of Tradition« geprägt, die Erfindung von Traditionen.

Und dann ist da noch Inszenierungsstrategie Nummer sechs: der Herrscher als großer Versöhner. Gerade dadurch, dass die Fürsten in ihren Gräbern ein buntes Potpourri aus Schnurkeramik und Glockenbecher verwenden, drängt sich der Verdacht auf, es sollte hier eine symbolische Versöhnung vollzogen werden. Zu einer solchen Einheitskultur würde passen, dass der Fürst von Leubingen auf dem Rücken liegend bestattet wurde. Wir erinnern uns: Schnurkeramiker lagen auf der Seite nach Süden blickend, Glockenbecher sahen nach Osten. Die Dimensionierung der Totenlade des Helmsdorfers spricht dafür, dass dieser auch auf dem Rücken aufgebahrt wurde und nicht, wie die Ausgräber angesichts des schlechten Skelettzustands vermuteten, auf der Seite. Sich als Friedensbringer zu inszenieren, der über den Interessensgegensätzen einer Gesellschaft steht und ihre Spaltungen überwindet, das ist bis heute eine geschickte Herrschaftsstrategie.

Wir finden also in den Fürstengräbern ein ganzes Arsenal an Legitimationsmitteln. Gerade die Bandbreite lässt vermuten, dass wir es mit einer komplexen, differenzierten Gesellschaft zu tun haben.

Gewalt oder Reichtum allein reichten längst nicht mehr aus, um die vielen dazu zu bringen, den wenigen zu folgen (um noch einmal David Hume zu bemühen). Die Fürsten hatten eine Fülle von Strategien der Herrschaftsinszenierung kultiviert, von denen vielen eine große Karriere vergönnt sein sollte.

***

Nun findet sich in den Fürstengräbern auch ein direkter Beleg für die sorgsam stratifizierte Welt von Aunjetitz: Das sind die goldenen Gewandnadeln, von denen beide Fürsten je zwei mit ins Grab nahmen. Wegen der gegossenen Ösen am oberen Ende heißen sie Ösenkopfnadeln, mittels eines Fadens verschlossen sie ein Gewand. Jeder, der die ebenso filigranen wie exakt gearbeiteten Nadeln aus der Nähe betrachtet, ist fasziniert von der hervorragenden Goldschmiedearbeit. Es sind kostbare, außergewöhnliche Stücke – in Gold zumindest. Denn ansonsten weist die aktuelle archäologische Bestandsaufnahme im Bereich Mitteldeutschlands 117 Ösenkopfnadeln aus. Wir wollen uns hier nicht mit den feinen Unterschieden ihrer Varianten aufhalten. Wichtiger ist, dass sie einen Spiegel der Aunjetitzer Gesellschaft darstellen. Am Landesamt für Archäologie in Halle wurden die Nadeln jüngst zusammengetragen. Dabei zeigte sich, dass ein festgelegter Kodex existierte, der vorgab, wer wie viele Nadeln aus welchem Metall mit ins Grab nehmen durfte. »Natürlich bleibt fraglich«, sagt die Archäologin Franziska Knoll, eine der Autorinnen der Studie, »ob innerhalb der Aunjetitzer Gesellschaft die Nadeln selbst als Statusanzeiger dienten, oder ob das nicht die kostbaren Gewänder waren, die von den Nadeln zusammengehalten wurden.«

Die entsprechende Analyse der Bestattungen deutet auf eine sorgsam stratifizierte Gesellschaft hin. Die da oben und die da unten sind selbst noch im Tod deutlich voneinander geschieden. An der Spitze der Grabbeigabenpyramide stehen die Fürsten mit ihrem kodifizierten Ornat. Allein ihnen waren zwei goldene Exemplare vorbehalten. Darunter erscheint als zweite Schicht jene derer, die einen oder zwei Schläfenringe aus Gold trugen und in der Regel zwei bronzene Ösenkopfnadeln besaßen: die Würdenträger des Reichs von

Aunjetitz. Mitunter haben sie ein Beil oder einen Dolch dabei. Immer noch der Oberschicht zuzurechnen ist die dritte Schicht, der Bronzeschmuck, wie eine oder zwei Ösenkopfnadeln, beigegeben war. Einige entsprechend ausgestattete Kindergräber lassen vermuten, dass sozialer Status vererbt wurde. Als vierte, breite Schicht zeichnen sich jene ab, die lediglich Keramik, meist nur eine Tasse, mit ins Grab nehmen durften. Und an der Basis der gesellschaftlichen Pyramide finden wir als fünfte Schichte jene, die ohne Beigaben unter die Erde mussten – oder denen ein Grab sogar ganz verwehrt blieb.

Während den unteren Schichten ihre letzte Ruhe nur in einfachen Erdgräbern bereitet wurde, erhielten die besser gestellten Kreise Steinkistengräber, teils sogar mit Holzeinbauten. Wie luxuriös die Fürstengräber ausgestattet waren, haben wir bereits bestaunt. Wie im Leben galt auch im Tod: Die einen waren herausragende Personen, um die Masse wurde kein Aufheben gemacht.

In dieser Welt wurde kaum etwas dem Zufall überlassen, es existierte wenig Raum für Individualität. In anderen Gebieten, die traditionell der Aunjetitzer Kultur zugerechnet werden, sah das anders aus. »In Böhmen haben wir keine so reichen Grabhügel wie in Mitteldeutschland«, sagt Michal Ernée vom Archäologischen Institut der Tschechischen Akademie der Wissenschaften in Prag, »dafür sind die normalen Flachgräber hier im Durchschnitt unvergleichbar reicher ausgestattet als die mitteldeutschen Gräber.« In Böhmen existiert auch kein direkter Zusammenhang zwischen der Grabarchitektur und dem Reichtum an beigegebenen Metallartefakten. »Es sind komplexe Steineinbauten aus mehreren Steinarten zu finden, in denen Menschen ganz ohne Beigaben lagen. Umgekehrt gibt es an Beigaben sehr reiche Bestattungen in einer flachen, einfachen Grabgrube ohne Steine oder Holzsarg.« Der Blick nach Böhmen macht deutlich, mit was für einer ungewöhnlich hierarchisierten und normierten Gesellschaft wir es in Mitteldeutschland zu tun haben.

***

Jetzt haben wir in diesem Kapitel gehörigen Aufwand betrieben, um auf der schmalen Basis zweier Fürstengräber die ersten Umrisse eines

Reichs zu skizzieren, das so komplex erscheint, dass es nicht nur als Kandidat für das erste mitteleuropäische Staatswesen gelten kann, sondern auch zur Himmelsscheibe passt. Aber ehrlich gesagt: Zwei Fürstengräber – ist das nicht ein bisschen wenig?

Bevor wir uns auf die Suche nach weiteren Grabhügeln begeben, müssen wir uns aber der sterblichen Überreste des Fürsten von Helmsdorf annehmen. Dank seines wenigstens fragmentarisch erhaltenen Skeletts ist er das einzige bisher konkret fassbare Individuum aus der Sphäre der Himmelsscheibe. Deshalb haben wir ihn genau unter die Lupe nehmen lassen. Und es ist nicht übertrieben, von sensationellen Dingen zu sprechen, die seine Knochen zu erzählen haben. Sie bestätigen ganz handfest, was wir in diesem Kapitel vor allem theoretisch postulierten: Die Entstehung von Herrschaft ist etwas, das einerseits einzelne Menschen in überaus privilegierte Positionen katapultierte, das sie aber andererseits auch auf heftigen Widerstand stoßen ließ.

Die Linearbandkeramiker kamen im 6. Jahrtausend v. Chr. über Anatolien aus dem Vorderen Orient nach Europa und verdrängten die hier lebenden Jäger und Sammler. Sie brachten das sesshafte Leben, die Landwirtschaft und das Vieh mit und errichteten erstmals große Langhäuser.

Um 3300 v. Chr. brannten die Bewohner von Salzmünde Häuser ab und deponierten den Brandschutt in Gräbern über den Toten.
In Zeiten der Not schufen sie ein gewaltiges Grabenwerk, in welchem sie Schädel der Ahnen als Schutz deponierten.

Die Schnurkeramiker drangen ab 2800 v. Chr. aus der eurasischen Steppe nach Europa vor. Vermutlich brachten sie das Indoeuropäische mit, aus dem sich die europäischen Sprachen entwickelten. Ihre Krieger traten in rituellen Zweikämpfen gegeneinander an.

Die Glockenbecherkrieger gelten als geschickte Bogenschützen. Sie waren die Herren der Bronze, weil sie den Zugang zu den Zinnquellen in Cornwall kontrollierten.

Die rekonstruierte Kreisgrabenanlage von Pömmelte ist ein Heiligtum der Glockenbecherkultur – deutlich inspiriert vom zeitgleichen Stonehenge. Die Archäologen fanden dort Hinweise auf Menschenopfer. In der Bildmitte Richtung Horizont lag das jüngere Heiligtum von Schönebeck.

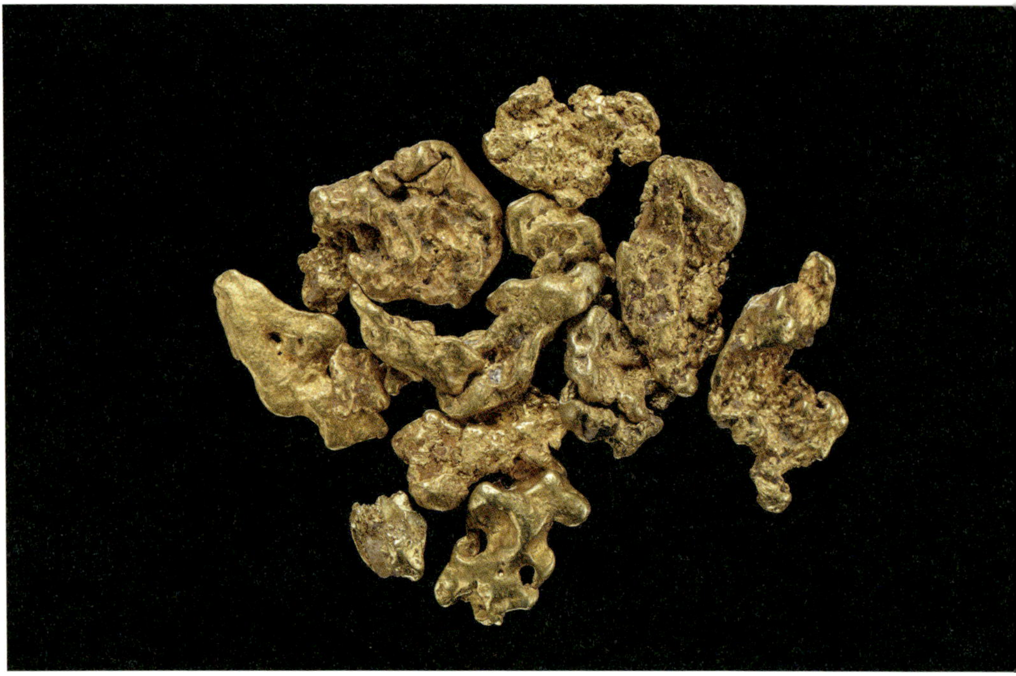

Das Gold der Himmelsscheibe: Nuggets aus Cornwall, die winzige Einlagerungen von Zinnstein aufweisen. Aus ihnen bestehen auch Teile der fürstlichen Grabbeigaben und die Griffmanschetten der Nebra-Schwerter.

Der Goldornat in den Grabhügeln von Leubingen und Helmsdorf ist identisch. Allein zwischen diesen beiden Fürstengräbern muss es eine Reihe noch unentdeckter Fürstengräber geben.

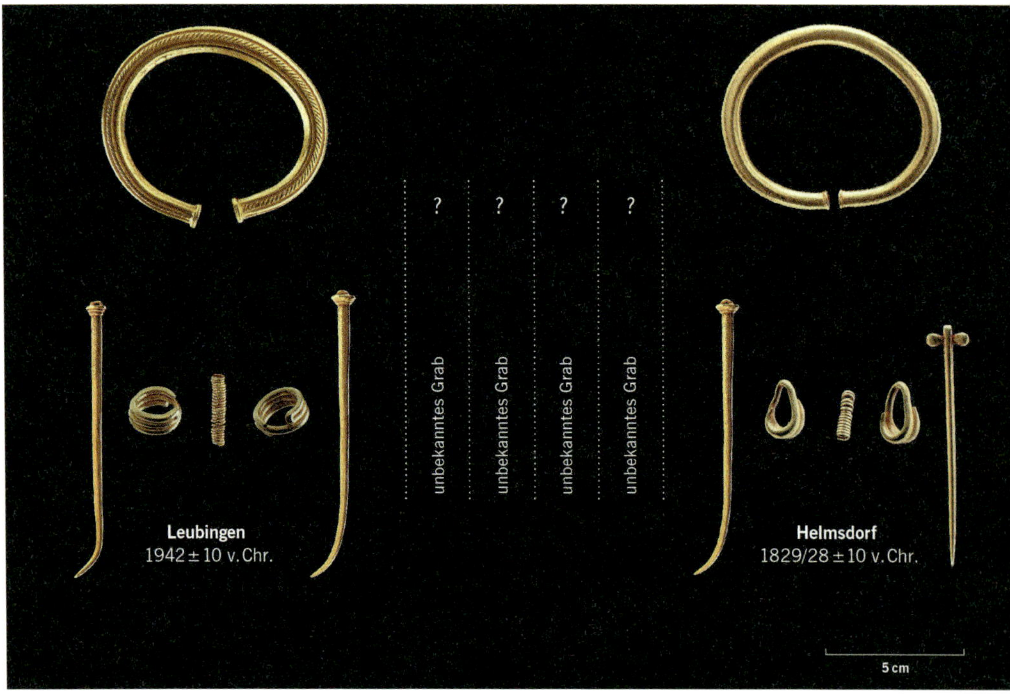

Der Armring und die Lockenringe aus Gold signalisierten die Macht des Fürsten von Leubingen. Seine bronzenen Waffen hoben sich dank der Zinnbeimischung golden von den kupfernen Beilen seiner Truppen ab.

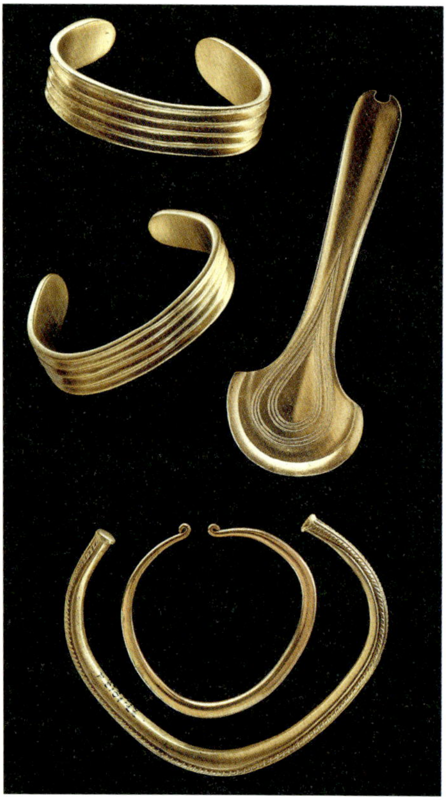

Aus der Luft sind die Reste des Steinpanzers zu erkennen, der die im Bornhöck gelegene Grabkammer überwölbte. Diese zeichnet sich als Rechteck in der Mitte ab. Im 19. Jahrhundert entfernte Steine sind noch als helle Verfärbung erkennbar. Oben rechts verlaufen Spurrinnen der bronzezeitlichen Wagen.

Heute befindet sich das Gold von Dieskau in Moskau, eine Kopie ist im Landesmuseum in Halle ausgestellt. Goldene Waffen kennt man aus dem Orient als Insignien der Könige. Wahrscheinlich stammt der Goldschatz aus dem Bornhöck. Ursprünglich bestand er aus 13 Objekten.

Der Hortfund »Dieskau 3« wurde nicht weit vom Bornhöck entdeckt. Er umfasst 293 Beile, zwei vollständig erhaltene Doppeläxte und eine halbe Doppelaxt, eine Stabdolchklinge, Armringe und Armspiralen. Er repräsentiert eine der größten königlichen Armeen.

Das Fresko einer Schiffsprozession aus Akrotiri (Santorin) datiert in die Zeit des Reichs von Nebra und wurde durch den Thera-Ausbruch verschüttet. Die Schiffe mit den vielen Rudern erinnern an den gefiederten Umriss der Sonnenbarke auf der Himmelscheibe. Der Vulkanausbruch war eine der gewaltigsten Naturkatastrophen der letzten Jahrtausende und nicht schuldlos, dass die Scheibe vor 3600 Jahren vergraben wurde.

Felsbilder legen nahe, dass die bronzenen Steckfiguren aus dem dänischen Fårdal und Grevensvænge auf Schiffsmodellen platziert waren. Mit ihnen ließ sich die Reise der Sonne nachspielen. Wieder scheint die Schlange eine Hauptrolle zu spielen. Wir finden sie in ägyptischen Geschichten von der Nachtreise der Sonne wie auf einem Nebra-Schwert. Gehört sie zu einem universellen Mythos der Bronzezeit?

18
Es war Mord

Es ist eine Frau! Das war doch einmal eine Überraschung. Die molekulargenetische Analyse des Fürsten von Helmsdorf hatte ergeben: Das Geschlecht ist weiblich. Wir sahen uns mit großen Augen an: kein Fürst, sondern eine Fürstin! Wer hätte das gedacht! Dabei hatten doch die anthropologischen Untersuchungen der Knochen besagt, dass unter dem kolossalen Grabhügel ein Mann lag. Sollte fast 400 Jahre vor der Pharaonin Hatschepsut im mitteldeutschen Aunjetitz eine Herrscherin regiert haben? Wir sahen schon die Schlagzeilen: »Die Herrin der Himmelsscheibe«.

»Wir waren genauso verblüfft«, erzählt Wolfgang Haak vom Max-Planck-Institut für Menschheitsgeschichte in Jena, wo die genetischen Untersuchungen durchgeführt wurden, »zumindest so lange, bis wir uns die Daten genauer ansahen.« Die aus den fast 4000 Jahre alten Knochen sequenzierte DNA wies keine der charakteristischen Schadensmuster auf, wie sie für jahrtausendealtes Erbgut typisch sind und die als Hinweis auf die Authentizität der Probe gelten. »Wir haben es mit einer Kontamination zu tun«, sagt Haak, »daran besteht kein Zweifel.« Die Probe musste mit moderner menschlicher DNA verunreinigt worden sein. Spuren älteren Erbguts fanden sich keine. »Wir werden es mit einer neuen Probe versuchen.«

Nun, die Kontamination war keine Überraschung. Wir haben ja Größlers Grabungsbericht gelesen. Als er am 2. März 1907 das Grab öffnete, lag da ein schlecht erhaltenes Skelett. Wesentliche Teile fehlten, vom Schädel entdeckte er nur münzgroße Bruchstücke. Dass die Sorgfalt bei der Bergung nicht die beste war, zeigt sich schon daran, dass Größler nicht mehr wusste, wo er das einzige Stück Kiefer mit Zähnen gefunden hatte und ob es überhaupt zum Toten gehörte. Doch man muss Größler in Schutz nehmen: Damals hätte sich niemand träumen lassen, was eines Tages alles an Informationen aus Knochen zu gewinnen sein würde. Molekulargenetische Methoden werden in der Archäologie erst gut 100 Jahre später Alltag sein.

Insofern ist es ein Glücksfall, dass überhaupt noch Knochenmaterial vom Helmsdorfer Fürsten existiert – im Gegensatz zu dessen Leubinger Fürstenkollegen. Die geretteten Fragmente verbrachten die letzten 100 Jahre jedoch nicht unter sonderlich idealen Bedingungen für die Konservierung von fast 4000 Jahre altem Erbmaterial. Das Kieferfragment mit den Zähnen ist sogar ganz verschwunden. Dabei ist für eine erfolgreiche molekulargenetische Untersuchung die fachgerechte Bergung und Aufbewahrung zentral.

Heute nehmen Anthropologen die Proben »in situ«, bergen Knochen und Zähne also schon am Fundort. Wichtig ist, dass die zu beprobenden Funde zügig freigelegt werden, um sie möglichst wenig Sonnenstrahlung und Austrocknung auszusetzen. Dabei verhindern Mundschutz, Handschuhe und Kopfbedeckung die Kontamination mit eigener DNA. Nach der Entnahme wandern die Proben in den Kühlschrank, wo sie bis zur Analyse im Labor vor Wärme und Licht geschützt aufbewahrt werden. Dieses Prozedere gewährleistet ein vielfach besseres Ergebnis als eine spätere Probennahme.

Dank des rasanten Fortschritts der Sequenziertechnologie feiert die Erforschung alter DNA heute einen Erfolg nach dem anderen. Vor allem das Felsenbein ist zum Knochen der Wahl für die Proben avanciert. Das ist die kompakteste Knochenpartie des Schädels, ein Abschnitt des Schläfenbeins, der das Innenohr umschließt. Bohrt man ihn an, stößt man in seinem Inneren auf beste DNA – konserviert wie in einem Tresor. Da aber nicht mal mehr ein einziges Schädelstückchen des Helmsdorfers existierte, hatte für die erste Probe ein Mittelfußknochen herhalten müssen.

Da wir es jedoch mit dem einzigen fassbaren Fürsten von Aunjetitz zu tun haben, also mit dem einzigen Individuum aus der Sphäre der Himmelsscheibe, sollte nichts unversucht bleiben, ihm sein Geheimnis zu entlocken. Vor allem interessierte uns die Frage, ob in ihm das Glockenbecher- oder das Schnurkeramikerbe dominierte. Für die zweite Probe bediente man sich eines Rückenwirbels in der Hoffnung, dass vielleicht er noch ausreichende Spuren authentischer DNA in sich berge.

Indes, allen betriebenen Aufwands zum Trotz fanden sich auch in der zweiten Probe so gut wie keine menschlichen Gensequenzen.

»Und die wenigen, die wir aufspürten, reichten nicht für eine eindeutige Geschlechtsdiagnose«, sagt Haak. Wieder fehlten die typischen Schadensmuster alter DNA. »Die Probe hat noch nicht einmal genügend mitochondriale DNA« – die viel häufiger ist als Erbgut aus dem Zellkern – »und wirkt daher fast steril. Das ist enttäuschend.« Aber angesichts des schlecht erhaltenen Knochenmaterials alles andere als ein Wunder. Das aber war die einzige Enttäuschung, die der Fürst von Helmsdorf parat hielt.

***

Aber können wir denn wirklich sicher sein, es mit einem männlichen Individuum zu tun zu haben? Nun sprechen die Grabbeigaben für einen Mann, auch die erste Begutachtung durch einen anwesenden Arzt im Jahr 1907 kam zum Ergebnis »männlich«. Diesen Befund bestätigte auch die moderne Untersuchung durch die Anthropologen Nicole Nicklisch und Kurt W. Alt. Zwar existiert allenfalls noch ein Viertel des ursprünglichen Knochenbestands. Doch die metrischen Untersuchungen am oberen Gelenkende des Oberarmknochens, des Humeruskopfs, oder des Calcaneus, also des Fersenbeins am Fuß, sowie die identifizierbaren Muskelansätze verweisen auf einen Mann. Das Alter war angesichts der fragmentarischen Überlieferung nur grob auf 30 bis 50 Jahre zu schätzen, die Knochen besaßen die altersgemäßen Abnutzungserscheinungen. »Schade, dass die Zähne fehlen«, sagt Nicklisch. Eine Strontium-Isotopen-Analyse des Zahnschmelzes hätte Hinweise auf die Herkunft des Toten geliefert.

Schon bei der ersten anthropologischen Begutachtung fielen einige Stellen auf, die auf Gewalteinwirkungen hinweisen konnten. »Ein schlitzartiger Defekt an der Innenseite eines Brustwirbels wäre durch eine Stich- oder Pfeilschussverletzung erklärbar«, sagt die Anthropologin. »Allerdings waren aufgrund der Fundumstände auch postmortale Ursachen nicht auszuschließen.« Mit den Knochen ist schließlich bei der Bergung nicht allzu sorgsam umgegangen worden. Man beschloss, die möglichen Verletzungen genauer untersuchen zu lassen.

***

Und Tote reden doch. Die Analyse der stabilen Kohlenstoff- und Stickstoff-Isotopen und ihrer jeweiligen Relationen im Kollagen der Knochen gewährt Einblicke in die Ernährung eines Lebewesens. So wurde im Rahmen des von Kurt W. Alt und eines der Autoren dieses Buchs (Harald Meller) geleiteten DFG-Forschungsprojekts »Kulturwandel = Bevölkerungswechsel? Die Jungsteinzeit des Mittelelbe-Saale-Gebietes im Spiegel populationsdynamischer Prozesse« die Ernährungssituation seit der Ankunft der ersten Bauern bis in die frühe Bronzezeit untersucht. Dabei zeigte sich, dass sich im Lauf des Neolithikums die Gesundheit der Menschen zunächst verschlechterte, weil sich ihre Ernährung stark auf Getreide beschränkte; parallel gingen die Kariesraten hoch. Grazilerer Körperbau und geringere Lebenserwartung waren die Folge.

Im Verlauf der Jahrtausende aber verbesserte sich der allgemeine Gesundheitszustand wieder, dank des steigenden Fleischanteils, auch sekundäre Milchprodukte wie Quark oder Käse dürften einen größeren Anteil an der Ernährung besessen haben (noch hatte sich jene Mutation des Lactase-Gens nicht durchgesetzt, die es den Menschen ermöglichte, dauerhaft die stärker lactosehaltige Milch zu verdauen). Die Skelette belegen: Die Kariesraten gingen zurück, die Lebenserwartung stieg wieder.

Natürlich gab es Variationen: Bayern fiel schon in der ausgehenden Steinzeit durch höheren Fleischverzehr auf, und jener der Frauen war etwas geringer als der der Männer, wobei nicht zu entscheiden ist, ob dies das Resultat sozialer Benachteiligung oder geschlechtsspezifischer Ernährungsvorlieben war. Insbesondere die Schnurkeramiker und wohl auch die Glockenbecherleute waren gut ernährt. Der anthropologische Augenschein bestätigte die Analyseergebnisse: Die Menschen werden zur Bronzezeit hin wieder deutlich kräftiger. Dabei spielte auch der genetische Beitrag aus der Steppe eine Rolle. »Die Aunjetitzer haben dann einen sehr robusten Knochenbau«, sagt Nicole Nicklisch. Auch die Körpergröße stieg. Bei Frauen von 1,50 auf 1,57 Meter, bei Männern von 1,62 auf 1,68 Meter. In Nicklischs Untersuchungen, die 600 Skelette vom Neolithikum bis zur frühen

Bronzezeit umfassten, zeigte sich: Die Aunjetitzer besaßen die größte Körperhöhe, genossen den höchsten Proteinkonsum und hatten die höchste Lebenserwartung.

Die Knochen des Helmsdorfers bestätigten das, was seine Bestattung unter dem mächtigen Grabhügel signalisierte: die absolute und in diesen Ausmaßen in Mitteleuropa zuvor unbekannte Privilegierung einer einzelnen Person. Bei einer durch die Anthropologin Corina Knipper geleiteten Studie zeigte sich, dass die Stickstoff-Isotopenwerte des Helmsdorfer Fürsten für ein erwachsenes Individuum außergewöhnlich hoch waren. Sie legen nahe, dass auf dem Teller des Fürsten fast nur bestes Fleisch zu finden war, vermutlich besonders oft zartes Lamm- und Kalbfleisch. Durch das Stillen weisen Jungtiere besonders hohe Stickstoffwerte auf, die wiederum ihren Teil zu den erstaunlich hohen Werten des Helmsdorfers beigetragen haben könnten.

Der Vergleich mit dem Keltenfürsten vom Glauberg (um 500 vor Christus), einem Merowinger-Fürsten vom Beginn des Mittelalters und der Königin Editha (910–946) zeigte: Die Elite speiste zu allen Zeiten deutlich besser als ihre jeweiligen Untertanen. Der Helmsdorfer ernährte sich aber ähnlich proteinreich wie Editha, die Gemahlin Kaiser Ottos des Großen. Unserem Bronzezeitfürsten erging es also kulinarisch nicht schlechter als Königen des Mittelalters. Ein durchaus bemerkenswerter Befund.

***

Privilegiert bis in die Ernährung hinein: Reichtum beschert bessere Lebenschancen – aber auch Gefahren, zumindest am Anfang der Bronzezeit. Nicole Nicklisch hatte eine Mikro-Computertomografie des auffälligen elften Brustwirbelknochens anfertigen lassen. Dabei erhärtete sich der Anfangsverdacht: Der Fürst von Helmsdorf war keines natürlichen Todes gestorben. Der Befund lässt keinen Zweifel: Es war Mord. Die Tatwaffe aller Wahrscheinlichkeit ein Dolch, der Täter ein Rechtshänder.

Der Brustwirbel weist an der Innenseite einen von rechts nach links verlaufenden Stichkanal auf. Jemand stieß dem Helmsdorfer den Dolch mit voller Wucht zwischen Brustbein und Bauchnabel in den Leib. Dabei verletzte er Magen, Leber und Aorta, bis er auf die Wirbelsäule traf und sich in den Knochen bohrte. »Die dafür benötigte Kraft lässt auf einen männlichen Täter schließen«, sagt Nicole Nicklisch.

Die weitere Untersuchung ergab: Der Täter hatte auch den Oberarm des Fürsten verletzt und das linke Schulterblatt gespalten. Was war das für ein Gemetzel? Man darf nicht vergessen, dass wir kaum ein Viertel des Skeletts besitzen und längst nicht alle Attacken Spuren an den Knochen hinterlassen. Der Helmsdorfer könnte bedeutend mehr Verletzungen erlitten haben. Ist er Opfer einer Verschwörung geworden wie Julius Cäsar, den 23 Stiche getroffen haben sollen? Bei Shakespeare heißt es dazu in etwas antiquiertem Ton: »Casca sticht Cäsarn mit dem Dolch in den Nacken. Cäsar fällt ihm in den Arm. Er wird alsdann von verschiednen andern Verschwornen und zuletzt vom Marcus Brutus mit Dolchen durchstochen.« Woraufhin Cäsar die letzten Worte spricht: »Brutus, auch du? – So falle, Cäsar!« Oder war es ein Einzeltäter, der, wenn wir schon bei Shakespeare sind, wie Macbeth den König Duncan im Schlaf meuchelte: »Aber wer hätte gedacht, dass der alte Mann noch so viel Blut in sich hätte?« Lady Macbeth wird die Tat bekanntlich in den Wahnsinn treiben.

***

Karol Schauers Aufgabe ist es, die Vergangenheit lebendig werden zu lassen. Der in Bratislava geborene Künstler und Illustrator muss aus den meist spärlichen Funden der Archäologen ein Gesamtbild zeichnen – im wahrsten Sinne des Wortes. Seine Gemälde und Illustrationen geben dem Landesmuseum seit vielen Jahren ein imposantes Gesicht. Gemeinsam mit dem Fotografen Juraj Lipták ist er maßgeblich an den Ausstellungsinszenierungen beteiligt. Als Student besuchte er Anatomievorlesungen, Sezierkurse; er vertieft sich bis heute völlig in die Materie, die er bildlich Gestalt werden lassen soll. Insofern ist Schauer eine gute Wahl, um mit ihm im Museumscafé zu diskutieren, wie der Fürstenmord abgelaufen sein könnte, wird er ihn doch auch fürs Museum bildlich umsetzen.

»Wir haben es mit einer vertrauten Situation zu tun«, sagt Karol Schauer und schiebt die Tasse Kaffee beiseite. »Der Attentäter war eine hochstehende Persönlichkeit, jemand, der dem Fürsten nahestand. Er durfte ihm bewaffnet gegenübertreten.« Jeder andere hätte die Waffen ablegen müssen, sonst wäre es ihm ergangen wie Damon, der in Friedrich Schillers »Bürgschaft« zu Dionys, dem Tyrannen, schlich, den Dolch im Gewande: »Ihn schlugen die Häscher in Bande, / ›Was wolltest du mit dem Dolche? sprich!‹ / Entgegnet ihm finster der Wüterich. / ›Die Stadt vom Tyrannen befreien!‹ / ›Das sollst du am Kreuze bereuen.‹«

»Es war ein Vertrauter – und zwar ein enger«, sagt Schauer, »nicht einmal die Leibwache war zugegen.« Wie kommt er darauf? »Wäre eine Wache anwesend gewesen, hätte der Mörder nicht dreimal zustechen können. Er wäre nach dem ersten Stich überwältigt worden.« Vielleicht aber war die Wache auf seiner Seite? Es könnte ein hoher Offizier, ein Heerführer gewesen sein. »Es war in jedem Fall jemand, der nicht zum ersten Mal tötete. Die Tat zeugt von absoluter Entschlossenheit.«

Wie könnte es abgelaufen sein? »Wir wollen uns nur auf das konzentrieren, was die Knochen vorgeben, und nicht über mögliche andere Verletzungen spekulieren«, rät Schauer. »Für mich sieht es nach einem Einzeltäter aus. Der erste Dolchstoß wurde frontal ausgeführt. Er rammt dem Fürsten den Dolch mit voller Wucht in den Bauch.« Und zwar genau zwischen Brustbein und Bauchnabel. Es braucht immense Kraft, dass der Dolch sich dann in einen Brustwirbel bohrt, nachdem er schon durch Bauchdecke, Muskeln und die Innereien geglitten ist – und wir wissen: Der Fürst war gut genährt. »Nimm einmal ein Messer und versuch, es in einen frischen Knochen zu bohren, die Klinge rutscht ab.« Das also war der erste Streich. Schauer demonstriert ihn noch einmal ebenso entschlossen mit einem imaginären Dolch. Die Menschen am Nachbartisch sehen erschreckt herüber und winken nach der Kellnerin.

Und dann? Der getroffene Fürst schreit auf vor Schmerz. Schieres Entsetzen! Er war ja vorher nicht im Geringsten argwöhnisch gewesen, sonst hätte er den Mörder nicht allein empfangen, und schon gar nicht bewaffnet. Es war wirklich ein Cäsar-Moment: Du? Warum? »Durch die Verletzung krümmt der Fürst sich nach vorne, der linke

Arm schiebt sich in Schutzhaltung vor den Bauch – und tatsächlich! Dort trifft ihn der zweite Hieb.« Schauer schlägt sich auf die Stelle am Oberarm. Der Humerus weist dort an der dem Gegner zugewandten Stelle eine Hiebverletzung auf; vermutlich schnitt der Dolch dabei Delta- und Bizepsmuskel durch.

»Was als Nächstes geschieht, ist geradezu klassisch.« Man sieht, es fällt Karol Schauer schwer, nicht aufzuspringen und die Szene nachzuspielen. Der Fürst sackt noch mehr nach vorne, fällt womöglich auf die Knie und bietet seinem Gegner den Halsbereich dar, unwillkürlich, genau die Partie zwischen Schlüsselbein und Schulterblatt. »Das ist auch die Stelle, an der die römischen Gladiatoren das Schwert beim besiegten Gegner ansetzten – wartend, ob die Zuschauer den Daumen hoben oder senkten.« War Letzteres der Fall, erhielt der Unterlegene den Todesstoß. Dort traf auch der Bronzezeitdolch den Fürsten zum dritten Mal. Wieder wurde er mit großer Wucht hineingestoßen und spaltete das Schulterblatt. Das spricht für enorme Entschlossenheit, aber auch für extreme Emotionen. Denn schon der erste Dolchstoß in den Bauch hatte zu lebensbedrohlichen Verletzungen geführt – in Zeiten ohne Notaufnahme ein Todesurteil. »So könnte es gewesen sein.« Karol Schauer legt den imaginären Dolch auf dem Kaffeetisch ab. Fast möchten wir mit der weißen Serviette das Blut von dessen Klinge wischen.

***

Damit haben wir es wohl mit dem ersten tatsächlich nachweisbaren Fürstenmord der Weltgeschichte zu tun! Dem ältesten, in dem wir das Mordopfer untersuchen können. Natürlich ist Ötzi bereits rund 1400 Jahre vor dem Helmsdorfer getötet worden – auf den Röntgenaufnahmen der Mumie ist die Pfeilspitze in seiner Schulter deutlich zu erkennen. Aber Ötzi war kein Fürst, auch wenn das Kupferbeil, das er bei sich trug, für einen gewissen Status spricht.

Und wie sieht es bei den Pharaonen in Ägypten aus? In der »Lehre des Amenemhet« wird berichtet, dass der König Amenemhet I. ermordet worden sein soll. Als Todeszeitpunkt wird das Jahr 1965 vor Christus diskutiert. Aber die Ägyptologen sind sich nicht sicher, ob

Ältester Fürstenmord der Weltgeschichte: *Alles deutet daraufhin, dass der Helmsdorfer Fürst von einem engen Vertrauten umgebracht worden ist. Die Verletzungen zeugen von großer Entschlossenheit. So stellt Museumsillustrator Karol Schauer das Geschehen dar.*

das Attentat nicht nur literarische Fiktion war – und ob Amenemhet dabei überhaupt ums Leben kam. Schließlich erzählt er in dem Text aus der Ich-Perspektive, wie er im Schlaf überfallen wird, nachdem die Attentäter die Wache überwunden hatten. Was ihn aber endgültig aus unserem düsteren Ranking wirft: Wir haben keine sterblichen Überreste von ihm. Das ist im Fall von Ramses III. anders. Wissenschaftler des Instituts für Mumienforschung in Bozen kamen nach der Untersuchung seiner Mumie zum Schluss: Dem Pharao wurde die Kehle durchgeschnitten – vermutlich ist er das Opfer einer Haremsverschwörung geworden. Aber das war fast 700 Jahre nach dem Fürsten von Helmsdorf.

Und dann liegt da noch unter einem großen Kurgan der Maikop-Kultur in Klady im nordwestlichen Kaukasus ein von den Anthropologen auf ein Alter von 22 bis 25 Jahren geschätzter Mann. Dessen

Todesursache scheint ein Schlag in den Nacken mit einem gut vier Zentimeter breiten Gegenstand gewesen zu sein. Es liegen keine C-14-Daten vor, doch der Typ des Grabs 28 lässt sich zeitlich in die zweite Hälfte des 4. Jahrtausends vor Christus einordnen. Die reichen Gräber der Maikop-Kultur werden mitunter als Fürsten- oder sogar als Königsgräber bezeichnet, obwohl wir es hier nur mit einer Häuptlingsgesellschaft zu tun haben dürften. Trotz der durchaus luxuriösen Grabausstattung haben wir keinen Hinweis darauf, dass es sich tatsächlich um einen Herrscher handelte. Außerdem sprechen die Art der Verletzung und sein Alter eher für ein auf der Flucht erschlagenes Kriegsopfer. Insofern beanspruchen wir im Fall des Fürsten von Helmsdorf bis auf Weiteres den makabren Titel: ältester Fürstenmord der Weltgeschichte.

Haben wir es vielleicht sogar mit einem Tyrannenmord zu tun? Wir führten ja aus, dass die ersten Staaten oft Despotien waren. Die Ernährungswerte belegen, dass der Fürst zu schwelgen wusste. Doch das einzige konkrete Indiz für die Tyrannenthese wäre die Vehemenz, mit der der Mord ausgeführt wurde. Der Täter hatte seine Gründe, und wer weiß, wie viele Wunden er seinem Opfer noch zufügte. Mehr können wir dazu nicht sagen. Es kann auch verletzte Ehre gewesen sein, Eifersucht oder ein versuchter Thronraub.

Für den Fall, dass es sich um einen Putschversuch handelte, scheint sicher: Er ist gescheitert. Der Helmsdorfer Fürst ist mit allen Würden unter seinem Grabhügel bestattet worden – ganz wie es sich für einen Fürsten von Aunjetitz gehörte. Sogar die Insigne der Fürstenwürde, den ums Handgelenk geschmiedeten Goldring, trug er noch im Grab. Das wirft die Frage auf: Was passierte mit dem Attentäter? Vermutlich kam er nicht davon. Wurde er gleich überwältigt, oder ereilte ihn sein Schicksal wie im Fall von Brutus und Macbeth erst später?

Könnte nicht sogar der Archäologe Größler recht gehabt haben, als er vor über 100 Jahren glaubte, gleich unter dem Hügel auf einen Toten gestoßen zu sein, der als ein »Totenopfer« gezielt in die Opferasche gelegt worden war? Ist das der Fürstenmörder? Nun weist schon die beigegebene Keramik diesen Toten als ein bedeutend älteres Schnurkeramikerbegräbnis aus (im Reich von Nebra suchte man, wie wir noch sehen werden, auffällig oft den Bezug zu schnurkeramischen Gräbern, das wird selbst für das Himmelsscheibendepot gelten). Auch die Geschichte gefasster Attentäter und Tyrannenmörder lässt die Annahme unwahrscheinlich erscheinen, dass der Täter seinem Opfer ins Grab folgen musste. Der Cäsar-Mörder Brutus beging nach verlorener Schlacht Selbstmord, woraufhin Octavian ihm den Kopf abtrennen und den Rest der Leiche einäschern ließ. Robert François Damiens, der nach dem Anschlag auf den französischen König Ludwig XV. auf solch fürchterliche Weise gefoltert wurde, dass Michel Foucault in *Überwachen und Strafen* vier Seiten braucht, um die Martern zu schildern, wird am Ende verbrannt, bis nichts mehr von seinem viergeteilten Körper übrig war. Und noch die Nazis übergaben die Leichen der Widerstandskämpfer des 20. Juli dem Feuer und verstreuten die Asche auf den Rieselfeldern Berlins. Die Rachsucht der Potentaten verwehrt Attentätern das Grab. Sie sollen ausgelöscht sein für immer. Auf dass niemand ihnen nacheifere.

***

Der Fürstenmord von Helmsdorf böte Stoff genug für einen Moritatensänger alter Tage. Und was ist die Moral von der Geschichte? Erstens – auch wenn das aus heutiger Perspektive nicht so sehr überrascht – sehen wir, dass sich überlegene soziale Stellung tatsächlich in einer überlegenen Ernährung und damit einem ganz realen Plus an Lebenschancen auszahlte. Zweitens gehört der Fürst von Helmsdorf gemeinsam mit jenem von Leubingen zu den ersten fassbaren Individuen, die sich hier in neuer Weise über ihre Mitmenschen erhoben, was aber auch – wie wir es im vergangenen Kapitel postulierten – zu Gegenreaktionen führen konnte. Bei lediglich zwei Fällen macht es freilich keinen Sinn, sich zu weitgehenden Interpretationen hinreißen zu lassen. Trotzdem sei festgehalten: Die Herrschaft einiger weniger stößt zuweilen auf heftigen Widerstand.

Wir aber gehen nicht davon aus, dass das im Reich von Nebra die Regel war – ansonsten hätte dieses Staatswesen nicht über Jahrhunderte bestanden. Was den Fürstenmord von Helmsdorf so wichtig macht: Er beweist, dass die Macht in Aunjetitz derart etabliert war, dass sie sogar einen Herrschermord überlebte. In labileren Gesellschaften wäre ein Kollaps die wahrscheinliche Folge gewesen. Es muss also institutionelle Stützen der Herrschaft gegeben haben, die das Reich so robust machten, dass es selbst solch einen Schlag überstand. Damit avanciert das Faktum, dass der ermordete Helmsdorfer mit allen Würden bestattet wurde, zu einem weiteren Indiz dafür, dass wir es mit dem ersten Staatswesen auf mitteleuropäischem Boden zu tun haben.

Schließlich könnte der Befund auch gut zur Himmelsscheibe passen. Die Veränderungen ihres Bildprogramms dokumentieren im Übergang von der ersten zur zweiten Phase einen Wissensverlust. Ein Fürstenmord wäre die perfekte Erklärung dafür: Der Besitzer der Himmelsscheibe war ermordet worden, bevor er das Wissen an seinen Nachfolger weitergeben konnte. Natürlich würde das unserer Geschichte die Krone aufsetzen, wenn der Helmsdorfer Fürst der Meister der Himmelsscheibe wäre! Ermordet wegen der Hybris, das Geheimnis des Himmels verstehen zu wollen. Ermordet, weil sein Rationalismus die Götter verschreckte. Ermordet, weil seine Pläne, der Gesellschaft einen rigiden Kalender überzustülpen, die Elite gegen ihn aufbrachten.

Doch nach dem derzeitigen Forschungsstand kann es der nach 1830 vor Christus bestattete Helmsdorfer nicht gewesen sein: Die bisherigen archäologischen Nachweise des ersten Abbaus des Himmelsscheibenkupfers in den Alpen stammen aus dem 18. Jahrhundert vor Christus. Zu spät für den Fürsten von Helmsdorf, aber trotzdem ziemlich dicht dran an der Himmelsscheibe. Wer weiß, vielleicht entdecken die österreichischen Archäologen bald schon einen älteren Stollen im Mitterberg-Revier. Doch auch wir werden noch auf Herrscher ganz anderen Kalibers treffen als den Fürsten von Helmsdorf.

19
Pyramide des Nordens

Ein Reich voller Fürsten, in dem es zuweilen herging, als hätte es uns in ein Drama von Shakespeare verschlagen – ist das nicht nur romantische Träumerei? Hat uns jetzt etwa selbst die Sehnsucht nach einer heldenhaften Vergangenheit ereilt, wie wir sie für die Ausgräber des 19. Jahrhunderts diagnostizierten? Die Verknüpfung der Himmelsscheibe mit den Fürstengräbern von Leubingen und Helmsdorf mag noch so verlockend sein, sie impliziert aber, dass diese zwei keine Ausnahmeerscheinungen waren, sondern die Regel – und das für Jahrhunderte. Bisher ist das nur eine Hypothese, die sich vor allem auf die Verwendung des gleichen Cornwall-Golds auf der Himmelsscheibe, den Nebra-Schwertern und im Fürstenornat stützt. Das Gute an dieser Hypothese: Sie lässt sich überprüfen. Wenn im mitteldeutschen Aunjetitz über Jahrhunderte hinweg Herrscher mit einem in Europa bis dahin unbekannten Hang zum Monumentalen regierten, müssten doch viel mehr Grabhügel als nur die beiden bisher bekannten existiert haben. Sollten die nicht zu finden sein? Also begaben wir uns auf die Suche nach den verlorenen Fürstengräbern.

Zunächst wurden Archive, Bibliotheken und Museumsmagazine durchforstet. Viele Grabhügel, die einst die Landschaften dominierten, waren schon vor Jahrhunderten verschwunden. Es existieren alte Beschreibungen wie diese aus der Mitte des 18. Jahrhunderts, die mit hoher Wahrscheinlichkeit von der Öffnung eines Fürstengrabs berichtet: »Anno 1747 hat der Domherr von Taubenheim zu Bendorff ohnweit Dießkau einen gleichmäßigen Hügel im Felde abtragen lassen, in welchem ein heydnisch Begräbniß gefunden wurde, welches bis oben hinauf mit den allergrößten Feld-Steinen, jedoch ohne Mauerwerck gewölbet war, in dessen Höhlung man keine Urnen gefunden, aber einen platten Stein auf dem Boden mit vielen runden Löchern, und unter selbigen eine Axt und Streithammer von gelben Erz, ingleichen etliche Gelencke von Gold, eines guten Zolls breit, gewunden und sauber gearbeitet, auch wohl conserviret, so eine Agraffe von einem

Mantel oder Kleide gewesen sein mag.« Leider hat keiner der beschriebenen Gegenstände die Zeiten überdauert.

Schon lange hegte man den Verdacht, das eine oder andere in den Museumsmagazinen schlummernde Stück stamme aus einem beraubten oder unsachgemäß geborgenen Fürstengrab. Bei Objekten, die im 19. Jahrhundert ins Museum gekommen waren, ist oft nichts über die Fundumstände, zuweilen nicht einmal der Fundort bekannt. Manches ging auch in den Wirren des 20. Jahrhunderts wieder verloren – zum Beispiel eine Ösenkopfnadel aus Gold, stolze 23 Zentimeter lang. Nur eine schlechte Abbildung aus dem Jahr 1898 hat die Zeiten überlebt und die Angabe, dass sie in der »Umgebung von Magdeburg« gefunden worden sei. Sie hätte sich prächtig im Pelzmantel eines großen Fürsten gemacht.

Der Aunjetitz-Spezialist Bernd Zich trug eine Liste von gut zehn Grabhügeln zusammen, die als postmortale Fürstenresidenz getaugt haben könnten. Alle schon im 19. Jahrhundert geöffnet oder abgetragen. Bloß ein Hügel war noch gänzlich unberührt, er trägt den bezeichnenden Namen »Hoch« und liegt in Evessen. Auf seiner Kuppe steht eine 800 Jahre alte Linde. Angesichts des eingetragenen Naturdenkmals und des ungeheuren Grabungsaufwands ist an eine Öffnung derzeit leider nicht zu denken.

Einen der Hügel auf der Liste, den Riesenhügel von Nienstedt, hatte im 19. Jahrhundert auch der Ausgräber von Leubingen, Friedrich Klopfleisch, untersucht: Größe und Architektur der hölzernen Grabkammer, die unter einem Steinpanzer lag, glichen den bekannten Fürstengräbern. Die Funde jedoch, eine Bronzenadel ohne Kopf zum Beispiel, waren so unbedeutend, dass der von Paul Höfer über 20 Jahre später vorgelegte Bericht mit der Vermutung endete, dass wohl die »Hauptfundstücke hinter dem Rücken des Leiters der Ausgrabung entwendet« wurden. Dazu passt, dass ein Lehrer wenige Zeit später in dem aufgelassenen Grab einen goldenen Schläfenring fand – einen solchen, wie sie auch der Leubinger und der Helmsdorfer Fürst besaßen.

***

Die Archivrecherche erbrachte also mögliche, wenn auch meist längst verschwundene Fürstenhügel. Es gibt aber auch einen fürstlichen Fund ohne Fürstenhügel. Und was für einen! Da ist ein massiv goldener Armring, der dem Exemplar aus Leubingen auf verblüffende Weise gleicht. Dann gehören zwei weitere Armringe aus Gold dazu, breiter und gerippt. Das Prunkstück stellt ein Goldbeil dar, wie es kaum etwas Vergleichbares in Europa gibt. Ein Ösenring, der aus Elektron bestand, einer Legierung aus Gold und Silber, vervollständigt das Ensemble. Von der Größe her könnte er vielleicht einem Kind als Armreif gedient haben. Bemerkenswerterweise ist ein zweiter Ring bekannt, der diesem in Form und Material ähnelt – er stammt aus dem Vorderen Orient, aus Byblos, das im heutigen Libanon liegt.

Als Fundstelle dieses Schatzes galt das »Saure Loch« bei Dieskau, eine sumpfige Stelle, wo er 1874 bei Drainagearbeiten entdeckt worden sein soll. Ein Juwelier aus Leipzig verkaufte den Goldhort an die Königlichen Museen in Berlin. Nachdem die Rote Armee 1945 die deutsche Hauptstadt erobert hatte, transportierten die Sowjets das Dieskau-Gold gemeinsam mit Heinrich Schliemanns Troja-Schatz nach Moskau ab. Heute ist beides im Puschkin-Museum zu sehen. Das Landesmuseum in Halle ist wenigstens in Besitz einer Kopie des außergewöhnlichen Ensembles.

Immer schon gab es Vermutungen, es handle sich beim Gold von Dieskau um keinen Hortfund, also um keinen in der Erde deponierten Schatz, sondern um einen verschleierten Grabraub. Bereits zu DDR-Zeiten war in der Nähe ein verdächtiger Grabhügel untersucht worden, doch die Ermittlungen hatten keine Hinweise erbracht. Die Idee, es mit dem Inventar eines Fürstengrabs zu tun zu haben, ist aus mindestens zwei Gründen sehr verlockend: Goldene Waffen waren im Altertum stets eine bemerkenswerte Ausnahme, sie tauchten vor allem als Insignien gottgleicher Herrscher im Orient auf. Dolche aus Gold finden sich in den Königsgräbern von Ur und im Sarkophag Tutanchamuns im ägyptischen Tal der Könige. Dann sahen wir im vorletzten Kapitel, über welch ein peinlich genau taxiertes System an Distinktionsmitteln die Aunjetitz-Gesellschaft verfügte. Der Goldfund von Dieskau ist so exorbitant, dass er dieses System sprengt. Allein vom Gewicht her hat er gut dreimal so viel zu bieten wie das, was wir aus den Fürstengräbern kennen. Sollten die Thesen über die streng regulierte, extrem stratifizierte Gesellschaft von Aunjetitz stimmen, müsste sich hinter diesem Schatz eine Ausnahmegestalt verbergen. Gab es einen König in Dieskau? Eine gewagte Vorstellung – nicht wenige Archäologen halten es ja bereits für eine Übertreibung, in den Fürsten von Leubingen und Helmsdorf mehr als nur Häuptlinge zu sehen.

Was dazu passen würde: Die Region um Dieskau war schon immer durch ihren Fundreichtum aus der frühen Bronzezeit aufgefallen: Das eingangs erwähnte, bereits im 18. Jahrhundert geöffnete Fürstengrab lag hier; ebenso stammten die größten Waffendepots aus der Region: Horte mit bis zu 300 Beilen. Existierte also irgendwo da draußen ein exorbitantes Hügelgrab?

***

Natürlich beließen wir es nicht beim Aktenwälzen. Zunächst wurden die systematisch für archäologische Zwecke aufgenommenen Luftbilder auf verdächtige Spuren hin ausgewertet. Gleich in zwei Fällen identifizierte Ralf Schwarz vom Landesamt für Archäologie unter großen, kreisrunden Hügeln Strukturen, die auf eine für Aunjetitz typische nord-süd-orientierte Bestattung hinweisen könnten. Die Grabungsteams rückten aus. Beim ersten, gar nicht so weit von Helmsdorf entfernten Hügel lag man leider gleich um mehrere Epochen verkehrt: Hier hatte einmal eine mittelalterliche Motte gestanden – das ist eine kleine, meist nur in Holz ausgeführte Burg. In Tarthun dagegen waren die Ausgräber erfolgreicher. Doch auch hier war es kein Fürstengrab, immerhin jedoch eine frühbronzezeitliche Bestattung, die über einem reich ausgestatteten Glockenbechergrab angelegt worden war. Eine Enttäuschung war es trotzdem.

Wieder einmal erwies sich der Zufall als ein verlässlicher Freund der Archäologen. Es war Torsten Schunke, Referent und Ausgräber am archäologischen Landesamt in Halle, dem ein Luftbild in die Hände geriet, das gar nicht für archäologische Zwecke aufgenommen worden war. Darauf zeichnete sich eine runde Verfärbung im satten Grün des Getreidefelds ab. Das sah sehr nach den Überresten eines

Grabhügels aus. Obwohl er mit einem Durchmesser von über 80 Metern viel zu groß schien (Leubingen und Helmsdorf maßen nicht einmal die Hälfte), entschied man sich, der Sache im wahrsten Sinne des Wortes auf den Grund zu gehen. Schließlich lag er in der mit Funden reich gesegneten Region Dieskau.

Oberflächlich war nichts zu erkennen. Die geomagnetische Untersuchung lieferte aber Hinweise auf differenzierte Strukturen im Inneren. Zwar weckte das Magnetometer wenig Hoffnungen, noch auf eine unberührte Bestattung zu stoßen, trotzdem war klar, dass ein Probeschnitt Einblick verschaffen sollte. Wir hatten etwas Bemerkenswertes gefunden: einen Hügel ohne Hügel. Und wie sich herausstellen sollte, war dies das Beste, was uns passieren konnte.

Es will schon etwas heißen, wenn ausgerechnet Torsten Schunke, also einer jener Archäologen, denen man bei jedem Wind und Wetter ansieht, dass Ausgrabungen nun einmal vollen Körpereinsatz erfordern, sich mit größter Begeisterung in die Archivrecherche stürzte. Das Aktenstudium zeigte schnell: Er hatte einen Volltreffer gelandet! Der nicht mehr existente Hügel besaß nicht nur einen Namen: Bornhöck; er war auch eine in Vergessenheit geratene Berühmtheit, ein großer Zeuge großer Geschichte. Bis ins 19. Jahrhundert hinein war der Bornhöck mit einem Durchmesser von über 80 Metern und fast 20 Metern Höhe landschaftsprägend. Im Umkreis von zehn Kilometern gab es keine kolossalere Erhöhung.

Eine Urkunde sprach erstmals 1354 vom »grossen Bordenhoick mitt des wusten dorffs«; der Aufschwung der Kartografie im 16. Jahrhundert brachte seine markante Silhouette auf viele Karten; im 18. Jahrhundert markierte er die Grenze zwischen Sachsen und Preußen. Und was tat 1745 der »Alte Dessauer«, also Fürst Leopold I. von Anhalt-Dessau, als er die Nachricht erhielt, dass die Preußen die österreichisch-sächsische Armee in Böhmen besiegt hatten? Er bestieg den Bornhöck, um mit einer Fahne das Signal für die Kanonen zu geben, triumphierend Richtung Sachsen zu feuern.

Doch all das rettete den »Altvater aller Hügel« nicht. 1844 ereilte den Bornhöck das Schicksal der meisten Grabhügel. Die Besitzerin, eine Frau Bergrätin Zimmermann aus Lochau, erhielt die Genehmigung, den Hügel abtragen zu lassen. »Man wusste, dass er aus guter

Vergessene Berühmtheit: Eine Zeichnung aus dem 19. Jahrhundert lässt die einstigen Dimensionen des Bornhöck erahnen. Mehr als 40 Jahre dauerte es ihn abzutragen.

Schwarzerde bestand«, erzählt Schunke. »Die Erdmassen waren so gewaltig, dass man dem Käufer gleich 60 Jahre zum Abtragen bewilligte.« Zwar fand Schunke Hinweise, dass der »Thüringisch-Sächsische Verein für Erforschung des vaterländischen Altertums und der Erhaltung seiner Denkmale« an einer Ausgrabung interessiert gewesen sei. Doch Konkreteres gaben die Akten nicht her. Schunke beschloss, die Archivrecherche auszudehnen, sobald es die Ausgrabung erlaubte.

***

Der im Sommer 2014 angelegte Grabungsschnitt bestätigte alle Hoffnungen. Hier ragte einst tatsächlich ein frühbronzezeitlicher Grabhügel in die Höhe, der einen Durchmesser von 65 Metern besaß; vermutlich war er im Mittelalter zu Verteidigungszwecken noch vergrößert worden. Was aber die Ausgräber elektrisierte: Trotz seines gut doppelt so großen Durchmessers hatte der heute verschwundene Bornhöck den gleichen Aufbau wie die Fürstenhügel von Leubingen und Helmsdorf besessen: Es gab eine hölzerne Grabkammer, einen massiven Steinpanzer und einen Erdmantel, der alles umhüllte. Davon waren jetzt nur noch wenige Reste an der ehemaligen Hügelbasis vorhanden. Den Dimensionen des Bornhöck zufolge musste es sich um die letzte Ruhestätte eines Fürsten ganz neuen Kalibers handeln. Also wurde weitergegraben.

»Natürlich waren wir enttäuscht, dass der Hügel verschwunden war«, sagt Torsten Schunke. »Doch schnell stellten wir fest: zum Glück war er das!« Einen Grabhügel in diesen Dimensionen würde man heute nicht komplett abtragen; vermutlich wäre auch die enorme Anstrengung gescheut worden, in sein Innerstes vorzudringen. »So aber gelangten wir mit relativ moderatem Aufwand an die Basis des Hügels, auf jene Ebene, auf der in der Bronzezeit alle Arbeiten stattgefunden hatten und die Grabkammer errichtet worden war.« Es ist beeindruckend, was Schunkes Team mit kriminalistischem Gespür alles entdeckte. Und damit meinen wir nicht die Schnapsflasche aus Steinzeug, die ein Arbeiter des 19. Jahrhunderts dort entsorgt haben musste. Die war leer.

Es war Baustellenarchäologie. Zum ersten Mal konnte die Errichtung eines frühbronzezeitlichen Fürstengrabhügels Schritt für Schritt nachvollzogen werden. Von den ungeheuren Erdmengen, aus denen der Bornhöck aufgeschüttet worden war, hatte sich an manchen Stellen eine Schicht von wenigen Zentimetern, an anderen von über einem halben Meter Dicke erhalten. Was den Ausgräbern auffiel: Die Schwarzerde war durchsetzt mit Tierknochen und bronzezeitlichen Keramikbruchstücken – Siedlungsmaterial. In Leubingen hatte Klopfleisch Ähnliches beobachtet, es aber für die Reste eines Opfers gehalten, und der Helmsdorf-Ausgräber Größler berichtete von »tiefschwarzer, aschiger Erde«. Den am Bornhöck aber vor Ort vorhandenen, leicht zu benutzenden Geschiebelehm hatten die Hügelbaumeister verschmäht. Sie versorgten ihren Fürsten nur mit bestem Ackerboden. Die Archäologen spürten den Herkunftsort der Erde bald auf. In 300 Metern Entfernung fand sich eine 1,5 Hektar große Bodensenke. Dort hatte einmal ein bronzezeitliches Dorf gestanden – dessen Reste waren dem Toten auf die letzte Reise mitgegeben worden.

***

In einem ersten Arbeitsgang hatten die bronzezeitlichen Arbeiter den Hügel auf einen Durchmesser von 35 Metern anwachsen lassen. Dann kamen fünf weitere Erdschalen von jeweils bis zu 3,5 Metern Dicke dazu, im Bodenprofil sind sie deutlich zu erkennen. Keine von ihnen weist größere Erosionserscheinungen auf, die Vollendung des Bornhöck muss relativ rasch erfolgt sein – womöglich wurde jedes Jahr, wenn die Ernte eingefahren war und Arbeitskräfte entbehrlich waren, eine neue Schicht aufgetragen.

Die Ausmaße des Steinkerns wie auch die Architektur der darunterliegenden Totenhütte belegen, dass von Anfang an geplant war, einen monumentalen Hügel aufzuwerfen. Teile der untersten Lage existierten noch: vor allem eiszeitliche Findlinge von bis zu 90 Zentimetern Seitenlänge. Sie waren direkt auf die bronzezeitliche Oberfläche gestellt. Manche lagen an ihrem ursprünglichen Platz, andere hatten die Arbeiter, die den Bornhöck im 19. Jahrhundert abtrugen, verrückt. Die Hauptmasse der Steine aber war abtransportiert und für Fundamentarbeiten verwendet worden.

Die geologische Untersuchung ergab: Die meisten Steine, wie Porphyr oder Sandstein, kamen nicht von hier. Die nächsten nutzbaren Vorkommen liegen in acht bis zwölf Kilometern Entfernung. Roter Sandstein und Kalktuff stammten sogar aus über 30 Kilometern Entfernung. Sie mussten auf Schiffen die Saale und die Weiße Elster hoch getreidelt worden sein. Insgesamt ließen sich sieben verschiedene Herkunftsorte lokalisieren: Hatte das ganze Land seinen Beitrag zum Grab des Herrschers liefern müssen? Auch ein Menhir war unter den Steinen – möglicherweise eine Reminiszenz an alte Ahnenvorstellungen. Auffälliger aber: Unter den verbliebenen Steinen fanden sich auffällig viele Bruchstücke von Mahlsteinen, die deutlich massiver ausfielen als das, was man normalerweise an Mahlsteinen findet. In einem Bericht aus dem 19. Jahrhundert war die Rede davon, dass ein Arbeiter ein besonders prächtiges Exemplar abtransportiert hatte, um ihn sich in den Garten zu legen. Natürlich inspizierte Schunke sogleich die Gärten der Umgebung – ohne Erfolg.

Roberto Risch, Archäologieprofessor an der Universitat Autònoma de Barcelona und spezialisiert auf sozialgeschichtliche Fragestellungen, unterzog die Mahlsteine einer Inspektion. Normalerweise ist das mühselige Mahlen von Getreide Frauensache. Dafür sprechen anthropologische Skelettanalysen, die bei Frauen oft Hockerfacetten zeigen, also spezifische Abnutzungsspuren an Fuß- und Hüftgelenken. Sie sind das Ergebnis stundenlangen Mahlens in der Hocke. Dafür sprechen aber auch Rischs Untersuchungen in traditionellen Gesellschaften im heutigen Afrika oder Indien.

Die Bornhöck-Mahlsteine jedoch waren nicht für den Hausgebrauch gedacht. Dafür waren sie viel zu groß. »Allgemein kann man sagen«, so Risch, »je größer die Mahlfläche, desto mehr Mehl, aber auch mehr Arbeitskraft.« Leider erscheinen im Hügel nur Mahl- und Klopfsteine, zum regelmäßigen Aufrauen der ersteren, aber seltsamerweise keine oben liegenden Läufersteine. »Die Läufer müssen so schwer gewesen sein, dass sie wohl von zwei Personen bewegt werden mussten«, erklärt der Archäologe. »Für die Dauernutzung so großer Mahlsteine kenne ich nur Beispiele, in denen Sklaven oder Kriegsgefangene die Arbeit verrichteten.« Damit ließen sich gewaltige Mengen Mehl mahlen: Wenn allein in der untersten Lage des Bornhöck Mahlsteine gelegen haben sollten, dann – so ergaben Rischs Hochrechnungen – konnte damit Mehl für bis zu 1000 Menschen pro Tag produziert werden. Aber warum sollten nicht auch in höheren Lagen welche deponiert worden sein?

Die Mahlsteine des Bornhöck stellen an sich schon einen großen Wert dar. Die Suche nach passenden Steinen in der richtigen Größe war aufwendig. Die nötige Körnung musste mit einer entsprechenden Abriebhärte zusammenkommen, damit nicht zu viel Steinmehl in den Brotteig geriet. »Sie waren eine wertvolle Ressource, die man so lange wie möglich verwendete«, sagt Risch. Viele der im Bornhöck gefundenen Mahlsteine weisen aber nur geringe Abnutzungsspuren auf. Hier wurde also nicht einfach der Grabbau als Abfalldeponie für ausgemusterte Exemplare benutzt. Dem Toten waren ganz gezielt intakte Produktionsmittel mitgegeben worden.

So wuchtig die Mahlsteine, so winzig manches, was die Archäologen aus der dunklen Erde pulten: jenes kaum fingergroße rostbraune Tonobjekt zum Beispiel, in das mehrere ringförmige Furchen hineingeschnitten waren, in deren Mitte jeweils ein kreisförmiges Loch platziert war: das erste echte Brotlaibidol, das Archäologen in

Mitteldeutschland fanden. Diesen »länglichen Terracotta-Kuchen« (so ein Ausgräber des 19. Jahrhunderts) war lange kultische Bedeutung zugeschrieben worden – daher der drollige Name. Mittlerweile aber glaubt die Forschung, dass sie eine Funktion im überregionalen Handel besaßen: »Sie könnten zur Legitimation der Händler, aber auch als Lieferschein oder Empfangsbestätigung für Waren gedient haben«, sagt Schunke. »Vielleicht gab es jeweils in Wachs abgedrückte Gegenstücke. Es fanden sich andernorts auch tönerne Stempel, die den Brotlaibidolen gleichen.«

Ähnliche Objekte kennt man vor allem aus Oberitalien, der Westslowakei und Nordwestungarn. Einiges spricht dafür, dass sie im Kupferhandel eine Rolle spielten. Insofern deutet das zerbrochene Brotlaibidol aus dem Bornhöck auf existierende Fernbeziehungen hin. Absichtlich war es dem Grab aber nicht beigegeben worden. »Wir fanden es zwischen all den Keramik- und Tierknochenfragmen-

Lieferschein der Bronzezeit: *Das im Bornhöck gefundene halbe Brotlaibidol ist das erste seiner Art in Mitteldeutschland, vermutlich diente es als Quittung oder als Legitimation der Händler im Fernhandel.*

ten in der Schwarzerde, die aus der für den Grabhügel abgetragenen Siedlung stammte.«

***

Im Hügelzentrum gruben die Archäologen die Abdrücke der Grabkammer aus. Halbe Eichenstämme mit 50 Zentimetern Durchmesser waren hier zu einer zeltartigen Hütte zusammengefügt. Der Innenraum maß 2,80 mal 5,40 Meter, bei einer Höhe von mindestens 2,50 Metern. Wo in Leubingen und Helmsdorf ein beziehungsweise zwei Stützpfähle von 40 bis 50 Zentimetern reichten, stemmten sich im Bornhöck gleich drei je gut doppelt so dicke den Lasten entgegen.

An mehreren Stellen lagen große Mengen Holzspäne, meist nur noch in Form schmierigen Holzmulls. Die Zimmerleute hatten die Eichenbohlen vor Ort zugehauen. Die Totenkammer war, wie es sich

Platz für einen König: *So groß war die einstige Grabkammer des Bornhöck, in der wohl der erste Monarch Mitteleuropas bestattet lag. Ringsherum sind noch Reste des gewaltigen Steinkerns zu sehen, der die Kammer überwölbte.*

für ein Aunjetitzer Grab gehört, in Nord-Süd-Richtung orientiert. Und wie ihre Vorläufer war sie einst mit Lagen von Schilf bedeckt. Die Archäologen spürten auch Steinschlagplätze mit Feuerstellen auf, an denen die bronzezeitlichen Arbeiter die Steine zerkleinert hatten. Die Bruchstücke benötigte man zum Verfugen der Findlinge und um als Schotterlage den Druck über der Totenhütte zu verteilen.

Die Holzkohle aus den Feuerstellen lieferte C-14-Daten, die eine Erbauungszeit um 1800 vor Christus am wahrscheinlichsten erscheinen lassen. Der Bornhöck ist damit ungefähr 140 Jahre jünger als Leubingen und etwa 20 bis 30 Jahre nach Helmsdorf erbaut. Über diese Zeit hinweg bestand also eine genormte Grabarchitektur für Fürsten.

»Mich beeindruckte besonders, dass wir die Spurrinnen der Transportfahrzeuge fanden«, erzählt Schunke, »unter der Steinlast schnitten sich die Räder tief in den Boden ein.« Vom Norden führen sie direkt an den Steinmantel heran. Die Spurweite der Bronzezeitkarren betrug 115 Zentimeter; bemerkenswerterweise entspricht das Maß jenen Radspuren, die man aus dem Neolithikum in Nordeuropa kennt und solchen aus der mittleren Bronzezeit im Saalekreis. Als hätte es damals schon einen Vorzeit-TÜV gegeben.

Wagen karrten auch die Erde heran. Durch die unterschiedlichen Färbungen der Erdschüttungen ließ sich die Fuhrengröße rekonstruieren: 1,2 Kubikmeter, das entspricht einer Masse von 1,7 Tonnen. Zum Vergleich: Eine Gartenschubkarre von heute fasst 0,1 Kubikmeter. »Bei einer solchen Last ist von zweiachsigen Wagen auszugehen, die von einem Ochsengespann gezogen wurden«, sagt Schunke, »andererseits sieht es aus, als sei die Erde jeweils in einem Rutsch hinabgekippt worden, was wiederum für Einachser spräche.«

Schunke berechnete die logistische Leistung, die in dem Hügel steckte. Allein der Steinkern hatte ein Volumen von mindestens 500 Kubikmetern. Die Erdmenge betrug noch mal über 20 000 Kubikmeter. Das war sechs- bis siebenmal so viel wie die bisher bekannten Fürstenhügel, und schon die waren enorm. Beim Fassungsvermögen eines Ochsenkarrens von 1,2 Kubikmetern bedeutete das gut 17 000 Fahrten allein für die Erde. Bei 300 Metern Transportentfernung summierten sich die auf rund 10 000 Kilometer Fahrleistung. Wenn auch die Hälfte davon ohne Last absolviert wurde, impliziert das einen immensen Verschleiß an Rädern, Achsen und Wagen. Ständig gab es etwas zu schmieren oder zu reparieren. Das betrifft allein den Transport der Erde – von den Steinmassen wollen wir gar nicht anfangen, die ja aus bis zu 30 Kilometern per Schiff und Karren herangeschafft wurden. Und auch die Erde musste noch auf die Wagen geschaufelt und später mit Körben, Kiepen oder Tragen in die immer höheren Regionen des Grabhügels geschleppt werden. Keine Überraschung also, dass sich selbst das Abtragen des Bornhöck über Jahrzehnte hinzog.

Bei einem verschwundenen Grabhügel die Höhe zu bestimmen ist keine einfache Aufgabe, zumal er im Mittelalter noch vergrößert worden zu sein scheint. Von 13 bis 15 Metern gehen die Schätzungen aus. Ein wahrlich monumentales Grabmal in der ebenen Landschaft von Dieskau. Die Wirkung könnte noch außergewöhnlicher gewesen sein: Um den Hügel herum, genau am Ende der äußersten Schale, zeichneten sich auf ein bis zwei Metern Breite Spuren massiver Kalkausfällungen ab. Hier war kalkgesättigtes Regenwasser in den Trocknungsrissen der Erdoberfläche versickert. Anscheinend war der Bornhöck damals mit Kalk geweißt worden. Aus der Ethnologie wissen wir: Grabhügel in China oder Vietnam werden rituell gepflegt, das ist aktiver Ahnendienst. Die Inspiration dazu könnten die Bornhöck-Architekten in Stonehenge erhalten haben – das Zinn und das Gold kamen ja aus dem benachbarten Cornwall. Erdwerke wie die Grabhügel der Wessexkultur strahlten dort weiß, waren sie doch aus dem südenglischen Kreideboden aufgeschüttet. Das wird nicht die einzige Spur bleiben, die nach Stonehenge deutet.

Der Bornhöck war der Moby Dick unter den Grabhügeln. Solch ein Riese wurde bisher in Mitteleuropa nicht gesichtet. Was ihn auszeichnete, war nicht nur die gewaltige Arbeitsleistung, die in ihm steckte. Der Tote hatte seine Reise ins Jenseits auch bestens ausgestattet angetreten: Ihm war eine komplette Siedlung mitgegeben, Unmengen fruchtbarer Schwarzerde und Mahlsteine genug, um ganze Hundertschaften zu ernähren. Und dann kamen noch seine persönlichen Grabbeigaben hinzu, die ebenso wie seine sterblichen Überreste verschwunden waren. Dem Herrscher sollte es in der anderen Welt an nichts fehlen.

Das investierte Vermögen an Produktionsmitteln und der enorme Arbeits- und Koordinationsaufwand machten den Bornhöck zu einem logistischen Meisterwerk – zu einer Pyramide des Nordens. Ohne eine zentrale, über Jahre hinweg funktionierende Planungsinstanz war das nicht möglich. Diese konnte über ein Heer von Arbeitern und Fuhrwerken verfügen und besaß die Macht, deren Einsatz dauerhaft zu gewährleisten. Und das über den Tod eines Herrschers hinaus. Das alles sind weitere deutliche Belege für die Existenz eines Staatswesens und eines erhöhten Bedarfs an einem elaborierten Zeitmanagement – die Himmelsscheibe lässt grüßen. Nun brennt uns natürlich eine Frage unter den Nägeln: Wer hatte solch einen megalomanen Aufwand verdient?

20
König der Himmelsscheibe?

Sollten wir nicht eins und eins zusammenzählen? Da haben wir einen exorbitanten Fürstengrabhügel aufgespürt, und dann gab es einen exorbitanten Goldschatz, der angeblich in nur 2800 Metern Entfernung im Sauren Loch gefunden worden war, just zu der Zeit, als der Bornhöck abgetragen wurde. Sollten der größte und bedeutendste frühbronzezeitliche Goldfund Mitteleuropas (der Hort von Dieskau) und der größte und bedeutendste Grabhügel Mitteleuropas (der Bornhöck) wirklich so gar nichts miteinander zu tun haben? Deshalb betrieben wir die Ausgrabungen gleich an zwei Fronten auf Hochtouren: im Feld und im Archiv. Und was geschah? Wir stolperten wieder in einen Raubgräberkrimi, besser gesagt, gleich in zwei.

Im Universitätsarchiv von Halle stieß Torsten Schunke auf Korrespondenzen des Thüringisch-Sächsischen Altertumsvereins, die zeigten, dass dieser im 19. Jahrhundert ein reges Interesse am Bornhöck bekundet hatte. Seit den 1820er-Jahren diskutierten die Vereinsmitglieder, ob sie den Bornhöck nicht ausgraben sollten – bloß schreckte man stets angesichts der gewaltigen Dimensionen davor zurück. Während der Jahrzehnte, in denen der Bornhöck dann seit 1844 abgetragen wurde, versuchte der Verein, ein wachsames Auge auf ihn zu haben, um sicher zu sein, dass kein Fund verloren ginge. 1874 besuchte Rudolf Virchow den Bornhöck. Der Arzt und Anthropologe hatte auch Heinrich Schliemann bei seinen Troja-Ausgrabungen protegiert und war der Protagonist der jungen Vor- und Frühgeschichte. Staunend bezeichnete er den Bornhöck als »das größte Denkmal dieser Art in unseren Landen«. Noch immer ragten da die Wände aus Erde steil empor.

Während Schunke sich durch die Vereinskorrespondenzen grub, machten die Archäologen Juliane Filipp und Martin Freudenreich im Zentralarchiv der Staatlichen Museen zu Berlin aufregende Entdeckungen. Sie fanden ein Schreiben von F. F. Jost, dem Besitzer eines Uhren- und Juwelengeschäfts in Leipzig. Er wandte sich am

2. Juni 1874 an die Direktion der Königlichen Museen in Berlin und bot diesen einige Objekte »von feinem Golde, bedeutender Schwere und barbarischer Plumpheit« zum Kauf an. »Die Gegenstände sind 2½ Stunden von Leipzig, in der Gegend, wo die Hunnenschlacht stattgefunden haben soll, vor nicht langer Zeit gefunden worden.« Tatsächlich kauften die Berliner Museen die fünf Stücke für 800 Taler, also 2400 Reichsmark, an. Dass es sich um jenen Dieskauer Schatz handelte, der heute im Puschkin-Museum in Moskau zu sehen ist, daran lassen die gewichtsgenauen Beschreibungen in den Erwerbungsakten keinen Zweifel.

Dann aber stießen Filipp und Freudenreich auf ein Schreiben, das die Angelegenheit in ein anderes Licht stellte: Der Rittergutsbesitzer von Dieskau, C. von Bülow, wandte sich 1880 an die Berliner Museumsverwaltung. Mit Unterstützung der Königlichen Staatsanwaltschaft forsche er nach dem Goldfund. Denn dieser stamme von seinem Grund und Boden! Beim Drainieren des Sauren Lochs soll ein Arbeiter die Stücke entdeckt, sie unterschlagen und für einen geringen Preis an einen Trödler in Schkeuditz verkauft haben, der ihn an den Händler Jost in Leipzig verscherbelte. »Wie aus den bezüglichen Akten des Königlichen Landgerichts zu Halle a. S. hervorgeht, sind die beiden Ersteren sich der Unrechtmäßigkeit ihrer Handlungsweise bewusst gewesen«, schreibt von Bülow. »Letzterer, Jost, dagegen hat bei seiner Vernehmung behauptet, dass er beim Ankauf nicht darauf geachtet habe, woher diese Sachen stammten.«

Von Bülow hatte leider erst spät von der Angelegenheit erfahren. Auch behauptete Jost zunächst, die Goldobjekte eingeschmolzen zu haben. Dann aber brachte der Rittergutsbesitzer in Erfahrung, dass der Juwelenhändler sie nach Berlin verkauft hatte – weshalb von Bülow nun von den Museen eine Entschädigung erwartete. Das Gold sei ja auf seinem Land entdeckt worden.

Was den Dieskauer Schatzfund in ganz neue Dimensionen katapultierte: Von Bülow berichtete, dass der ursprünglich gemachte Fund nicht aus fünf, sondern aus 13 Stücken bestanden haben soll. Alles in allem habe das Gold vier preußische Pfund gewogen. Dafür habe Jost 3000 Reichsmark bezahlt. Wenn also nur fünf Stücke ans Museum nach Berlin verkauft wurden, was passierte mit den anderen acht? Eingeschmolzen, sagte Jost, aber das war schon beim ersten Mal eine Lüge gewesen.

Die fünf heute noch existierenden, 1874 nach Berlin verkauften Objekte wiegen gemeinsam 635 Gramm. Vier preußische Pfund aber ergeben sagenhafte 1868 Gramm. Wo waren die restlichen acht Stücke, immerhin 1200 Gramm Gold? Und vor allem: Um was handelte es sich? Wir fingen natürlich sofort zu rechnen an: Da ein Aunjetitzer Fürst nun mal Doppelwaffen trug, war ein zweites Goldbeil anzunehmen, sicher hatte er auch zwei Dolche aus Gold besessen, dann fehlten noch die beiden Ösenkopfnadeln, die beiden Lockenringe und die Goldspirale, um den typischen Goldornat eines Fürsten von Aunjetitz zu vervollständigen. Das wären tatsächlich die fehlenden acht Stücke. Zufall?

Zugegeben, dann müssten es schon sehr gewichtige Dolche gewesen sein, um auf die vier preußischen Pfund Gold zu kommen. Natürlich sind die Angaben über Anzahl und Gewicht mit äußerster Vorsicht zu genießen. Doch da der Rittergutsbesitzer von Bülow vom Museum allein auf eine Entschädigung der fünf Stücke hoffte und die Staatsanwaltschaft eingeschaltet war, erscheinen von Bülows Angaben vertrauenswürdig. Auch der Kaufpreis, den Jost für das ursprüngliche Ensemble bezahlte, bestätigt die Größenordnung. Mit dem 1876 im Deutschen Reich Gesetz gewordenen Goldstandard lag der Kilopreis von Gold bei 2790 Reichsmark. Demnach wäre der Dieskauer Fund 5211 Reichsmark wert gewesen – wenn er aus reinem Gold bestanden hätte. Aber schon der Ösenhalsring war aus der Gold-Silber-Legierung Elektron, und wie die Himmelsscheibe zeigte, konnte prähistorisches Gold über 20 Prozent Silber enthalten. Auch dürften die vier Pfund Gold eine Rundung nach oben gewesen sein. Demnach erscheinen die 3000 Reichsmark ein reeller Preis, besonders für Gold zwielichtiger Herkunft.

Nun haben wir ja selbst so unsere Erfahrungen mit Raubgräbern und ihren Hehlern gemacht. Wir wissen also, wie vorsichtig man mit solchen Fundgeschichten umgehen muss. Insofern fällt es uns nach wie vor schwer zu glauben, dass der größte Goldschatz der mitteleuropäischen Bronzezeit ausgerechnet dann in einer morastigen Senke namens Saures Loch gefunden worden sein soll, während keine drei Kilometer entfernt der größte Grabhügel der hiesigen Bronzezeit abgetragen wurde – eine Arbeit, an der über Jahrzehnte viele Leute beteiligt waren, auf einer Baustelle, die nicht bewacht wurde. Ohnehin kamen in der sogenannten Circumharzer Gruppe von Aunjetitz Objekte aus Gold nie in Horte. Da scheint es eine Art Tabu gegeben zu haben. Goldene Gegenstände finden sich nur in den Gräbern der Elite. Dagegen spricht nicht einmal das Depot der Himmelsscheibe, in dem zwar Gold, aber nur als Applikation auftaucht. Auch da sind die deponierten Beile und Armspiralen aus Bronze, obwohl man es sich sicher hätte leisten können, solch einem bedeutenden Stück goldene Armringe mitzugeben. Kurzum, wir sind überzeugt, dass das Dieskauer Gold aus dem Bornhöck stammt.

Versuche, diese Hypothese zu verifizieren, laufen; auch wenn es schwer ist herauszufinden, wann ein gewöhnliches Feldstück durch Drainagearbeiten trockengelegt wurde, insbesondere wenn das schon 150 Jahre zurückliegt. Die ersten Indizien sprechen aber dafür, dass im Jahr 1874 am Sauren Loch gar nicht drainiert wurde. Auch fanden sich bisher keine Hinweise, die es als einen frühbronzezeitlichen Deponierungsort wahrscheinlich erscheinen lassen. Begehungen mit Metallsonden verliefen ergebnislos.

Nach all dem, was wir über die Besessenheit der Aunjetitzer Gesellschaft in Sachen Statussymbole wissen, können die Stücke also nur aus einem fürstlichen Kontext stammen. Der eine Armring stimmt stilistisch bis in die Verzierungen mit jenem aus dem Leubinger Fürstengrab überein. Der Archäometallurge Ernst Pernicka, der die Metalle der Himmelsscheibe analysierte, hatte mittlerweile die Gelegenheit, im Moskauer Puschkin-Museum einige der Stücke des Dieskauer Funds zu untersuchen. Dabei zeigte sich, dass die beiden gerippten Ringe und das Beil aus Dieskau aus demselben, eher silberarmen Gold gefertigt worden sind wie die Lockenringe aus Leubingen und Helmsdorf. Zu schade, dass keine der einst sicher zum Goldornat gehörenden Nadeln des Dieskau-Ensembles mehr vorhanden sind, denn die sollten aus dem gleichen Cornwall-Gold wie die Nadeln von Leubingen und Helmsdorf bestehen, das ja wiederum das Gold der Himmelsscheibe ist. Damit würde sich der Reigen schließen. Und wenn der Bornhöck vom Volumen schon gut sieben Mal so groß war wie ein Fürstenhügel vom Typ Leubingen, warum sollte er dann nicht auch siebenmal mehr Gold enthalten als dieser? Die Aunjetitzer waren in solchen Dingen penibel genau.

***

Das also war der erste Raubgräberkrimi in Sachen Bornhöck. Nun folgt der zweite, und der stellt, wie es sich für einen ordentlichen Krimi gehört, erst einmal alles für sicher Gehaltene auf den Kopf. Mögen wir noch so überzeugt sein, dass der Goldschatz aus dem Bornhöck stammt, so spricht mittlerweile alles dafür, dass er nicht in der zentralen Grabkammer aus mächtigen Eichenbohlen im Herzen des Hügels ruhte. Schuld daran ist etwas, das durchaus das Zeug für einen Dan-Brown-Thriller hat. Er beginnt mit toten Hunden.

Auf deren Skelette waren die Ausgräber um Torsten Schunke gestoßen. Sie lagen unmittelbar neben der Grabkammer. Entweder sind die Hunde hier gestorben, oder man hat ihre Kadaver dort deponiert. »Tote Hunde? Klar, aus dem 19. Jahrhundert«, war Schunkes erster Gedanke. Schließlich hatten sich aus dieser Zeit auch Schnapsflaschen und Metallpicken gefunden. »Was waren wir überrascht, als die C-14-Daten aus dem Labor kamen.«

Nein, die Hunde sind keine des 19. Jahrhunderts. Sie sind aber auch nicht 3800 Jahre alt, stammen also keinesfalls aus der Bronzezeit. Das wäre ja noch zu erklären gewesen. Die Hundeknochen datieren ins Mittelalter! In die Zeit zwischen 1170 und 1220 nach Christus. »Wir mochten es nicht glauben«, sagt Schunke und lacht. Wie waren die Tiere nur ins Innere gelangt? Hineingewühlt, über 30 Meter, und dann noch durch den Steinpanzer hindurch? Unmöglich!

Die Lösung des Rätsels brachte nicht der Spaten, sondern das Aktenwälzen. Schunke grub sich tiefer und tiefer in die Vereinskorrespondenz – und machte dabei den entscheidenden Fund: Beim Abtragen des Bornhöck waren die Arbeiter 1851 auf einen Gang gestoßen. Der Schriftführer des Altertumsvereins berichtete der Königlichen Regierung: »Dieser Stollen ist nicht gleichzeitig mit dem Hügel selbst entstanden, sondern (aus irgend einem unbekannten und für die Wissenschaft wohl ganz bedeutungslosen Grunde) viel später von außen hineingetrieben worden, wie die Spuren der mit der Hacke geführten Hiebe an Decke und Seitenwänden deutlich genug zeigen.«

Weil dieser Stollen einsturzgefährdet schien, machte sich der Verein daran, nun selbst einen Tunnel ins Hügelzentrum zu treiben. »Leider ist die Aktenlage sehr schlecht«, klagt Schunke. So viel zumindest ist sicher: Der Verein erteilte dem Bergdirektor Thümler den Auftrag, die »bergmännisch auszuführenden Arbeiten« voranzutreiben, bis man auf den Steinkegel träfe, damit die Vereinsmitglieder bei der Öffnung anwesend sein konnten. Doch der Bergdirektor beteuerte später, es so verstanden zu haben, dass er den Verein nur informieren sollte, wenn seine Männer auf etwas Besonderes stießen. Da das nicht der Fall gewesen sei, hätten die Arbeiter den Stollen, ohne jemanden zu informieren, durch den Steinpanzer hinein ins Innerste des Hügels getrieben.

Nun wird es vollends mysteriös. Was die Arbeiter dort gefunden haben wollen, war eine einzige Enttäuschung für den Verein: Der »innerste Raum« sei »mit Dammerde erfüllt angetroffen«, heißt es im Abschlussbericht aus dem Jahr 1853. »Es fand sich weder eine leergebliebene Stelle, noch irgendwelches hölzernes oder metallenes oder irdenes Geräth, noch auch die geringste Spur eines Begräbnisses, weder Reste von Leichenbrand noch von menschlichen Gerippen.« Man sieht geradezu, wie sich Torsten Schunke über den Akten die Augen rieb! Wieso sollte die Grabkammer des Bornhöck leer, das heißt voller Erde gewesen sein? Er hatte doch im Feld selbst die Abdrücke der mächtigen Holzeinbauten gesehen. Das konnte nicht sein!

Drei Erklärungen bieten sich an. Erstens, die Arbeiter des Bergdirektors Thümler haben die Anweisungen des Historischen Vereins bewusst nicht befolgt, sondern sind auf eigene Faust durch den Steinpanzer in die Grabkammer eingedrungen und haben alles ausgeräumt, besser gesagt: ausgeraubt, und sie dann mit Erde gefüllt, um ihre Spuren zu verwischen. Zweitens: Die Arbeiter sind gar nicht auf die Grabkammer gestoßen, was bei der Größe des Grabhügels nicht auszuschließen ist. Wie die archäologischen Untersuchungen zeigen, bestand die Kammer aus einer ebenso massiven wie beachtlichen Eichenholzkonstruktion. Deshalb verwundert es, dass der Bericht diesen Befund an keiner Stelle erwähnt, sondern wiederholt betont, »keinerlei Geräth« im Hügel gefunden zu haben. Auch war die Kammer so massiv gebaut, dass ein Einbrechen von Erde – und dann noch durch den Steinkern hindurch – auszuschließen war. In diesem Fall sind die Arbeiter vielleicht an der Seite durch den Kern hindurchgestoßen. Das aber würde bedeuten, dass seit dem Abschlussbericht des Altertumsvereins an die Königliche Regierung im Jahr 1855 die Grabkammer des Bornhöck offiziell als leer galt! Entsprechend unbeaufsichtigt werden die Abtragungsarbeiten in den nächsten Jahrzehnten durchgeführt worden sein. Es ist also vorstellbar, dass die Grabkammer erst Jahre später entdeckt und still und heimlich geplündert wurde. Noch 1874, als der Goldfund von Dieskau auftauchte, ragten ja, wie wir aus Virchows Bericht wissen, die Erdwände steil empor.

Die dritte, und das ist die von uns favorisierte Erklärung, bringt die Hundeskelette mitsamt dem alten Stollen ins Spiel. Die C-14-Datierungen belegen ja, dass im Mittelalter Menschen die Grabkammer erreicht haben mussten. Dass aber jemand all die Strapazen auf sich genommen hatte und mittels eines Stollens bis ins Innerste des Hügels vorgedrungen war, um dann das Grab unberührt zu lassen, ist kaum vorstellbar. Die Grabkammer des Bornhöck ist also aller Wahrscheinlichkeit nach bereits im Mittelalter ausgeraubt worden. Der Stollen brachte Sauerstoff und Mikroorganismen ins Innerste des Hügels, was dazu führte, dass sich die alten, vorher unter Luftabschluss konservierten Hölzer in den nächsten Jahrhunderten zersetzten. Die Totenhütte kollabierte, Steine und Erde stürzten von oben herab und füllten den einstigen Innenraum aus.

Damit läge eine Erklärung für die mittelalterlichen Hundeskelette und den Umstand vor, dass die Grabkammer Mitte des 19. Jahrhunderts mit Erde statt mit Funden gefüllt gewesen sein soll. Doch damit stehen wir wieder einmal vor neuen Rätseln: Wer hat den Bornhöck vor über 800 Jahren geplündert? Und woher stammt dann das Dieskauer Fürstengold?

***

Gräber wurden schon in der Bronzezeit beraubt, und kein Pharao hat in seiner Pyramide dauerhaft Ruhe gefunden. Doch über mittelalterliche Plünderungen prähistorischer Gräber ist kaum etwas bekannt; vor allem nicht in diesen Dimensionen. Einen Grabhügel von den Ausmaßen des Bornhöck zu plündern ist kein kleines Abenteuer. Das geht nicht so einfach, wie es die Isländer-Sagas von Grettir dem Starken erzählen, der mit einem Kumpan nachts ein Loch von oben in einen Hügel buddelt, sich an einem Seil hinablässt, den Grabunhold besiegt und mit einer Kiste voll Gold und Silber ans Tageslicht zurückkehrt.

Nein, um einen Stollen in den Bornhöck zu treiben, da brauchte es bergmännische Kompetenzen. Der Tunnel musste mit Balken abgestützt werden, und das auf einer Länge von gut 30 Metern. Das war mit erheblichen Kosten verbunden. Dann musste es noch gelingen, den aus metergroßen Findlingen bestehenden Steinpanzer so zu durchbohren, dass man nicht von nachrutschenden Steinen erschlagen wurde. Kein Werk für Tagediebe.

Wer also war im Mittelalter in der Lage, die nicht unbeträchtlichen Mittel für solch ein Abenteuer zur Verfügung zu stellen? Das musste jemand sein, der wusste, dass der Einsatz sich lohnte, dass er es mit einem Grab zu tun hatte, in dem ein Schatz ruhte. Schließlich musste ihm die Zustimmung der Autoritäten sicher sein, da solch eine Unternehmung keine Nacht-und-Nebel-Aktion war und folglich nicht unbemerkt blieb.

Stellt man sich also die Frage, wer in der von den Hundeskeletten vorgegebenen Zeit, also der zweiten Hälfte des 12. Jahrhunderts, in der Region des heutigen Sachsen-Anhalts eine Rolle innehatte, die ihn als Urheber der großen Bornhöck-Beraubung denkbar erscheinen lässt, stößt man sehr rasch auf eine der schillerndsten Figuren des deutschen Mittelalters: auf den Erzbischof von Magdeburg Wichmann von Seeburg (1116–1192). Das war der zuständige Landesherr, ohne dessen Wissen wenig geschah. Die Region kannte er gut, im Nachbarort von Dieskau, ebenjenem Lochau, in dem gut 700 Jahre später die Bergrätin Zimmermann den Auftrag zum Abbau des Bornhöck gab, stiftete Wichmann 1167 eine Kirche. Als enger Vertrauter von Kaiser Friedrich I., genannt Barbarossa, war der Erzbischof in die kriegerischen Auseinandersetzungen des Stauferkaisers mit den Wenden und dem Welfenkönig Heinrich dem Löwen verwickelt. Der Erzbischof führte Barbarossa sogar Soldaten nach Italien zu.

Bisher haben wir keinen Beweis dafür, dass der Magdeburger Erzbischof für die mittelalterliche Plünderung des Bornhöck verantwortlich zeichnete. Doch es gibt eine Reihe von Punkten, die ihn zum Hauptverdächtigen machen. Erstens besaß er als Landesherr die nötigen Mittel und Befugnisse. Zweitens hatte er ein Motiv: Sein militärisches Engagement war extrem kostspielig. 1182 erhielt er vom Kaiser und Domkapitel in Magdeburg die Einwilligung, Gold und Silber aus dem eigenen Domschatz zu entnehmen, um die Kosten der Kriege gegen Heinrich den Löwen zu begleichen. Wer nicht einmal vor dem eigenen Kirchenschatz zurückschreckte, der dürfte mit keiner Wimper gezuckt haben, als es darum ging, einen heidnischen Grabhügel auszurauben!

Er verfügte drittens über die nötigen Kenntnisse: Wichmann war 1164 auf Wallfahrt im Heiligen Land gewesen und in Gefangenschaft der Sarazenen geraten, in der er ein Ohr verlor. Im Vorderen Orient zur Zeit der Kreuzzüge hat er sicher von den lukrativen Möglichkeiten der Grabräuberei erfahren. Die aufwendige Beraubung des Bornhöck zeigt ja: Wer immer dafür verantwortlich war, wusste, dass es dort Schätze zu holen gab. Viertens schließlich konnte Wichmann auf die ingenieurstechnischen Mittel zurückgreifen, derer es für ein solches Unternehmen bedurfte: 1180 ließ er Dämme errichten, um die von ihm belagerte Festung Haldensleben unter Wasser zu setzen. Der Stollen in den Bornhöck war immerhin so professionell gearbeitet, dass er Jahrhunderte standhielt.

Noch ist das alles nur Spekulation. Wir haben keinen Hinweis darauf, dass im Mittelalter heidnisches Grabgold zu christlichen Altargeräten umgeschmolzen worden wäre oder als Sold für die Soldaten des Kaisers diente. Im Domschatz von Magdeburg finden sich auch keine frühbronzezeitlichen Pretiosen. Immerhin erscheint in dieser Perspektive der bereits erwähnte, über 6500 Jahre alte Schuhleistenkeil in neuem Licht, der im Dom zu Halberstadt hängt. Solch ein mittelneolithisches Gerät war eine Grabbeigabe des Leubinger Fürsten gewesen. Stammt also vielleicht das Halberstädter Exemplar aus einem geplünderten Fürstengrab? Aus dem Bornhöck sogar? Denn der Halberstädter Dom gehörte ebenfalls zum Magdeburger Erzbistum. Immerhin war der Dom 1179 von Wichmanns Feind Heinrich dem Löwen zerstört worden, der gotische Neubau wurde dann 1220 geweiht. Zeitlich würde auch das bestens passen.

Es würde zudem erklären, warum so viele Hügel schon im 19. Jahrhundert leer aufgefunden wurden. Der Bornhöck hatte ein Gegenstück auf dem anderen Ufer der Weißen Elster, den Schönhöck. Nicht ganz so riesig, aber doch von den Ausmaßen des Leubinger Fürstenhügels. Der Altertumsverein hatte ihn bereits 1820 leer vorgefunden. Wer den Bornhöck beraubte, dürfte auch den Schönhöck nicht unversehrt gelassen haben.

Doch ohne handfeste Belege ist das alles eben nichts weiter als ein Stoff für Dan Brown. Dabei kommt das Wunderlichste erst noch: Während unsere Bornhöck-Ermittlungen auf Hochtouren liefen, war der 1192 verstorbene Wichmann von Seeburg höchstpersönlich im Museum in Halle zu Gast! Bei ohnehin laufenden Ausgrabungen im Dom von Magdeburg waren die Archäologen zufällig auf sein längst vergessenes Grab gestoßen – und hatten es geborgen. Während wir also über seine mögliche Verwicklung in einen mittelalterlichen Grabraub diskutierten, lag der Erzbischof *in persona* im Labor der Restaurierungswerkstätten. Den Bischofsstab hatte er noch im Sarg an seiner Seite. Wichmanns Mitra wie seine Schuhe, die von den Textilrestauratorinnen behutsam restauriert wurden, waren auf das Prächtigste mit Gold durchwirkt. Was hätten wir dafür gegeben, dem Erzbischof die Frage zu stellen, woher er das Gold dafür hatte.

Genug der Spekulation – zurück zu den Hundeskeletten. Was hatten die Tiere im 12. Jahrhundert im Grab zu suchen? Möglicherweise waren sie als Wachhunde in den Stollen gesperrt worden, wo sie erstickten oder verhungerten. Aber sie könnten dort auch geopfert worden sein: Heidnische Gebräuche helfen am verlässlichsten, heidnische Geister zu bannen! Als wäre die Angelegenheit nicht schon rätselhaft genug, fanden sich die Knochen nicht in der Grabkammer selbst, sondern unmittelbar außerhalb. Demnach müssten die Grabräuber erst auf die Längsseite des zeltartigen Totenhauses gestoßen sein und sich dann zu einem Eingang vorgearbeitet haben. Welch ein Anblick sich ihnen bot, als sie im Fackellicht in das Innere der Grabkammer blickten? Was sagte Howard Carter, als er die Kerze in Tutanchamuns Grabkammer hielt? »Ich sehe wunderbare Dinge.«

***

Aller Wahrscheinlichkeit nach ist die zentrale Kammer des Bornhöck also bereits im Mittelalter beraubt worden. Müssen wir damit unsere These ad acta legen, dass monumentaler Schatz und monumentales Grab zusammengehören? Nein, wir glauben nicht. Nachbestattungen in bestehenden Grabhügeln sind die ganze Vorgeschichte hindurch gängige Praxis. Gerade bei dynastischen Anlagen. Im Fall des Bornhöck war der immense Arbeitsaufwand, der eine enorme Belastung für jede Gesellschaft darstellte und sicher nicht ganz freiwillig geschah, leichter realisierbar, wenn ein Herrscher nicht nur ein Monument für sich selbst, sondern auch gleich für seine Nachfolger errichten ließ.

Demzufolge stammte das Dieskau-Gold also nicht aus der zentralen Kammer, wohl aber aus einem anderen Grab innerhalb des Hügels. Dazu passt, dass das Goldbeil stilistisch eher auf die Zeit ab 1750 vor Christus zu datieren ist als in die Erbauungszeit des Grabs um 1800 vor Christus. Groß genug war der Bornhöck ja. Die Arbeiter könnten durch Zufall im Jahr 1874 nach Christus auf eine oder mehrere Nachbestattungen gestoßen sein. Auch wenn der Verein immer mal wieder einen Blick auf den Bornhöck warf, kontrollierte niemand, wie sie Jahr für Jahr die Erde abtransportierten. Das sich über Jahrzehnte hinziehende Abtragen spricht dafür, dass hier stets nur wenige Männer am Werk waren. Perfekte Bedingungen für einen heimlichen Schatzfund.

Tatsächlich entdeckten die Ausgräber des 21. Jahrhunderts unter Schunkes Leitung am Rand des Steinmantels eine deutlich zu erkennende Störung im Boden. Offensichtlich war hier im 19. Jahrhundert etwas bemerkt worden, das Anlass gab, in die ansonsten unversehrte Basis des Grabhügels ein 1,70 mal 1,20 Meter großes Loch von deutlich mehr als einem Meter Tiefe zu graben. Denn – Geschichte wiederholt sich erneut – in dem Loch war eine Flasche entsorgt worden, ganz so, wie das die Raubgräber im Fall des Himmelsscheibenlochs taten. Hier musste also etwas im Boden verborgen gewesen sein! Es könnte sich um ein Grab gehandelt haben.

War hier jemand kurz nach dem Tod des Dieskauer Fürsten gestorben? Denn noch war der Erdhügel nicht vollendet. War es sein Sohn, der überraschend gestorbene neue Fürst? Unwahrscheinlich.

Ihm hätte man zumindest ein standesgemäßes Totenhaus errichtet. Es könnte eine nahestehende Person gewesen sein: ein Heerführer, seine Frau. Denkbar aber auch, dass Nachbestattungen seitlich in eine Hügelflanke eingeschnitten oder direkt über dem Steinpanzer angelegt worden waren. Leider werden sich dafür keine archäologischen Nachweise finden. Das ist alles seit über 100 Jahren fort.

Haben wir es also mit einer dynastischen Grablege zu tun, die mit jeder neuen Bestattung weiterwuchs? Der erste Hügel bewegte sich in den Größendimensionen von Leubingen, dann kamen fünf schalenhafte Erweiterungen dazu – jede besaß noch einmal das Leubinger Volumen. War unter jeder Aufschüttung ein weiterer Fürst begraben? Dagegen sprechen die Einheitlichkeit des verwendeten Schüttmaterials und die fehlenden Erosionsspuren an den einzelnen Schalen. Zwischen ihnen lagen vermutlich nur jeweils ein, womöglich zwei Jahre, jedenfalls keine Jahrzehnte. Oder war die rituelle Grabhügelpflege, die der Memoria der Fürsten diente, so gut, dass sie die einzelnen Schalen des Bornhöck wie aus einem Guss erscheinen lässt? Für mehrere Bestattungen spräche die ungewöhnliche Zusammensetzung des Dieskauer Goldensembles. Es gibt überraschend viele Armringe darunter. Wenn es wirklich einmal 13 Stück waren, die ein Goldgewicht von fast zwei Kilo besaßen, wäre also vorstellbar, dass die Arbeiter des 19. Jahrhunderts gleich auf zwei oder drei Gräber gestoßen sind. Wer weiß, vielleicht hatten sie auch noch viel mehr als nur 13 Gegenstände gefunden und diese an andere Händler verkauft.

***

Hinter dieser Schatzsuche steht die Frage: Wie war in Aunjetitz die Herrschaft organisiert? Und wie passt der Bornhöck dazu? Ob Häuptlingstum oder früher Staat: In beiden Fällen ist davon auszugehen, dass die Macht vererbt wurde und es ein Herrschaftszentrum gab. Deshalb sorgte es schon immer für Verwunderung, dass die Fürstenhügel von Leubingen und Helmsdorf über 50 Kilometer auseinanderlagen. Bei einer dynastischen Herrschaft wäre es naheliegend, dass die Hügel beisammenliegen. Von Ägypten über Mesopotamien bis zu den Wikingerfürsten von Jelling: Die sich in dicht beieinanderliegenden Gräbern manifestierenden Genealogien der Herrscher sind immer eines der wichtigsten Mittel gewesen, Macht zu legitimieren.

Vielleicht aber stellten die über die Aunjetitzer Lande verstreuten Hügel eine Topografie der Macht dar – die Herrschaft sollte an jedem Ort sichtbar sein. Es könnte sich um ein Reisefürstentum gehandelt haben, und die Fürsten waren dort begraben worden, wo sie starben. Oder hatten sie je ihr eigenes Herrschaftsgebiet? Bernd Zich schlug vor, solche Territorien als »Domänen« zu bezeichnen. Das aber verlagert das Problem nur auf eine andere Ebene: Existierte dann in jeder Domäne eine eigene Dynastie? Auch müssten wir wieder jeweils dynastische Begräbnisse finden. Zudem passt der in Leubingen und Helmsdorf gefundene identische Herrschaftsornat nicht recht dazu: Benachbarte Reiche grenzen sich symbolisch voneinander ab. Wechselte die Herrschaft also zwischen den Domänen? Haben wir es mit einer Art Wahlfürstentum zu tun wie das deutsche Königtum im Mittelalter? Andererseits tendiert Macht dazu, monopolisiert zu werden. Ein Wahlfürstentum funktionierte nur, solange sich die Domänen in einem wohlaustarierten Gleichgewicht befanden – oder eine starke Institution von außen dieses System überwachte (wie das Papsttum im Mittelalter).

Oder war das die Aufgabe des im Bornhöck bestatteten Oberfürsten? Aunjetitz war eine extrem hierarchisierte Gesellschaft, deren einzelne Stufen durch ein ausgeklügeltes System an Symbolen erkennbar waren. Der Reichtum der Goldbeigaben wie die monumentale Grabarchitektur signalisieren: Wir haben es mit einem Machthaber zu tun, der in einer Sphäre hoch über den Fürsten von Leubingen und Helmsdorf anzusiedeln ist. Haben wir es also mit dem König von Aunjetitz zu tun?

König? Zugegeben, das ist kein von der Archäologie für die mitteleuropäische Vorgeschichte vorgesehener Begriff. Das liegt vor allem daran, dass man hier traditionell nicht von staatsähnlichen Gebilden ausgeht. Auch haben die Diskussionen um das Sakral- oder Heereskönigtum der Germanen die Angelegenheit heikel gemacht. Doch der Begriff König drängt sich für den im Bornhöck begrabenen Fürsten von Dieskau angesichts der archäologischen Befunde und der dargestellten soziologischen Überlegungen nun einmal auf. Alternativen sind keine zur Hand.

Nun besteht auch die Möglichkeit – und das ist die wahrscheinlichste, weil schlankeste Erklärung –, dass sich durch die kontinuierliche Herrschaft in Mitteldeutschland die auf den Schwarzerdeböden erwirtschafteten Überschüsse und die Gewinne aus dem Fernhandel so sehr akkumulierten, dass die Fürsten über die Jahrhunderte hinweg neue Stufen der Macht- und Prachtentfaltung erklommen haben. Es brauchte schließlich 13 Ludwigs, bis Ludwig XIV. sich mit Versailles ein Schloss baute, das einem Sonnenkönig zur Ehre gereichte. Der Bornhöck ist das bisher jüngste Fürstengrab. Waren aus den Fürsten Könige geworden?

Ist hier vielleicht sogar gewaltsam eine neue Stufe der Macht erklommen worden? Der eine goldene Armring, der dem aus Leubingen so sehr ähnelt und deshalb als ein Fürstenring vom alten Schlag angesehen werden kann, ist aufgebogen worden. Solche Armringe wurden den Herrschern um den Arm geschmiedet und blieben das auch im Grab. Ist dieser hier einem anderen Fürsten gewaltsam abgenommen worden? Steht er für einen usurpierten Thron? Und der neue Herrschertypus trug dann als Distinktionszeichen seiner Herrlichkeit gleich zwei gerippte Armringe aus Gold? Der Fürstenmord von Helmsdorf liegt schließlich nur zwei, drei Jahrzehnte zurück – und damit durchaus im Zeitraum des im Bornhöck bestatteten Fürsten. Doch der Helmsdorfer trug seinen Armring noch im Grab.

Die Fragen nach der tatsächlichen Organisation von Herrschaft im mitteldeutschen Aunjetitz lassen sich erst abschließend klären, wenn wir weitere Grabhügel gefunden haben. Die Fahndung läuft auf Hochtouren. Eine Liste möglicher Kandidaten existiert bereits, es herrscht da kein Mangel. Es bleibt also spannend – insbesondere, wenn wir uns vergegenwärtigen, wie viel neue, bahnbrechende Erkenntnisse wir einem einzigen, vom Boden getilgten Grabhügel zu verdanken haben. »Was mich am Bornhöck am meisten faszinierte«, sagt Ausgräber Schunke, »er war komplett in Vergessenheit geraten. Dann erwischten wir durch Zufall eine Spur von ihm, und plötzlich entfaltet sich ein ganz neues Panorama!«

Entsprechend sorgsam wird mit den Resten des Bornhöck umgegangen. Da das Hügelzentrum, über dem sich die Grabkammer erhob, im Feld nicht zu schützen ist, haben die Archäologen es als kompletten Erdblock geborgen. Um auf einen Tieflader zu passen, musste dieser Block in drei Segmente geschnitten werden. Jedes davon misst 2,5 mal 5 Meter und wiegt gut 25 Tonnen. Im Herbst 2017 fuhr ein Schwertransport dreimal durch Halle, um die Blöcke in die Restaurierungswerkstätten zu bringen. Dort werden sie untersucht und präpariert, damit die Museumsbesucher einmal sehen können, wo der wohl erste König Mitteleuropas lag.

21
Armeen der Bronzezeit

Wie die Himmelsscheibe von Nebra ist der Bornhöck, der größte mitteleuropäische Grabhügel der Bronzezeit, eine Provokation: Beide sind das Produkt menschlicher Anstrengungen, die wir uns bisher in diesem Teil Europas zu dieser Zeit nicht vorstellen konnten. Sie zwingen uns, Antworten zu finden, wie so etwas überhaupt möglich war. Der Bornhöck repräsentiert ja nicht nur eine gewaltige Arbeitsleistung. Der in ihm bestattete Fürst stellt die Krone einer hierarchisch gegliederten Gesellschaft dar; als neu entdeckte Spitze lässt er die gesellschaftliche Pyramide der frühen Bronzezeit so steil in die Höhe aufragen, wie wir das nur aus den Hochkulturen kennen. Für hiesige Verhältnisse hatte man es geradezu mit einem Pharao des Nordens zu tun. Und das provoziert die Frage: Wie konnte sich ein Regime halten, das mit massiver sozialer Ungleichheit einherging? Was war die Grundlage der Herrschaft? Worauf beruhte die Macht? Um uns Pierre Bourdieus Frage in Erinnerung zu rufen: Wie brachte der eine da oben die vielen da unten dazu, sich in ein normiertes System sozialer Abstufungen zwängen zu lassen und für monumentale Grabanlagen zu schuften?

Reichtum genügt als Antwort nicht. Die guten Böden, das Salz, die zentrale Lage als Drehscheibe des Bronzezeithandels schufen die Überschüsse, mit denen sich die Elite finanzierte. Doch das weckte auch Begehrlichkeiten – wir haben gesehen, wie sich zuvor die Kulturen abwechselten und zu welchen Konflikten es dabei kam. Hier boten keine natürlichen Grenzen wie Wüsten oder Gebirge Schutz. Trotzdem zeigt die Archäologie: Die Menschen lebten mindestens 400 Jahre in Frieden, wohnten in unbefestigten Siedlungen übers Land verteilt, nicht gezwungen, sich dicht zusammengepfercht hinter Mauern oder Erdwerken zu verschanzen. Was also ist das Geheimnis der Herrscher von Aunjetitz?

***

Die Antwort verdanken wir wieder einmal dem Autobahnbau. Diesmal einem Zubringer von der B85 zur neuen A71 bei Dermsdorf. Autobahnkundige Leser werden aufhorchen: Nur eine Ausfahrt weiter liegt die Raststätte »Leubinger Fürstenhügel«. Unter der Leitung von Mario Küßner legten die Ausgräber des Thüringischen Landesamts für Denkmalpflege und Archäologie dort eines der größten bisher in Mitteldeutschland entdeckten Häuser der Bronzezeit frei. 44 Meter lang und 11 Meter breit, lag es für sich allein. Schon hieß es in der Presse, der dreischiffige Pfostenbau sei eine »Kathedrale der frühen Bronzezeit«, die »Prunkhalle des Fürsten von Leubingen«. Schließlich befand sich dessen Grab in Sichtweite.

Mit der einen Schmalseite touchierte das Langhaus einen schnurkeramischen Grabhügel. Vor der anderen Schmalseite aber – dem Eingang – stießen die Archäologen auf ein Keramikgefäß, das in der Mittelachse des Hauses platziert war. Randvoll gefüllt mit Beilen. 98 Stück. Dazu noch zwei Stabdolche als Gussrohlinge, alles in allem 25 Kilogramm schwer. Nun sind solche Depots in der Bronzezeit keine Seltenheit. Gerätschaften aus Metall wurden allerorten als Horte der Erde anvertraut – von der Atlantikküste bis zum Schwarzen Meer, von Südschweden bis zum Mittelmeer. Auch die Himmelsscheibe von Nebra mit ihren Beifunden ist ein Hort. Manche Forscher vertreten die Ansicht, es handle sich um versteckte Schätze oder vergessen gegangene Händlerdepots. Doch insgesamt überwiegt die Auffassung, in ihnen die Objekte eines ganz besonderen Handels zu sehen – des Handels mit den Göttern. Die Menschen übergaben sie der Erde, um eine Schuld zu begleichen; sie opferten sie, um die Götter oder die Mächte der Natur zu einer Gegenleistung zu verpflichten. Denn eine Gabe verlangt nun einmal nach einer Gegengabe.

Doch der Fund von Dermsdorf brachte uns auf eine andere, eine ganz banale Idee, nämlich die, dass diese Beile vor allem das sind, was sie sind: Beile, also Waffen. Mitunter werden bronzezeitliche Beile wie auch die oft in Bündeln vorkommenden Ösenhalsringe als vorgeschichtliche Metallbarren betrachtet; es war immer schon ökonomischer, das fertige Metall zu transportieren als das Erz. Aber ginge es hier allein um die Barren, verwunderte erstens der Umstand, dass im Dermsdorfer Fund auch gebrauchte Beile enthalten waren (andere

Beilhorte bestehen sogar komplett aus benutzten Exemplaren); zweitens erstaunten dann die beiden Stabdolchklingen.

Nimmt man die Beile indes als Beile und die Stabdolche als Stabdolche und folgt dem offensichtlichen Bezug zum Langhaus, drängt sich eine einfache Deutung auf: Bei dem Haus handelte es sich um die Unterkunft oder den Versammlungsort jener Männer, deren Waffen dort deponiert waren. Aus der Ethnografie kennen wir vielerorts Männerhäuser. Sie dienten als Versammlungs-, Aufenthalts-, oftmals auch als Schlafstätte der Männer, zudem als Depots für Waffen, Masken und Kultgerät. Frauen und Kindern war der Zutritt untersagt.

Demnach wäre dies ein Haus für 100 Männer gewesen. Betten der Bundeswehr haben heute eine Breite von 90 Zentimetern. 100 von ihnen würden also nebeneinandergestellt 90 Meter ergeben. Die beiden Längsseiten des Hauses ergeben zusammen 88 Meter. Da die Durchschnittsgröße von Männern in Aunjetitz bei knapp 1,68 Meter lag und auch das Totenbett des wohlgenährten Fürsten von Helmsdorf mit einer Breite von 65 Zentimetern auskam, waren die bronzezeitlichen Schlafstätten sicher einige Zentimeter schmaler und hätten somit noch den beiden Anführern den ihnen gemäßen Platz geboten. Denn das wäre die nächste Konsequenz aus unserer Theorie: Wir haben es mit 98 Beil- und zwei Stabdolchträgern zu tun. Zu allen Zeiten gilt: Jede Truppe von Kriegern hat Anführer. Stabdolche waren eine in Europa weitverbreitete Waffe, bei der eine Dolchklinge wie ein Beil an einen Holz- oder Bronzestab geschäftet war. Sie diente ausschließlich dem Menschentöten und tauchte im Kontext herausgehobener Personen auf. Ein Stabdolch ist eine Insignie der Macht.

Die Nähe des Langhauses von Dermsdorf zum Leubinger Fürsten wird kein Zufall sein (auch zeitlich passt es). Handelte es sich um seine Leibgarde? Hatte er hier seine Truppe stationiert? Auch die Überausstattung an Waffen im Fürstengrab ergibt dann Sinn: So, wie ein Stabdolch einen Offizier repräsentiert, stehen doppelte Dolche und Beile für die fürstliche Befehlsgewalt. Der Fürst inszeniert sich also im Grab nicht nur als Herr des Metalls und Erbe der Riesen der Vorzeit, sondern auch als Befehlshaber seiner Armee.

Die Lage ist strategisch klug gewählt. Von hier lässt sich der Norden des Thüringer Beckens überwachen, der von den Höhenzügen des Kyffhäusers, der Hohen Schrecke und der Hainleite nach Norden begrenzt wird, und die wichtige Fernverbindung der Porta Thuringica kontrollieren. Möglicherweise hat der Fürst die Waffen an seine Truppen ausgegeben, diese deponierten sie nach seinem Tod vor dem gemeinsamen Kulthaus. Der neue Fürst gab dann wieder neue Waffen an jene Krieger aus, die ihm dafür den Eid leisteten. Die metallurgischen Hortanalysen stützen diese These: Die Beile innerhalb eines Horts bestehen meist aus so ähnlichem Metall, dass es aus ein und derselben Quelle stammen muss. Gerade wenn sie Abnutzungsspuren aufweisen, belegt das, dass sie von einer Gruppe gemeinsam gebraucht und gemeinsam deponiert wurden.

Gab es an anderen Punkten ebenfalls solche Männerhäuser? In Zwenkau, südlich von Leipzig, fand sich ähnlich strategisch günstig positioniert ein Langhaus, das es sogar auf eine stolze Länge von 57 Metern brachte. Dreischiffig wie in Dermsdorf, lag es abseits einer Siedlung, die aus ansonsten zweischiffigen Häusern bestand. Wieder war das Haus direkt über schnurkeramischen Hinterlassenschaften angelegt worden, diesmal waren es zwei Gräber, die von einem Kreisgraben eingefasst waren. Legt man nun den gleichen Quotienten wie für Dermsdorf an, wäre dieses ein Haus für 126 Männer gewesen. Bemerkenswerterweise fand sich im einige Kilometer entfernten Schkopau ein Depot von 124 Beilen. Das wird zwar nicht zum Zwenkauer Stützpunkt gehört haben, zeigt aber, dass es diese Kontingentgröße tatsächlich gab. Denn zählt man zu den 124 einfachen Beilträgern noch zwei Anführer dazu, die ihre Stabdolche womöglich anderswo deponierten, kommt man tatsächlich auf 126 Mann.

***

Armeen bereits in der frühen Bronzezeit? Bisher hielt man das für ein Ding der Unmöglichkeit. Zumeist werden für das Neolithikum und die Bronzezeit nur sippengebundene Fehden oder überfallartige Raubzüge angenommen, größere kriegerische Auseinandersetzungen brachte man frühestens mit dem Ende der Bronzezeit und der Eisenzeit in Verbindung. Liest man indes Quellen, die aus römischer Perspektive über die Völker nördlich der Alpen berichten, stellt sich die

Frage nach deren Vorgeschichte. Denn das, was damals Rom in Angst und Schrecken versetzte, kann ja nicht einfach aus dem Nichts aufgetaucht sein. Bereits der erste größere Zusammenprall mit den als barbarisch empfundenen keltischen Stämmen führte 387 vor Christus bei der Schlacht an der Allia zu einer verheerenden römischen Niederlage, die mit der Plünderung Roms endete. Auch die folgenden Kriege mit dem Norden entsetzten die mediterranen Betrachter – vor allem wegen der großen Anzahl von »Barbaren« und deren Kampfkraft. Selbst wenn wir davon ausgehen, dass die antiken Quellen maßlos übertreiben, und deshalb nur zehn Prozent der angegebenen Truppengrößen annehmen, ergäbe das im Fall der Kimbernkriege immer noch ein Heer von 40 000 Kriegern. Da sich Wirtschaftsweise und Bevölkerungszahlen in den beiden vorchristlichen Jahrtausenden nicht grundsätzlich geändert haben, wären also die Grundlagen für die Existenz größerer Truppenkontingente bereits in der Bronzezeit gegeben gewesen.

Diese Annahmen werden unterstützt durch eine der wichtigsten archäologischen Entdeckungen der letzten Jahre in Deutschland. So idyllisch sich die Tollense durch die grüne Talaue im südlichen Mecklenburg-Vorpommern windet, so grausig war das, was die Archäologen dort vorfanden. Aus den Uferböschungen ragten Skelettreste, Pfeilspitzen steckten in Armknochen, Holzkeulen muteten mal wie Baseball-, mal wie Krocketschläger an. Die großflächige Ausgrabung förderte Skelett über Skelett zutage, die fast ausschließlich von jungen Männern stammten. Ihre Verletzungen lassen keinen Zweifel: Hier tobte vor 3300 Jahren eine Schlacht. Die Leichen wurden geplündert und dann liegen gelassen. Das Tal muss einst ein bestialischer Ort des Schreckens gewesen sein. Die Schätzungen der Archäologen gehen von bis zu 6000 am Kampf beteiligten Kriegern aus. Die Machart der Pfeilspitzen wie die Isotopenanalysen der Zähne sprechen für einen großen Anteil von Kriegern aus dem Süden. Die Schlacht an der Tollense datiert um das Jahr 1300 vor Christus; das sind gerade 300 Jahre, nachdem die Himmelsscheibe von Nebra auf dem Mittelberg vergraben wurde. Armeen auch in der frühen Bronzezeit? Kein Ding der Unmöglichkeit.

Krieg in der Bronzezeit: *Die Archäologen gehen von bis zu 6000 Kriegern aus, die vor gut 3300 Jahren in der Schlacht an der Tollense aufeinandertrafen. Karol Schauers Rekonstruktion beruht auf den zahlreichen im Talgrund gemachten Funden.*

***

Wir sind überzeugt, damit den Schlüssel zum Verständnis des Reichs der Himmelsscheibe gefunden zu haben. Sehen wir uns zunächst die weiteren Konsequenzen an, die aus der These resultieren, dass sich hinter den Waffenhorten tatsächlich existierende Kriegerverbände verbergen und ihre Zusammensetzung die militärische Hierarchie widerspiegelt. Dabei ist zu berücksichtigen, dass zahlreiche Horte bereits im 19. Jahrhundert beim Pflügen entdeckt wurden und damit nie sichergestellt ist, ob auch alle Objekte ins Museum gelangten. Manches Beil blieb in der Erde, war vielleicht schon früher gefunden worden oder wurde als Souvenir behalten – bei so vielen Stücken scheint es ja nicht schlimm, wenn eines fehlt. Da aber die Horte regelhaft in Gefäßen deponiert wurden, ist von einer gewissen Vollständigkeit auszugehen.

Auffällig ist, dass die Horte in der Regel nicht etwa nur aus Beilen oder Dolchen, sondern oft aus verschiedenen Waffentypen bestehen. Diese weisen spezifische Verteilungsmuster auf, die sich auch in der Gesamtsumme aller Waffen widerspiegeln. Insgesamt fanden sich in Mitteldeutschland 1174 Beile, dazu 36 Stabdolche, 20 Dolche und 11 Doppeläxte. Auf etwa 30 Beilträger kam also ein Stabdolchträger, auf 60 Beilkrieger ein Dolchträger und auf etwa 120 Beilträger der Träger einer Doppelaxt. Dieses Muster erinnert an die Kommandostruktur von Armeen. Jede Einheit hat einen Anführer, dessen Rang umso höher ist, je mehr Soldaten ihm unterstellt sind. Die Zahlenverhältnisse ähneln denen, wie wir sie aus dem römischen Heer der Kaiserzeit mit Zenturie, Manipel, Kohorte, Legion kennen oder dem preußischen Heer, das in Zug, Kompanie, Bataillon, Regiment gegliedert war. Die Waffen fungieren also zugleich als Rangabzeichen und bilden die Militärhierarchie ab. Das Beil steht für einen einfachen Soldaten, ein Stabdolch für das bronzezeitliche Äquivalent eines Unteroffiziers, der Dolch für einen Offizier, die Doppelaxt möglicherweise für eine Art General.

Faszinierend an neuen Theorien ist, wenn sie sich als fruchtbar erweisen und ihrerseits zu weiteren Hypothesen führen, die sich dann bestätigen. Bronzewaffen im Museum erscheinen uns heute alle mehr oder minder als gleich grün patiniert. Sieht man sich aber unter der Prämisse, dass sie militärische Ränge repräsentieren, die Metallzusammensetzung an, fällt auf: Die vielen Beile bestehen mehr oder minder alle aus Kupfer. Die Waffen der angenommenen Offiziere aber, die Dolche, Stabdolche oder Doppeläxte, haben in der Regel Beigaben von Arsen, Antimon oder Zinn. Das macht sie nicht nur härter als die Beile der einfachen Soldaten. Vor allem verändern die Legierungen die Farbe zu Silber und im Fall von Zinn zu Gold. Das stärkt ihren Charakter als Repräsentationswaffen und Distinktionsmittel: Die Hierarchie springt so noch viel mehr ins Auge.

Ein weiteres Indiz für die Armeethese: Die allermeisten Aunjetitzer Beilhorte sind durch sieben teilbar. Dabei gibt es Hinweise, dass damals schon das Dezimalsystem benutzt wurde: Kupferne Spangenbarren im bayerischen Oberding etwa waren mit Baumbast zu Bündeln von je zehn Stück zusammengeschnürt, von denen wiederum zehn ein Paket ergaben, das 100 Spangenbarren umfasste. Die Dominanz der Sieben in den Beilhorten deutet deshalb womöglich auf einen funktionellen Grund hin. Sieben ist eben nicht nur die Plejadenzahl, sie ist auch die »Millersche Zahl«. Der Psychologe George A. Miller hatte in Experimenten nachgewiesen, dass Menschen im Schnitt nur sieben Informationseinheiten gleichzeitig im Kurzzeitgedächtnis präsent halten können. Schon der englische Philosoph John Locke (1632–1704) war zu dem Ergebnis gekommen, dass Menschen, die eine größere Anzahl von Gegenständen einen kurzen Augenblick lang zu sehen bekommen, bei bis zu sieben Objekten eine Trefferquote von fast 100 Prozent haben. Bei mehr als sieben fällt diese Quote schlagartig ab. Die Kapazität des menschlichen Auffassungsvermögens scheint damit der Grund zu sein, dass militärische Trupps als kleinste Kampfeinheiten fast immer aus sieben bis acht Personen bestehen. Im Gefecht gilt es, auf einen Blick zu erkennen, ob alle da sind. Warum sollten nicht auch in Aunjetitz sieben Krieger die kleinste Einheit gebildet haben?

Doch ist das nicht alles reine Spekulation? Nun gebietet das gute alte scholastische Prinzip der Parsimonie, auch als »Ockhams Rasiermesser« bekannt, unter verschiedenen Erklärungsmöglichkeiten jener den Vorzug zu geben, welche die sparsamste ist, also die mit der geringsten Anzahl von Prämissen auskommt. Und die Annahme, dass ein Haufen Waffen nun einmal ein Haufen Waffen ist, ist an Einfachheit schwerlich zu übertreffen. Und sie erklärt eine ganze Reihe von Auffälligkeiten, die ansonsten rätselhaft bleiben.

Zunächst passt die Existenz von Truppen bestens zu dem Befund, dass in Aunjetitz die große Masse der Männer ohne Waffen ins Grab gelegt wurde – im Gegensatz zu den Kulturen davor und danach. Allein der Fürst und einige Vertreter der Elite, vielleicht die Kommandanten, erhielten Waffenbeigaben. Deshalb auch die Überausstattung der Fürsten: Sie inszenieren sich als die Herren der Waffen. Dann passt eine strenge Militärordnung bestens zur penibel stratifizierten Gesellschaft von Aunjetitz. Eine reglementierte Hierarchie, in der Menschen durch in die Augen springende Attribute ihren Rang signalisieren – wir erinnern an die Ösenkopfnadeln –, ist eine Innovation der frühen Bronzezeit. Ein Armeewesen liegt genau in dieser Konsequenz.

Entsprechend ist es auch kein Zufall, dass wir eine Ballung der Beilhorte ausgerechnet rund um Dieskau finden, der reichsten Region mit dem Bornhöck als absolutem Ausnahmegrab. Die größten Horte bestehen hier aus gut je 300 Beilen. In Sachen Grab, Gold und Truppen gilt: Der König beansprucht ein Vielfaches von dem, was einem Fürsten wie dem von Leubingen zustand.

Schließlich erklären Armeen, wieso es den Aunjetitzern gelang, sich für Jahrhunderte auf den besten Böden festzusetzen und den Handel zu kontrollieren. Invasionsversuche sind archäologisch keine nachzuweisen. Trotz intensiver Suche entdeckte die Arbeitsgruppe um Peter Ettel, Professor für Ur- und Frühgeschichte an der Universität Jena, weder Befestigungsanlagen noch Höhensiedlungen. Die Menschen siedelten über das Land verstreut; dort, wo es am praktischsten, nicht, wo es am sichersten war. Die Dörfer mit ihren in Ost-West-Richtung orientierten Langhäusern reihten sich perlschnurartig entlang der Flüsse, dahinter lagen direkt die Felder. Bisher fanden wir kein einziges Haus, das bei einem kriegerischen Ereignis in Schutt und Asche gelegt worden wäre. Wir haben es ja ausführlich dargestellt: Über Jahrtausende war dieses schwarzerdige Paradies heiß umkämpft; sollte es nun einfach so dagelegen haben, offen für jedermann – und keiner wollte es? Oder gewährleisteten an strategischen Punkten stationierte Truppen den Schutz?

Erinnern wir uns an die gewaltigen Mahlsteinfunde aus dem Bornhöck: Während ansonsten Familien das Mehl für den Eigenbedarf selbst mahlten, waren diese Steine nicht nur zu groß dafür, sie benötigten eigene Konstruktionen, die in gesondert errichteten Gebäuden installiert waren. Roberto Risch wies darauf hin, dass die Arbeit an ihnen wohl nur von Sklaven oder Kriegsgefangenen verrichtete Zwangsarbeit gewesen sein konnte. Nicht nur, dass die mögliche Existenz von Sklaven ein weiteres ins staatliche Gesamtbild passendes Puzzlestück darstellen würde; die monströsen Mahlsteine selbst sind der Beleg für die zentrale Sammlung, Verarbeitung und Verteilung von Ressourcen. Es ist kein abwegiger Gedanke, dass sie dazu dienten, das Mehl für die Soldaten zu produzieren. Übrigens wieder eine bemerkenswerte, aber zufällige Parallele über die Jahrtausende hinweg: Die Mahlsteine, die das Mehl für die Truppen der Bronzezeit produziert haben könnten, ruhen heute im Hallenser Museumsdepot – das in einer gigantischen ehemaligen Heeresbäckerei der Wehrmacht unweit der Saale untergebracht ist. Hier wurden Kommissbrote für Soldaten zu Abertausenden gebacken.

***

Damit hätten wir also in Aunjetitz das vorgefunden, was Max Weber mit dem sperrigen Wort »Erzwingungsstab« bezeichnete: das Monopol auf legitime Gewaltausübung. Die meisten Staatsdefinitionen sehen darin das Hauptunterscheidungskriterium zwischen Häuptlingstum und Staat. Demnach hätten wir es hier also neben der langen Dauer des Reichs von Nebra, der Existenz von komplexem Wissen und einer ausgeprägten Hierarchisierung mit einem weiteren fundamentalen Argument für ein Staatswesen zu tun. Das aber hatte seinen Preis: Unter dem System von Aunjetitz lebten die Bauern vermutlich sicher und lange Zeit in Frieden, mussten aber erhebliche Abgaben leisten, um die Soldaten ebenso wie den Prunk der Fürsten zu finanzieren. Dank der hochproduktiven Böden war diese Last jedoch wahrscheinlich leichter zu erbringen als andernorts.

Zugleich erklärt sich so, dass der Reichtum der Aunjetitzer Fürsten eben nicht primär, wie traditionell vermutet, in der Ausbeutung der Rohstoffquellen Salz und Kupfer im Harzvorland lag, sondern in der Sicherung der perfekten verkehrsgeografischen Lage. Diese erlaubte es den Fürsten, den Handel zwischen Nord und Süd über Jahrhunderte hinweg zu kontrollieren. Und das Kontrollieren muss man im Fall von Aunjetitz sehr ernst nehmen. Während hier und bei den befreundeten südlichen Nachbarn in Böhmen der baltische Bernstein weitverbreitet war, zeigt die archäologische Kartierung, dass die Ausbreitung des »baltischen Goldes« in den fernen Süden effektiv verhindert wurde. Kaum ein Stück Bernstein erreichte Griechenland, den Vorderen Orient oder auch nur Italien in dieser Zeit. Umgekehrt unterbanden die Fürsten den Weg des Kupfers nach Skandinavien und verzögerten dort die Bronzezeit um Jahrhunderte. Ohne Waffengewalt wäre solch eine Handelsblockade undenkbar.

Nun wollen wir ja keine neuen Forschungsfelder für Militärhistoriker eröffnen. Wir rekonstruieren die Welt der Himmelsscheibe von Nebra, um zu überprüfen, ob diese zu den ambitionierten Forschungsergebnissen passt, die wir im ersten Teil des Buchs vorgestellt haben. Das können wir getrost bejahen, haben wir es hier doch mit einem frühen Staatswesen zu tun, das über lange Zeiten hinweg den Fernhandel in Sachen Zinn, Kupfer, Bernstein, sicher auch von Salz organisierte und sich dazu auf einen Militärapparat stützte. Auf dieser Basis erwuchs tatsächlich ein Bewusstsein für kalendarische Notwendigkeiten, wie es sich in der Himmelsscheibe manifestiert hat. Ob es nun um Dienstzeiten der Soldaten ging, Koordinierung von Truppenablösungen an den Außengrenzen, Fragen der Versorgung, der Abgaben und Verteilung der Überschüsse, oder um die Koordinierung des Fernhandels, all das funktionierte mit taggenauen Terminierungsmöglichkeiten besser.

»Synchronisierung«, schreibt Pierre Bourdieu, »ist eine stillschweigende Voraussetzung für das gute Funktionieren der sozialen Welt.« Je komplexer die Gesellschaft, desto größer der Synchronisierungsbedarf. Deshalb brauchen Staaten Kalender. »Die Konstitution des Staates fällt mit der Konstitution gemeinsamer zeitlicher Bezugspunkte zusammen.« Sie erst schaffen eine »öffentliche Zeit«, etwas, das nur für uns heute eine Selbstverständlichkeit ist. Alle »Staatengründer sind«, schreibt Bourdieu, »wenn es denn möglich ist, durch anthropologische Vergleiche so weitreichende Genealogien herzustellen, mit diesem Problem konfrontiert«, nämlich ihre Untertanen demselben Zeitregime zu unterwerfen. Kurzum, das Reich von Aunjetitz mit seinem Sinn für Hierarchien, in denen die Menschen ihre festgelegten Plätze hatten, war sehr empfänglich für jeden Versuch, Ordnung in den Zeitenlauf zu bringen. Die auf der Himmelsscheibe fixierte Schaltregel muss da wirklich wie ein Geschenk des Himmels erschienen sein.

***

Unsere Theorie postuliert für die frühe Bronzezeit Mitteleuropas unvermutete Dinge. Auch wenn es um die archäologische Evidenz oft nicht so gut bestellt ist, wie wir uns das wünschen würden, halten wir unsere bisherige Beweisführung für plausibel. Auch wirft sie neue, spannende Fragen auf: Sollte es Armeen denn nur hier im mitteldeutschen Aunjetitz gegeben haben? Geben wir ein prominentes Beispiel: Stonehenge. Schon lange sieht man Parallelen zwischen der Kultur von Wessex im Südwesten Englands und der von Aunjetitz. Der Fürst des in Sichtweite von Stonehenge gelegenen Grabhügels von Bush Barrow hatte neben prächtigen Beigaben – darunter zwei faszinierende geometrisch verzierte Rauten aus Gold – einen steinernen Keulenkopf, drei Dolche und ein Beil aus Kupfer im Grab. Einer der Dolchholzgriffe war mit Abertausenden winziger Goldnägel verziert.

Dolche und Beile finden wir im nur 1000 Meter entfernten Stonehenge wieder – und zwar eingeritzt in die aufrecht stehenden Sarsensteine. Die Gravuren haben bisher wenig Aufmerksamkeit erfahren. Im Jahr 2011 wurden mittels Laserscan 115 Beile und drei Dolche identifiziert, stilistisch datiert in die Zeit zwischen 1750 und 1500 vor Christus. Könnten nicht auch die Beile und Dolche auf den Steinen von Stonehenge Repräsentationen tatsächlicher Kriegertruppen und ihrer Offiziere sein, die im Dienste der Wessex-Fürsten standen und sich hier verewigten? Angesichts der engen Beziehungen zwischen Wessex und Aunjetitz drängt sich damit die Frage auf: Verfügten auch die Herren von Stonehenge über Armeen?

Wenn wir mit alldem behaupten, dass es an einem Ort, den bisher niemand wirklich im Sinn hatte, wenn es um fortschrittliche prähistorische Kulturen ging, zum wohl ersten Staatsgebilde Mitteleuropas kam, König und Armeen inklusive, dann sollten wir eine gute Erklärung dafür haben, wie und warum das ausgerechnet hier geschehen konnte. Die werden wir jetzt präsentieren.

22
Erste Alchemisten

Das Reich von Nebra mit einem Herrscher an der Spitze, der sich wie ein Pharao des Nordens gerierte und über Armeen beiltragender Soldaten gebot – klingt das nicht zu sehr nach einer Geschichte aus *Tausendundeine Nacht*? Mag sein. Wir setzen sogar noch eins drauf. Nicht nur, dass wir uns an eine Erklärung machen werden, der es an Göttern, Gold und Menschenopfern nicht mangelt. Nein, wir starten damit zu zeigen, dass die Ausgangsbasis für solch eine außerordentliche Alleinherrschaft kaum schlechter hätte sein können. Nichts deutete östlich des Harzes auf ein besonderes Talent zur Unterwerfung hin – im Gegenteil.

Erinnern wir uns: Mitte des 3. Jahrtausends standen sich in Mitteldeutschland zwei Kulturen gegenüber, deren Angehörige sich im Grab umdrehen würden, wenn sie wüssten, dass sie nach dem Dekor ihrer Töpferware benannt werden: die Glockenbecher und die Schnurkeramiker. Beide besaßen Wurzeln, die auf mehr oder weniger verschlungene Weise in die Weiten der Steppe des Ostens zurückreichten. In beiden Fällen haben wir es mit Kulturen zu tun, die sich in ihren Grabausstattungen einen ausgesprochen martialischen Charakter gaben.

Für ein heroisches Selbstverständnis, das nicht gerade die beste Voraussetzung für Soldatengehorsam ist, spricht auch, dass es in beiden Kulturen rituelle Zweikämpfe zwischen Kriegern gab. Manche liefen nach festen Spielregeln ab und waren nicht tödlich, zumindest meistens. »In den Hunderten von schnurkeramischen Gräbern, die wir aus Mitteldeutschland kennen, stoßen wir immer wieder auf Skelette, bei denen wir ein Schädeltrauma oder eine Trepanation diagnostizieren«, berichten die Anthropologen Nicole Nicklisch und Kurt W. Alt. Trepanationen gehören zu den ältesten operativen Eingriffen der Menschheit: Ein Loch, oft gut daumenbreit, wurde in die Schädeldecke gebohrt, um bei Blutungen oder Tumoren den Hirninnendruck zu reduzieren (also bösen Dämonen den Weg aus dem

Körper zu ermöglichen). Die Patienten, die das ohne nennenswerte Betäubung ertragen mussten, überlebten die prähistorische OP überraschend oft. Auch die beobachteten Schädeltraumata führten in aller Regel nicht zum Tod, sondern verheilten.

Den Anthropologen fiel ein typisches Muster auf: Die Verletzungen fanden sich meist an derselben Stelle, links in der sogenannten Hutkrempenregion des Kopfs – das Ergebnis eines von oben geführten Schlags eines Rechtshänders. Und es war stets nur ein Treffer. Für die Anthropologen ein Beleg, dass es sich um Zweikämpfe handelte, die nach festen Regeln abliefen. »Hätte eine Tötungsabsicht bestanden, müssten wir mehr Verletzungen am einzelnen Schädel finden. Vor allem wären die Schläge nicht mit dem stumpfen Nacken der Axt, sondern mit der scharfen Schneide erfolgt«, konstatieren sie. Zudem fehlten Abwehrverletzungen an Unterarmen und Händen. Womöglich trugen die Schnurkeramiker einen Kopfschutz, der die Wucht der Schläge minderte.

Auch bei den Glockenbechern finden sich Hinweise auf ritualisierte Formen der Gewalt, doch ging es dort weniger ums Kräftemessen als um Konfliktregulierung. So stießen die Archäologen auf ehrenvoll bestattete Tote, die eine Vielzahl typischer Kriegsverletzungen aufweisen. Es handelte sich dabei aber um Männer jenseits der 40, 50 Jahre und eben nicht um junge Männer, die eigentlich in den Krieg ziehen. Weil es ausgesprochen muskulöse Kämpen waren, wird vermutet, dass hier Mann gegen Mann antrat, um stellvertretend für ihre Gruppen einen Konflikt zu regeln.

Menhire aus dieser Zeit zeigen angedeutete Menschenkörper, die mit einem ganzen Arsenal von Waffen wie Stabdolchen, Beilen und Dolchen behängt sind. Svend Hansen sieht in diesen ersten Großplastiken Europas »Repräsentationen der großen Helden«. Wir können also sicher sein, dass sowohl bei Schnurkeramikern als auch bei Glockenbechern eine Kriegerkaste existierte, die einem heroischen Ideal verpflichtet war, das, wie die Waffenbeigaben im Grab belegen, auch vor der Ahnenwelt nicht haltmachte.

Um also zu unserer Eingangsfrage zurückzukehren: Wie soll es gelungen sein, solchen Kriegern die Waffen und damit ihre Identität zu nehmen? Man stelle sich einmal den Aufstand vor, den wir heute erlebten, würden Staaten wie die USA oder die Schweiz ihren Bürgern das Recht auf Waffenbesitz entziehen. Von der Entwaffnung irgendwelcher Warlords in den Krisengebieten dieser Welt ganz zu schweigen. Wir können also unsere Kernfrage in Sachen Staatsentstehung präzisieren: Wie bringt man die vielen dazu, die Waffen abzugeben und fortan dem einen gehorsam zu folgen?

***

Alles deutet darauf hin, dass es bedeutend einfacher gewesen ist, als sich das unsere Fantasie ausmalt. Gewalt brauchte es nicht dazu. Ausgrabungen liefern keine Hinweise für kriegerische Auseinandersetzungen. Die Glockenbecher infiltrierten ab 2500 vor Christus Mitteldeutschland und lebten dort gemeinsam mit den bereits ansässigen Schnurkeramikern. Nicht im selben Dorf, wohl aber in regionaler Nachbarschaft. Das Ergebnis: Die Kultur der Schnurkeramiker verblasste innerhalb der nächsten 200 Jahre, sie wurde unsichtbar im archäologischen Befund. Doch wie die genetischen Untersuchungen des Max-Planck-Instituts für Menschheitsgeschichte in Jena zeigen, lebten die Schnurkeramiker fort; sie wurden weder getötet noch vertrieben. Sie verschmolzen mit den Glockenbechern zur neuen Kultur von Aunjetitz.

Diesen Prozess dominierten die Glockenbecher. Wir haben sie als Herren des Metalls vorgestellt; sie waren es, die die Metallurgie nach England brachten. Auf Pferden konnten sie schnell große Distanzen überbrücken. Im unweit von Stonehenge gelegenen Glockenbechergrab des Amesbury Archers fanden sich die ältesten bisher entdeckten Goldobjekte der Insel. Die Glockenbecherleute waren es, die in Cornwall bei der Goldsuche in Flüssen wie dem Carnon auf Zinn stießen und bei ihren metallurgischen Experimenten goldschimmernde Zinnbronzen fabrizierten. Es spricht sehr viel dafür, dass dies ihre eigenständige Innovation war. Die reichsten von ihnen inszenierten sich in ihren Gräbern als Schmiede des neuen Metalls. Als hochmobile Gruppe installierten sie in Europa ein Netzwerk des Wissens und des Handels.

Über diese Glockenbecher-Connection strömten Metalle und

technologisches Wissen nach Mitteldeutschland. Auch hier stammt das älteste bisher gefundene Gold aus einem Glockenbechergrab. Zwar fand Kupfer schon im 4. Jahrtausend in Europa Verwendung, aber dessen Gebrauch stagnierte dann wieder. Warum? Wir wissen es nicht. Jedenfalls scheinen die Glockenbecher der Metallurgie den entscheidenden Innovationsschub gegeben zu haben. Als erfahrene Prospektoren entdeckten sie neue Erzquellen.

In England boomte ab 2200 vor Christus die Bronzeherstellung – und das dürfen wir in seiner symbolischen Kraft nicht unterschätzen. Den Glockenbechern war etwas Magisches gelungen: Dank des Zinns konnten sie augenscheinlich aus Kupfer eine Art neues, härteres Gold machen. Die Glockenbecher waren die ersten Alchemisten. Mit ihnen brachen goldene Zeiten an. Die neue Bronze wurde zum Statussymbol der Eliten. Auch andere Aunjetitzer Distinktionsmittel wie Dolche und goldene Schläfenringe entstammen ihrem Fundus. Lässt sich Dominanz deutlicher ausdrücken? Und wie das aus England stammende Zinn und Gold der Himmelsscheibe belegen, bestand diese Tradition über Jahrhunderte hinweg.

Die Glockenbecherleute sind immer wieder als »Lichtbringer« bezeichnet worden. Sie scheinen der Innovationsmotor gewesen zu sein, der, wo auch immer sie hinkamen, die Gesellschaft revolutionierte. Ihnen haben wir das neue Zeitalter zu verdanken, die Bronzezeit. Aber auch wenn die Schnurkeramiker kulturell den Kürzeren gezogen zu haben scheinen, trugen sie ihren Anteil zur neu entstehenden Hybridkultur bei. Wir haben das im Kapitel »Das Geheimnis der Macht« gezeigt: Die großartigen Hügel, unter denen die Fürsten von Aunjetitz begraben wurden, sind nur das prominenteste Beispiel. Das ist schon ein Teil der Antwort, warum wir es an diesem Ort in Europa mit der Entstehung eines staatsähnlichen Gebildes zu tun haben: Die Konkurrenz war wichtig. Zwei ähnliche, aber doch verschiedene Kulturen verschmolzen zu einer neuen, mächtigen Legierung. Wir nennen sie Aunjetitz.

Die neue Zeit wird von den Zeitgenossen auch als solche wahrgenommen. Das spiegelt sich in der Alltagskeramik wider. Während des Neolithikums, also auch bei Glockenbechern und Schnurkeramikern, waren Tongefäße stark und markant verziert. Die Dekore einer Kultur ähnelten sich sehr, wiesen aber lokale Besonderheiten auf, sodass man geneigt ist, in ihnen regionale Stammesmuster zu erkennen. Sie gehören damit in den Kontext dessen, was Anthropologen »ethnic marking« nennen. Doch diese identitätsstiftenden Markierungen verschwinden nun. Das Geschirr in Aunjetitz kommt ohne Verzierung aus. Die alten, regionalen Gruppen scheinen in einem größeren Gebilde aufzugehen. Wir haben es mit einem Kulturbruch zu tun, der als Fortschritt empfunden worden zu sein scheint. Die neue Keramik ist dunkel und poliert, sie imitiert den funkelnden Glanz des Metalls.

Wer wollte da noch nach seinem alten Steinbeil greifen? Selbst die neuen, gegossenen Beile vermeiden jeden formalen Anklang an die kunstvoll facettierten Steinäxte der Schnurkeramiker. Wer konnte, ging mit der neuen Zeit. Die anderen, so ist zumindest archäologisch zu konstatieren, verschwanden im Orkus der Geschichte.

***

Wir sehen: Das Problem, wie die alten Helden entwaffnet wurden, existierte womöglich gar nicht. Aus der Glockenbecherelite ging die Elite von Aunjetitz hervor. Sie war im Besitz der begehrten Prestigegüter und verstand es, ihr Technologiemonopol in ökonomische wie kulturelle Dominanz umzumünzen. Als dann um 2000 vor Christus in der heutigen Slowakei neue Kupferquellen entdeckt wurden, Fahlerze mit hohem Nickelanteil, wurde Aunjetitz von einem Metallboom erfasst, den die Eliten nutzten, um Reichtümer anzuhäufen. Sie kontrollierten die Ressourcen, den Handel und die Herstellung. Vor allem: Sie waren es, die die neuen Waffen vergaben. Auf diese Weise schufen sie sich Gefolgschaften. Das war die Keimzelle jener Truppenkontingente, die wir im vorherigen Kapitel beschrieben haben. Dank der guten Böden und der ausgezeichneten Handelslage war deren Finanzierung leichter zu bewerkstelligen als andernorts. Das alles geschah nicht von heute auf morgen, verlief aber mit großer Konsequenz.

Die bereits erwähnten Metallanalysen stützen diese These: Die ältesten Bronzen mit perfektem Zinngehalt finden wir in den Fürstengräbern. Die Waffen der Elite, der Offiziere unserer postulierten

Armeeeinheiten, also etwa Stabdolche oder Doppeläxte, waren erst mit Arsen oder Antimon, später mit Zinn legiert und signalisierten mit ihrem zunächst silbernen, dann goldenen Funkeln den Führungsanspruch. Die Beile der einfachen Soldaten hingegen sind bloß aus Kupfer; sie enthalten, wenn überhaupt, geringe Zinnbeimischungen, welche die Materialeigenschaften verbesserten, aber die Farbe unbeeinflusst ließen. Gold selbst war nur dem engsten Kreis der Macht vorbehalten.

Ein Befund, der bestens mit dem strengen Regiment der Ösenkopfnadeln harmoniert, das wir bereits im Kontext der Fürstengräber vorstellten. Auch da sahen wir, dass materielle Objekte als sichtbare Statusanzeiger fungierten. Die goldenen Nadeln waren allein den Fürsten vorbehalten, die Elite aber durfte Nadeln aus Bronze tragen. Auch hier zeigten die Analysen: Ein hoher Zinnanteil sicherte ihnen einen goldenen Anschein.

Die Menschen waren fasziniert von den Möglichkeiten, die sich ihnen zum ersten Mal boten: Farben und Härten der Metalle selbst zu bestimmen. Das ist ein Aspekt, der heute, wir sagten es schon, angesichts der grün patinierten Bronzeobjekte nicht mehr wahrgenommen wird. Auch als wir die Anfänge der Metallurgie behandelten, stellten wir fest, wie stark die Ästhetik, die Signalwirkung der Farben, im Vordergrund stand. Wir sehen hier sich jenen Farbcode von Gold, Silber und Bronze etablieren, der in Form olympischer Medaillen bis heute gilt. Wir können damit beobachten, wie das entsteht, was als »Corporate Design« fest in unserer Alltagswelt verankert ist: Soziale Organisationen sollen auf den ersten Blick identifizierbar sein – und Farben sind das beste Mittel dazu.

Wir haben es also in unserem Reich von Nebra nicht allein mit einer stark hierarchisierten Gesellschaft zu tun, sondern mit einer, die ein System der feinen Unterschiede entwickelt hat, damit diese Hierarchie für alle Mitglieder der Gesellschaft auf den ersten Blick erkenntlich wird. Leider wissen wir zu wenig über die bronzezeitliche Kleidung, aber es ist anzunehmen, dass wenn es schon Regeln für den Gebrauch von solchen Details wie Gewandnadeln gab, wir auch dort mit Vorschriften zu rechnen haben.

Die Soldaten jedenfalls werden allein schon mittels des für jedermann sichtbaren Farbcodes ihrer Waffen in eine feste Ordnung gezwungen. Das Doppelspiel aus Waffentypus und Farbe verwandelt Individuen in öffentlich erkennbare Funktionsträger. Hier schlägt sich die gesellschaftliche Hierarchie in ersten Ansätzen der Uniformierung nieder. Der Staat nimmt sichtbar Gestalt an.

***

Soziologen verwenden in diesem Kontext gern den sperrigen Begriff »Prestigegütersystem«. Wo der gesellschaftliche Wandel die alten, auf Verwandtschaftsbeziehungen beruhenden Hierarchien ablöste, brauchte es neue, für alle erkennbare Würdezeichen, also das, was der Soziologe Stefan Breuer »zeremonielle Artikel und seltene Gegenstände« nennt, »deren Besitz ihren jeweiligen Träger als in der Gnade stehend, als charismatisch qualifiziert ausweist«. Indem der Herrscher die Produktion und Zirkulation der knappen Prestigegüter kontrolliert, schöpft er Überschüsse ab und bindet die Eliten an sich. Es ist also die Macht, die sich auf die Gegenstände überträgt, sie gibt den Dingen ihr Prestige und macht sie begehrenswert.

Im Fall des Metalls verläuft dieser Prozess in der umgekehrten Richtung! Hier verdankt sich die Macht überhaupt erst den Dingen. Das Metall schafft Eliten und damit Prestige. Die Glockenbecher setzten sich in der Konkurrenz durch, weil sie über das technologische Know-how des Aufspürens und Verarbeitens von Erzen verfügten. Sie besaßen das Netzwerk, um Handel und Verteilung des Metalls zu organisieren. Und sie besaßen den Zugang zum Zinn. Das alles schlug sich in wirtschaftlicher Überlegenheit nieder, der daraus resultierende Reichtum diente dann dazu, sich jene Gefolgschaften zu sichern, die als Grundlage ihrer Herrschaft fungierten.

Zentral dabei ist: Das Geheimnis der Macht lag im Wissen. Und zwar im esoterischen, also nur Eingeweihten bekannten Wissen. Das sicherte der Elite die Herrschaftsbasis. Das Wissen um die Rezeptur für die Bronze, das Wissen, wie und – vor allem – wo Zinn zu beschaffen war, das Wissen um die nötigen Wege dorthin war geheimes Herrschaftswissen. Deshalb wäre es zum Beispiel unmöglich gewesen, eine ähnliche Herrschaft auf Basis des Salzmonopols zu errichten.

Salz zu gewinnen – das war keine große Kunst. Und so wäre jeder, der die Salzproduktion dominierte, stets in Gefahr gewesen, verdrängt zu werden. Die Fürsten von Aunjetitz dagegen waren dank ihres Wissens und ihrer Verbindungen unersetzlich.

»Die Verbreitung der Rohstoffe, der Halbfertig- und Fertigprodukte erfolgte innerhalb komplexer Austauschsysteme und weitreichender Netzwerke«, sagt auch der Glockenbecherspezialist François Bertemes. »Ohne starre hierarchische Strukturen und gemeinsame Wertvorstellungen, vermutlich auch prämonetäre Zahlungssysteme wäre dies undenkbar.« All das legte die Grundlagen für jene Strukturen, die im Fall von Aunjetitz zum Staat führten. Und es lässt sich auch archäologisch belegen, dass die Aunjetitzer das Wissen monopolisierten: Das Geheimnis der Zinnbronze wurde eben nicht nach Norden weitergegeben. Man schnitt Skandinavien gezielt von den Metallströmen ab. Erst nach dem Niedergang von Aunjetitz bricht die nordische Bronzezeit in einer solchen Opulenz an, die nur mit einem gewaltigen Metallhunger zu erklären ist. In seiner Not hatte man sich dort zuvor die begehrten Dolche aus Feuerstein gemacht – und dabei sogar die Gussnähte der Originale in Stein imitiert.

***

Damit haben wir es mit einem zweiten Weg zum Staat, einer zweiten Art der Staatsbildung zu tun. Die traditionellen Theorien zur Entstehung von Staaten sind in der Regel am Geschehen vor allem in Mesopotamien, aber auch Ägypten entwickelt worden: Die aufwendige, auf Bewässerungssystemen beruhende Landwirtschaft in Verbindung mit einem starken Bevölkerungswachstum auf engem, umgrenzten Raum machte eine Verwaltung nötig, die Arbeit organisierte, Überschüsse einzog und neu verteilte. Zu diesen Zwecken wurde die Schrift als Herrschaftsinstrument erfunden. Zunehmende Trockenheit und Bodenversalzung führten zur weiteren Konzentration der Bevölkerung in Städten, die untereinander in Konkurrenz gerieten, was wachsenden Verteidigungs-, Arbeits- und Verwaltungsaufwand nach sich zog. Hier war die Bürokratie der Vater des Staates.

Aber das ist, wie das Aunjetitzer Beispiel zeigt, eben nicht der einzige Weg zum Staat. Hier sind es Wissen und technologische Innovationen, die Reichtum und komplexe Herrschaftssysteme entstehen lassen. Das sollte uns nicht zu sehr überraschen, leben wir doch heute selbst in Zeiten, in denen der Wissensvorsprung, der Zugang zu innovativen Technologien gewaltige Karrieren ermöglicht. Da steigen Computerfreaks, die bereits als Kinder mit dem Tüfteln begannen, zu den reichsten und einflussreichsten Menschen des Planeten auf (Bill Gates). Mitunter wird ihnen sogar eine Art Heiligenstatus zugestanden (Steve Jobs). Und die neuen Global Player des anbrechenden digitalen Zeitalters, Internetgiganten wie Google, Facebook oder Amazon, bauen ihre Macht auf Wissen (Daten). Es ist eine der offenen Fragen des 21. Jahrhunderts, ob wir es hier mit den Keimzellen neuer transnationaler Hyperstaaten zu tun haben. Auch der damit verbundene Hang zu »zeremoniellen Artikeln und seltenen Gegenständen, deren Besitz ihren jeweiligen Träger als in der Gnade stehend, als charismatisch qualifiziert ausweist«, ist uns bestens vertraut. Die entsprechenden Gadgets beweisen: Wir gehören zur neuen, innovativen Wissensgesellschaft dazu. Nur zu bereitwillig begeben wir uns für sie in Abhängigkeiten, deren Auswirkungen wir noch nicht im Geringsten einschätzen können.

Weil sich die Staatswerdung in Aunjetitz also über Wissen und nicht Verwaltung vollzog, waren die Konsequenzen andere als in Mesopotamien: Städte waren hier kein Muss. Die fruchtbaren Böden, die ständige Verfügbarkeit von Wasser und die mangelnde Bedrohungslage erlaubten das verstreute Siedeln dort, wo es am effektivsten war: entlang der Flüsse, in unmittelbarer Nähe der Felder. Auch gab es keine zwingende Notwendigkeit für eine Schrift. Man darf nicht vergessen, dass sie ihre Anfänge als Instrument der Bürokratie nahm. Arbeitsaufwand und Verteilungsbedarf von Nahrungsmitteln waren angesichts ausgedehnter Schwarzerdeböden geringer, ebenso fehlten die aufwendigen Erhaltungsarbeiten, derer Bewässerungssysteme mit ihren Kanälen und Staubecken bedurften. Wie das im Bornhöck gefundene Brotlaibidol zeigt, genügten hier vermutlich einfache Notationssysteme wie Kerbhölzer, um die Abgabenverteilung zu organisieren. Insofern ist es verkehrt, allein aufgrund des Fehlens von Städten und Schrift eine Staatsbildung auszuschließen.

Und wieder passt alles zur Himmelsscheibe. Nicht nur, dass sie offenkundig aus den Glockenbechermetallen Zinnbronze und Gold besteht. Nicht nur, dass die Herkunft ihres Goldes und des Zinns die Jahrhunderte währende Stabilität der etablierten Glockenbecherverbindungen durch halb Europa beweist. Nicht nur, dass sie ein ganz erstaunliches Interesse an Wissen dokumentiert. Ihre Anfertigung als esoterisches Memogramm und die sukzessive Veränderung des Bildprogramms belegen auch, dass Wissen geheim gehalten wurde, dass es auf einen so engen Zirkel der Macht beschränkt war, dass die Weitergabe abreißen konnte, wenn ein Herrscher überraschend verstarb, bevor er seinen Nachfolger eingeweiht hatte. Wenn also die Himmelsscheibe von Nebra für etwas steht, dann ist es dies: Wissen ist Macht! Das ist das Erfolgsgeheimnis von Aunjetitz.

***

Jeder wollte damals am Neuen teilhaben. Mit der Zeit entstanden Abhängigkeiten, die größer und größer wurden. Solch ein System basierte am Anfang, wie wir sahen, nicht auf physischem Zwang. Es war ein allmählicher kumulativer Prozess der Überwältigung. Und das ist ein großer Unterschied zu den sogenannten Hochkulturen, von denen wir uns ein falsches Bild machen, wenn wir sie als »Wiegen der Zivilisation« feiern. Trotz der fantastischen kulturellen Leistungen dort darf nicht vergessen werden: Was in Mesopotamien geschah, bezeichnete der Soziologe Karl August Wittfogel als »orientalische Despotie«. Und der Cambridge-Ägyptologe Toby Wilkinson konstatiert in seiner Darstellung der Geschichte des alten Ägyptens: »Von der Zeit der Menschenopfer während der I. Dynastie bis hin zu dem Bauernaufstand unter den Ptolemäern – in der altägyptischen Gesellschaft beruhte die Beziehung des Königs zu seinen Untertanen nicht auf Liebe und Bewunderung, sondern auf Unterdrückung und Angst. Unter der absoluten Königsmacht zählte ein Menschenleben nur wenig.«

Ob die Herrscher von Aunjetitz tatsächlich menschenfreundlicher waren, vermögen wir nicht zu sagen. Hinweise auf Sklaven haben wir bereits diskutiert. Doch die Grundvoraussetzungen waren günstiger. Es bedurfte keiner Zwangsarbeit, um auf den hochproduktiven Schwarzerdeböden die nötigen Überschüsse zu erwirtschaften. Die Menschen profitierten vom Schutz der Außengrenzen durch die Armeen. Die Bevölkerung lebte in Frieden, litt, das zeigen die Untersuchungen der Anthropologen Nicole Nicklisch, Corina Knipper und Kurt W. Alt, keinen Hunger, ihre gesundheitliche Verfassung war besser als in den Jahrtausenden zuvor. Die Abgabelast war geringer, weil hier nicht solch ein Verwaltungs- und Unterdrückungsapparat finanziert werden musste. Das Reich von Nebra war also ein »schlanker Staat«. Da die »europäische Despotie« sich allem Anschein nach moderater gebärdete, waren die Voraussetzungen für eine lange Existenz günstig. Inmitten offener Grenzen wäre ein allzu ausbeuterischer Staat zum Scheitern verdammt gewesen.

Damit wird die große Frage – wie gelang im Herzen Europas das, was den meisten anderen nicht gelang, nämlich die Herrschaft für Jahrhunderte auf Dauer zu stellen? – schon etwas kleiner. Gewalt war nicht alles. Wissen, Fernbeziehungen und daraus resultierender Reichtum spielten eine zentrale Rolle. Doch auch sie allein reichten noch nicht aus. Bemühen wir noch einmal Pierre Bourdieu: »Mir scheint, dass man die grundlegenden Kräfteverhältnisse der sozialen Ordnung nicht verstehen kann, ohne die symbolische Dimension dieser Verhältnisse einzubeziehen«, sagte er in seinen Pariser Vorlesungen über den Staat. »Wären diese Kräfteverhältnisse nur physische, militärische oder selbst ökonomische Kräfteverhältnisse, so wären sie wahrscheinlich unendlich brüchiger und leichter umzustürzen.« Es braucht mehr, und zwar eine »unsichtbare Macht«, »die so unmerklich wirkt, dass man überhaupt ihre Existenz vergisst«, weil sie so ganz und gar selbstverständlich sei. Bourdieu nennt sie die »symbolische Macht«. Doch auch diese Macht hatten die Glockenbecher, wie wir gleich sehen werden, im Gepäck. Um es plakativ zu formulieren: Sie brachten Stonehenge nach Deutschland!

23
Kräfte des Kosmos

Den wenigsten Stonehenge-Besuchern von heute ist bewusst, wie sehr ihr Tun dem der Menschen vor 4500 Jahren gleicht. Folgt man den Theorien von Mike Parker Pearson, dem Leiter des größten Ausgrabungsprojekts in Stonehenge der letzten Jahre, traf man sich einst zunächst im gut drei Kilometer nordöstlich gelegenen Durrington Walls. Dort begingen die Menschen zur Wintersonnenwende ein Festmahl, zogen in Sichtweite des heute so mysteriös erscheinenden Ringheiligtums Woodhenge hinunter zum Fluss Avon, bestiegen Boote und landeten da an, wo die Prozessionsstraße, die Avenue, hinauf zum gewaltigen Steinkreis führte. Überwältigt von der Aura des heiligen Orts erreichten sie ihr Ziel. Über das, was dann passierte, können wir archäologisch wenig sagen. Für Parker Pearson ist Stonehenge ein Ort der Ahnen gewesen.

Zwar gehört der Ahnenglaube nur noch zum Glaubensinventar der wenigsten von uns, dennoch sammeln sich auch heute Stonehenge-Pilger am gut drei Kilometer nordwestlich gelegenen Besucherzentrum, das mit seiner abenteuerlichen Architektur den Eindruck erweckt, ein wiedergeborenes Steinzeitheiligtum zu sein. Eine Ausstellung stimmt die Menschen auf den Besuch ein, auf Picknickbänken nehmen sie eine letzte Stärkung zu sich, bevor sie den Shuttlebus besteigen. Durch die Salisbury Plain geht es geradewegs zum Steinkreis, die letzte Strecke muss zu Fuß zurückgelegt werden. Andächtig bestaunen die Besucher die Steinriesen, flüstern, als wären sie in einer Kirche, und kehren dann zurück, um im English-Heritage-Shop noch Stonehenge-Devotionalien zu erstehen.

Warum zieht der Steinkreis die Menschen in Massen an? Wir denken dabei gar nicht an die New-Age-Jünger und Druiden-Wiedergänger mit ihren Sicheln, die zur Sommersonnenwende in die Grafschaft Wiltshire einfallen, sondern an die ganz normalen Touristen. Ihre Zahl geht in die Millionen. Sie nehmen einiges auf sich, um einmal an diesem einzigartigen Ort gewesen zu sein. Warum?

»Der Wunsch nach Wissen und die Liebe zum Mysterium sind zwei der mächtigsten menschlichen Impulse, und Stonehenge befriedigt sie beide«, schreibt Rosemary Hill. Damit hat die Historikerin zweifellos recht. Doch Stonehenge zieht die Menschen noch aus einem weiteren Grund an. Einem, der an die religiösen Wurzeln des *Homo sapiens* rührt und den wir verstehen müssen, wenn wir das Geheimnis des Reichs von Nebra und seiner Herrscher ergründen wollen. Schließlich geht es hier um jene »symbolische Macht«, von der Pierre Bourdieu sprach, die so unmerklich wirke, dass man ihre Existenz vergesse. Zugleich bereitet es uns besser auf die außergewöhnlichen Grabungsergebnisse vor, denen wir in diesem Kapitel begegnen werden.

***

Um touristische Phänomene wie einen Stonehenge-Besuch zu erklären, wird gewöhnlich auf deren performative Dimension verwiesen: Im Planen, Reisen, Besichtigen und Berichten über das Erlebte werden gesellschaftliche Werte bekräftigt, die Reisenden erfahren eine Bestätigung ihrer selbst. In der Konsumgesellschaft von heute gelte schließlich: Ich bin, wo ich überall war! Indes, das ist beileibe nicht alles. Wer auch immer nach Stonehenge kommt, das erste Mal der »Mona Lisa« in die Augen blickt oder in die Sixtinische Kapelle tritt, *spürt* etwas; den überwältigt ein Gefühl der Erhabenheit, er fühlt sich verzaubert von der Magie des ganz besonderen Orts. Und obwohl es in Stonehenge verboten ist: Jeder kennt das Verlangen, wenigstens einmal einen der Steine zu berühren. Rational ist das nicht.

Das gilt auch für die Himmelsscheibe: Es gibt Besucher, die sagen, sie habe der Donner gerührt, als sie ihr im dunklen Allerheiligsten des Museums gegenübertraten. Und die häufigste Frage, die allen gestellt wird, die an ihrer Erforschung beteiligt waren, lautet: »Was haben Sie gefühlt, als Sie die Himmelsscheibe zum ersten Mal in Händen hielten?« Nun könnten solche Phänomene als Relikte jener Zeiten beschrieben werden, in denen die Religion das Leben der Menschen dominierte, als ein profanes Weiterleben von Pilgerreisen und Reliquienkult. Dann aber müssten sie in unserer säkularisierten

Zeit zurückgehen und bald ganz verschwunden sein. Das Gegenteil ist der Fall. Vom Taj Mahal bis zu den Vatikanischen Museen: Weltweit ziehen besondere Orte mehr und mehr Besucher an. Schon weiß man vielerorts kaum noch, wie man der Massen Herr werden soll.

Die Religionswissenschaft hat die These vom Verschwinden des Religiösen längst widerlegt. Von William James über Jean Piaget bis hin zu Pascal Boyer und Justin L. Barrett zeigten Psychologen, dass Menschen über angeborene Dispositionen verfügen, die sie empfänglich machen für das, was wir hier erst einmal das »Außeralltägliche«, das »Besondere« nennen wollen. Trotzdem dominiert noch immer ein eindimensionales Religionsverständnis, das unsere heutigen Vorstellungen von Religion in die Tiefe der Vergangenheit projiziert. Dabei müssen wir grundlegend zwischen einem biologischen, also evolutionär entwickelten religiösen Substrat, das im Prinzip bei allen Menschen vorhanden, aber eben wie die Musikalität unterschiedlich ausgeprägt sein kann, und den Religionen selbst unterscheiden. Diese sind kulturelle Gebilde, die sich von Zeit zu Zeit und von Gesellschaft zu Gesellschaft verschieden entwickelt haben. Sie bauen auf dem natürlichen Substrat auf, können aber durchaus in Widerspruch zu diesem geraten.

Da über vorgeschichtliche Glaubensinhalte archäologisch wenig auszusagen ist, begnügt man sich oft mit Verweisen auf das »Kultische« oder verweist stereotyp auf die Prämisse, Religion habe uns schon immer dazu gedient, mit dem Mysterium des Todes fertigzuwerden. Bloß verkennt das, dass die längste Zeit der Menschheitsgeschichte der Tod kein allzu großes Rätsel für die Vertreter der Gattung *Homo* war.

Natürlich sind Menschen nie gern gestorben. Was sie aber danach erwartete, darüber zerbrachen sie sich ursprünglich nicht allzu sehr den Kopf. Menschen sind geborene Dualisten: Seele und Körper sind für sie zwei verschiedene Dinge. In Gedanken, erst recht in Traum und Trance, können wir unsere Körper verlassen, begegnen wir verstorbenen Menschen. Mit dem letzten Atemzug mag unsere sterbliche Hülle an ein Ende gekommen sein, für die Seele gilt das nicht. In so gut wie allen Kulturen der Welt haben Anthropologen den Glauben an das Weiterleben der Seelen als Geister oder Ahnen oder an die Reinkarnation, also die Wiedergeburt der Seele in einem neuen

Körper, nachweisen können. Das ist, wenn man so möchte, die natürliche Form des Glaubens.

Damit einher geht, dass Menschen alles Geschehen spontan zunächst als soziales Geschehen deuten: Hinter jedem Ereignis steckt jemand, ein Wesen, das eine Absicht verfolgt. Wir sagten es schon: Die Evolution hat solches Denken befördert: Lieber einmal zu oft einen bösen Willen am Werk sehen, als einmal zu gutgläubig sein. Die Arglosen blieben auf der Strecke.

Wo keine konkreten Urheber für ein Geschehen zu entdecken waren, kamen all jene Mächte ins Spiel, die sich unter alltäglichen Umständen der menschlichen Wahrnehmung entzogen: Geister, Ahnen, Dämonen, die wesenhaften Kräfte der Natur oder Götter welchen Geschlechts und welcher Gestalt auch immer. Die Menschen glaubten, in einer numinosen, allseits beseelten Welt zu leben. Auch gab es noch keine Unterscheidung zwischen rational und irrational, zwischen Wissenschaft und Religion.

Religion startete also als Versuch, die Welt zu verstehen. Sie ging einher mit der Entwicklung von Kultur zu Kultur verschiedenen, aber oft sehr ähnlichen Strategien, die Absichten der übersinnlichen Mächte zu erkunden und die Gunst jener Wesen zu gewinnen, von denen man annahm, dass sie das Schicksal der Menschen bestimmen. Riten, Opfer, Geisterbeschwörungen und Divination gehören in diesen Kontext. Im Hintergrund stand stets die Annahme, mit den übernatürlichen Mächten auf dieselbe Weise verfahren zu können wie mit Menschen. Entsprechend sollte man nur gut über sie sprechen, für ihr Wohlbefinden sorgen, sie bei Verstimmungen mit Geschenken beschwichtigen oder sie mit Opfern für die Zukunft gewinnen. Schließlich steckten sie auch hinter allem Unheil: Krankheiten und Katastrophen galten die gesamte Menschheitsgeschichte hindurch als Werk von Dämonen, missgünstigen Ahnen oder als Strafe zorniger Götter. Der evolutionäre Vorteil solchen Glaubens: Auch ohne Wissenschaft konnten die Menschen ihre Erfahrungen im Umgang mit der Welt organisieren und nach Wegen suchen, das Unheil zukünftig zu vermeiden, indem sie all jene Handlungen vermieden, die im Verdacht standen, den Zorn der Götter zu erregen.

All das war für Jahrzehntausende der Menschheitsgeschichte

überlebensnotwendig und hat sich tief in unsere Psychologie eingeschrieben. Die wenigen Jahrtausende Wissenschaft waren ein zu kurzer Zeitraum, um daran grundlegend etwas zu ändern. Menschen besitzen deshalb noch in unserer modernen Welt ein feines Sensorium für besondere Mächte, das uns die längste Zeit der Evolution gute Dienste geleistet hat. Wie sehr und auf welche Weise sich das entfaltet, hängt wie bei der Musikalität von individuellen Anlagen, Sozialisation und Kultur ab. Entsprechend sind nicht wenige Menschen religiös gänzlich unmusikalisch.

Mögen also in der westlichen Welt die Kirchenbesuche zurückgehen – die Menschen werden nicht areligiös, sondern suchen neue Wege, ihre Glaubensbedürfnisse auszuleben. Dahinter stehen all die alternativen Transzendenzerfahrungen unserer Tage; all das, was heute unter dem Signum »Spiritualität« firmiert. Dass auch Kunst, Geschichte und Museen in dieser Hinsicht die offizielle Religion beerbt haben, ist schon oft konstatiert worden. Ihnen verdanken wir die heiligen Hallen unserer Tage. Sie versorgen unser biologisch fundiertes Sensorium für »Außeralltägliches« mit selbst für Atheisten akzeptablem Nachschub. Dieser religiösen Ader entspringt unser Faible für besondere Orte und mysteriöse Gegenstände, die im Verdacht stehen, in Verbindung mit jenen höheren Gewalten zu sein, die unser Schicksal bestimmen. Das bedeutet noch lange nicht, dass wir daran glauben müssen. Aber die Evolution hat uns nun mal zu Wesen gemacht, deren Aufmerksamkeit sofort erregt wird, sobald solche Geheimnisse im Spiel sind. Man weiß ja nie!

***

Kehren wir nun in die Vorgeschichte zurück. Damals waren die Menschen bemüht, die sinnliche wie übersinnliche Welt zu erkunden und Wege zu finden, auf deren vielgestaltige Mächte einzuwirken. Die Kontaktaufnahme war an besonderen Orten möglich, sie konnte durch besondere Personen, in besonderen Zuständen wie Traum, Trance oder Rausch oder zu besonderen Zeiten wie den Sonnenwenden erfolgen. Auch besondere Objekte taugten als Medien der Vermittlung. All das möchten wir als »charismatisch« bezeichnen. »Charisma« bezeichnet im Griechischen eine mit Wohlwollen verliehene Gabe; wer sie erhielt, stand in der Gnade übernatürlicher Mächte. Als charismatisch sollen für uns alle jene Orte und Personen, Gegenstände und Gelegenheiten gelten, von denen die Menschen glaubten, sie seien vom Göttlichen begünstigt und deshalb für die Teilhabe an der anderen Welt, dem Heiligen, prädestiniert.

Warum wir dem hier so viel Raum gewähren: Es ist das Charisma, das Privileg des besonderen Zugangs zu den Mächten des Schicksals, das am Anbeginn der Herrschaft steht. Das Charisma stellt die vielleicht wichtigste Quelle symbolischer Macht dar. Die Forschung stimmt weitgehend Max Webers Feststellung zu, dass Herrschaft unter den Menschen als charismatische Herrschaft begonnen und die ersten Staaten als charismatische Staaten entstanden sind. Für Weber war das Charisma die »außeralltäglich geltende Qualität einer Persönlichkeit, ... um derentwillen sie als mit übernatürlichen oder übermenschlichen oder mindestens spezifisch außeralltäglichen, nicht jedem andern zugänglichen Kräften oder Eigenschaften begabt oder als gottgesandt oder als vorbildlich und deshalb als ›Führer‹ gewertet wird«. In prähistorischen Zeiten war das Charisma immer übernatürlichen Ursprungs: Die besonderen Gaben eines Herrschers, seien sie körperlicher, geistiger oder auch ökonomischer Natur, waren himmlische Geschenke. Das spendete Legitimation: Wer wollte nicht solch einem Liebling der Götter folgen? Vor allem: Wer wagte es, sich ihm in den Weg zu stellen?

Charismatische Personen, Orte oder Gegenstände waren damit Schnittstellen zwischen dem Alltäglichen und Außeralltäglichen, zwischen der menschlichen und der göttlichen Sphäre. Der des schlampigen Umgangs mit Anglizismen unverdächtige Ägyptologe Jan Assmann sprach in diesem Zusammenhang von »Interfaces«. Ein charismatischer Ort wie Stonehenge fungiert tatsächlich als Interface, als Medium, das »die kosmischen und irdischen Vorgänge und Ordnungen miteinander verkoppelt«, wie Assmann es formuliert, hier wird eine »Verbindung zwischen oben und unten« hergestellt, hier findet ein Energiefluss statt, hier entsteht symbolische Macht.

Das Problem des Charismas: Es ist eine überaus flüchtige Essenz. Selbst eine als charismatisch empfundene Person kann ihre

Aura mit der Zeit verlieren. Spätestens ihren Kindern und Nachfolgern ist sie in aller Regel verwehrt. Weber bezeichnete deshalb die »Veralltäglichung« des »Außeralltäglichen« als die eigentliche Herausforderung für die Entstehung von Staaten. Das Charisma muss das einzelne Menschenleben überdauern. Und hier kommen die heiligen Orte und Objekte ins Spiel. Sie fungieren als dauerhafte Medien, welche die flüchtige Essenz des Charismas verfestigen. Sie verleihen Gesellschaften Kontinuität. In Stonehenge geschieht das, weil hier die kosmischen Vorgänge mit dem Jahresrhythmus der Menschen synchronisiert werden. Die überwältigende Architektur macht das für alle dauerhaft sichtbar. Doch was ist der eigentliche Ursprung des Stonehenge-Charismas?

Für uns heute speist sich die Aura von Stonehenge aus den Jahrtausenden, die der Steinkreis den Elementen trotzte, aus der gewaltigen Arbeitsleistung und dem verloren gegangenen Wissen der Altvorderen sowie den Millionen Besuchern. All das flüstert uns ein, es mit einem ganz außergewöhnlichen Ort zu tun zu haben. Einen solchen wird sich kein Mensch entgehen lassen wollen. Aber was war es damals, vor 5000 Jahren, das ausgerechnet diesen Ort zu einer charismatischen Stätte machte, zu einem Interface, das die Sphären miteinander verband?

Es war eine Auffälligkeit der Landschaft – und das ist ein wirklich hübsches Beispiel für das, was wir über die Wahrnehmung der Welt in Zeiten, in denen es den Menschen an Verständnis der tatsächlichen Zusammenhänge fehlte, ausführten. Drei markante Rinnen verliefen im Boden des sanft ansteigenden Hanges in der offenen Kreidelandschaft. Irgendwann fiel den Menschen auf, dass diese Rinnen genau auf jenen Punkt der Anhöhe zeigten, hinter dem die Sonne zur Zeit der Wintersonnenwende unterging, und dass sie in die andere Richtung auf den Sonnenaufgang zum Mittsommertermin zuliefen. Da die menschliche Psyche nun einmal die finalistische Neigung besitzt, solche Phänomene als zu einem bestimmten Zweck »gemacht« anzusehen, war klar: Das ist ein Fingerzeig der Götter. Hier hatten göttliche Wesen die Rinnen eigenhändig in den Boden geritzt. Warum? Weil sie den Menschen bedeuten wollten, auf der Anhöhe ihr Heiligtum zu bauen. Schließlich galt die Wintersonnenwende, von der an die Tage wieder länger werden, als der Geburtstag der Sonne. Und die Bodenrinnen selbst wurden zum heiligen Prozessionsweg, der Avenue.

Die Forscher heute dagegen sagen: Wir haben das bedeutendste Monument der europäischen Vorgeschichte einem geologischen Zufall zu verdanken. Es war das Schmelzwasser der letzten Eiszeit, das sich drei markante Ablaufrinnen in das sanft abfallende Kreideplateau grub, zufälligerweise Richtung Sonnenwende. Auch das ein hübsches Beispiel – diesmal für die wissenschaftliche Entzauberung der Welt.

Nach 3100 vor Christus entstand die Grundstruktur von Stonehenge – ein kreisrunder Graben von etwas mehr als 110 Metern Durchmesser mit außen liegendem Wall. Neben einem kleinen Zugang im Süden war der Hauptzugang gen Nordosten gerichtet – just auf die göttlichen Furchen, die von hier oben Richtung Sonnenaufgang zur Sommersonnenwende wiesen. Innerhalb des Erdwerks stand eine Reihe von Pfosten und womöglich bereits drei aufrecht stehende Steine. Parker Pearsons Datierungen zeigen, dass auch die nach ihrem Entdecker, dem britischen Altertumsforscher John Aubrey, benannten Aubrey Holes, die im Inneren dem Graben folgen, aus der Anfangszeit stammten. Die Funktion dieser 56 Schachtgruben ist, wie eigentlich alles in Stonehenge, umstritten. Parker Pearson ist davon überzeugt, dass die kleineren Blue Stones, die aus 240 Kilometern Entfernung in Südwales hierher transportiert worden waren, ursprünglich in ihnen platziert waren.

Bereits von Anfang an wurden in Stonehenge Menschen bestattet, allein in dem von Parker Pearson ausgegrabenen Aubrey Hole Nr. 7 fanden sich die Überreste von über 60 Brandbestattungen. Auch das ist alles andere als verwunderlich. Die letzte Ruhe an einer Schnittstelle zur anderen Welt zu finden konnte womöglich verhindern, dass die Seelen der Toten den Weg verfehlten und als heimatlose Geister herumspukten. Zugleich war es für die Lebenden klug, die Ahnen an solch einem bedeutenden Punkt zu positionieren und ihnen damit entsprechenden Einfluss zu sichern. Stonehenge ist im 3. Jahrtausend vor Christus der größte Friedhof Englands.

Auch die Frage, wann der Hauptausbau der Megalithanlage, das Aufstellen der bis zu acht Meter hohen, zwischen 25 und 50 Tonnen schweren Sarsensteine, stattfand, ist Gegenstand großer Debatten. Lange nahm man die Zeit zwischen 2440 und 2100 vor Christus an. Damit wäre der Steinkreis ein Werk der Glockenbecherkultur gewesen, die – wie es nach aktuellem Forschungsstand scheint – damals massiv von den Niederlanden aus nach England expandierte. Nach den letzten Grabungsergebnissen wird die monumentale Leistung der Steinsetzungen früher datiert: auf die Zeit um 2500 vor Christus. Demzufolge haben die Glockenbecherleute Stonehenge übernommen und weiterbetrieben. Sie konnten sich der Aura des gewaltigen Orts nicht verschließen. Sie erkannten es als mächtige Quelle symbolischer Macht und exportierten die Idee auf den Kontinent.

***

Das Exportprodukt haben wir ausgegraben. Ein überaus komplexes Heiligtum in Sachsen-Anhalt. Archäologen der Martin-Luther-Universität und des Landesamts für Archäologie Halle legten es auf einer Fläche von 1,5 Hektar frei. »Das deutsche Stonehenge«, titelten die Zeitungen, was natürlich übertrieben ist. Zumindest in Hinsicht auf optischen Eindruck und Arbeitsaufwand. Und auch der Name kann nicht mit Stonehenge konkurrieren: Pömmelte-Zackmünde. Kaum übertrieben ist es dagegen, was die Archäologie angeht.

20 Kilometer südöstlich von Magdeburg standen keine tonnenschweren Sarsensteine. Das Ringheiligtum wurde aus Tausenden von Baumstämmen errichtet, die fünf konzentrische Pfostenkreise bildeten, dazu gab es einen Wall und verschiedene Grabenstrukturen. Die mittlerweile rekonstruierte Anlage erhebt sich eindrucksvoll auf einer kleinen Anhöhe in der Flussniederung der Elbe, die keine zwei Kilometer entfernt träge vorbeiströmt.

Ausgrabungen in Stonehenge waren bisher nur punktuell erfolgt. »Es überrascht die Menschen immer wieder, zu erfahren, wie wenige archäologische Untersuchungen in und um Stonehenge herum erfolgten«, sagt der britische Archäologie Mike Parker Pearson. »Doch die Wahrheit ist: Das meiste von Stonehenge und dem Umland ist so gut wie nicht untersucht worden.« So spektakuläre Einsichten das von Parker Pearson geleitete »Stonehenge Riverside Project« in den letzten Jahren brachte, legten doch auch seine Ausgrabungskampagnen Stonehenges Vergangenheit nur partiell frei.

Ganz anders in Pömmelte. Hier konnten die Archäologen die vollständige, vorher nur vom Pflug berührte Anlage nach allen Regeln der Kunst ausgraben – und stießen in unmittelbarer Nähe auf ein zweites Heiligtum: Schönebeck. Was diese Ausgrabungen für uns besonders spannend macht: Von der Lage her passen Pömmelte und Schönebeck zu jener geografischen Breite, die sich aus den später auf der Himmelsscheibe befestigten Horizontbögen ermitteln lässt. Nebra selbst liegt dafür etwas zu südlich. Haben wir es in Pömmelte und Schönebeck mit jener Region zu tun, an der die Himmelsscheibe eine ihrer zentralen Umgestaltungen erfuhr?

Stonehenge ist ja nur eines, wenn auch das spektakulärste von vielen Henge-Monumenten, also runden, mitunter auch ovalen Einfriedungen mit Wall und Graben. In der Regel sind sie in Holz ausgeführt. Dass wir es mit keiner britischen Spezialität zu tun haben, erwähnten wir bereits. Auch Mitteleuropa war übersät mit Architekturen, deren Namen aus dem Wörterbuch der Verkehrsbürokratie zu stammen scheinen: »Kreisgrabenanlagen« oder »Rondelle«. Manche von ihnen sind bedeutend älter als die britischen Anlagen und stammen aus der Zeit zwischen 4900 und 4500 vor Christus. Dem fast 7000 Jahre alten Goseck sind wir bereits im ersten Teil des Buchs begegnet.

Über den Funktionszweck wird viel diskutiert. Oft ist die Rede von »Sonnenobservatorien«, »Sternentempeln« oder »Kalenderbauwerken«. Die Forschung sieht in ihnen heute multifunktionale Anlagen. Hier wurden Feste gefeiert, Märkte abgehalten, Rituale begangen; die Menschen kamen zusammen, um Heiraten zu arrangieren, sich im Wettkampf zu messen und den Ahnen zu huldigen. Auch Tote fanden hier ihre letzte Ruhe. Wenn zu solchen Gelegenheiten die Sonne an einem der Tore oder Palisadendurchlässe auf- oder unterging, legitimierte sie das Geschehen, dann befanden sich die Menschen im Takt mit den Mächten des Kosmos.

Hier stand also keine »Proto-Astronomie« im Vordergrund, hier war es der Himmel, der das irdische Geschehen heiligte. Die Holzpalisaden schufen einen künstlichen Horizont und fokussierten den Himmel auf die Menschen im Inneren. Die Anlagen fungierten damit über Jahrtausende hinweg als die wichtigsten Interfaces der europäischen Vorgeschichte. Sie waren charismatische Schnittstellen, die Legitimation produzierten. Welche Riten und Opfer konkret ausgeführt wurden, ist von Kultur zu Kultur, von Zeit zu Zeit verschieden und lässt sich mit archäologischen Mitteln nur schwer herausfinden. Stets ging es darum, mit den übernatürlichen Mächten in direkten Kontakt zu treten.

Die Kreisgrabenanlagen hatten einen segenhaften Nebeneffekt, der sich ganz konkret im Hier und Jetzt auswirkte. Sie lösten eines der zentralen Probleme der immer größer und anonymer werdenden Gesellschaften des Neolithikums (zwischen 6000 und 2000 vor Christus wuchs die Bevölkerung Europas schätzungsweise von einer auf acht Millionen Menschen). Sie stifteten Zusammenhalt und schufen Gemeinschaft. Bereits die gewaltigen Arbeitsleistungen, die in ihnen stecken, sorgten dafür. Das Ausschachten der oft mehrere hundert Meter langen Gräben mit Holzspaten, das Fällen und Zuhauen Tausender von Bäumen für die Palisadenringe – all das signalisierte: Das ist unser Werk, unser Prestige, unsere Macht! Im festlichen, von der Außenwelt abgegrenzten Rahmen erlebten sich die vielen als Einheit – nicht viel anders als in Fußballstadien heute. Die Rondelle produzierten Identität, indem sie definieren, wer »wir« sind: nämlich die innerhalb des Runds. Das lateinische »definitio« bezeichnet genau das: Abgrenzung. Die Kreisgrabenanlagen sind Arenen des Wir.

***

Die Entdeckung der Himmelsscheibe rückte die mitteldeutschen Kreisgrabenanlagen in den Fokus des wissenschaftlichen Interesses. Das von François Bertemes koordinierte DFG-Forschungsprojekt »Der Aufbruch zu neuen Horizonten. Die Funde von Nebra, Sachsen-Anhalt, und ihre Bedeutung für die Bronzezeit Europas« fahndete gezielt nach Anlagen, die aus der Zeit der Himmelsscheibe stammten. Das war Pionierarbeit, denn in der DDR hatte es keine Luftbildarchäologie gegeben. Nun wertete man systematisch die aus dem Flugzeug beobachteten kreisförmigen Strukturen aus, die an unterschiedlichem Bewuchs in Feldern zu erkennen waren. Die Experten identifizierten ein Dutzend Anlagen, deren Datierung unklar war. Sie besaßen Durchmesser zwischen 50 und 130 Meter, wurden geophysikalisch untersucht und mit Testschnitten sondiert. Die Ergebnisse waren verblüffend: Das zeitliche Spektrum reichte von der Jungsteinzeit bis zur Eisenzeit, also von 5000 bis 750 vor Christus. Es gibt nicht viele Architekturtypen, die über 4000 Jahre kaum bis gar keine Veränderungen erfuhren.

Vor allem das Rondell von Pömmelte-Zackmünde im Salzlandkreis unweit der Elbe erschien vielversprechend. »Schon die auf der ersten kleinen Grabungsfläche entdeckten Funde sprachen für kultische Handlungen«, erinnert sich der Archäologe André Spatzier, der die Ausgrabungen leitete. Zudem datierte die Anlage in den Übergangshorizont vom Endneolithikum zur frühesten Bronzezeit, also genau in jene Phase um 2300 bis 2100 vor Christus, in der die Welt von Aunjetitz Gestalt annahm. So machte man sich daran, sie komplett auszugraben. Rasch zeigte sich: Besser hätten wir es nicht treffen können, um zu verstehen, wie sich der Anbruch einer neuen Zeit vollzog. Hier ist tatsächlich die Geburt des Reichs der Himmelsscheibe zu beobachten und damit zu verstehen, wie es zum wohl ersten Staatswesen auf mitteleuropäischem Boden kam.

Ist es nur ein Zufall, dass das Ringheiligtum von Pömmelte mit rund 115 Metern ziemlich exakt denselben Durchmesser wie Stonehenge hat? Die Holzarchitektur verweist auf die ebenfalls zum Stonehenge-Komplex gehörenden Anlagen Woodhenge und Southern Circle, auch sie bestanden aus mehreren konzentrischen Ringen aus Baumstämmen. Die Hauptnutzung von Pömmelte datiert in die Zeit von 2300 bis 2050 vor Christus. Die Keramikfunde sprechen eine deutliche Sprache: Die Schöpfer dieses Heiligtums gehörten der Glockenbecherkultur an. So, wie über ihre Netzwerke die metallurgischen Innovationen aus England flossen, nahmen also auch ihre Glaubensvorstellungen diese Route. In seiner Komplexität ist Pömmelte einzigartig im mitteleuropäischen Raum.

Wir wollen ja verstehen, wie sich die Glockenbecherdominanz über die Schnurkeramiker erklären lässt und wie das zur Genese der Aunjetitzer Kultur führte. Da ist zunächst die Wahl des Orts aufschlussreich. Ob die Nähe zum Fluss eine zeremonielle Bedeutung besaß, wie das Parker Pearson für den Avon in Stonehenge postuliert, vermögen wir nicht zu sagen. Ebenso wenig, ob hier vor über vier Jahrtausenden geologische Auffälligkeiten existierten, die als Fingerzeig der Götter verstanden werden konnten. Immerhin lag die Anlage so, dass sie bei Elbhochwasser auf einer Insel über den Fluten thronte – wie Avalon im See.

Sicher ist, dass der Ort schon für die Schnurkeramiker von charismatischer Bedeutung war. Spatziers Ausgrabungsteam stieß auf eine Totenhütte, über der sich ein Hügel erhoben haben dürfte. Axt und Flintbeil wiesen den Bestatteten als schnurkeramischen Krieger aus. Genau östlich davon lag ein fast exakt quadratisches Grabengeviert mit einer Kantenlänge von 15 Metern. Der eine Eingang wies zum Sonnenaufgang der Sommersonnenwende, der andere war auf den Untergang der Wintersonnenwende ausgerichtet. Das schnurkeramische Heiligtum war schon drei, vielleicht vier Jahrhunderte alt, als die Glockenbecherleute an diesem Ort ihr monumentales Ringheiligtum platzierten. Bewusste Indienstnahme der Ahnen? Oder gezielte Usurpation und Übertrumpfung alter Traditionen, um die eigene Überlegenheit zu demonstrieren?

Wie erst 2017 entdeckt wurde, ist auch der nicht weit von Stonehenge liegende Steinkreis von Avebury – mit einem Durchmesser von 330 Metern immerhin der größte Megalithkreis der Welt – dort angelegt, wo zuvor ein älteres Steinquadrat mit einer Seitenlänge von 30 Metern stand. Wir sehen erneut, Heiligtümer werden an charismatischen Orten angelegt, die sich durch ein vorheriges Geschehen, eine geologische Auffälligkeit oder einen bedeutsamen Vorgängerbau als Schnittstelle zwischen dieser und der anderen Welt auszeichnen. Noch christliche Kirchen werden dort erbaut, wo zuvor römische Tempel oder germanische Heiligtümer standen.

***

Machen wir uns zu einem Rundgang auf. Die Pfostenabdrücke des äußersten Rings von Pömmelte waren noch deutlich zu erkennen. Die Holzpfähle standen hier nicht dicht an dicht, sondern locker gestaffelt. Zehn Meter weiter folgte ein Ring, der aus einer Abfolge einzelner, mal ovaler, mal rechteckiger Gruben bestand. Dann kam ein

Kreisgraben von rund 78 Metern Durchmesser, gut einem Meter Tiefe und zwei bis drei Metern Breite. Außen war dem Graben ein Wall vorgelagert, innen folgte eine blickdichte Palisade.

Im Innenraum des Rondells standen zwei Pfostenkränze im Abstand von 8 und 14 Metern zum Kreisgraben, die einzelnen Pfosten meist über einen, mitunter bis zu zwei Meter auseinander. Es wird vermutet, dass sie durch oben aufliegende Balken verbunden waren und dadurch Stonehenge ähnelten: Auf je zwei Tragsteinen ruht dort je ein Deckstein. So entstand im Inneren eine mehrfach abgegrenzte Arena. In Pömmelte betrug der Durchmesser dieser Manege fast 50 Meter.

»Zum architektonischen Gesamtkonzept gehören vier Achsen, die als Zugänge zum Inneren der Anlage führen«, sagt Ausgräber Spatzier. Sie sind durch Unterbrechungen der Ringe und Gräben sowie durch symmetrische Pfostenstellungen gekennzeichnet. »Sie markieren keine Sonnenwendtermine«, erklärt der Astronom Wolfhard Schlosser, »sondern die Mittvierteljahresfeste.« Also jene Feiern, die zu den Tagen begangen wurden, die in der Mitte zwischen einer Tagundnachtgleiche (Äquinoktium) und einer Sonnenwende (Solstitium) liegen. Auch die Kelten feierten dort Feste wie Beltaine, Imbolc und Samhain, später datieren sie christliche Feiertage wie Mariä Lichtmess oder Allerheiligen. Damit hatte das Rondell von Pömmelte einen klaren solaren Bezug, zumal es in Richtung des Sonnenaufgangs zur Wintersonnenwende eine Unterbrechung des Kreisgrabens und des Ringgrabensegments gegeben hatte, die später aber aufgefüllt wurden.

»Es ist unwahrscheinlich, dass die Anlage als Observatorium zur Beobachtung von Himmelskörpern diente«, sagt Spatzier. Auszuschließen ist auch, dass wir es mit einem Verteidigungsbau zu tun haben, dafür sind die Pfostenringe viel zu durchlässig. Entsprechend gelten die über 50 gefundenen Pfeilspitzen aus Feuerstein nicht als Relikte eines Angriffs. Vielmehr vermuten die Ausgräber, dass sich die Glockenbecherkrieger im Bogenschießen maßen. War das Rondell von Pömmelte ein Olympia an der Elbe?

Rätselhaft sind die Menschen, auf die die Archäologen stießen, Skelette von Männern, Frauen und Kindern. Mysteriös, wie unterschiedlich sie behandelt wurden. In der östlichen Hälfte des Rondells, also Richtung Sonnenaufgang, lagen ein Dutzend Flachgräber. Soweit anthropologisch bestimmbar, handelte es sich ausschließlich um Männer. Sie waren zwischen 20 und 30 Jahre alt, im besten Kriegeralter also. Warum waren sie auserkoren, an diesem besonderen Ort bestattet zu werden? Beigabenlos? Hinweise auf die Todesumstände gab es keine. Ganz anders bei den Frauen und Kindern. Die waren nicht begraben worden. Die hatte man in Gruben gekippt.

Im Kreisgraben waren 29 Schachtgruben angelegt, bis zu über zwei Meter tief. Obskur ihre Füllung: Schichtweise waren verschiedene Dinge deponiert; nicht auf einmal niedergelegt, zwischen manchen Deponierungen lagen Jahrzehnte. Spatzier hat folgendes Muster rekonstruiert: Zuunterst fanden sich Abdrücke zylindrischer Vorratsbehälter aus organischem Material, in denen die anderen Objekte gelegen haben. Dabei handelte es sich in der Masse um Keramik, vor allem solche, die als Krüge, Becher und Tassen der Aufnahme von Flüssigkeiten gedient hatten; sie waren absichtlich zerschlagen worden. In der zweiten Schicht lagen Mahlsteine und Knochen von Tieren, zumeist von Rindern. Schnitt- und Hackspuren sprachen für Speise- oder Schlachtreste. Es kamen weitere Knochen dazu, von Kindern, Jugendlichen und Frauen.

»Diese zweite Schicht wurde recht rasch, womöglich noch gemeinsam mit der ersten Schicht eingebracht«, sagt Spatzier. Zuoberst lagen dann entweder die Unterlieger oder die Läufer von Mahlsteinen, die grundsätzlich auf der Reibseite abgelegt wurden, aber auch die Unterkieferhälften von Rindern. Als sollten sie die Deponierung versiegeln.

Die dritte Schicht war die finale: Dort fanden sich Steinbeile oder menschliche Schädel, die von eher jungen Individuen stammten. Weil sich Steinbeile auch in Löchern fanden, aus denen Pfosten der Palisaden entfernt worden waren, liegt die Vermutung nahe, dass ihre Deponierung etwas mit dem Abbau der Anlage zu tun hatte. Wurden die Steinäxte der Krieger rituell entsorgt? Und Schädel bestattet, die in den Zeremonien eine Rolle gespielt hatten?

Die Steinbeile wie ein großer Anteil der Mahlsteine wiesen Beschädigungen auf. Da auch von den Keramikgefäßen nie alle Scherben vorhanden waren und – *horribile dictu* – auch von den menschlichen Skeletten Teile fehlten, vermutet Spatzier, dass »die deponierten Objekte vor der Niederlegung durch einen symbolischen Tötungs- oder Zerstörungsakt unbrauchbar gemacht, also dem eigentlichen Lebenszyklus entzogen worden sein könnten«. Was die Frauen und Kinder anging, war der Tötungsakt alles andere als nur symbolisch.

Grauenvoll schon die Bestattung. So hing das Skelett eines fünf bis sieben Jahre alten Kindes schräg kopfüber in der Grube, man hatte den kleinen Leichnam einfach hineingeworfen. Allerdings fehlten von den Knien abwärts die Beine sowie der rechte Arm. Der Kinderschädel lag auch in der Grube, einen halben Meter vom Hals entfernt oberhalb am Schachtrand. Weil keine Schnittspuren nachzuweisen waren, kann der Körper erst verstümmelt worden sein, als der Verwesungsprozess bereits fortgeschritten war.

In einer anderen Schachtgrube lagen der Torso einer 15 bis 17 Jahre alten Frau, der alle vier Extremitäten fehlten, und ein vielleicht zehnjähriges Kind, das keine Beine mehr besaß. Beide wiesen am Schädel und am Brustkorb das auf, was Anthropologen perimortale Traumata nennen, also Verletzungen, die um den Zeitpunkt des Todes herum entstanden sind. Entweder sind sie gequält worden und dabei gestorben, oder sie wurden misshandelt, als sie schon tot waren. In einer Grube lag zuunterst eine 30- bis 40-jährige Frau, bäuchlings, der linke Unterschenkel unnatürlich verdreht. »Direkt über ihr lag ein 5 bis 7 Jahre altes Kind auf dem Rücken mit in Reiterstellung zur Seite geklappten Beinen«, heißt es im Grabungsbericht. »Die rechts neben den Körper geführten Arme waren so positioniert, dass beide Handgelenke direkt aufeinander lagen und die Fesselung des Individuums wahrscheinlich machen.«

Es fanden sich massive Spuren stumpfer Gewalt an den Knochen, mitunter auch Anzeichen von Tierverbiss. Eine Frau wies einen Lochdefekt unter dem rechten Auge auf – traf sie ein Pfeil? Ein Dolch? André Spatzier kommt zu dem Schluss: »Die Indizien sprechen dafür, dass die Kinder und Frauen Opfer von Gewalttaten waren und durch heftige Schläge von vorn, von den Seiten und von hinten auf den Kopf und den Oberkörper zu Tode kamen.« So schwer es ist, Menschenopfer archäologisch zweifelsfrei nachzuweisen, spricht doch alles dafür, dass es sich bei den Toten in den Schachtgruben um die Opfer ritueller Tötungen handelte.

Wie passt das zusammen? Auf der einen Seite liegen die jungen Männer, ehrenhaft, wenn auch ohne Beigaben bestattet. Als Helden? Auf der anderen Seite liegen die Frauen und Kinder. Unzweifelhaft Opfer brutaler Gewalt, pietätlos in Gruben entsorgt. Oder ist das eine zu chauvinistische Sicht? Auch bei den Männern kann es sich um Opfer handeln. Womöglich wurden sie auf eine Weise umgebracht, die keine Spuren am Skelett hinterlässt: Erdrosselt? Vergiftet? Kehle durchgeschnitten? Immerhin, das zeigen die vom Anthropologen Marcus Stecher durchgeführten Isotopenanalysen der Zähne und der Knochen, handelt es sich bei so gut wie allen Toten von Pömmelte um Menschen aus der Region, die sich in der Ernährung nicht groß unterschieden, also vermutlich derselben sozialen Schicht entstammten.

Opfer stellen einen Handel mit den übernatürlichen Mächten dar. Entweder gilt es, eine Schuld zu begleichen, ihren Zorn zu besänftigen oder die Götter günstig zu stimmen. Je größer die Investition, umso größer die Wirkung. Menschenopfer deuten deshalb auf dramatische Situationen hin. Sollten die Götter dazu bewegt werden, eine als Strafe geschickte Seuche zurückzunehmen? Wir haben, wie gesagt, erste Hinweise auf das Grassieren der Pest.

Aber vielleicht sind sie auch gefoltert und hingerichtet worden. Frauen waren ein kostbares, knappes Gut. Dank der Genetik wissen wir, dass es sich sowohl bei der invasiven Welle der Schnurkeramiker als auch der Glockenbecher vor allem um Männer handelte. Sie nahmen sich die Frauen vor Ort – oder raubten sie auch. Vielleicht hatten diese Widerstand geleistet, wollten ihre Familien nicht aufgeben oder hatten sich mit anderen Männern eingelassen – und wurden an diesem heiligen Ort vor den Augen aller auf schreckliche Weise bestraft, um ein Exempel zu statuieren. Wir haben schon im Fall von Eulau gesehen, mit welch unbarmherziger Vehemenz der Konflikt um Frauen ausgefochten wurde. Leider liegen uns noch keine genetischen Analysen vor, die Licht ins Dunkel bringen könnten. Wir werden auf das Menschenopfer-Phänomen zurückkommen.

Halten wir fest: Pömmelte war eine überaus komplexe Anlage –

was Architektur und Nutzung angeht. Wir haben deutliche Hinweise auf Schädel- und Ahnenkult, Menschenopfer sind nicht wirklich zu leugnen. Die vielfältige Struktur des Heiligtums spricht dafür, dass es verschiedene Zonen gab, die für spezifische Personengruppen und Handlungen bestimmt waren. Prozessionen durch die am Sonnenlauf orientierten Tore sind denkbar. Zu Festen wurde das Korn rituell gemahlen und Rinder geschlachtet. Die massenhaft vorhandene Keramik belegt die reichliche Verfügbarkeit von Getränken – es wird diskutiert, ob die namengebenden Glockenbecher nicht für berauschende Getränke und aufwendige Trinkrituale dienten. Auch in Stonehenge war der Besuch des Heiligtums eng mit Festmählern verbunden, die im benachbarten Durrington Walls abgehalten wurden. Klangexperimente in der rekonstruierten Anlage von Pömmelte belegen die ausgeklügelte Akustik der Palisaden. Nicht nur, dass Worte, die im Zentrum gesprochen werden, überall gut zu verstehen waren. Es war auch bestens für musikalische Darbietungen geeignet, vor allem Perkussionsinstrumente erzielten eine unerhörte Wirkung, Flatterechos verstärkten sie rhythmisch. Wenn es zudem noch Wettkämpfe gab und Opferpraktiken, die wir uns nicht ausmalen mögen, können wir ohne zu übertreiben festhalten: Pömmelte war ein spektakulärer Ort. Wir haben es mit einer Arena zu tun, in der die Menschen ein Spektakel aufführten, dem die Götter als Publikum beiwohnten.

Damit ist das Rondell ein zutiefst charismatischer Ort: Denn gefiel den überirdischen Mächten die irdische Inszenierung, belohnten sie deren Protagonisten. In Pömmelte gewann man die Gunst der Götter oder beschwichtigte ihren Zorn. Hier floss reichlich symbolische Macht, die in reale Macht umzumünzen war. Mit Stonehenge und Metallurgie im Gepäck versteht es sich fast von selbst, dass die Glockenbecher als Lichtbringer die Schnurkeramiker gewaltig in den Schatten stellten.

***

Die Vermischung von Kulturen lässt keine Seite unberührt. Auch die der Glockenbecher veränderte sich. Wir sehen das in Pömmelte; die im Heiligtum gefundene Keramik wandelte sich zu jenen nicht verzierten Formen, die so typisch für Aunjetitz sein werden. Hier entstand etwas Neues – und dem fällt als Erstes Pömmelte selbst zum Opfer. Denn Pömmelte war nicht allein, in Sichtweite gruben die Archäologen ein zweites Heiligtum aus: Schönebeck, nur 1300 Meter entfernt. Es entsteht, als Pömmelte schon stand; es steht noch, als Pömmelte dem Boden gleichgemacht worden war. Beide Anlagen sind sich erstaunlich ähnlich und doch ganz verschieden. Pömmelte scheint noch der alten heroischen Welt verhaftet, Schönebeck weist in die neue Welt zentralisierter Herrschaft.

Auch Schönebeck ist eine Kreisgrabenanlage mit ähnlich komplexer Architektur aus mehreren konzentrischen Ringen, etwas kleiner – der Gesamtdurchmesser betrug 80 Meter –, doch auch hier gab es Gräben, Palisaden und eine von Pfostenkränzen eingefasste Arena. Den Unterschied machte das aus, was fehlte: Es gab keine Schachtgruben. Es gab keine Pfeilspitzen. Es gab keine Gräber, keine Opfer. Weder von Keramik, Tieren noch von Menschen. Einzig einen deponierten »Cushion Stone« spürten die Ausgräber auf: Solche steinernen Ambosse waren ein Signum des neuen Metallzeitalters. Der bei Stonehenge begrabene Amesbury Archer nahm ebenso einen mit ins Grab wie der Fürst von Leubingen. Zufall in Schönebeck – oder Programm?

Wichtig sind die Datierungen: Pömmelte wurde zwischen 2350 und 2050 vor Christus genutzt. Das Schönebecker Rondell datiert auf die Zeit von 2100 bis 1800 vor Christus. Das heißt, es wurde errichtet, als Pömmelte noch betrieben wurde. Es wurde aber auch noch genutzt, als Pömmelte längst aufgegeben worden war, als die Fürsten von Leubingen und Helmsdorf regierten. Da beide Anlagen eine Zeit lang parallel existierten, wäre es denkbar, dass sie aufeinander bezogen waren und unterschiedliche Funktionen erfüllten. Das mag am Anfang so gewesen sein, aber Schönebeck verselbstständigte sich. Und das ist ein Prozess, der mit logischer Konsequenz erfolgte. Er resultiert aus der Monopolisierung des Charismas.

Das Fehlen von Gräbern und Opfern, von jeglichem Hinweis auf Ahnenverehrung legt nahe: Hier wurde ein anders gearteter Kult betrieben. Ein Kult, der uns rationaler erscheint, oder sagen wir besser: fokussierter. Und der wohl den Sieg davongetragen hat. Während

Schönebeck seine Zwecke noch Jahrhunderte erfüllte, wurde Pömmelte nicht nur aufgegeben – es wurde dem Boden gleichgemacht! Irgendwann zwischen 2100 und 2025 vor Christus kam es zur Aufgabe der Anlage. Die Pfosten wurden gezogen, den Kreisgraben füllte man mit einer kiesig-humosen Schicht, vor allem aber mit Unmengen an Asche. Hier hatte ein riesiges Feuer gebrannt. Die naheliegende Erklärung: Man verbrannte die Holzpalisaden gleich vor Ort. Es ist bedeutsam, dass Steinäxte die letzte Deponierungsschicht in den Pfostenlöchern von Pömmelte darstellen. Mit den Ahnen wurden die Helden entwaffnet.

Es durfte keine Konkurrenz mehr geben. Wurzelt Pömmelte in der alten, heroischen Welt, aus der sich erst die Bronzezeit entwickeln sollte, repräsentiert Schönebeck das neue Zeitalter, in dem die zur Macht gelangten Fürsten alle Rivalen ausgeschaltet hatten. Es fand sich nicht eine Scherbe, die noch auf die neolithische Glockenbecherkultur hingewiesen hätte. Das hier war Aunjetitz in Reinkultur! Die neue Welt.

***

Keine Menschenopfer, weder Schädel- noch Ahnenkult, keine rituellen Gelage mehr. Das Rondell von Schönebeck stand für sich selbst. Wir haben es mit einer Religionsrevolution zu tun: Der Befund erinnert an den Bildersturm der Reformation, als die Heiligen, Reliquien und Wunder wirkenden Bilder aus den Kirchen entfernt wurden – und es fortan allein auf das Wort Gottes ankommen durfte. Wir haben es mit einem Prozess der Rationalisierung zu tun, mit dem, was Max Weber »Entzauberung« nannte. Wenn auf dramatische Opfer ebenso verzichtet wird wie auf die Ahnen, wird an deren magische Kraft, an das, was wir Charisma nannten, nicht mehr geglaubt. Dann haben sie ihren Zauber verloren. Zumindest offiziell.

Nach unseren Ausführungen in Sachen Charisma sollte indes klar sein: Die Entzauberung kann nicht alles gewesen sein. Denn dann wäre das Rondell ein charismaloser Ort gewesen, keine Schnittstelle mehr. Der ganze Aufwand – für nichts? Nein, wir haben es mit einer Transformation des Charismas zu tun. Die Entzauberung ging mit einer Verzauberung einher. Mögen Ahnen und Menschenopfer auch verschwinden, das Rondell bleibt. Das Charisma wird monopolisiert, konzentriert sich aller Wahrscheinlichkeit nach auf die Sonne.

Kreisgrabenanlagen haben seit jeher einen Sonnenbezug, auch ist der Kreis per se ein Sonnensymbol. Wir sahen, welch eine immens wichtige Rolle die Sonne auf der Himmelsscheibe von Nebra spielt. Spätestens seit der mittleren Bronzezeit wird Europa von einer Sonnenreligion dominiert. Der Sonnenwagen von Trundholm ist das prominenteste Zeugnis dafür. Die Entzauberung der alten Glaubenswelt geht mit einer Verzauberung der Sonne einher.

Hat nicht die goldfarbene Bronze das Strahlen der Sonne auf die Erde hinabgeholt? Waren ihre Schöpfer nicht Schmiede des Himmels? Vor allem waren sie Schmiede der Macht. Auf der symbolischen Ebene beobachten wir nämlich das, was wir auf der Ebene der Herrschaft beschrieben haben: Die Macht wird von den vielen abgezogen (sie werden entzaubert) und auf den einen übertragen (er wird verzaubert). Aus den vielen Helden werden nun Soldaten, aus dem einen wird der Superheld. Und das Charisma wird von den Ahnen der vielen auf den einen Fürsten transformiert: Die Monopolisierung des Charismas führt in letzter Konsequenz zur Vergöttlichung des Herrschers. Das Gold der Sonne ist sein Metall. Und damit haben wir einen weiteren Indizienbeweis vorliegen, dass wir es in Aunjetitz mit einem Prozess der Staatsbildung zu tun haben.

Was hier entsteht, nannte der Philosoph und Politikwissenschaftler Eric Voegelin »kosmologische Ordnung«. Er beschrieb damit jene Gesellschaften, die ihre Macht durch den Bezug auf die kosmischen Mächte der Sonne, des Mondes und der Sterne legitimieren. Kosmologische Ordnungen haben sich in Ägypten, Mesopotamien oder China jeweils unabhängig voneinander entwickelt. Wir haben es mit jener »symbolischen Form« zu tun, so Voegelin, »die von Gesellschaften erschaffen wird, sobald sie sich über die Stufe von Stammesgesellschaften erheben«, kurz, sie sind typisch für die ersten Staaten – und das Reich von Nebra.

Voegelin betont, dass diese Gesellschaften Symbole brauchen, Punkte der körperlichen Verbindung, über die der »Seinsstrom vom Kosmos« in das irdische Reich fließen kann, eine Art »Nabel der Welt«.

Wir hatten dafür mit dem Ägyptologen Jan Assmann den Begriff des »Interface«, der Schnittstelle, eingeführt, mittels der himmlische und irdische Sphäre kurzgeschlossen werden. Auch Schönebeck war solch ein »Nabel der Welt«, an dem »transzendente Seinskräfte in die gesellschaftliche Ordnung fließen«, eine Quelle für die göttliche Macht der Herrscher. Und dass auch die Himmelsscheibe von Nebra eine kosmologische Schnittstelle erster Güte sein sollte, versteht sich heute noch auf den ersten Blick.

***

Die Bronzezeit gilt traditionell als Zeit der Helden. Das ist irreführend. Wie der Archäologe Svend Hansen überzeugend ausführte, ist der neue Sozialtypus des Heroen schon für das ausgehende 4. Jahrtausend vor Christus nachweisbar: das Ideal herausragender Personen, die über das Leben hinaus eine großartige Inszenierung ihrer selbst verdient haben. Wir haben es ja schon beschrieben: Bereits die vorbronzezeitlichen Kulturen der Schnurkeramik und der Glockenbecher pflegten den Heldenkult. Was wir aber in der Bronzezeit tatsächlich sehen – und zwar im Kontext der ersten Staaten im Vorderen Orient und im Mittelmeerraum –, das ist die Geburt des Superhelden.

Superhelden – und das gilt tendenziell selbst für ihre modernen Comic-Wiedergänger – sind über die Kulturen hinweg durch zweierlei gekennzeichnet: Erstens sind sie Lieblinge der Götter, ja, mehr noch, in aller Regel beanspruchen sie, göttlichen Ursprungs zu sein. Von Gilgamesch, dem sagenhaften König von Uruk und ersten Superhelden der Weltliteratur, heißt es: »Zwei Drittel an ihm sind Gott.« Seine Mutter soll die Göttin Ninsun gewesen sein. Auch der nahezu unverwundbare Achilleus ist ein »Götterliebling«, Sohn der Meernymphe Thetis, Urenkel des Zeus. Und wieso konnte sich Pharao Ramses II. retten, als er in der Schlacht von Kadesch dem Feind gegenüberstand? Weil er sich in seiner Not an seinen Vater wendete, den Gott Amun: »Ich rief zu dir, mein Vater Amun.« Und dieser antwortete: »Ich bin mit dir! Ich bin dein Vater Amun.«

Zweitens: Mit der Vergöttlichung der Helden, mit dem Anwachsen auf geradezu kosmische Größe, geht das Schrumpfen ihrer Untertanen einher. Gilgamesch wird auf der ersten Tafel des Zwölftage-Epos als der »König der zahllosen Menschen« eingeführt – er ist der »Hirte von Uruk«. Er treibt es so wild, dass sich die Menschen bei den Göttern beschweren, weil Gilgamesch vor keiner der Frauen haltmacht (»Er ist ihr Stier, und sie sind die Kühe!«). Achilleus, König von Phthia, zieht an der Spitze der namenlosen Myrmidonen in die Schlacht (»wie Wölfe, gierig nach Fleisch und ihr Herz voll unermesslicher Stärke«, schreibt Homer), sie tragen schwarze Schilde, schwarze Rüstungen, sind absolut gehorsam und von überlegener Schlagkraft. Je 50 von ihnen saßen in den 50 Schiffen des Achill. Nirgends ist dieser Prozess eindrücklicher veranschaulicht als auf dem Relief der Kadesch-Schlacht im Tempel von Abu Simbel. Inmitten unzähliger Soldaten ist doch der eine Held unübersehbar: Überlebensgroß dargestellt, prescht Ramses II. auf einem Streitwagen heran, seine Pfeile treffen die Feinde, seine Pferde trampeln sie nieder. Wir wohnen der Geburt eines ebenso nachhaltigen wie menschenverachtenden Mythos bei: Mögen die Soldaten auch ihr Leben geben, allein der König erringt den Sieg.

Die Vergöttlichung des Herrschers, seine Rückbindung an die den Kosmos beherrschenden Mächte – das ist das Erfolgsgeheimnis der frühen Staaten. Die Monopolisierung des Charismas ist die Grundvoraussetzung der Staatsbildung. Und weil der König dadurch eine göttliche Qualität erhält, geht sein Charisma auch auf seine Nachfahren über. Wenn er selbst göttlichen Ursprungs ist, sind es auch seine Erben. Damit wird das Hauptproblem charismatischer Herrschaft gelöst: das Außeralltägliche alltäglich zu machen, Macht über den Zeitraum eines Menschenlebens hinaus auszudehnen. Kurz, ohne himmlische Unterstützung ist nirgends ein Staat entstanden. Die Götter sind es, die als Antwort auf Bourdieus Frage taugen, warum die vielen den wenigen folgen, und zwar dauerhaft.

***

Und hier müssen wir noch einmal zu den Menschenopfern von Pömmelte zurückkehren. Herrschaft muss sichtbar werden. Mehr noch:

Sie muss Realität werden. Schließlich kann jeder behaupten, er wäre ein Liebling der Götter. Deshalb müssen am Anfang reale Taten stehen. Das kann ein Sieg über Feinde, das können aber auch Menschenopfer sein. Denn dass einer sich über die anderen erhebt und die Gewalt beansprucht, sie öffentlich zu töten, vielleicht noch fürchterlich zu foltern, ohne dass ihn irdische oder himmlische Mächte daran hindern: In solch absoluter Macht über Leben und Tod manifestiert sich Charisma. Dann ist der Anspruch auf Herrschaft nicht mehr bloßes Gerede, sondern wird blutige Realität. Menschenopfer spenden Legitimität, sie beweisen die Wahrheit des Charismas.

Deshalb finden wir Menschenopfer überall dort, wo die ersten Staaten entstehen, das hat schon der Archäologe Gordon Childe (1892–1957) konstatiert, und die Forschung in den letzten Jahren hat es immer deutlicher herausgearbeitet. Menschenopfer begleiten regelmäßig die Geburt der archaischen Staaten, als wären sie deren schreckliche Geburtswehen. Das gilt, wenn auch in unterschiedlicher Weise und Intensität, für Ägypten, Mesopotamien und China, aber ebenso für das alte Mexiko oder das vorkolumbianische Peru.

Eine 2016 in *Nature* veröffentlichte Studie präsentierte die Ergebnisse einer Analyse von 93 historischen Kulturen der austronesischen Sprachfamilie, das sind verschiedenste Kulturen, die von Madagaskar bis Hawaii im Indischen und im Pazifischen Ozean zu finden sind. Die rituellen Tötungen, die sich in 40 von ihnen nachweisen ließen, zeigten dabei eine große Bandbreite und waren teils extrem grausam. Die Opfer besaßen typischerweise einen niedrigen sozialen Status, manchmal stammten sie aus benachbarten Kulturen. Aufschlussreich war die Verteilung: Während von den egalitären Gesellschaften nur 25 Prozent Menschen opferten, waren es bei den sozial leicht geschichteten 37 Prozent, jedoch bei den hochstratifizierten Gesellschaften 67 Prozent. Das Fazit der Studienautoren: »Menschenopfer halfen dabei, streng in Klassen aufgeteilte soziale Systeme zu errichten und soziale Ungleichheit im Allgemeinen zu bestärken.« Wir sagten es bereits in einem früheren Kapitel: Der Weg Richtung Staat war für die Untertanen keiner, der ins Glück führte.

Einer der Co-Autoren der Studie, Russell Gray, Direktor der Abteilung Sprach- und Kulturevolution am Max-Planck-Institut für

Menschheitsgeschichte in Jena, konstatiert: »Menschenopfer boten ein besonders effektives Mittel der sozialen Kontrolle, da sie eine übernatürliche Rechtfertigung für die Bestrafung lieferten. Herrscher, wie Priester und Häuptlinge, galten oft als Gesandte der Götter, und die rituelle Tötung eines Menschen war die ultimative Demonstration ihrer Macht.«

Das ist ein zentraler Punkt: die ultimative Demonstration der Macht. Die symbolische Macht, von der Bourdieu sprach, muss eben doch in einem Fall ganz real erfahrbar gewesen sein, erst danach kann sie unsichtbar wirken. Ohne diese Rückbindung an die Wirklichkeit würde sie niemand glauben. »Höchster Ernst beruht auf der Drohung des Todes«, stellte schon der Gräzist Walter Burkert fest. Das biologische Faktum des Todes scheint der einzige Beweis, der für Menschen wirklich zählt. Alles andere lässt sich behaupten, fälschen, revidieren. Nur der Tod schafft Wahrheit. Deshalb ist das öffentliche Töten der ultimative Beweis für das Auserwähltsein, für das Charisma. Da es auf keine Widerstände stößt, geschieht es in Übereinstimmung mit dem Willen der Götter. Den Menschen bleibt nichts als die Unterwerfung, sie werden vollends zu Untertanen.

Menschenopfer als ultimative Legitimationsstrategie – das sollte uns nicht zu sehr verwundern: Den jüdisch-christlichen Religionen wird zugestanden, die Praxis der Menschenopferung geächtet zu haben. Beide ziehen aber daraus Glaubwürdigkeit. Indem Abraham schon das Messer gezückt hatte und bereit war, seinen Sohn Isaak auf Gottes Befehl zu opfern, beweist er, wie todernst ihm sein Glauben war. Und für viele Christen ist der Umstand, dass Gott seinen eigenen Sohn opferte, der Umstand, dass Jesus tatsächlich am Kreuz starb, der Beweis für die Wahrheit des christlichen Glaubens.

Nun haben Wissenschaftler wie Peter Turchin darauf hingewiesen, dass das Praktizieren von Menschenopfern sich auf Dauer als »dysfunktional« erweist. Die Furcht und der Schrecken, die sie verbreiten, zersetzen die Gesellschaften von innen heraus, die Menschen suchen verzweifelt nach Wegen, dem ein Ende zu bereiten – sie haben ja nichts zu verlieren. Deshalb verschwinden die Menschenopfer dort, wo es Staaten gelingt, sich zu etablieren.

Die Menschenopfer von Pömmelte tauchen also genau dort auf,

wo sie zu erwarten waren: in der Entstehungsphase von Herrschaft. Und dass sie in Schönebeck verschwinden, ist der Beweis, dass es Aunjetitz gelungen ist, seine Herrschaft zu etablieren. Dass Pömmelte dem Boden gleichgemacht wurde, kann damit auch als ein Versprechen an die zu Untertanen gewordenen Menschen gewertet werden: Das ist vorbei! Wir opfern euch nicht mehr! Bereits in den Fürstengräbern glaubten wir zu sehen, dass sich die Fürsten als Versöhner inszenierten.

***

Ziehen wir ein Fazit der letzten Kapitel: Technologisches Wissen und Fernbeziehungen bildeten die Ursprünge der sich formierenden Macht von Aunjetitz. Dank der fruchtbaren Böden, des Salzes und der idealen Handelslage konnten hier von einer Elite enorme Überschüsse erwirtschaftet werden. Da diese Elite auch über beeindruckende Heiligtümer verfügte, besaß sie das nötige Charisma und eine überwältigende symbolische Macht, um ihre Herrschaft zu etablieren. Sie scheute nicht davor zurück, diese Macht durch Menschenopfer auf ultimative Weise zu demonstrieren.

Innerhalb der Elite gelang es dann einem Fürsten, sich an die Spitze zu setzen. Das ist ein Prozess der Monopolisierung, der mit der Enteignung und Erniedrigung der vielen einherging: Sowohl die Krieger als auch die Ahnen verloren an Bedeutung. Es entsteht eine »kosmologische Ordnung«, wie sie für frühe Staaten typisch ist. Sie legitimiert Herrschaft, indem sie die Charisma spendenden Kräfte des Kosmos, allen voran die der Sonne, anzapft und dadurch die Macht des Königtums speist.

Dieses Charisma wird mittels eines fein austarierten Prestigegütersystems, das auf exakten Farb-, Material- und Zahlencodes beruht, in die Gesellschaft hinein vermittelt. Und zwar durchaus als »Gnadengabe«: Der König war Herr über die materiellen und religiösen Ressourcen, er gab die Waffen an die ihm Ergebenen aus und schuf sich auf diese Weise Gefolgschaften. Die so sichtbar werdende Hierarchie stellt jenes Gerüst der Macht dar, das dem Reich von Aunjetitz Stabilität und Dauerhaftigkeit sicherte. Und wenn der König göttlicher Herkunft ist, sind es seine Söhne auch. Dann ist dynastische Herrschaft die logische Konsequenz.

Die archäologischen Befunde harmonieren damit. Die Entmachtung der alten Gewalten zeigt sich auf der religiösen Ebene in der Abkehr von den Ahnen, wie wir das im Übergang von Pömmelte zu Schönebeck sehen. Und auf der weltlichen Ebene schlägt es sich in der Entmachtung der Krieger nieder, nur noch die Elite darf Waffen mit ins Grab nehmen. Faszinierend ist auch, dass sich die massive Stratifizierung, die Entwicklung hin zu einer fast kastenartigen Hierarchie, bis hinein ins Metall nachweisen lässt. Denn als die Waffen ihrer Soldaten nur aus Kupfer waren, reichten den Fürsten goldschimmernde Zinnbronzen. Als auch der Zinnanteil der Beile stieg, durfte es für unseren König von Dieskau nur noch Gold sein. Daraus war sein Beil, daraus waren vermutlich auch seine verschollenen Dolche.

Und das verbindet ihn mit den Gottkönigen aus dem Orient. Bereits der erste namentlich bekannte Held, ein König aus Ur namens Meskalamdug (»Held des guten Landes«), nahm goldene Dolche mit ins Grab. Und dass auch Tutanchamun einen Golddolch besaß, erwähnten wir bereits. Diese Entwicklung kann einerseits durch den Kontakt der Eliten untereinander entstanden sein. Sie kann sich andererseits auch unabhängig vollzogen haben: Das Distinktionsbedürfnis der Eliten führte zwangsläufig zu solchen Prunkwaffen. Deren Auftauchen ist damit ein Lackmustest für die Existenz so extremer Hierarchie, wie wir sie aus den frühen Staaten kennen.

Während sich der König in einer Pyramide des Nordens bestatten lässt, wird den Untertanen lediglich ein einfaches Flachgrab zugestanden. Weil der gewaltige Statusunterschied mit dem Tod nicht enden darf, nimmt der Herrscher auf seine Reise in die andere Welt neben seiner Waffenausstattung und den Herrschaftsinsignien ein ganzes Arsenal an Produktionsmitteln mit: eine Siedlung, Schwarzerde im Überfluss und gewaltige Mahlsteine, um seine Soldaten für alle Ewigkeit mit Proviant zu versorgen.

***

Wir haben diesen Prozess nicht zuletzt deshalb so detailliert beschrieben, weil wir es mit Entwicklungen zu tun haben, die für die folgenden gut vier Jahrtausende Menschheitsgeschichte prägend sein werden. Wir sehen, wie sich erstmals die soziale Schere auf bis dahin unbekannte Weise öffnete. Gewaltige Reichtumsdifferenzen entstanden, die sich auch auf die Lebens- und Reproduktionschancen auswirkten. Über die privilegierte Ernährung der Fürsten, ihre gewaltigen Gräber sprachen wir bereits. Zusätzlich ist davon auszugehen, dass in Aunjetitz das Gleiche geschah wie im Orient: Die Herrscher monopolisierten nicht nur die Ressourcen, sondern auch die Frauen. Wie hieß es bei Gilgamesch? »Er ist ihr Stier, und sie sind die Kühe!« Zum Königtum gehörte der Harem. Mittlerweile liefern genetische Studien erste Hinweise darauf, dass in diesen Zeiten wenige Männer viele Kinder, viele Männer aber keine Kinder hatten.

Hatte der *Homo sapiens* die längste Zeit der Evolution in egalitären Gruppen gelebt, ähnelte sein Schicksal fortan dem eines Bienenvolks: Abgesehen von wenigen Drohnen müssen alle zum Wohl der Königin schuften – nur dass diese im Fall der Menschen männlich ist. Auch für das Reich von Nebra wird, zumindest in Ansätzen, das gegolten haben, was Karl August Wittfogel für die »orientalische Despotie« konstatierte: Der »sprichwörtliche Glanz« der frühen Hochkulturen verdankt sich dem »sprichwörtlichen Elend ihrer Untertanen«. Im Orient darf man sich gottgleichen Herrschern nur noch auf Knien nähern, das Gesicht im Staub. War es in Aunjetitz besser?

Wir haben den Prozess skizziert, wie dabei das Charisma monopolisiert wird, wie es von den vielen auf den einen übertragen wird, wie aus den vielen Helden uniforme Soldaten werden und aus dem einen der glänzende König. Dieser Prozess ist aufs Engste mit der technologischen Innovation des Bronzegusses verquickt. Erstmals in der Geschichte konnten Gegenstände seriell gefertigt werden. War jede Steinaxt eine Einzelanfertigung, in welche die Individualität ihres Schöpfers einfloss, wurden nun gleichartige Beile in Serie produziert. Das hatte zur Folge, was Walter Benjamin in seinem Essay *Das Kunstwerk im Zeitalter seiner technischen Reproduzierbarkeit* beschrieben hat: den Verlust der Aura, des Charismas. Das seriell Hergestellte ist nichts Besonderes mehr, es ist austauschbar, besitzt nicht mehr den individuellen Zauber, der einem Einzelstück innewohnt. Wir haben es hier mit jenem Schritt zu tun, der uns letztlich jene oft als »gesichtslos« gescholtene Massengesellschaft bescheren wird, deren Mitglieder unter einer teils verzweifelt zu nennenden Sehnsucht nach Individualität leiden.

Nun vollzieht sich dieser Transformationsprozess auch auf der religiösen Ebene – wir sprachen von einer Religionsrevolution. Wie ausgeführt, bezeichnet Charisma die Idee des »In der göttlichen Gnade«-Stehens. Entsprechend haben wir es mit der Genese einer Idee zu tun, welche die Geschichte besonders hartnäckig prägen wird: die Vorstellung, dass die Herrschaft einzelner Individuen über die Masse ihrer Mitmenschen gottgewollt sei. Ihre männlichen Herrscher haben eine direkte Verbindung zu den obersten Göttern, die fortan in aller Regel ebenfalls männlicher Natur sind. Auch wenn die Monarchen nicht behaupten, selbst Götter oder göttlicher Abkunft zu sein, beanspruchen sie doch, dass ihre Herrschaft von Gottes Gnaden sei – und damit auch das meist wenig erfreuliche Schicksal ihrer Untertanen.

Damit entsteht eine Spielart der Religion, deren Hauptzweck es ist, Herrschaft zu sichern; sie produziert die dazu nötige symbolische Macht. Hier formiert sich Religion erst als eigenständiger Bereich. Es ist eine Herrschaftsreligion, die den Menschen vorschreibt, was diese zu glauben haben. Dazu braucht sie Experten, deren Aufgabe es sein wird, mittels größter ritueller Opulenz alle von der Wahrheit ihrer Glaubenslehre zu überzeugen und gleichzeitig mit Argusaugen darüber zu wachen, dass niemand an ihr zweifelt. Denn das wäre immer auch ein Zweifel an der Herrschaft.

Das ist ein Prozess, der in der Religionsgeschichte wiederholt zu beobachten ist: Der Zugang zur himmlischen Sphäre wird zentralisiert, die religiösen Zwischengewalten werden abgeschafft. Die Ahnen haben ausgedient, die normalen Menschen werden religiös enteignet. Neben dieser offiziellen Religion bleibt aber die inoffizielle Religion des Alltags bestehen, die weiterhin ihren direkten Austausch mit den Ahnen, den Kräften der Natur oder den alten, von der Macht verdrängten weiblichen Gottheiten pflegt. Eine Religion, in der es keinen Glaubenszwang braucht, weil sie dichter an den religiösen Bedürfnissen der Menschen ist. Sie harmoniert mit dem, was wir am Anfang des Kapitels als das Substrat des Glaubens beschrieben haben – und was heute viele als Grundlage der Spiritualität verstehen. Von der offiziellen Religion wird diese Sphäre kritisch beäugt, oft als Aberglauben denunziert und bekämpft. Noch heute wird gern übersehen, dass offizielle Religionen in der Regel enger mit der Herrschaft verbunden sind als mit den tatsächlichen Glaubensbedürfnissen der Menschen – auch davon legt die Himmelsscheibe von Nebra Zeugnis ab.

24
Die Rache der Götter

Am Anfang des Buchs hatten wir versprochen, uns in der Tradition von *Götter, Gräber und Gelehrte* an einem tatsachenbasierten »Roman der Archäologie« zu versuchen. Was die Analysen der Himmelsscheibe angeht und die Erkundung der fantastischen Welt, aus der sie stammt, mag uns ansatzweise jene Art von Forschungsreportage gelungen sein, die C. W. Ceram im Sinn hatte, um die Leser dicht am Erkenntnisgewinn teilhaben zu lassen. Wir zeigten, dass wir es in Mitteldeutschland vor gut 4000 Jahren tatsächlich mit einer hochkomplexen Kultur zu tun hatten, die ein solches Meisterwerk wie die Himmelsscheibe hervorbringen konnte. Sollten wir uns aber nun, da wir dem Ende des Buchs entgegengehen, auch an einem Tatsachenroman über das Reich von Nebra selbst versuchen, in dem wir das konkrete Schicksal der Himmelsscheibe nacherzählen?

Keine Angst, Fantasyromane zur Himmelsscheibe gibt es genug. Denen wollen wir keine Konkurrenz machen. Trotzdem erscheint es sinnvoll, darüber nachzudenken, wie ein tatsachenbasierter Roman der Archäologie aussehen könnte, verbirgt sich dahinter doch die Frage, wie die archäologischen Beobachtungen mit dem realen Geschehen zu verknüpfen sind. Wie ließe sich eine annähernd stimmige Geschichte erzählen, in der die verschlungene Vita der Himmelsscheibe in die von uns rekonstruierte untergegangene Welt des frühbronzezeitlichen Europas eingepasst wird? Dafür müssen wir konkrete Antworten auf Fragen wie diese geben: Wer war denn nun der Schöpfer der Himmelsscheibe, und wie gelangte er konkret an das Wissen der plejadenbasierten Schaltregel? Was für ein Mythos verbirgt sich hinter der Sonnenbarke? Woher stammt er? Und warum ist solch ein kostbarer Schatz am Ende heimlich verborgen worden, als sei er der Hort der Nibelungen?

Zugegeben, selbst eine Romanhandlung nur zu skizzieren ist ein mehr als abenteuerliches Unterfangen. Zu kämpfen hat es mit den spezifischen Schwierigkeiten der prähistorischen Archäologie. Tatsächlich haben wir es ja im wahren wie im übertragenen Sinne hauptsächlich mit Gerippen zu tun. Die Zeit und ihre mikroskopisch kleinen Helfer verschlangen längst das Fleisch, das Leben, die Gedanken, Träume und Geschichten.

Die nächste Schwierigkeit: Eine Kultur kommt nie in allen Bereichen gleich gut über die Zeiten. Immer sind die Eliten in den Hinterlassenschaften überrepräsentiert – und zwar ebenso maßlos, wie sie im Leben dem Luxus frönten. Die Armen dagegen erscheinen archäologisch fast unsichtbar. Ähnliches gilt für die Geschlechter. Auch die weibliche Sphäre ist in den Funden unterrepräsentiert. Was wissen wir schon über die Frauen von Aunjetitz? Sie sind uns so gut wie nur in Gestalt von Gewaltopfern begegnet. Es gibt einige Hinweise auf reiche Frauenbestattungen – aber noch viel zu wenig Anhaltspunkte für ihre Lebenswirklichkeit. Und das ist mehr als schade. Zum Beispiel wüssten wir zu gern, ob sich aus dem Umstand, dass Frauen in Aunjetitz auf die gleiche Weise wie Männer bestattet wurden, ein neues Rollenbild für sie ableiten lässt.

Nicht einmal einen Fürstensitz haben wir sicher identifizieren können. Selbst wenn eines der teils fast 60 Meter langen Häuser als Residenz diente, können wir nicht sagen, wie prunkvoll sie ausgestattet war: Die aus Holz und Lehm bestehende Architektur mit ihren Schnitzereien, Farbfassungen und Tapisserien überlebte die Zeiten nicht. Und wie hielt man Berichtenswertes fest? Ritzte man Abgabenlisten in Holz oder knüpfte Knoten um Knoten in Schnüre, wie es die Inkas in den Anden taten? Auch solche Medien überdauerten die Zeiten in Mitteleuropa nicht, obwohl zumindest in Feuchtbodensiedlungen Hinweise darauf zu finden sein müssten. Bei den Kelten fungierten die Druiden als mentale Wissensspeicher. Allein durchs Memorieren häuften sie immense Wissensvorräte an und gaben diese von Generation zu Generation weiter. Dass in Aunjetitz wenigstens ein Bewusstsein existierte, dass Wissen auch extern, also außerhalb der Köpfe gespeichert werden kann, dafür ist die Himmelsscheibe ein eindrucksvoller Beleg.

Wir sehen, allen Forschungsfortschritten der letzten Jahre zum Trotz herrscht an weißen Flecken kein Mangel. Statt eines Romans der Archäologie könnten wir uns nur an der Archäologie eines Romans versuchen. Deshalb werden wir uns mit der Skizze eines möglichen Romanverlaufs begnügen müssen. Um zu zeigen, dass wir tatsachenbasiert vorgehen und kein zu großes Maß dichterischer Freiheit beanspruchen, fügen wir jeweils erläuternde Kommentare an. Leider entfalten diese mitunter ein Eigenleben. Deshalb wird unser Romanfragment ein wenig an E. T. A. Hoffmanns Roman *Lebens-Ansichten des Katers Murr* erinnern. Da notierte der Kater seine Erinnerungen auf den leeren Rückseiten bereits beschriebener Makulaturblätter. Weil der Setzer es an Aufmerksamkeit vermissen ließ, druckte er beides, und die Leser bekamen abwechselnd zwei Geschichten erzählt. Machen wir uns nun also an die Archäologie des So-könnte-es-gewesen-Seins. Wohl wissend, dass alles viel abenteuerlicher war, als sich das unser aufgeklärter Verstand vorstellen kann.

***

Die Erde bebt, immer wieder. Dann bleibt es lange still. Trotzdem will niemand mehr in seinem Haus schlafen. Das Warten wird zur Qual. Die Boten, die übers Meer gefahren sind, um Hilfe zu holen, hätten längst zurück sein müssen. Warum nur erschüttern Erdbeben so lange schon die Insel? Was hat der Rauch zu bedeuten, der aus dem Wasser steigt? Woher kommen all die fauligen Gerüche? Die Kräfte der Natur sind außer Rand und Band geraten. Endlich zeigt sich ein Segel am Horizont, dann noch eins, eine Armada naht. Die braucht es auch. Immerhin leben Tausende von Menschen auf der Insel. Die allermeisten sind entschlossen, ihre Heimat zu verlassen und nach Kreta zu gehen. Sie packen Hab und Gut, gehen zum Hafen hinab. Nur einen einzigen Toten werden die Archäologen 3600 Jahre später finden. Ob er plündern wollte, sich weigerte, sein Zuhause zu verlassen, oder zur Strafe zurückgelassen wurde? Auf jeden Fall sieht er mit an, wie der Ascheregen einsetzt, der Himmel aber bald wieder aufklart. Wie sich die Eruptionen steigern, das Tageslicht ständig dramatisch die Farbe wechselt. Als der Vulkan von Thera schließlich explodiert, weil das Meerwasser in die Magmakammer eindringt, ist er längst tot. Tagelang verbirgt die Sonne ihr Antlitz über dem östlichen Mittelmeer. Blitze durchzucken die Aschewolken. Wenn es je den Anschein hatte, die Welt ginge unter, dann hier und jetzt.

2000 Kilometer weiter im Norden besteigt in jener Zeit der letzte König seines Reichs einen heiligen Berg. Er hat es eilig, treibt sein Gefolge an. Das Op-

fer muss vollzogen sein, bevor die Sonne blutrot untergeht. Das ist seine letzte Chance, ansonsten ist alles verloren …

Nein, uns treibt keine Sensationslust an, wenn wir diese Romanskizze dramatisch mit dem Ausbruch des Vulkans von Thera in der Ägäis beginnen. Dessen Eruptionssäule reichte fast 40 Kilometer in die Atmosphäre hinauf. Die Insel zerbrach (Touristen kennen ihre Überreste als Santorin). Der Ausbruch gilt als eine Urkatastrophe des Altertums. Vom Untergang von Atlantis bis zur durch den folgenden Tsunami verursachten Teilung des Roten Meers in der Bibel werden einige der größten Mythen mit dem Thera-Ausbruch in Verbindung gebracht. Belege dafür gibt es keine, zumindest aber fanden sich Überflutungsspuren an den Küsten Kretas und Anatoliens. Schätzungen gehen davon aus, dass die Eruption Wellen von 35 Metern Höhe übers Meer schickte. Doch was hat das mit der Himmelsscheibe von Nebra zu tun?

Einmal mehr müssen wir Archäologie rückwärts betreiben. Schließlich haben wir keinen direkten Anhaltspunkt, wie alt die Himmelsscheibe selbst ist. Das einzig fassbare Datum, das uns vorliegt, ist der Zeitpunkt, an dem sie unweit der Unstrut in den Boden kam. Die C-14-Datierung der Birkenrinde aus einem der Schwertgriffe sowie das erste Auftauchen der Schwerter in mitteldeutschen Gefilden und das archäologisch diagnostizierte Ende der Frühbronzezeit lassen es als sicher erscheinen, dass das Himmelsscheiben-Ensemble um das Jahr 1600 vor Christus herum auf dem Mittelberg in der Erde versenkt wurde. Und damit sind wir genau im Zeitfenster des Thera-Ausbruchs. Zufall? Wir glauben nicht.

Zwar ist die Datierung des Vulkanausbruchs, der früher gern mit der Zerstörung der großen Paläste der minoischen Kultur auf Kreta in Verbindung gebracht wurde, seit Jahrzehnten umstritten, doch auch hier sorgen neue naturwissenschaftliche Ergebnisse für mehr und mehr Sicherheit. Nach der absoluten Datierung zweier vom Ascheregen verschütteter Olivenbäume fand die »minoische Eruption« mit 95,4-prozentiger Sicherheit zwischen 1627 und 1600 vor Christus statt. Die erwähnte C-14-Datierung der Birkenrinde aus einem der beiden unbenutzten, nahezu gussfrischen Nebra-Schwerter lieferte ihrerseits als engstes Zeitfenster den Zeitraum 1625 bis 1600 vor Christus. Das Loch für die Himmelsscheibe, in das sie mit den Schwertern gelangte, wurde also aller Wahrscheinlichkeit geschaufelt, nachdem die Welt des östlichen Mittelmeers vom Thera-Ausbruch massiv erschüttert worden war. Wir kommen darauf zurück.

Es ist deshalb keine dramaturgische Finte, mit dem dramatischen Ende zu beginnen. Nur so finden wir den Startpunkt unserer Geschichte. Rechnen wir rückwärts: Das Bildprogramm der Himmelsscheibe hat wiederholt so gravierende Veränderungen erfahren, dass ihnen jeweils ein Wandel der Gedankenwelt vorausgegangen sein muss. Deshalb ist von einem Gebrauch von mindestens sechs Generationen auszugehen. Dann verweist nicht nur die Kombination von Gold und Bronze auf die Fürsten von Leubingen (um 1940 vor Christus) und Helmsdorf (um 1830 vor Christus). Die Analysen von Gregor Borg und Ernst Pernicka lieferten naturwissenschaftliche Belege, dass wir es mit dem gleichen Cornwall-Gold zu tun haben, wie es für Teile des Fürstenornats verwendet wurde. Da aber die ältesten bisher nachgewiesenen Spuren des Bergbaus im Mitterberg-Revier in den Ostalpen, woher das Scheibenkupfer kommt, wiederum erst aus dem 18. Jahrhundert vor Christus stammen, kommen wir zum Schluss, dass das irdische Leben der Himmelsscheibe 150 bis 200 Jahre gewährt haben muss. Ihr Schöpfer ist damit in der Zeit zwischen 1800 und 1750 vor Christus anzusiedeln; er gehört in die zeitliche und soziale Sphäre der Fürsten des Bornhöck, der Könige von Dieskau. Das ist keine Überraschung. Wir sehen dort das Reich von Nebra in voller Blüte.

Nachdem wir also unser Romanfragment mit dem Untergangsszenario des Thera-Vulkans begonnen haben, blenden wir nun zurück, um den ersten Meister der Himmelsscheibe zu begleiten. Wir sind eine Erklärung schuldig, wie er an das astronomische Wissen gelangte. In Mitteldeutschland konnte er es aller Wahrscheinlichkeit nach nicht gewonnen haben. Die Wetterverhältnisse boten zu selten freie Sicht auf den Sternenhimmel. Außerdem fehlte es in einer schriftlosen Gesellschaft aller Wahrscheinlichkeit nach an Möglichkeiten, die dafür nötigen gut 40 Jahre kontinuierlicher Himmelsbeobachtung zu protokollieren. Unser Held könnte sich also vor fast 4000

Jahren ins Morgenland aufgemacht haben. Ein amtierender Fürst wird das nicht gewesen sein, die Herrschaft verlangte Präsenz. Also war es sein Sohn, vielleicht der Thronfolger.

Unser junger Held, ein Prinz von Dieskau, bricht gen Süden auf. Die goldenen Lockenringe, das prachtvolle, von goldenen Ösenkopfnadeln zusammengehaltene Gewand und der Bronzedolch weisen seinen hohen Rang aus. Ehrenvoll wird er aufgenommen, wo immer er hinkommt. Seine Mission: alte Bündnisse für die Zukunft zu erneuern. Auch als ihn die Reise über die Grenzen der befreundeten Reiche hinausführt, empfängt man ihn freundlich. Man weiß um seine Verbindungen, weiß, dass in seiner Heimat Männer regieren, die über viele Krieger gebieten. Doch immer zieht es unseren Helden weiter. Er folgt dem Weg der Donau, reist durch reiche Lande; die Menschen besitzen viel Gold. Er macht stets nur kurz halt. Was treibt ihn an? Will er zum Schwarzen Meer? Die Ägäis sehen? Es könnten die Geschichten sein, die er unterwegs vernimmt, die Gerüchten gleich von fernen Reichen und ihren mächtigen Herrschern kursieren. Sie spornen seine Entdeckerlust an. Oder weiß er, dass man dort, wo er hinreist, nach Zinn giert und Bernstein von der Ostsee begehrt, den Ovid Jahrtausende später die »Tränen der Sonnentöchter« nennen wird? Einen Beutel mit Bernsteinperlen hat er in jedem Fall dabei. So leicht und schön, wie sie sind, stellen sie perfekte Gastgeschenke dar.

Übertreiben wir es nicht mit der Entdeckerlust unseres bronzezeitlichen Marco Polos? In den ersten Jahren der Himmelsscheiben-Forschung waren wir da selbst sehr vorsichtig und versuchten, alles so lokal wie möglich zu erklären. Mittlerweile sind wir da anderer Ansicht und befinden uns auf recht sicherem Boden. Schon die hohe Mobilität der Glockenbecherkultur faszinierte die Archäologen. Der in England bestattete Amesbury Archer stammte wohl aus den Alpen. Solche Reisen waren nicht nur möglich, sie waren notwendig. Die dänische Archäologieprofessorin Helle Vandkilde vertritt die These, dass wir es in der Bronzezeit mit der ersten Globalisierung zu tun haben, bedingt durch das nur an wenigen Orten der Welt abgebaute Zinn. Vankilde sieht die Bronzezeit als »einzigartiges Beispiel der Verschränkung eines kontinentübergreifenden afrikanisch-eurasischen Großraums ..., der sich um etwa 2000 vor Christus herausbildete und um circa 1200 vor Christus wieder verschwand«. Mit dem Aufkommen des Eisens kann dann später jeder auf vor Ort vorhandene Ressourcen in Form von Raseneisenerz zurückgreifen. Regionalisierung ist die logische Konsequenz.

Wie aber realisierte sich solch ein Großraum? Sicher, Güter waren mobiler als Menschen; trotzdem brauchte es immer auch die Reisen einzelner Personen. Sie erst knüpften die Handelsnetzwerke. Die Eliten konnten ihre Beziehungen über Tausende von Kilometern nur über persönlichen Kontakt aufrechterhalten, und sei er noch so sporadisch. Die »Grand Tour«, die Reise durch Europa, die seit der Renaissance zum Pflichtprogramm junger Adliger gehörte, dürfte also eine Art Vorläufer in der frühen Bronzezeit gehabt haben. Das erste große Thema der Weltliteratur? Von Gilgamesch bis Odysseus: der reisende Held!

Früher war die Archäologie skeptisch, was Fernbeziehungen anging. Seitdem aber die Genetik mehr und mehr zeigt, welch ein Migrationsprodukt Europa ist, wandelt sich das. Die Landwirtschaft ist von Menschen aus dem Orient nach Europa gebracht worden. Das Indoeuropäische verdanken wir wohl den Schnurkeramikern, deren Vorfahren aus der Tiefe der eurasischen Steppe stammten. Über die weitere Ausdifferenzierung der europäischen Sprachen wissen wir noch wenig. Da aber das Indoeuropäische erst im 3. Jahrtausend vor Christus nach Europa kam, werden sich Anfang des 2. Jahrtausends die Sprachen in Europa noch nicht so weit voneinander entfernt haben, dass man sich gar nicht mehr verstehen konnte. Die Verständigung dürfte also Reisenden nicht allzu schwergefallen sein.

Auch die von der Iberischen Halbinsel bis in den Kaukasus vorkommenden goldenen Lockenringe belegen einen gesamteuropäischen Kommunikationsraum. Schwieriger sieht es mit handfesten Beweisen für Kontakte über Europa hinaus aus. Zu den klassischen Beispielen für Fernkontakte gehören die Schleifennadeln aus dem 21. bis 20. Jahrhundert vor Christus, deren formelle Übereinstimmung zwischen Zypern und Mitteleuropa verblüfft. Sie finden sich genauso wie Ösenhalsringe in einiger Anzahl im Vorderen Orient, vor allem im Libanon. Auch der Elektron-Ring des Dieskauer Fürsten hat ja in Byblos an der östlichen Mittelmeerküste ein Gegenstück.

Leider fehlen noch oft die metallurgischen Untersuchungen,

die mehr Gewissheit bringen könnten. Im Fall der Lanzenspitze von Kyhna haben sie das bereits getan, ohne aber die Rätselfrage der Fernkontakte wirklich zu lösen. Das für hiesige Gefilde einzigartige Stück stammt aus einem Aunjetitzer Depotfund, der zwischen 2100 und 2000 vor Christus keine 20 Kilometer vom Bornhöck entfernt vergraben worden war. Solche Lanzenklingen finden sich in der Ägäis, vor allem auf den Kykladeninseln. Ein Importstück? Nein. Die Analysen zeigen: Die Klinge ist aus heimischem Metall gefertigt. Lanzen, die im östlichen Mittelmeer schon im 3. Jahrtausend verbreitet waren, tauchen in Mitteleuropa aber erst viel später auf. Insofern ist für die Kyhna-Klinge Ähnliches anzunehmen wie für die Himmelsscheibe: Jemand wird damals in der Ferne gewesen sein, wo er sie sah, und zu Hause den Auftrag gegeben haben, sie nachzuschmieden. Damit läge bereits ein Fernkontakt aus der Zeit vor dem Leubinger Fürsten vor. Aus der späteren, der Dieskauer Zeit dann existieren neuerliche Indizien für einen Aunjetitz-Ägäis-Kontakt: In den Schachtgräbern Mykenes finden sich vereinzelt Perlen baltischen Bernsteins. Da aber in dieser Zeit Aunjetitz keinen Bernstein so weit in den Süden handelte, könnten sie als Fürstengeschenke dorthin gelangt sein.

In der Zeit nach der Himmelsscheibe nehmen die Hinweise auf Fernkontakte zu. Auf einer der Steinplatten des Königsgrabs von Kivik in Südschweden (circa 1300 vor Christus) ist ein zweirädriger, von Pferden gezogener Streitwagen zu sehen. Die aber gab es nur in Griechenland und im Vorderen Orient. Der in Kivik bestattete Bronzezeitfürst muss also den Wagen dort zu Gesicht bekommen haben. Dann sind da die wunderschönen blauen Glasperlen, die sich in Gräbern Norddeutschlands und Dänemarks aus dem 15. und 14. Jahrhundert vor Christus finden. Hier zeigen die chemischen Untersuchungen: Sie stammen tatsächlich aus Mesopotamien und Ägypten. Traditionell werden die schimmernden Preziosen als Handelsimporte interpretiert. Weil sich aber stets nur wenige Perlen fanden, glauben wir, dass sie Reisen einzelner Menschen dokumentieren. Leicht, attraktiv und in Europa unbekannt, stellen sie die ideale Reisewährung dar – ganz so, wie wir das hier im umgekehrten Fall für den Bernstein annehmen. Die Perlen sind also Reisehinterlassenschaften, eingelöste

Traveller Cheques der Vorzeit. Ironischerweise sollten die Europäer selbst Glasperlen mitnehmen, als sie sich Jahrtausende später in den »wilden Westen« Nordamerikas aufmachten.

Kehren wir zu unserem Helden zurück. Mit langen Reisen war er vertraut. Sicher war er mit seinem Gefolge auf der alten Zinn- und Goldroute nach England gelangt, hatte Stonehenge und die weißen Grabhügel bestaunt. Als Thronfolger hatte er von klein auf Einblick in die Geschäfte der Macht erhalten, war in die Geheimnisse der Metallurgie und der Orte eingeweiht worden, wo die nötigen Ingredienzien zu finden waren. So gehörte es sich nun mal für die Söhne der Dynastie. Alte Pakte beeiden, neue Kontakte schließen, unbekannte Erzquellen entdecken. Kurz, sich in die Welt einführen, als Held beweisen, um seinen künftigen Platz einzunehmen im europäischen Machtgeflecht, das auf persönlichen Beziehungen von Fürst zu Fürst beruhte. Doch bei ihm war da immer mehr gewesen, ein dringender Wunsch, den Dingen auf den Grund zu gehen und Neues zu entdecken.

Unser zukünftiger Meister der Himmelsscheibe ist auf dem Weg in den Süden. Ans Umkehren verschwendet er keinen Gedanken. Ihn zieht es ins Reich jenes Herrschers, von dem ihm an jedem Marktflecken sagenhafte Geschichten erzählt werden: Ein Liebling der Götter sei das, weise, begabt mit großer Weitsicht und strategischem Geschick, Sieger in vielen Schlachten. An den großen Strömen habe er ein Reich geschaffen, wie es vorher keines gab. Triumph um Triumph machten ihn unsterblich. In der Tat, noch heute kennt jeder den Namen des Königs: Hammurapi. Er machte Babylon groß, sein Bild finden wir in den Schulbüchern.

Stopp! Ist das nicht bloße Spekulation, was wir betreiben? Bringen die Himmelsscheibe mit dem erstbesten berühmten Namen aus dem Orient zusammen? Nun, wenn wir die Datierungen ernst nehmen, haben wir kaum eine andere Wahl. Unser Meister der Himmelsscheibe ist tatsächlich ein Zeitgenosse Hammurapis. Und wenn er Richtung Zweistromland unterwegs war, konnte er gar nicht anders, als von dem babylonischen König zu hören. Ob er ihm begegnet ist? Zumindest in sein Reich gelangte? Auf jeden Fall hätte Hammurapi dem Gast aus Europa eine Menge zu bieten gehabt.

Hammurapi I. regierte von 1792 bis 1750 vor Christus. Als sechster König der Dynastie von Babylon trug er den Titel König von Sumer und Akkad. Begonnen hatte er als König eines kleinen Reichs, wie es viele an Euphrat und Tigris gab; am Ende herrschte er über ganz Mesopotamien. Auf einer über zwei Meter hohen Stele aus schwarzem Diorit sind 24 Städte verzeichnet, über die er gebot: Ur, Uruk, Assur und Ninive waren darunter – und natürlich seine Residenz Babylon. Deren Stadtgott Marduk steigt unter Hammurapis Herrschaft zum Herrn des mesopotamischen Pantheons auf. Wir erinnern uns: Marduk ist jener Gott, von dem es heißen wird, er habe das wunderbar regelmäßige Jahr mit 360 Tagen eingerichtet, in dem Sonne und Mond noch in Einklang waren, und die sieben bösen Dämonen, die Sebettu, soll Marduk auch bezwungen haben.

Die Diorit-Stele ist weltberühmt: Der »Codex Hammurapi« zählt heute zu den Glanzstücken des Louvre in Paris. Auch wenn es Vorläufer gab, gilt er als ältestes Gesetzeswerk der Welt. In seinem Prolog, der den über 280 Paragrafen vorangestellt ist, wird ausgeführt, dass es die Götter waren, die Hammurapi auftrugen, für gerechte Ordnung zu sorgen. Der König sei die »Sonne von Babylon ... die über dem Land Sumer und Akkad das Licht aufgehen lässt«. Das Relief, das den Codex ziert, zeigt Hammurapi vor einem thronenden Gott stehend, der nur wenig größer als der König ist. Das ist der Sonnengott Šamaš (mitunter auch Schamasch geschrieben, sein sumerischer Name lautet Utu). Er ist der Sohn des Mondgottes Sin. Dank seines Lichts, das alles erhellt, dank seiner Bahn über den Himmel entging Šamaš' Augen nichts, was auf Erden geschah. Das machte ihn zum idealen Hüter von Recht und Ordnung.

Auf Šamaš' Hörnerkrone thront eine Sonnenscheibe, in der rechten Hand hält er einen Schreibgriffel und einen Ring – etwas größer als jene, die wir aus den Aunjetitzer Fürstengräbern kennen. Die Altertumskundler sehen in dem Ring, der sicher aus dem Sonnenstoff Gold war, ein Symbol monarchischer Macht. Bedeutungsvoll ist der direkte Augenkontakt zwischen Hammurapi und Šamaš, auch stehen König und Sonnengott über den Ring in direktem Kontakt. Hier fließt göttliche Macht auf den irdischen Herrscher über. Aus der persönlichen Verbindung resultiert Hammurapis Charisma, das ihm die Legitimation gibt, das Recht über alle Menschen seines Reichs zu setzen. Das Relief präsentiert uns also genau das, was wir im vergangenen Kapitel beobachteten: Die Legitimation der Herrscher speist sich aus göttlich-kosmischer Quelle. Die Macht der Sonne wird angezapft! So funktionieren kosmologische Ordnungen.

Babylon hatte einiges an Inspiration zu bieten für einen Prinzen aus einem aufstrebenden Entwicklungsland wie dem mitteldeutschen Aunjetitz. Aus der babylonischen Königschronik wissen wir, dass Hammurapi im 15. Jahr seiner Regentschaft für die »Sieben« ein Bildnis anfertigen ließ, was diesem Jahr auch den Namen gab. Diverse Forscher bringen das – für uns alles andere als überraschend – mit den Plejaden in Verbindung, den himmlischen Repräsentanten der unheilvollen Sebettu-Dämonen.

Im alten Babylon Hammurapis findet sich also genau jene Melange, die auch die Himmelsscheibe auszeichnet. Sonne, Plejaden und Könige, die sich auf göttlichen Direktkontakt berufen. Vom in Mesopotamien allgegenwärtigen Mond, der das Kalenderwesen beherrschte, ganz zu schweigen. Und es ist diese Mischung, die wir bei einer zweiten, noch größeren Berühmtheit der Zeit finden: bei Gilgamesch, dem legendären König von Uruk. Auch sein Schutzgott ist der Sonnengott Šamaš. Mit dessen Unterstützung zieht Gilgamesch los, um den Wächter des Zedernwalds, den Unhold Humbaba, zu überwältigen. In der separat überlieferten Episode »Gilgamesch und Humbaba« kommen auch die Sieben ins Spiel. Da beauftragt der Sonnengott die Sebettu, Gilgamesch den Weg über die Bergpässe zum Zedernwald zu weisen. Der Altertumskundler Tomislav Bilić sieht darin den ältesten schriftlichen Beleg für die Benutzung der Sterne als himmlisches Navigationsinstrument. Keine Frage, die Kombination Sonne, Plejaden und Dämonen, Gott, Held und König gehört zur kulturellen DNA der Welt Mesopotamiens.

Wir sehen, hier in Babylon könnte der Prinz von Aunjetitz das ganze Wissenskonglomerat erfahren haben, das charakteristisch für die Himmelsscheibe ist. Was gäben wir dafür, zu erfahren, ob unser Held Hammurapi persönlich traf oder ob er nachts auf einem der Zikkurate saß, einem der gestuften Tempeltürme, und den babylonischen Astronomen lauschte, die ihn in die Geheimnisse des Sternenhimmels einführten. Wer weiß, vielleicht hat der Hamburger Astronom Rahlf Hansen recht, wenn er für das Jahr 1778 vor Christus eine »Idealsituation« am Himmel annimmt: In dieser fiel die letzte jährliche Sichtbarkeit der Plejaden mit der Neulichtsichel, also der ersten Sichtbarkeit des Mondes am Abendhimmel nach Neumond, zusammen. Das war Hansens Ansicht nach der himmlische Anlass für Hammurapi, den Sieben ein Kultbild zu schaffen. Zumindest das scheint uns wahrscheinlich: Der reisende Fürstensohn erfuhr zwischen Euphrat und Tigris das Geheimnis, wie sich der Jahreslauf von Sonne und Mond in Einklang bringen lässt. Dass er die Bedeutung der dafür nötigen Schaltregel abschätzen konnte, steht außer Frage; das beweist die kostbare Umsetzung auf der Himmelsscheibe.

In Babylon erfährt der Prinz Dinge, die bestens zu den Herausforderungen passen, die ihn in seiner Heimat erwarten, sobald er den Thron besteigt. Auch sieht er, wie sich Hammurapi als »guter Hirte« seines Landes inszeniert. Er hört, dass sich dessen Untertanen in ihren Briefen an den König als »Sklaven« bezeichnen müssen. Der neuen Einsichten übervoll, macht sich unser Held auf die Heimreise. Vielleicht führt ihn der Weg dorthin, wo der legendäre Zedernwald stand, von dem das Gilgamesch-Epos erzählt, vielleicht wiesen ihm sogar die Plejaden im Dienste des Sonnengottes den Weg. Er wäre dann womöglich nach Byblos gelangt, dem wichtigsten Umschlagplatz für das Zedernholz des Libanon. Von dort nimmt er einen kleinen Armring aus Elektron mit, um ihn zu Hause seinem Sohn zu schenken.

Im Hafen von Byblos besteigt er ein Schiff, das ihn nach Griechenland bringt. Am Hof von Mykene wird er freundlich aufgenommen. Der König spricht zu ihm und seinen Gefährten: »Fremdlinge, sagt, wer seid ihr? Von wannen trägt euch die Woge? Habt ihr wo ein Gewerb, oder schweift ihr ohne Bestimmung hin und her auf der See: wie küstenumirrende Räuber, die ihr Leben verachten, um fremden Völkern zu schaden?« Der Aunjetitzer Prinz gibt freundlich und geduldig Auskunft. Seine letzten Bernsteinperlen, die er als Gastgeschenk überreicht, öffnen ihm die Herzen. Der ganze Hof ist fasziniert von der magischen Kraft der Perlen; reibt man sie, ziehen sie Haare an. Das Staunen und Lachen kennt kein Halten mehr.

Man speist gemeinsam, vollzieht die Opfer. Unser Held bewundert die Weise, wie hier Gold auf Metallen befestigt wurde. Das hatte er schon im Orient gesehen, aber hier werden damit Dolche auf wunderbare Weise verziert. Ihm kommt eine Idee. Vielleicht ließe sich so ein Bild herstellen, auf dem er das Geheimnis des

Himmels verewigen könnte, das er in Babylon erfahren hat. Er beschließt, auf der Rückreise in die Heimat darüber nachzudenken, wie er das anstellen könnte; vor allem was man zeigen müsste, um das Wissen in Gold zu bannen. Zum Abschied spricht der König von Mykene zu ihm: »Edlen Geblüts bist du, mein Sohn; das zeuget die Rede! Von den Schätzen, so viel ich in meinem Hause bewahre, geb ich dir zum Geschenk das schönste und köstlichste Kleinod: Gebe dir einen Kelch von künstlich erhobener Arbeit, aus geläutertem Silber, gefasst mit goldenem Rande! Den will ich jetzo dir schenken.«

Ertappt, die Worte, die wir unserem König von Mykene in den Mund legen, sind nicht von uns. Die haben wir vom größten aller Sänger ausgeliehen, sie stammen aus Homers *Odyssee*, genauer gesagt der »Telemachie«, die von der Reise des Telemachos erzählt, der allerorten nach seinem Vater Odysseus sucht. Das erste Zitat stammt vom Rössebändiger Nestor, dem Herrscher von Pylos; das zweite, in dem tatsächlich von einem tauschierten Kelch die Rede ist, spricht bei Homer der Spartanerkönig Menelaos zu Telemachos.

Die »Telemachie« illustriert, wenn auch aus späterer Zeit als die Himmelsscheibe, wie die Helden reisten, wie sie an fremden Höfen als ihresgleichen aufgenommen wurden und Geschenke austauschten. Wir glauben also, dass unser Aunjetitz-Held von seiner Odyssee, die ihn in den Orient wie nach Mykene führte, nicht nur fantastisches astronomisches Wissen mitbrachte, sondern gleich auch die in seiner Heimat zuvor unbekannte Technik des Tauschierens – und dass diese es war, die ihn auf die Idee brachte, sein Wissen in Gold und Bronze zu verewigen. Die Himmelsscheibe ist also in Inhalt und Gestalt das Produkt einer phänomenalen Reise.

Zurück in Dieskau, beauftragt der Prinz den Schmied des Hofs, ihm eine Scheibe aus Bronze und Gold zu fertigen. Dazu darf er aber nicht das Kupfer verwenden, aus dem die Waffen der Soldaten gegossen werden; nein, es muss das Erz aus der Ferne sein, das damals neu aus den Alpen nach Aunjetitz gelangt. Und das Gold ist natürlich jenes, das schon seit alters aus Cornwall kam, um seine Vorväter zu schmücken. Was kostbares Wissen über die Gesetze des Himmels tragen soll, darf nicht aus Allerweltsmaterial hergestellt sein.

Als der Prinz den Thron besteigt, stellt er die Himmelsscheibe in seiner Hal-

le auf; dort, wo ihre Sterne im Licht der Fackeln funkeln. Allein der innerste Kreis der Macht bekommt sie aus der Nähe zu sehen. Als König, der ein Geheimnis mit dem Sonnengott teilt, gibt er Waffen aus Gold in Auftrag – auch die hat er auf seinen Reisen gesehen. Als der Tod naht, überreicht er seinem Sohn die Himmelsscheibe und weiht ihn in ihr Geheimnis ein.

Mag es noch so abenteuerlich klingen: So ungefähr könnte es sich zugetragen haben. Was ist denn wahrscheinlicher: dass die auf komplexer Himmelsbeobachtung basierende Kombination Sonne, Mond, Plejaden und absolutes Königtum an zwei entfernt liegenden Orten ungefähr zur selben Zeit, jedoch unabhängig voneinander erfunden wurde? Oder dass wir es mit einem Reisenden zu tun haben, der im Orient Antworten auf Fragen fand, mit denen man sich zu Hause in Mitteleuropa herumschlug?

Und selbst wenn unser Held gar nicht in Mesopotamien gewesen ist, sollte deutlich geworden sein, wie gut das Reich der Himmelsscheibe mit dem orientalischen Staatsdenken harmonierte. Damit hätten wir eine weitere, eine wissenssoziologische Bestätigung unserer Staatsthese: Wenn unser Held im Orient war – wunderbar! Wenn er nicht da war – noch viel besser! Dann haben wir es in Aunjetitz mit genau jenen Strukturen zu tun, die eigenständig eine solche Ideologie hervorbrachten. Dann muss hier alles noch viel komplexer gewesen sein, als wir das ohnehin schon vermuten.

***

Nun wird es noch schwieriger mit unserer Romanskizze. Neues Personal betritt die Bühne. Erinnern wir uns: Auf der Himmelsscheibe werden zwei Sterne entfernt, dafür wird sie links und rechts mit den Horizontbögen versehen. Damit wurde die ursprüngliche Schaltregel zumindest ansatzweise zerstört. Verschiedene Erklärungen bieten sich an. Die erste: Die Kontinuität wird unterbrochen. Ein Herrscher kam überraschend ums Leben – wieder ein Mord, ein Unfall, eine Krankheit –, jedenfalls war keine Zeit, seinen Nachfolger einzuweihen. Die zweite: Es fand eine bewusste Änderung statt, um das Wissen zu erweitern oder die Scheibe an hiesige Bedingungen anzupassen. Die orientalischen Erkenntnisse wurden eingenordet, indem man sie mit der traditionellen Gedankenwelt Europas kombinierte, in der, wie es die Kreisgrabenanlagen dokumentieren, der Sonnenlauf entscheidend war.

Die 83 Grad, die aus den Horizontbögen resultieren, passen zur geografischen Breite von Pömmelte und Schönebeck; das Herrschaftszentrum Dieskau liegt weiter südlich. Pömmelte war längst aufgegeben; auch die Nutzung des Heiligtums Schönebeck, zumindest legen das die aktuellen Daten nahe, endete schon um 1800. Das würde gut zu jenem Prozess der Zentralisation der Macht in der Region Dieskau passen; ein an der Peripherie des Reichs gelegenes Heiligtum hatte es da schwer. Haben wir es bei dieser Winkelkonstellation also mit einer Wiederbelebung alter Traditionen zu tun? Zumindest lässt sich die Kenntnis der Winkel zwischen den Auf- und Untergängen zu Zeiten der Sonnenwenden in einer Kreisgrabenanlage mit ihrem künstlichen Horizont aus Palisaden am besten gewinnen. Dann wäre die Himmelsscheibe dank der Horizontbögen zum Fokus solch einer Anlage geworden, zum Nabel der Welt, dem Auge des Kosmos – die perfekte Schnittstelle zwischen Himmel und Erde.

In jedem Fall gilt: Die Himmelsscheibe verbleibt im Kreis der Elite. Denn die Übertragung der exakten Winkel und die Berücksichtigung der Nordverschiebung der Horizontbögen sprechen für große intellektuelle Kapazitäten. Mag auch die Umarbeitung einen Wissensbruch darstellen, belegt sie doch die Kontinuität der Herrschenden. Auch das neu verwendete Gold stammt aus der alten Cornwall-Quelle der Fürsten. Vielleicht sollte die Umgestaltung deren territorialen Herrschaftsanspruch untermauern: Vom sumerischen König Lugal-zage-si heißt es, dass der höchste Gott Enlil ihm im Reich »von Sonnenaufgang bis Sonnenuntergang« keinen Gegner bescherte. Im Reich eines Königs, der die Sonne seines Landes ist, markieren die Horizontbögen die Grenzen seines Reichs. Zumindest eines ist sicher: Die Veränderungen führen weg vom Memogramm raffinierten astronomischen Wissens hin zu einem Symbol der Macht.

***

Wir haben unseren Romanfaden verloren. Vielleicht taugt unser Stoff auch eher für ein Theaterstück als für eine Romanskizze. Eine Tragödie in fünf Akten. Dann müsste der dritte Akt jetzt den Höhepunkt darstellen, von dem aus die Handlung sich auf das Ende, die Katastrophe hin zubewegt. In jedem Fall ändert sich mit der dritten Phase wieder das Personal. Jetzt kommt das Schiff auf die Scheibe. Rätselhaft, woher es stammt. Wir sollten konsequent bleiben: Wenn wir annehmen, dass die Himmelsscheibe, was Wissen und Gestaltung angeht, das Produkt einer bronzezeitlichen Grand Tour durch den Orient und die Ägäis war – warum nicht auch dieses? Machte sich wieder der Thronfolger einer mittlerweile mehr als etablierten Dynastie auf den Weg nach Südosten?

Wir zögern zu behaupten, sein Weg habe ihn nach Ägypten geführt. Andererseits gilt auch hier: Es wäre die einfachste Erklärung. Angesichts des überdeutlichen Sonnenbezugs des Reichs von Nebra erscheint eine andere Deutung des Bogens am unteren Rand denn als Sonnenbarke unwahrscheinlich. Aber vielleicht hat unser Held der vielleicht fünften oder sechsten Generation auch unterwegs von diesem ägyptischen Mythos erfahren. Der Stoff war ja weniger komplex als die Schaltregel. Trotzdem dürfte es den Prinzen gleich gepackt haben, passte der Mythos doch zu gut zu den Weltvorstellungen seiner Dynastie. Und wir dürfen nicht vergessen: Auf der Klinge eines der Nebra-Schwerter windet sich eine Schlange, die ebenfalls ägyptischen Ursprungs sein könnte. Durchaus eine bemerkenswerte Besonderheit, ist doch die frühe Bronzezeit Mitteleuropas ansonsten unter Archäologen eher als bilderfeindlich bekannt.

Weil auch Ägypten zu den Staaten mit kosmologischer Ordnung gehört, lohnt der Blick auf den Mythos und seine Umsetzung: Der Sonnengott Re reist am Tag in der Sonnenbarke über den Himmel und wechselt bei Sonnenuntergang in die Nachtbarke, mit der er durch die Unterwelt fährt. Dort aber greift ihn regelmäßig die riesige Schlange Apophis an; sie säuft das Himmelsgewässer aus, damit die Sonnenbarke strandet. Es ist der dunkle Gott Seth, der Re beschützt. Er steht am Bug, bohrt der Schlange den Speer in die Seite, woraufhin Re die nächtliche Fahrt fortsetzen kann, um am nächsten Morgen strahlend wiedergeboren die neuerliche Fahrt über den Himmel anzutreten. Von alters her betrachten sich ägyptische Pharaonen als »Söhne des Re«.

Bemerkenswert ist die Veränderung, die dieser Sonnenmythos mit der Zeit erfährt: Waren ursprünglich viele Götter an der Sonnenreise beteiligt, verschwinden diese. Der Sonnengott reist allein, nicht einmal mehr für die Schlange gibt es Platz. Aus einer gemeinsamen wird eine einsame Handlung. Was der Ägyptologe Jan Assmann als die »monistische Fokussierung des kosmischen Lebens auf eine einzige Quelle« bezeichnet, ist unschwer als jener Entzauberungsprozess zu erkennen, den wir im Übergang der Heiligtümer Pömmelte zu Schönebeck beobachtet haben. Es ist der Prozess der Monopolisierung des Charismas im Zuge der Monopolisierung der Macht. Wie auf Erden, so im Himmel: Ein absoluter Herrscher fährt besser damit, wenn auch seine göttliche Legitimationsquelle autark und konkurrenzlos ist. Und dafür ist die Sonne, die Leben spendet und allein den Tageshimmel beherrscht, die ideale Gottheit.

Nirgends ist das besser zu beobachten als in Ägypten. Zwar erreichen diese Entwicklungen ihren Höhepunkt erst, als die Himmelsscheibe schon seit über 200 Jahren im Boden ruht, dennoch ist es sinnvoll, einen kurzen Seitenblick darauf zu werfen, geht es doch um Prozesse, die an vielen Orten so ablaufen können, weil sie in der Herrschaftslogik kosmologischer Ordnungen liegen. Überdies spielt die Sonnenbarke eine prominente Rolle. Sie ist das Vehikel, mit dem der Mythos Wirklichkeit wird.

Amenhotep III., auch als Amenophis bekannt, war der neunte Pharao der 18. Dynastie und regierte von 1390 bis 1353 vor Christus. Die ägyptische Herrschaft über den Orient hatte einen solchen Höhepunkt erreicht, dass es für diesen »Erben eines vom Sonnengott gesegneten Throns«, wie der Ägyptologe Toby Wilkinson spöttisch bemerkt, »besonders schwierig gewesen« sei, »seinen Drang nach königlicher Selbstverherrlichung zu zügeln«. Und was passte da besser zur Inszenierung als die Sonne? So ließ Amenhotep einen künstlichen See anlegen, auf dem er sich in einer königlichen Barke namens »Die glänzende Sonnenscheibe« herumrudern ließ. Überdies beanspruchte er, nicht mehr nur der »Sohn des Re«, sondern »auch wesensgleich mit der Sonne« zu sein, »mit dem Schöpfergott, der die Welt erhellte und ihr Leben spendete«. Das gipfelte in einer megalomanen Zeremonie zum Thronjubiläum. Auf beiden Seiten des Nils waren riesige Häfen angelegt worden. Am Tag des Fests erschienen Amenhotep III. und seine Gemahlin Teje am Ufer, um für die Würdenträger des Reichs ein grandioses Schauspiel ihrer Macht und der Göttlichkeit des Königs zu geben. »Von Kopf bis Fuß mit Gold bedeckt, glänzten sie wie die Sonne«, beschreibt Wilkinson das Geschehen. Am Osthafen bestieg das Paar die Sonnenbarke. Höflinge zogen sie mit Seilen das Ufer entlang: »... ein Anklang an das tägliche Wunder, durch das der Sonnengott nach Tagesanbruch in den Himmel emporgezogen wurde.« Im Westhafen dann stieg das Königspaar in die Abendbarke um. Nun wiederholte sich das Geschehen, um diesmal das Eintauchen der Sonne in die Unterwelt Gestalt annehmen zu lassen. Der Pharao war die Sonne selbst.

Deshalb gilt der Sohn Amenhoteps III., Amenhotep IV., zu Unrecht als Erzketzer. Er wird nur das Werk seines Vaters konsequent zu Ende führen. Berühmt wurde er unter seinem neuen Namen »Echnaton« – der »Diener Atons«, der Diener der sichtbaren Sonnenscheibe. Der Ehemann der Nofretete und Begründer des ersten bekannten Monotheismus der Weltgeschichte ächtete die anderen Gottheiten, vor allem Amun, dessen Platz als höchster Schöpfergott nun Aton übernahm. Echnaton befahl einen Bildersturm. Traditionelle Kulte wurden verboten und ihre Tempel geschlossen. An die Stelle der vielen Götter trat die Darstellung der Sonnenscheibe am Himmel. Doch als Echnaton 1336 vor Christus starb, setzte die mächtige Amun-Priesterschaft die alten Götter wieder in ihre Rechte ein, und aus Echnatons Sohn Tutanchaton – »das lebendige Bild des Aton« – wurde Tutanchamun.

Echnatons neuer Gott war die »lebendige Sonne« und nichts als die Sonne; »jene Energie«, erklärt Assmann, »die durch ihre Bewegung die Zeit und durch ihre Strahlung das Licht und damit alle sichtbaren Dinge hervorbringt«. Das neue Bild vom Sonnenlauf sei »antimythisch«, so der Ägyptologe. Aton, die Sonne, wird als bloße Scheibe, von der Strahlen ausgehen, dargestellt. Ein Bild, das im Prinzip ähnlich rational und entzaubert ist wie die Gestirne auf der Himmelsscheibe von Nebra.

Was wir mit unserem kleinen Ägyptenexkurs demonstrieren möchten: Die Sonne ist nicht erst seit dem Sonnenkönig Ludwig XIV. das Lieblingsgestirn absoluter Herrscher. Auch die römischen Kaiser der Spätzeit werden sich den »unbesiegten Sonnengott«, den »Sol Invictus«, als persönlichen Schutzgott und Herrn des römischen Imperiums auswählen. Und es ist alles andere als ein Zufall, dass ausgerechnet Kaiser Konstantin, der dem Christentum als monotheistischer Religion in Rom zur Macht verhelfen wird, sich zunächst als Sol Invictus inszenierte. Für Alleinherrscher ist die Sonne das ideale Symbol.

Deshalb spricht einiges dafür, auch die Sonnenbarke der Himmelsscheibe als Herrschaftszeichen zu deuten. Stand sie für den Herrscher selbst, der wie die Sonne über sein Land wacht? Das Schiff ist also keine Ikone eines neuen Glaubens, der die ganze Bevölkerung erfasst hätte; es ist das Symbol jener Herrschaftsreligion, die wir im letzten Kapitel beschrieben haben. Und es liegt in der Konsequenz absoluter Herrschaft. Deshalb dürfte der angehende Herrscher von Dieskau dem ägyptischen Sonnenmythos verfallen sein, ganz gleich, wo er von ihm erfuhr. Und zwar so sehr, dass er ihn auf dem altehrwürdigen Erbstück seiner Dynastie verewigte.

Wir tun uns schwer, das in eine Romanhandlung umzusetzen. Es mangelt an konkreten Anhaltspunkten, die uns vor Willkür schützen. Halten wir also fest: Niemand denkt hier mehr an Astronomie. Hier geht es um Herrschaft, der König wird mythifiziert, vergöttlicht. Damit wird die Himmelsscheibe endgültig vom Wissensspeicher zum Herrschaftsgerät: vom Logos zum Mythos! Die mittlerweile einige Generationen alte und allein daher charismatische Himmelsscheibe wird zu einem zentralen Mittel, Herrschaft zu legitimieren. Ihre Botschaft ist sonnenklar: Es kann nur einen geben.

Dazu passt der archäologische Befund. Seit dem ausgehenden 18. Jahrhundert vor Christus kennen wir in Mitteldeutschland kaum noch Gräber. Die Deponierungen und Siedlungsspuren sind weiterhin archäologisch fassbar. Aber die Menschen werden entweder in Siedlungsgruben bestattet oder gelangen gar nicht mehr in die Erde. Sie erhalten kein Grab, das die Zeiten überdauert. Was ebenso aus der archäologischen Überlieferung verschwindet, ist jene Elitenschicht, die goldene Haarringe oder andere Metallbeigaben mit ins Grab nehmen durfte.

Akt drei also stellt tatsächlich den Höhepunkt der Zentralisierung der Herrschaft dar: Es gibt nur noch den sonnengleichen König, alle Zwischengewalten verschwinden, alle potenzielle Konkurrenz wird ausgeschaltet. Der Unterschied zwischen dem einen da oben, der alles hat, und denen da unten, die nicht einmal mehr ein eigenes Grab erhalten, könnte kaum größer sein. Doch wie die Erfahrung lehrt: Je größer die Diskrepanz zwischen Arm und Reich, zwischen Macht und Ohnmacht, umso größer werden die Widerstände. Und wie in der griechischen Tragödie trägt auch hier das Geschehen im Höhepunkt schon den Keim des Untergangs in sich.

***

Wir bleiben vorerst der Theateranalogie treu. Um die Spannung hoch zu halten, enthält nämlich der vierte Akt klassischerweise das sogenannte retardierende Moment: Hier wird die Katastrophe noch einmal verzögert. Wieder haben wir es mit einem neuen Herrscher von Aunjetitz zu tun. Und der lässt die altehrwürdige Himmelsscheibe lochen. Schlag um Schlag schlägt ein Schmied 39 Löcher am Rand ein. Um einen Steckkalender herzustellen? Nein, das können wir nun ausschließen. Die Veränderungen der Himmelsscheibe standen alle im Zeichen der Sonne und damit der Herrschaft. Hier geht es um kein astronomisches Geheimwissen mehr, hier geht es um politischen Anspruch – und der ist nichts fürs stille Kämmerlein, der verlangt nach Öffentlichkeit. Wen interessieren da Details? Ob Schiff oder Horizontbögen: Alles wird rücksichtslos durchbohrt.

Der Held des vierten Akts lässt die Himmelsscheibe mit goldfarbenen Nieten auf einer Standarte montieren. Vielleicht, weil die vielen Nieten die Sonnenstrahlen symbolisieren sollen wie auf den Sonnenscheibenabbildungen Echnatons. Jedenfalls wird nun die Himmelsscheibe öffentlich präsentiert: Als charismatisches Objekt wird sie bei besonderen Gelegenheiten dem Herrscher vorangetragen. Wurde sie womöglich selbst bei Festen zur Protagonistin kultischen Geschehens?

Unser Blick nach Ägypten zeigte, wie der Sonnenmythos dort zum Leben erweckt wurde und den Pharao in einem für alle sichtbaren Schauspiel zum Gott machte. Auch die später anbrechende Bronzezeit Skandinaviens liefert Indizien, dass die Sonne Protagonistin rituellen Geschehens war. Die Sonnenscheibe des Wagens von Trundholm besitzt nicht nur eine Tag- und eine Nachtseite; sie kann aus ihrer Befestigung genommen werden, um möglicherweise von anderen Vehikeln transportiert zu werden. Aus dem Norden kennen wir zudem Sonnenstandarten: Scheiben aus Bernstein, die an einem Griff befestigt sind. Felsbilder zeigen, wie solche Sonnenstandarten auf Booten montiert übers Wasser fahren. Fantastische Figuren begleiten sie, schlagen Saltos über die Schiffe. Dänische Archäologen fanden entsprechende Bronzefiguren: einen Akrobaten, eine Frau mit goldenen Augen, die sich an die Brust fasst, und eine Schlange. Alle verfügen über Steckvorrichtungen, mit denen sie auf Modellschiffen platziert gewesen sein könnten, um die Sonnenreise im Ritus nachzuspielen. Dass der dänische Archäologe Flemming Kaul die einzelnen Stationen dieses zyklischen Geschehens rekonstruiert hat, an dem verschiedene Tiere wie Pferde, Schlangen, aber auch Schiffe beteiligt waren, führten wir bereits im ersten Teil des Buchs aus. Nun stellt sich die Frage, ob diese Mythenwelt nicht durch unseren Reisenden aus Aunjetitz inspiriert wurde, der das Motiv der Sonnenbarke aus der Welt des Mittelmeers nach Aunjetitz mitbrachte, von wo es weiter nach Norden gelangte. Angesichts des allgegenwärtigen Meeres konnte es dort eine viel größere Wirkung entfalten als im meeresfernen Mitteldeutschland. Auch das ägyptische Schlangenmotiv könnte er im Gepäck gehabt haben; wir finden es ja nicht nur später im Norden, sondern auch auf einem der Nebra-Schwerter.

Die mittlerweile mindestens fünf, vielleicht auch acht oder neun Generationen alte Himmelsscheibe ist zu einem mächtigen Symbol geworden. Mit ihrem Alter, ihrer Aura und ihrem Geheimnis überwältigt sie die Menschen. Wahrscheinlich spielt sie nun die Hauptrolle in einem großartigen kultischen Geschehen. Die astronomischen Inhalte sind weitgehend vergessen, das geheime Wissen zählt nur noch als Mysterium. Die Himmelsscheibe legitimiert fortan als charismatisches Objekt öffentlich Herrschaft: Sie wird zum Propagandainstrument. Die Löcher am Rand sind damit zugleich Dokumente einer Krise, der Herrscher steht unter Rechtfertigungsdruck. Er fühlt sich so bedroht, dass er alles mobilisiert, um seine Macht zu retten.

***

Der fünfte Akt bringt dann, wie es sich für eine klassische Tragödie gehört, den Untergang. Die Himmelsscheibe wird mit zwei kostbaren, goldverzierten Schwertern, zwei Beilen, zwei Armspiralen und einem Meißel auf dem Mittelberg in der Erde vergraben. Wir haben schon an mancher Stelle des Buchs davon gesprochen, dass das Himmelsscheibenensemble als Gabe an die Götter deponiert worden sei. Können wir da denn wirklich sicher sein? Kann es nicht sein, dass einfach ein Schatz versteckt worden ist? Ähnlich wie es der sagenhafte Hagen von Tronje tat, der den geraubten Nibelungenhort im Rhein versenkte?

Nein. Die Vorgehensweise zeigt, es sind die eigenen Leute, die sie hier ehrenvoll bestatten. Das Ensemble verweist überdeutlich auf das Grabbeigabenmuster, wie wir es aus der Fürsten- und Königstradition des mitteldeutschen Aunjetitz kennen. Deshalb findet sich, abgesehen von den Verzierungen, kein Gold in dem Nebra-Hort – da gilt noch das alte Tabu, dass rein goldene Objekte nicht deponiert werden durften. Bei einem versteckten Schatz hätte man sich nicht mehr darum geschert. Auch sind die C-14-datierten Bronzeschwerter so gut wie nagelneu, als sie vergraben werden. Sie sind aus dem gleichen Mitterberg-Kupfer gefertigt wie die Himmelsscheibe, und das Gold ihrer Griffmanschetten ist das gleiche Cornwall-Gold, aus dem je eine Ösenkopfnadel der Fürsten von Leubingen und Helmsdorf wie auch große Teile des Bildprogramms der Himmelsscheibe bestehen. Seit weit über 300 Jahren wird dieses Cornwall-Gold von den Fürsten des Reichs verwendet. Noch ist das Gemeinwesen also intakt.

Dafür spricht ebenso der gewählte Ort, der aufgrund seiner Besonderheiten, was den Lauf der Sonne angeht, bestens zu den Horizontbögen der Himmelsscheibe passt. Wir finden auf dem Mittelberg auch jene älteren schnurkeramischen Gräber, die erneut charismatische Bezugspunkte sind. Versuchen wir uns also wieder an einer Romanpassage:

Er ist der letzte König von Aunjetitz, Abkömmling eines alten Geschlechts, das in der Gnade der Sonne steht. Die Verzweiflung ist groß. Die Feinde werden mächtiger und mächtiger, und mit der Ruhe im Land ist es längst vorbei. Immer mehr Soldaten verweigern den Gehorsam. Nicht dass sie revoltierten, sie verschwinden einfach. Und jetzt steht der Himmel in Flammen, viel zu lange schon. Gerüchte aus dem Süden versetzen die Menschen in Angst und Schrecken. Sie erzählen vom Zorn der Götter. Felsbrocken, groß wie Häuser, sollen sie vom Himmel herabgeschleudert und Fluten geschickt haben, um Menschen und Vieh zu ertränken. Überall kursiert die bange, wenn auch allenfalls flüsternd geäußerte Frage: Was hat die Götter so in Rage versetzt? Wer ist schuld? Wen wollen sie bestrafen?

Es ist an ihm. Er ist der Vertraute der Götter, wie seine Väter von den Göttern eingesetzt, um über das Land zu herrschen. Er muss sie beschwichtigen. Beweisen, dass er noch in ihrer Gunst steht, einer der ihren ist. Und all die Unterstellungen aus dem Weg räumen, dass sich die Götter an ihm rächten, weil er es vernachlässigt hatte, sie zu ehren – und nur seinen Prunk im Sinn hatte. Vor allem muss er jene zum Verstummen bringen, die behaupten, dass alles noch viel schlimmer werden würde, wenn man nicht den König aus dem Weg räumte, der die Rache der Götter auf sich gezogen hat. Nach langen Beratungen mit seinen engsten Vertrauten hat er sich zu einem ungeheuren Akt entschlossen. Er sieht keine andere Möglichkeit mehr: Er muss ein großes Opfer bringen, er will das wichtigste Erbstück seiner Dynastie in die Hände der Götter geben, um ihre Gunst zurückzugewinnen. Nun heißt es sich sputen, geht die Sonne unter, ist sein Schicksal besiegelt!

Das Reich von Aunjetitz war immer stärker unter Druck geraten, von innen wie von außen. Über Jahrhunderte hinweg hatte es erstaunlich gut funktioniert. Die anthropologischen Untersuchungen zeigen, den Menschen ging es gut. Fruchtbare Böden und günstiges Klima sorgten dafür, dass die Abgabenlast weniger schwer wog als im Orient. Zum Glück der Untertanen – aber zum Leidwesen der Archäologen – wurden hier keine monumentalen Paläste, Tempel oder Pyramiden errichtet, die Zwangsarbeit in großem Stil erforderlich gemacht hätten. Die europäische Despotie war moderater als jene des Orients.

Trotzdem klaffte die soziale Schere weit auseinander – und mit der Zeit immer mehr. In Ägypten mochte das über Jahrtausende funktionieren. Dort konnten sich gottgleiche Pharaonen auf eine breite

Elite, eine effektive Verwaltung mit Heerscharen an Priestern und Soldaten und auf die Schrift stützen. Vor allem aber gewährte die Wüste Schutz nach innen wie nach außen. An Flucht war nicht zu denken. »Caging« nannte das ja der Soziologe Michael Mann in Anlehnung an die Theorien des Ethnologen Robert L. Carneiro, der darauf hingewiesen hatte, dass sich die frühen Staaten mit ihren steilen Hierarchien nur dort bilden konnten, wo natürliche Grenzen die Abwanderung unwilliger Bevölkerungsteile verhinderten.

In Mitteleuropa mit seinen offenen Grenzen mangelte es an solch einem natürlichen Käfig. Schon ein schwacher Herrscher brachte alles ins Wanken. Gegner gab es durchaus, das beweist der Mord am Helmsdorfer Fürsten. Und mit der wachsenden Hybris der Machthaber, die taten, als seien sie geradewegs vom Himmel gestiegen, wurde der Kreis größer und größer. Die Gräber zeigen ja, dass der goldene Lockenringe tragende Adel entmachtet worden war. Je gewaltiger also die sozialen Unterschiede wurden, umso mehr geriet das System in Gefahr, zu kollabieren. Angesichts ringsum offener Grenzen fehlte die Möglichkeit, auf Widerstände mit noch mehr Unterdrückung zu reagieren. Formulieren wir es paradox: Das Herrschaftsmodell der orientalischen Despotie geriet im Herzen Europas angesichts der offenen Grenzen an seine Grenzen.

Hier lässt sich ein beachtenswerter Bogen über die Jahrtausende schlagen. Wir bezweifeln, dass die kommunistischen Machthaber des 20. Jahrhunderts Lehren aus der europäischen Vorgeschichte gezogen haben. Das Prinzip des »Cagings« aber hatten sie verstanden. Als sie im Osten Deutschlands eine Despotie errichteten, die auch das ehemalige Reich von Nebra umfasste, sorgten sie für eine unüberwindbare Grenze in Gestalt der deutsch-deutschen Mauer. Als dieser Käfig, der »Eiserne Vorhang«, Löcher bekam, weil Ungarn seine Grenzzäune abbaute, kollabierte die Despotie namens DDR.

Vor 3600 Jahren kam zum Druck von innen der Druck von außen: Der Handel im mitteldeutschen Aunjetitz folgte dem Prinzip des Monopolisierens. Kartiert man alle Bernsteinfunde in Europa in der frühen Bronzezeit, zeigt sich ein auffälliges Phänomen. Der aus dem Baltikum stammende Bernstein gelangt nur an die befreundeten Nachbarn und wird in bescheidenen Mengen an jene Kulturen weitergegeben, mit denen man Handel treibt: jene in Süddeutschland, der Schweiz oder im Südwesten Englands. In den Süden, also Richtung Mittelmeerraum, wird kein Bernstein gehandelt – abgesehen von den vereinzelten diplomatischen Geschenken beim direkten Elitenkontakt –, obwohl dort dieses Gold des Nordens hoch begehrt ist. Das umgekehrte Phänomen zeigt sich, begutachtet man die Kupferströme. Aunjetitz blockiert den Kupferhandel mit dem Norden. In Skandinavien, wo es kein Kupfererz gibt, dauert die Steinzeit fort, begehrte Bronzedolche imitiert man in Feuerstein.

In beiden Fällen also fungiert das Reich von Aunjetitz als ein Handelsriegel mitten in Europa. Das Horten von Macht, Wissen und Reichtum, das am Anbeginn des Staates stand, gilt für alle Ressourcen. Das ist das Erfolgsgeheimnis, auf lange Sicht aber führt es in den Untergang. Der Hang zum Monopolisieren verhindert, die geopolitischen Chancen zu realisieren, die sich im Herzen Europas bieten. Hätte man Kupfer in den Norden gehandelt, Bernstein und wohl auch Zinn und Pelze, womöglich sogar Frauen und Sklaven in den Süden, hätte man sich dank der idealen Lage als tatsächliche Drehscheibe des internationalen Warenaustauschs etablieren können. Dann wäre man hier vielleicht in ganz neue Dimensionen des Reichtums vorgedrungen – und das Reich hätte mehr als nur 400 Jahre bestanden. Womöglich aber wären die sozialen Differenzen auch viel schneller noch viel größer geworden und hätten früher zum Kollaps geführt. Wir sollten die 400 Jahre, in denen sich die Macht behaupten konnte, keinesfalls geringschätzen.

Die Aunjetitzer Handelsbarriere war jenen Nachbarn ein Dorn im Auge, die von den begehrten Ressourcen ferngehalten wurden. Sie versuchten alles, die Schranke auszuhebeln. Das zeigt sich ironischerweise am Himmelsscheibenensemble. Zum Ende des 17. Jahrhunderts von Christus hin verbreiteten sich die Schwerter in Europa; sie lösten die traditionellen Dolche ab. Die begehrtesten wurden im Karpatenbecken gefertigt. Jene, die wir aus dem Depot im ungarischen Apa kennen, wurden vielerorts imitiert. Kartiert man die entsprechenden Schwertfunde, zeigt sich, dass es dem Süden mit der Zeit gelingt, das Reich von Aunjetitz zu umgehen. Der neue Weg führt im Osten die Oder entlang. Hat man sich mit Waffengewalt die Passage erkämpft?

In der Folge jedenfalls werden die Schwerter auch im Norden gefertigt, wohin nun ebenso das Kupfer strömt. Dabei werden die Klingen selbst in der Form verändert. Von dort stammen die Vorbilder für die beiden Nebra-Schwerter: Ihre Griffe orientieren sich an den Apa-Schwertern des Karpatenbeckens, die sogenannten Sögelklingen stammen aus dem Norden. Die Nebra-Schwerter sind also Produkte und Zeugen der verlorenen Handelsdominanz zugleich.

Tatsächlich kollabiert das Reich von Dieskau irgendwann in den Jahren um 1600 vor Christus. Die Barriere fällt – das dokumentieren die Funde eindeutig –, der Bernstein strömt fortan ungehindert in den Süden bis in den Mittelmeerraum, während umgekehrt das Kupfer in Massen nach Skandinavien gelangt und dort einen Bronzerausch auslöst. Spannend, was daraufhin im mitteldeutschen Aunjetitz geschieht: Dem Kollaps der absoluten Macht folgt die Rückkehr zur alten heroischen Welt. Auf den Staat folgt die Stammesgesellschaft. Wo es keinen König mehr gibt, kehren die vielen Krieger zurück. Wir haben es nun mit Häuptlingstümern zu tun. Bei der Bestattung dürfen die Männer endlich wieder Waffen mit ins Grab nehmen – jetzt sind es Schwerter. Mitteldeutschland wird für Jahrtausende zur Provinz, die Geschichte spielt sich zukünftig anderswo ab.

***

Was aber führte in den Untergang? Wir finden keine Hinweise auf kriegerische Auseinandersetzungen oder Seuchen. Kollabierte also das Reich von Aunjetitz einfach so, mit einem Seufzer anstelle eines Knalls? Dazu mag die Deponierung der Himmelsscheibe mit den kostbaren Schwertern nicht recht passen, dann wäre das nur ein nostalgischer Akt der Bestattung von Relikten einer untergegangenen Welt. Und um einen Schatz zu vergraben, hätte man sich einen anderen, nicht so prominenten Ort gewählt. Deshalb glauben wir an den großen Knall, nicht den leisen Seufzer.

Damit schließt sich der Kreis, kommt hier doch die minoische Eruption ins Spiel. In jenen Jahren explodierte der Vulkan von Thera. Bisher haben die Klimahistoriker keine belastbaren Nachweise aufgespürt, dass die Erde damals von einem vulkanischen Winter überzogen wurde – obwohl die Thera-Eruption zu den fünf größten Vulkanausbrüchen der letzten 5000 Jahre gehört! Auch wenn die Auswirkungen auf die Umwelt einige Jahre spürbar blieben, wird die allgemeine Klimaverschlechterung, die sich in Europa bemerkbar machte, bisher mit einer zyklischen Verringerung der Sonnenaktivität in Verbindung gebracht. Insofern ist hinter der Frage, inwieweit der Vulkanausbruch in den entfernteren Regionen Europas erfahrbar war, ob er etwa zu Missernten führte, ein großes Fragezeichen zu machen. Zumindest anzunehmen ist, dass die in die Atmosphäre geratenen Staub- und Aerosolemengen für besonders dramatische Auf- und Untergänge der Sonne sorgten, was in den sonnenfixierten Kulturen der Bronzezeit Aufregung verursachte.

Spektakulär sind die Ergebnisse, die auf dem 4. Mitteldeutschen Archäologentag in Halle 2011 zusammengetragen wurden. Die Konferenz widmete sich der Frage, ob die Thera-Katastrophe zu einem kulturellen Umbruch in Europa geführt hatte. Das Ergebnis war ebenso uneinheitlich wie aufschlussreich. Es zeigten sich europaweit völlig unterschiedliche Entwicklungen. In manchen Regionen kam es zum Zerfall und Untergang der Kulturen, andernorts blühten welche auf. Oft aber waren gar keine sozioökonomischen Veränderungen zu registrieren. Wer annimmt, dass sich die verschiedenen Reaktionsmuster entsprechend der Entfernung zum Katastrophenort verteilen, sieht sich getäuscht. Geografisch ist keine Auffälligkeit zu konstatieren.

Wohl aber politisch – und was für eine! Es waren »gerade jene Gesellschaften, die das 16. Jahrhundert vor Christus nicht überstanden haben, in denen die archäologischen Nachweise für die Konzentration von Mehrwert, für territorial organisierte Machtstrukturen und eine entwickelte Arbeits- und Gesellschaftsteilung am deutlichsten sind« – so das wichtige Fazit der Tagung. Um es einfacher zu sagen: Der Vulkanausbruch führte all jene Gesellschaften in Europa in den Untergang, die wie Aunjetitz als heiße Kandidaten für frühe Staatsformen gelten: El Argar an der Mittelmeerküste Spaniens, die Wessex-Kultur in Südwestengland oder die Tell-Kulturen des Karpatenraums.

So bemerkenswert diese Erkenntnis ist, so wenig überrascht sie: Allein schon angesichts des Faktums, dass sich traditionelle Gesellschaften über alle Zeiten hinweg durch eine viel größere Robustheit in

Sachen Katastrophen auszeichnen. Entscheidend ist: Anthropologen haben gezeigt, dass es sich um ein universelles Muster handelt, hinter Katastrophen übermenschliche Mächte als Verursacher zu vermuten. Die Mythen sind voll vom Zorn oder Neid der Götter und den Strafen, die sie für Verfehlungen der Menschen schicken. Das gilt bis heute: Aids, der Hurrikan Katrina, der Tsunami des Jahres 2004 – nicht wenige Stimmen behaupten, Gott strafe mit solchen Desastern Sünder auf Erden.

Das ist eine Achillesverse kosmologischer Ordnungen: Das Schicksal der Potentaten, die ihren Herrschaftsanspruch auf eine privilegierte Beziehung zu den Mächten des Himmels gründeten, hing auf Gedeih und Verderb mit dem kosmischen Geschehen zusammen. Schon eine unvorhergesehene Mondfinsternis konnte Herrscher in Erklärungsnöte stürzen. Wer sich als Repräsentant göttlicher Mächte inszenierte, sollte gefälligst auch in deren Absichten eingeweiht sein. Kein Wunder, dass die mesopotamischen Könige Legionen von Experten beschäftigten, die Himmel und Erde nach Anzeichen künftigen Unheils absuchten.

Eine Katastrophe von den Ausmaßen des Thera-Ausbruchs erschütterte die Herrschaft bis in die Fundamente hinein. Die Bevölkerung, vor allem aber die entmachteten Eliten verlangten nach Erklärungen: Straften die Götter den Herrscher für seinen überzogenen Luxus? Hatte dieser es in seiner Machtversessenheit versäumt, ihnen seine Reverenz zu erweisen? Rächten sie sich nun? Wir sagten es bereits: In Unkenntnis der naturgesetzlichen Zusammenhänge brauchte es alternative Erklärungen – und die waren stets sozialer Natur, nie geophysikalischer.

Das extraordinäre Ereignis der Vulkankatastrophe stellte also die Legitimation der Herrscher radikal infrage. Die Götter standen nicht mehr auf der Seite der Mächtigen, das machte das Unglück für alle offenkundig. Nirgends wird das deutlicher greifbar als auf Kreta, wo die minoische Palastkultur als erste sogenannte Hochkultur Europas entstanden war. Aufgrund ihrer Nähe zu Thera traf die Katastrophe die Insel besonders heftig: An der Nordküste vernichteten die Tsunamiwellen Dörfer, Häfen und Schiffe. Lange glaubte man, der Untergang der minoischen Kultur selbst sei eine direkte Konsequenz des Vulkanausbruchs gewesen. Das ist nicht der Fall. Was die Archäologen aber fanden, waren Zerstörungen, die sich über einen Zeitraum von zwei Generationen hinzogen. »Eine Reihe von Indizien spricht dafür, dass die Ursache in innerkretischen Auseinandersetzungen zu suchen ist«, berichtete auf der Thera-Tagung der Archäologe Wolf-Dietrich Niemeier. »Zumindest an einigen Orten wurden nur die Sitze der Elite niedergebrannt, nicht aber die Häuser der Siedlung.« Insbesondere Insignien der Herrschaft seien zertrümmert worden. Der Autoritätsverlust der Mächtigen habe zu Anarchie und Revolte geführt.

Spuren von Aufständen sind bisher an anderen Orten in Europa nicht nachgewiesen worden. Trotzdem ist davon auszugehen, dass der Thera-Ausbruch auch mentale Schockwellen aussandte, die wie ein unsichtbarer Tsunami über Europa brandeten und allerorten die Autorität der Herrscher so sehr ramponierten, dass sie von ihren hohen Thronen stürzten. Dieser unsichtbare Tsunami war es auch, der uns die Himmelsscheibe von Nebra als Flaschenpost in die Hände spülte.

***

Nach all dem, was wir über die göttliche Grundlage des Reichs von Aunjetitz sagten, sollte verständlich geworden sein, warum allein die Erfahrung dramatischer Himmelsereignisse und die aus dem Süden kommenden Gerüchte die Herrscher in Erklärungsnöte brachten. Der Ausbruch des Vulkans von Thera war sicher nicht die alleinige Ursache für den Untergang des 400-jährigen Reichs von Nebra, wohl aber stellte er den »Tipping Point« dar: Er war der Tropfen, der das Fass zum Überlaufen brachte.

Auch auf Kreta fanden sich Bronzehorte. Wolf-Dietrich Niemeier deutet sie als Symptome einer »Atmosphäre der Unsicherheit« nach der Thera-Eruption, möglicherweise seien die Bronzen verborgen worden, »um ihren Wert für die Zukunft zu sichern«. Das ist nicht von der Hand zu weisen. Für den Himmelsscheibenhort trifft das aber nicht zu. Dagegen spricht schon die Komposition des gesamten Ensembles. Hier ging es nicht darum, Kostbarkeiten zu verstecken, dazu folgt die Zusammensetzung zu sehr jener der Fürstengräber. Außerdem wurde der Deponierungsort mit Bedacht gewählt. Der Mittelberg könnte nicht besser zur Himmelsscheibe passen.

Wir haben es also mit einer Deponierung zu tun, mit einem Opfer an die Götter. Die Ökonomie mit den schicksalsbestimmenden Mächten folgt den gleichen Gesetzen wie die menschliche. Wer viel investiert, erwartet einen entsprechenden »Return of Investment«: Je größer das Opfer, umso größer die erhoffte Gegenleistung. Umso größer aber auch die Notlage, in der die überirdischen Gewalten um ihren Beistand angefleht werden. Die Himmelsscheibe zu opfern, dieses jahrhundertealte Herzstück der Herrschaft von Aunjetitz – das ist ein Einsatz, der kaum zu übertreffen ist.

Aber das ist nicht alles: Um die größtmögliche Wirkung des Opfers sicherzustellen, wählte man den idealen Ort. Es brauchte die perfekte Schnittstelle zwischen Welt und Kosmos. Der Mittelberg war ein von alters her charismatischer Ort – auf der Spitze hatten schon die Schnurkeramiker Grabhügel um Grabhügel angelegt. So, wie Stonehenge durch den geologischen Zufall der auf die Sonnenwenden hin verlaufenden Schmelzwasserrinnen als von den übernatürlichen Mächten geadelter Ort galt, war es der Mittelberg wegen des Sonnenbezugs zum Brocken und dem Kyffhäuser. Wie gut Berg und Scheibe harmonierten, haben wir zur Genüge betont.

Aus demselben Grund gehen wir davon aus, dass die Himmelsscheibe nicht an irgendeinem Tag vergraben worden ist. Sondern entweder in den Abendstunden des 1. Mai oder – unser Favorit – am Abend der Sommersonnenwende. Im ersten Fall ging die Sonne vom Mittelberg aus gesehen hinter dem Kyffhäuser unter, im zweiten hinter dem Brocken. Perfekte Augenblicke, in denen Himmel und Erde, Raum und Zeit synchron waren. Nie würde ein Opfer größere Wirkung erzielen.

Nun haben die kostbaren Beigaben ihren großen Auftritt, allen voran die goldverzierten Schwerter. Deren gänzlich unbenutzter Zustand lässt uns annehmen, dass sie gezielt als Beigaben für die Opferung der Himmelsscheibe angefertigt worden sind. Man wird für solch einen Anlass nicht irgendwelche Schwerter genommen haben. Um die Götter zu besänftigen, durfte kein Aufwand gescheut werden.

Wenn wir die bisherigen Überlegungen zur Mythologie der Sonnenreise ernst nehmen, eröffnet sich hier eine wunderbare Deutungsoption: Dann wird nämlich im Opfer auf dem Mittelberg der Mythos von der Reise der Sonne durch die Unterwelt nachvollzogen, wie ihn die Sonnenbarke auf der Himmelsscheibe symbolisiert. Indem die Himmelsscheibe, deren sonnenhafter Charakter außer Frage steht, der Erde übergeben wird, tritt sie ihre Nachtreise an, an deren Ende sie der Wiedergeburt in neuem Glanz entgegengeht. Und hier kommen die Schwerter ins Spiel. Denn nach dem alten ägyptischen Mythos wird die Sonne auf ihrer Reise durch die Unterwelt von der Apophis-Schlange angegriffen und muss verteidigt werden, um wieder aufgehen zu können. Dazu bedurfte es jetzt der Schwerter.

Zu weit hergeholt? Keinesfalls. Denn was finden wir auf einer der Schwertklingen? Eine dreiköpfige Schlange! Lange ist sie kaum beachtet worden. Dann sah man in ihr vor allem ein Apotropaion, ein magisches Symbol, das gegen böse Kräfte und Feinde wirkte. So, wie später die griechischen Schilde an der Feindseite mit Vorliebe Gorgonenhäupter trugen, die jeden Gegner in Stein verwandeln sollten.

Nun sind aber auf dem Nebra-Schwert die drei Häupter der Schlange gar nicht gegen den Feind gerichtet. Sie erheben sich gegen den Griff und damit gegen die Hand des Schwertträgers selbst. Damit werden das Schwert und sein Besitzer zum Schlangen-, zum Drachentöter. Die gleiche Idee finden wir bei Homer in der *Ilias*. Auch auf dem Brustharnisch des griechischen Königs Agamemnon recken sich – je nach Übersetzung – drei Schlangen oder drei Drachen Agamemnons Hals entgegen. Aber das ist noch nicht alles, für einen König ist das nicht genug: »Silbern war des Schildes Gehenk; und grässlich auf diesem / Schlängelt ein bläulicher Drache dahin; drei Häupter des Scheusals / Waren umhergekrümmt, aus einem Halse sich windend.« Was für ein Held, der solcher Schlangenbrut trotzt!

Im Fall des Nebra-Depots würde das bedeuten: Die beiden Schwerter begleiten die Himmelsscheibe auf deren Reise in die Unterwelt, um ihr im Kampf gegen die Schlange beizustehen. Sie sollen die dunklen Mächte des Chaos und des Untergangs besiegen. Dank eines solchen Schutzes besteht Hoffnung, dass die Himmelsscheibe strahlend wiedergeboren und die Herrschaft gerettet wird. Im Himmelsscheibendepot gewinnt also ein ganzer Mythos Gestalt und wird in dem Moment, in dem diese Objekte vergraben werden und tatsächlich in die Unterwelt gelangen, Wirklichkeit. Der letzte König von Aunjetitz legt mit der Himmelsscheibe sein Schicksal in die Hände der Götter, um diese durch das große Opfer zu versöhnen und alle dunklen Kräfte abzuwehren, die das Reich von Nebra bedrohen.

***

Das also wäre unser Finale: Ein außergewöhnliches Opfer, vollzogen vom letzten Herrscher des Reichs von Nebra auf einem heiligen Berg, just als am Abend der Sommersonnenwende Himmel und Erde in einem Punkt verschmelzen. Damals traten Sonne und Himmelsscheibe im selben Augenblick ihre Reise in die Unterwelt an – die Sonnenscheibe scheinbar auf dem Brocken, die Himmelsscheibe auf dem Mittelberg. Tatsächlich werden die Raubgräber die Scheibe 3600 Jahre später aufrecht stehend in der Erde finden, ganz so, als wäre sie einst wie die Sonne im Boden versunken.

Das ist die Schlussszene unseres Versuchs, das Schicksal der Himmelsscheibe und des Reichs von Nebra nachzuerzählen, bei dem wir noch nicht einmal sicher sind, ob nun ein Roman oder eine Tragödie die geeignete Darstellungsform ist. Immerhin haben wir, dank feinsten Vulkanstaubs in der Luft, einen blutroten Sonnenuntergang als großes Finale zu bieten, wie es dramatischer kaum sein kann. Ein Happy End gibt es trotzdem nicht. Denn zumindest das wissen wir: Die Götter verschmähten das ungeheure Opfer der Himmelsscheibe. Am nächsten Tag ging allein die Sonne wieder auf. Das Reich von Nebra verschwand. Zum großen Leidwesen des letzten Königs von Aunjetitz, zum großen Glück der Archäologie.

Die sieben Lehren der Himmelsscheibe und kein Ende

Bevor es jemand anderem auffällt: Der Ort, an dem die Himmelsscheibe deponiert wurde, der Mittelberg bei Nebra, liegt auf demselben Breitengrad wie Stonehenge. Er befindet sich lediglich sechs Minuten, also rund zehn Kilometer weiter nördlich. Da wir aber weder an geheime Kraftorte noch globale Energieströme glauben, können wir das bloß als bemerkenswerten Zufall verbuchen.

Heute ist der Ort, an dem das Himmelsscheibenensemble 3600 Jahre in der Erde ruhte, von einer großen, polierten Edelstahlscheibe überwölbt. Der Blick in den Boden wird so zum Blick in den Himmel – und wenn es das Absperrgitter nicht verhinderte, sähe man sein Spiegelbild in den Wolken. Das gilt in einem übertragenen Sinn auch für die in diesem Buch vorgestellten Forschungen: Der Blick in die Vergangenheit lässt uns uns selbst in einer größeren Konstellation besser erkennen.

In der Einleitung sprachen wir davon, dass die Himmelsscheibe eine Flaschenpost sei, die ihren Weg durch den Ozean der Jahrtausende zu uns gefunden habe. Es ist uns dank der Hilfe scharfsinniger Wissenschaftler gelungen, ihre Botschaft zumindest in Grundzügen zu entziffern, woraufhin wir uns aufmachten, die Welt zu erkunden, aus der sie stammte. Selbstverständlich waren wir nicht die Adressaten. Wer immer den geschmiedeten Himmel damals im Boden versenkte, wird sich die Empfänger nicht als Archäologen und schon gar nicht als verschwitzte Raubgräber vorgestellt haben, die ihn mit einem Feuerwehrbeil demolieren und als Beute im Trabbi abtransportieren. Auch sollte die Himmelsscheibe keine Botschaft übermitteln, sondern die Götter gnädig stimmen, damit das Reich von Nebra vom Untergang verschont bliebe. Trotzdem können wir eine ganze Reihe von Erkenntnissen aus ihr und ihrer Geschichte ziehen, die für uns heute Relevanz besitzen. Die Himmelsscheibe wird zum Orakel.

Jede der sieben Lehren der Himmelsscheibe, die wir nun formulieren, verdiente vermutlich ein eigenes Buch. Wir können sie hier nur thesenhaft zur Diskussion stellen.

Lehre Nummer eins: Das Forschen liegt in der menschlichen Natur

»Das Forschen liegt in unserer Natur«, zitierten wir in der Einleitung den Astronomen Carl Sagan, von dem wir uns auch die Flaschenpost-Metapher borgten. Wir müssen unbekannte Welten erkunden und ihre Rätsel lösen. Wir können nicht anders. Die Himmelsscheibe beweist: Die Geburtsstunde der Wissenschaft – wenn es denn je eine solche gab – liegt viel weiter zurück als meist angenommen. Jede Zeit versuchte auf ihre Weise und mittels der ihr zur Verfügung stehenden Möglichkeiten, die Welt und die das Leben bestimmenden Mächte zu ergründen. Dafür steht die Himmelsscheibe, aber auch die Forschungen, die ihr Fund auslöste. Es ist ja schon erstaunlich, welch Aufwand betrieben wurde, einem alten Stück Metall noch das letzte Geheimnis zu entlocken. Auch wir können nicht anders, wir müssen es wissen. Die einen halten ihre Ergebnisse in Bronze und Gold fest, die anderen mittels Papier und Druckerschwärze.

Lehre Nummer zwei: Wir sind Wanderer

»Als Wanderer haben wir begonnen, und Wanderer sind wir noch immer«, so geht Sagans Zitat weiter. Wir haben gesehen, welch ein Globalisierungsprodukt die Himmelsscheibe ist und dass auch das Reich von Nebra ein Migrationsprodukt war. Bereits für die ohnehin schon mobilen Jäger und Sammler war das Weiterziehen in die Ferne oft die klügste Strategie, um auf Krisen, Katastrophen oder Konflikte zu reagieren. Oft genug ging es aber schlicht darum festzustellen, ob das Gras auf der anderen Seite nicht doch grüner sei. Wie hätten wir sonst den Globus erobert? Vor allem: Wie hätten wir sonst überlebt?

Zitieren wir Carl Sagan weiter, der die Voyager Golden Record auf ihre Reise über die Grenzen unseres Sonnensystems hinausschickte: »Lange Sommer, milde Winter, reiche Ernten, Wild im Überfluss – nichts davon bleibt ewig. Wir können die Zukunft nicht vorhersagen. Katastrophen treten überraschend ein und treffen uns unvorbereitet. Unser Leben, das Leben unserer Familie, ja das Leben unserer ganzen Spezies ist wahrscheinlich einigen wenigen rastlosen Wanderern zu verdanken, die, getrieben von einer unbegreiflichen und unfassbaren Sehnsucht, nach unbekannten Ländern und neuen Welten aufbrachen.«

Wir haben beschrieben, wie das durch die Landwirtschaft einsetzende Bevölkerungswachstum die Menschen immer stärker zwang, ihr Glück anderswo zu suchen – zu ihrem Unglück waren irgendwann alle Orte besetzt. Auf die aus einer immobilen Lebensweise resultierenden Probleme hat uns die Evolution aber leider äußerst schlecht vorbereitet.

Faszinierend: Die Genetik kann heute die Migrationen der letzten Jahrtausende aus dem Erbgut eines jeden Menschen herauslesen. Keine Frage, der Meister der Himmelsscheibe, der sich einst auf die abenteuerliche Reise in den Orient begab, kannte diese »unbegreifliche und unfassbare Sehnsucht«. Auch viele von uns verspüren sie zuweilen.

Lehre Nummer drei: Das Wilde in uns existiert noch immer

Wir sind in diesem Buch immer wieder auf mysteriöse, uns heute verstörende Rituale gestoßen, in denen wir es mit Schädelkult, Menschenopfern und anderen okkulten Praktiken zu tun hatten. Wir entdeckten in unserer eigenen Vergangenheit zutiefst Befremdliches; Dinge, wie man sie sich in Europa vor nicht allzu langer Zeit nur wohlig schaudernd von den angeblich »primitiven Wilden« und »Menschenfressern« exotischer Länder erzählte.

Bemerkenswerterweise erinnert uns manches sehr an das, was

in der Populärkultur unserer Tage herumgeistert. Mögen wir noch so aufgeklärt sein, abends auf der Couch lieben wir den Horror: Zombies, Vampire, Wiedergänger und was es noch alles an mysteriösem Spuk und Morden gibt. Da fließt das Blut, da werden Körperteile abgetrennt, da findet man selbst im Grab keine Ruhe. Ganz so, als gäbe es eine Art kollektives Unterbewusstsein, das immer noch nach Schädelkult, dunkler Magie und blutigen Opfern lechzt. Was ist es nur, das uns zu Voyeuren des Schreckens macht?

Lehre Nummer vier: Wissen ist Macht

Spannend war zu beobachten, wie schon vor über 4000 Jahren Wissen, Innovation und der privilegierte Zugang zu Ressourcen zur Anhäufung von Reichtümern, vor allem zur Monopolisierung von Macht führten, in deren Folge sich die Menschen in ihr Schicksal als Untertanen ergaben. Étienne de La Boétie (1530–1563), ein Freund Michel de Montaignes, schrieb bereits in seinem Essay *Von der freiwilligen Knechtschaft des Menschen*: »Der Mensch, welcher euch bändigt und überwältiget, hat nur zwei Augen, hat nur zwei Hände, hat nur einen Leib und hat nichts anderes an sich als der geringste Mann aus der ungezählten Masse eurer Städte; alles, was er vor euch allen voraus hat, ist der Vorteil, den ihr ihm gönnet, damit er euch verderbe. Woher nimmt er so viele Augen, euch zu bewachen, wenn ihr sie ihm nicht leiht?« Der Blick zurück ins Reich der Himmelsscheibe gibt diesem Phänomen eine gewaltige Tiefe und zeigt, dass es tatsächlich nur allzu oft die vielen selbst sind, die sich bereitwillig in die Knechtschaft der wenigen begeben. Wir fanden es indes ebenso spannend zu beobachten, wie sich das Horten von Wissen und die Monopolisierung von Macht zu Kooperationshemmnissen entwickelten und Widerstände von außen und innen heraufbeschworen.

Lehre Nummer fünf: Auch Mentalitäten wachsen

Was Jared Diamonds *Arm und Reich* zum Weltbestseller machte, war die Idee zu zeigen, wie sehr die Geografie die Entwicklung menschlicher Kulturen bestimmte. Eine Lehre aus der Welt der Himmelsscheibe ist, dass auch die Geologie menschliche Kulturen beeinflusst, und zwar bis in die Mentalitäten hinein. Wir haben die Vorzüge der Lössböden Europas ausgeführt: Es brauchte hier keine kollektiven Anstrengungen, um überhaupt das Feld zu bestellen. Hier konnte jeder für sich allein Landwirtschaft betreiben – was eher die Entstehung freiheitlicher Weltanschauungen begünstigte. Dagegen ist das »Jeder ist seines Glückes Schmied« ein Gedanke, der sich dort nicht aufdrängt, wo Menschen nur Rädchen in einem gewaltigen Wasserbewirtschaftungsgetriebe sind, das nötig ist, damit sie überhaupt Reis, Weizen oder Gerste anbauen können – und selbst das nur im wohlorganisierten Kollektiv. Dass in Europa eher der Individualismus blühte, während andernorts kollektivistische Mentalitäten heranreiften, hängt durchaus auch von den geologischen und klimatischen Bedingungen ab und jenen Formen landwirtschaftlicher Kulturen, die sie ermöglichten.

Lehre Nummer sechs: Despotie ist nicht unser Schicksal

Wir haben gesehen, wie im Reich von Nebra durch die Kontrolle über die neuen Technologien und die zentrale Handelslage eine straffe Organisation entsteht, die für den Einzelnen Frieden und vermutlich auch bescheidenen Wohlstand schafft. Im schlanken Staat von Aunjetitz ist die Abgabenlast niedriger und angesichts der produktiven Böden leichter zu bewältigen als in anderen archaischen Staaten. Trotzdem wird die Hierarchie mit den Jahren immer steiler, geriert sich der Herrscher auch hier immer mehr in der Manier orientalischer Gottkönige. Die Menschen sinken zu Untertanen herab, die sich vermutlich sogar strikten Kleiderordnungen fügen müssen und nicht einmal ein anständiges Grab erhalten. Die Spaltung der Gesellschaft wird größer und größer. Das geht erstaunlich lange gut, führt aber, als die göttliche Legitimation der Herrscher ins Wanken gerät, in den Kollaps. Danach sinkt in Mitteldeutschland alles auf Stammesniveau zurück, Häuptlinge regieren, und die Krieger dürfen ihre Waffen wieder mit ins Grab nehmen. Es gibt zwar weiterhin gesellschaftliche Unterschiede, die aber sind weniger ausgeprägt als im Reich von Nebra. Allen Versuchen, erneut eine Königsherrschaft zu etablieren, bleibt in den nächsten 2000 Jahren der Erfolg verwehrt. Es fehlt der Käfig, die geografische Einhegung der Menschen. Flucht war immer eine Option, zudem waren die Grenzen offen für alle Konkurrenten.

Wichtig ist nun: Für die Menschen ist dieses Leben außerhalb der frühen Staaten in der Regel durchaus positiv zu sehen. Denn das Wohlergehen eines Volks darf nicht verwechselt werden mit der Macht seiner Herrscher. Im »Goldenen Zeitalter der Barbaren«, so stellt es nicht nur der amerikanische Politikwissenschaftler James C. Scott fest, erging es den allermeisten Menschen deutlich besser als in despotischen Staaten. Natürlich war das Leben auch dort alles andere als paradiesisch, und unter einem Warlord zu leben macht das Dasein überall zur Qual.

Lehre Nummer sieben: Schrift ist nicht alles

Dass es im frühen Europa kaum erfolgreiche Staatsbildungen gab, hängt also nicht damit zusammen, dass man hier zu »unterentwickelt« gewesen wäre. Es gab einfach zu viele Möglichkeiten, sich der Despotie zu entziehen. Das heißt aber auch, dass wir das Konzept der sogenannten Hochkulturen beerdigen sollten – insbesondere was deren Vorbildhaftigkeit angeht.

Wenn Cambridge-Ägyptologe Toby Wilkinson beklagt, unsere Sichtweise auf das Reich der Pharaonen sei zu »rosig«, und er angesichts der geradezu »blinden Verehrung«, die dem alten Ägypten entgegengebracht wird, den Kopf schüttelt, gilt das für die alten Reiche an Euphrat und Tigris nicht weniger. Die Menschen begeistern sich für die glanzvolle Kunst und Kultur, schimpft Wilkinson, »und wollen lieber nicht so genau wissen, wie es sich unter einem fanatischen Despoten lebte«. Die Macht und Pracht der orientalischen Gottkönige verdankten sich Krieg, Unterjochung der Besiegten und Ausbeutung der Untertanen.

Auch eine der kulturellen Meisterleistungen par excellence gehört in diesen Kontext: die Schrift. Vor allem sie brachte den frühen Staaten den Titel »Hochkultur« ein, denen die »unzivilisierten« Gefilde ohne Schrift gegenüberstehen. Doch das verkennt, dass das Schreiben als ein Verwaltungshilfsmittel, als ein Werkzeug der Bürokratie entstanden ist. Um es mit dem Ethnologen Claude Lévi-Strauss zu sagen: Eine primäre Funktion der Schrift ist gewesen, »Versklavung zu erleichtern«, sie begünstigt »die Ausbeutung der Menschen ..., lange bevor sie ihren Geist erleuchtet«.

Insofern ist es sicher kein Zufall, dass Mittel- und Nordeuropa genauso lange der Schrift widerstrebten wie dem Staat. Man verzichtete darauf. Dass man zu ingeniösen Alternativen in der Lage war, beweist die Himmelsscheibe, beweisen die Meisterleistungen der keltischen Druiden, die reiche Wissensschätze allein im Kopf aufbewahrten. Unsere eigene Vergangenheit ist längst nicht so primitiv, wie wir das gern glauben.

Übrigens ist es alles andere als ein Zufall, dass Monarchie und Schrift in Mitteleuropa erst unter dem Schutzmantel einer übermächtigen Religion Einzug halten werden, in der ein absoluter Gott die Herrschaft legitimiert: Das Mittelalter wird christlich sein und seine Schrift heilig.

***

Die sieben Lehren der Himmelsscheibe zeigen: Mit einem simplen Fortschrittsmodell ist die Menschheitsgeschichte nicht zu verstehen. Eine Trennung von Vorgeschichte und eigentlicher Geschichte ergibt keinen Sinn, ebenso wenig ihre Bewertung nach dem angeblichen Entwicklungsstand. Jede Kultur hat ihr Recht in sich – und wenn es einen Beurteilungsmaßstab geben sollte, dann ist es die Lebensqualität der vielen, nicht die der wenigen.

Das aber eröffnet ganz neue Bereiche der Forschung. Es bleibt noch so viel zu entdecken. Wir sind uns ja selbst im Fall des Reichs von Nebra der Lücken schmerzlich bewusst, die in unserem Wissen klaffen. Auch in Zukunft wird unter Hochdruck daran gearbeitet, sie zu schließen. Die Fahndung nach weiteren Grabhügeln, Heiligtümern oder möglichen Befestigungen an den Grenzen des Reichs von Nebra läuft genauso weiter wie die Versuche, endlich mehr über die weiblichen Sphären von Aunjetitz herauszufinden.

Ob dabei eine zweite Himmelsscheibe entdeckt wird? Das ist eine oft gestellte Frage. Nach all dem, was wir über das irdische Leben der Himmelsscheibe herausgefunden haben, sind wir sicher: Sie ist ein Einzelstück, mit einer ebenso spektakulären wie einzigartigen Biografie. Doch das heißt noch lange nicht, dass es da draußen nicht andere, vielleicht noch viel fantastischere Dinge zu finden gibt. Die Suche geht weiter. Wir können nicht anders.

Dank

Ein Buchprojekt, das aktuelle Forschungsergebnisse nicht nur aus der Archäologie, sondern auch aus verschiedenen Fachgebieten von der Astronomie über die Molekulargenetik, Anthropologie, Metallurgie bis hin zur Geologie vereint, kann ohne die Unterstützung der jeweiligen Spezialisten nicht realisiert werden. Daher gilt unser erster Dank allen Kollegen, die ihre neuen, teils unpublizierten Forschungen und Ergebnisse mit uns geteilt haben und dieses Manuskript durch zahlreiche Anregungen und kritische Anmerkungen immens bereichert haben: Kurt W. Alt, François Bertemes, Gregor Borg, Michal Ernée, Manuel Frey, Susanne Friederich, Wolfgang Haak, Rahlf Hansen, Florian Innerhofer, Reinhard Jung, Johannes Krause, Mario Küßner, Nicole Nicklisch, Ernst Pernicka, Roberto Risch, Wolfhard Schlosser, Torsten Schunke, André Spatzier, Carel van Schaik und Christian-Heinrich Wunderlich.

Daneben möchten wir uns bei einer Vielzahl von weiteren Kollegen bedanken, die uns Einblick in ihre Forschung gewährten oder uns bereitwillig »ihre« archäologischen Denkmale wie beispielsweise Stonehenge oder den Bogenschützen von Amesbury vor Ort erklärten: Timothy Darvill, Andrew Fitzpatrick, Svend Hansen, Anthony Harding, Flemming Kaul, Kristian Kristiansen, Mike Parker Pearson, Joshua Pollard, Courtenay V. Smale und Harald Stäuble.

Ralf Schwarz stand uns als ausgewiesener Spezialist für mitteleuropäische Chronologiesysteme in allen Fragen der Datierung und typologischen Einordnung tatkräftig zur Seite. Für anregende Gespräche danken wir Jan-Heinrich Bunnefeld, Louis D. Nebelsick, Jonathan Schulz und Andreas Stahl.

Für die unermüdliche, zeit- und nervenraubende Unterstützung in allen wissenschaftlichen wie organisatorischen Belangen möchten wir uns herzlich bei Konstanze Geppert und ganz besonders bei Franziska Knoll bedanken. Alfred Reichenberger gilt unser Dank für die Beratung in Fragen der Öffentlichkeitsarbeit, Klaus Pockrandt hat ein wunderbares Cover gestaltet und Peter Palm die Karten, die dazu einladen, die Welt der Bronzezeit zu inspizieren. Birte Janzen verdanken wir die Infografik »Erkundungen im Reich von Nebra«.

Ein herzliches Dankeschön geht an den Fotografen Juraj Lipták und an den Künstler und Illustratoren Karol Schauer, mit denen wir viele Aspekte dieses Buchs diskutierten – und die uns mit kreativer Kritik voranbrachten. Ihre Bilder bereichern dieses Buch.

Bedanken möchten wir uns ganz herzlich auch bei Jared Diamond, der sich selbst für so – zumindest aus einer Los-Angeles-Perspektive heraus – entlegene Dinge wie die Himmelsscheibe von Nebra begeistern lässt. Gleiches gilt für unsere Agenten John und Max Brockman in New York, auch ihnen und ihren Mitarbeitern, allen voran Russell Weinberger und Michael Healey, sind wir zu großem Dank verpflichtet; sie haben erst das Erscheinen dieses Buchs ermöglicht.

Der Propyläen Verlag hat uns in Gestalt von Kristin Rotter, Julika Jänicke, Franziska Brinkmann, Juliane Junghans, Hannah Fietz und Christoph Steskal sowie natürlich des Verlegers Gunnar Cynybulk tatkräftig unterstützt. Ihr Engagement und die Begeisterung für dieses Buchprojekt haben uns bis ins Ziel getragen. Dunja Reulein hat ebenso hervorragende wie sensible Arbeit geleistet, dem Text den letzten Schliff zu geben. Herzlichen Dank an alle dafür.

Wieder einmal haben uns unsere Familien in jeder Hinsicht unterstützt, mit ihrer Neugier motiviert und uns stets den Rücken freigehalten. Um es auf Himmelsscheibenweise zu sagen: Wir schulden Franziska, Emilia, Katharina, Anna und Nikolai viel mehr als nur einen Stern.

Erkundungen im Reich von Nebra

Viele der Orte, über die unser Buch berichtet, ermöglichen es, in die Vergangenheit einzutauchen. Wir präsentieren deshalb hier die Museen und Plätze, an denen die Welt der Himmelsscheibe erlebbar wird – und natürlich auch jenen Ort, an dem das bronzezeitliche Wunderwerk heute zu besichtigen ist.

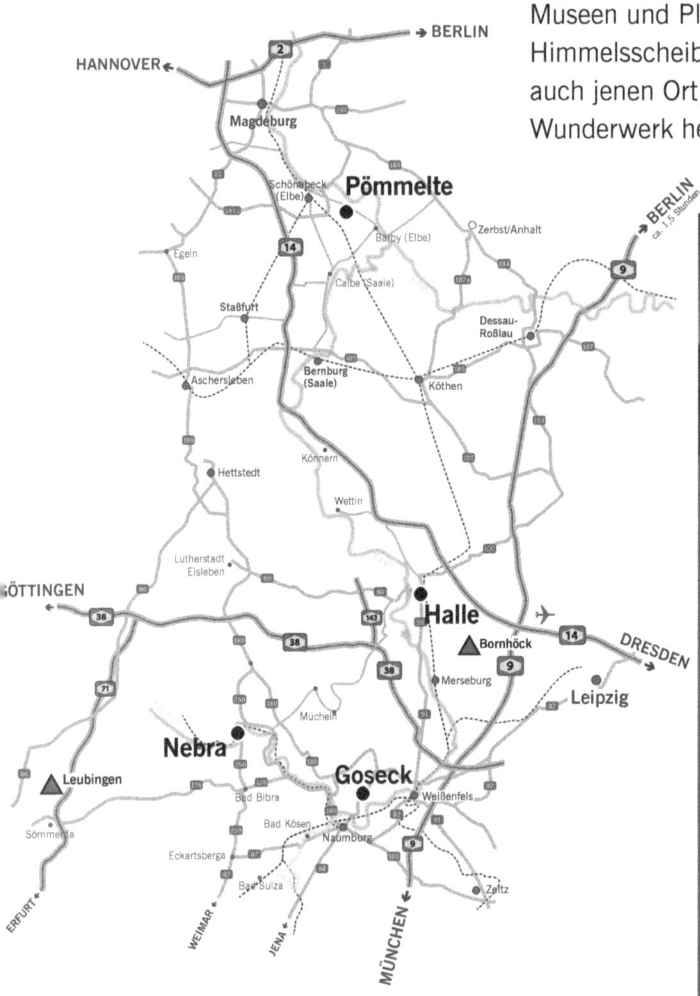

Das Landesmuseum für Vorgeschichte Halle

Seitdem die Himmelsscheibe aus den Händen der Hehler gerettet wurde, ist sie im Landesmuseum für Vorgeschichte in Halle an der Saale zu sehen. In der Museumsinszenierung schwebt sie wie ein geheimnisvoller grüner Planet durch den dunklen Raum, über ihr dreht sich der Sternenhimmel. Das Museum lässt die europäische Kulturentwicklung der letzten Jahrtausende erfahrbar werden und zeigt viele der in unserem Buch vorgestellten Funde, wie etwa die eindrucksvollen Familiengräber von Eulau.

Öffnungszeiten

Di–Fr	9–17 Uhr
Sa/So/Feiertage	10–18 Uhr
montags	nach Voranmeldung

www.landesmuseum-vorgeschichte.de

Arche Nebra – die Himmelsscheibe erleben

Das Besucherzentrum am Fundort der Himmelsscheibe

Womöglich parkten einst die Sondengänger den Trabbi an dieser Stelle, bevor sie auf den Mittelberg stapften, wo sie die Himmelsscheibe ausgruben. Heute lädt hier die »Arche Nebra« ein, die archäologischen Erkenntnisse rund um die Himmelsscheibe zu inspizieren und im Planetarium den bronzezeitlichen Kosmos zu bestaunen. Die beeindruckende Architektur ist inspiriert von der auf der Himmelsscheibe abgebildeten Sonnenbarke. Über dem Fundort selbst wölbt sich auf dem Mittelberg das »Himmelsauge«, eine Scheibe aus poliertem Edelstahl. War die Bergspitze in der Bronzezeit unbewaldet, lässt heute ein Blick vom Aussichtsturm verstehen, warum die Menschen vor 3600 Jahren diesen Ort wählten, um die Himmelsscheibe zu opfern.

Öffnungszeiten

April–Oktober	täglich 10–18 Uhr
November–März	Di–Fr 10–16 Uhr
Sa/So/Feiertage	10–17 Uhr

Der Aussichtsturm ist täglich geöffnet.

www.himmelsscheibe-erleben.de

Das Sonnenobservatorium Goseck

Die Kreisgrabenanlage von Goseck stellt einen der frühesten archäologischen Belege für systematische Himmelsbeobachtungen dar. Das sagenhafte 7000 Jahre alte Monument ist vollständig ausgegraben und an der originalen Stelle rekonstruiert worden. In der Anlage können Besucher den Lauf der Sonne beobachten und die besondere Akustik der Holzarchitektur erleben. Ein kleines Informationszentrum im nahen Schloss Goseck vermittelt Wissenswertes zum Sonnenobservatorium, seiner Ausgrabung und dem europäischen Phänomen der Kreisgrabenanlagen.

Öffnungszeiten

Das Sonnenobservatorium ist ganzjährig frei zugänglich.

Informationszentrum zum Gosecker Sonnenobservatorium:

April–Oktober täglich 11–17 Uhr
November–März nur auf Anmeldung oder mit Führung.

www.sonnenobservatorium-goseck.info

Das Ringheiligtum Pömmelte

Südlich von Magdeburg, nur wenige Kilometer von der Elbe entfernt, ist seit Juni 2016 das »deutsche Stonehenge« zu besichtigen: das Ringheiligtum Pömmelte. Es ist die einzige Kreisgrabenanlage auf dem europäischen Kontinent, die zur selben Zeit wie die britische Megalithanlage entstand und eine ähnliche Komplexität aufweist – nur dass dieses Heiligtum vor über 4000 Jahren aus Holz errichtet wurde. Neben dem aus Cornwall stammenden Gold und Zinn der Himmelsscheibe haben wir es hier mit einem weiteren Beleg für die uralte Verbindung zwischen Mitteldeutschland und England zu tun. Pömmelte ist einer der Orte, an dem das Reich von Nebra entstand. Spektakuläres kultisches Geschehen, zu dem auch Menschenopfer gehörten, spielte dabei eine wichtige Rolle. Einige der Funde können im Salzlandmuseum in Schönebeck besichtigt werden.

Öffnungszeiten Ringheiligtum

Das Ringheiligtum Pömmelte ist ganzjährig frei zugänglich.

Öffnungszeiten des Salzlandmuseums

Di 10–16 Uhr
Do 10–18 Uhr
Fr 10–16 Uhr
So 14–18 Uhr

www.ringheiligtum-poemmelte.de

Der Bornhöck bei Dieskau

Wo einst zwischen Raßnitz und Gröbers der größte frühbronzezeitliche Grabhügel Mitteleuropas die Landschaft dominierte, steht heute ein Gedenkstein. Es gibt Überlegungen, den im 19. Jahrhundert abgetragenen Hügel, in dem auch der Meister der Himmelsscheibe bestattet worden sein könnte, zu rekonstruieren. Die Überreste der Grabkammer werden im Landesmuseum untersucht und sollen nach der Restaurierung dort ausgestellt werden.

Der Grabhügel von Leubingen

Schon im 19. Jahrhundert drangen Archäologen in seine Grabkammer vor, trotzdem überstand er die Zeit bis heute nahezu unbeschadet: der Grabhügel des Fürsten von Leubingen bei Sömmerda. Im Rahmen der Internationalen Bauausstellung Thüringen soll der bestehende Parkplatz der vorbeiführenden A71 zur Raststätte »Leubinger Fürstenhügel« mit direktem Zugang zum Bronzezeithügel ausgebaut werden. Das Grabinventar mit dem Goldornat des Fürsten von Leubingen befindet sich im Landesmuseum für Vorgeschichte in Halle.

Das Museum für Vor- und Frühgeschichte Berlin

Das auf der Berliner Museumsinsel untergebrachte Museum für Vor- und Frühgeschichte ist ein wichtiger Ort, um die europäische Bronzezeit zu erkunden. Der an die 3000 Jahre alte »Berliner Goldhut« fasziniert mit seinen geheimnisvollen Ornamenten die Besucher. Auch wichtige Funde aus dem kulturellen Umfeld der Himmelsscheibe befinden sich in der Sammlung, so der Hortfund von Bennewitz, der aus 297 Beilen besteht, die vermutlich einer der Armeen des Fürsten von Dieskau gehörten.

www.smb.museum/museen-und-einrichtungen/museum-fuer-vor-und-fruehgeschichte

Literaturverzeichnis

Um die Lesefreundlichkeit zu erhöhen, haben wir auf Fußnoten verzichtet. Dafür listen wir hier für jedes Kapitel die verwendete Literatur auf und verweisen auf weiterführende Literatur. Von Doppelnennungen haben wir abgesehen. Weite Passagen des Buchs beruhen zudem auf persönlichen Gesprächen mit den beteiligten Wissenschaftlern sowie eigenen Forschungen. Grundlage für die in den ersten Teilen des Buchs geschilderten Ereignisse waren die damals angefertigten Gesprächs- und Prozessprotokolle, Aktenvermerke sowie Rechercheergebnisse, Zeugenberichte, Gespräche mit Beteiligten und Filmaufnahmen. Auch Thomas Schönes Buch *Tatort Himmelsscheibe. Eine Geschichte mit Raubgräbern, Hehlern und Gelehrte* war eine Hilfe.

Allgemeine Literatur zur Frühen Bronzezeit und zur Aunjetitz-Kultur in Mitteldeutschland

H. Fokkens/A. Harding (Hrsg.), *The Oxford Handbook of the European Bronze Age* (Oxford 2013).

A. Harding (Hrsg.), *European Societies in the Bronze Age* (Cambridge 2000).

K. Kristiansen/T. B. Larsson, *The Rise of Bronze Age Society. Travels, Transmissions and Transformations* (Cambridge 2005).

H. Meller (Hrsg.), *Der geschmiedete Himmel. Die weite Welt im Herzen Europas vor 3600 Jahren* (Stuttgart 2004).

H. Meller (Hrsg.), *Bronzerausch. Spätneolithikum und Frühbronzezeit. Begleithefte zur Dauerausstellung des Landesmuseums für Vorgeschichte Halle*, Bd. 4 (Halle/S. 2011).

H. Meller/F. Bertemes (Hrsg.), *Der Griff nach den Sternen. Wie Europas Eliten zu Macht und Reichtum kamen* (Halle/S. 2010).

H. Meller/F. Bertemes (Hrsg.), *Der Aufbruch zu Neuen Horizonten. Neue Sichtweisen über die Europäische Frühbronzezeit Halle* (Halle/S. in Vorbereitung).

H. Meller (Hrsg.), R. Maraszek, *Die Himmelsscheibe von Nebra. Kleine Reihe zu den Himmelswegen*, Bd. 1 (Halle/S. 2014).

W. A. von Brunn, *Die Hortfunde der frühen Bronzezeit aus Sachsen-Anhalt, Sachsen und Thüringen* (Berlin 1959).

B. Zich, *Studien zur regionalen und chronologischen Gliederung der nördlichen Aunjetitzer Kultur* (Berlin/New York 1996).

Einleitung

C. W. Ceram, *Götter, Gräber und Gelehrte. Roman der Archäologie. Überarbeitete Neuauflage* (Reinbek [2]2011).

J. Diamond, *Arm und Reich. Die Schicksale menschlicher Gesellschaften* (Frankfurt/M. 2000).

Y. N. Harari, *Eine kurze Geschichte der Menschheit* (München 2013).

C. Sagan, *Blauer Punkt im All. Unsere Zukunft im Kosmos* (München 1996).

J. R. R. Tolkien, *Der Herr der Ringe*, 3 Bde. (Stuttgart 1980).

Teil 1: Der geschmiedete Himmel

1 Archäologie undercover, 2 Unter Raubgräbern

H. Meller, »Nebra. Vom Logos zum Mythos – Biographie eines Himmelsbildes«. In: H. Meller/F. Bertemes (Hrsg.), *Der Griff nach den Sternen. Wie Europas Eliten zu Macht und Reichtum kamen* (Halle/S. 2010), S. 23–73.

H. Meller, »Der Hortfund von Nebra im Spiegel frühbronzezeitlicher Deponierungssitten«. In: H. Meller/F. Bertemes/H.-R. Bork/R. Risch (Hrsg.), *1600 – Kultureller Umbruch im Schatten des Thera-Ausbruchs?* (Halle/S. 2013), S. 493–526.

E. Pernicka/C.-H. Wunderlich/A. Reichenberger/H. Meller/G. Borg, »Zur Echtheit der Himmelsscheibe von Nebra – Eine kurze Zusammenfassung der durchgeführten Untersuchungen«. In: *Archäologisches Korrespondenzblatt* 38, 2008, S. 331–352.

T. Schöne, *Tatort Himmelsscheibe. Eine Geschichte mit Raubgräbern, Hehlern und Gelehrten* (Halle/S. [3]2010).

3 Die Spur der Sterne

H. Burri-Bayer, *Die Sternenscheibe* (München 2003).

Hesiod, *Sämtliche Werke*. Übersetzt von T. von Scheffer (Wiesbaden 1947).

Homer, *Ilias – Odyssee*. Übersetzt von J. H. Voß (München [3]2004).

F. Kaul, *Ships on Bronzes. A Study in Bronze Age Religion and Iconography* (København 1998).

F. Kaul, *Bronzealderens religion. Studier af den nordiske bronzealders ikonografi* (København 2004).

H. Meller, »Die Himmelsscheibe von Nebra – Ein frühbronzezeitlicher Fund von außergewöhnlicher Bedeutung«. In: *Archäologie in Sachsen-Anhalt* N. F. 1, 2002, S. 7–20.

W. Schlosser, »Zur astronomischen Deutung der Himmelsscheibe von Nebra«. In: *Archäologie in Sachsen Anhalt* N. F. 1, 2002, S. 21–23.

W. Schlosser, »Astronomische Deutung der Himmelsscheibe von Nebra«. In: *Sterne und Weltraum* 40, 12/2003, S. 34–40.

W. Schlosser, »Die Himmelsscheibe von Nebra – Astronomische Untersuchungen«. In: H. Meller/F. Bertemes (Hrsg.), *Der Griff nach den Sternen. Wie Europas Eliten zu Macht und Reichtum kamen* (Halle/S. 2010), S. 913–933.

W. Schlosser/J. Cierny, *Sterne und Steine. Eine praktische Astronomie der Vorzeit* (Stuttgart 1997).

4 Vor Gericht

R. Burger, »Eine Komödie der Irrungen«. In: *Frankfurter Allgemeine Zeitung*, 16. 03. 2005.

5 Im Labor

D. Berger, *Bronzezeitliche Färbetechniken an Metallobjekten nördlich der Alpen. Eine archäometallurgische Studie zur prähistorischen Anwendung von Tauschierung und Patinierung anhand von Artefakten und Experimenten* (Halle/S. 2012).

D. Berger/R. Schwab/C.-H. Wunderlich, »Technologische Untersuchungen zu bronzezeitlichen Metallziertechniken nördlich der Alpen vor dem Hintergrund des Hortfundes von Nebra«. In: H. Meller/F. Bertemes (Hrsg.), *Der Griff nach den Sternen. Wie Europas Eliten zu Macht und Reichtum kamen* (Halle/S. 2010), S. 751–777.

E. Pernicka, »Die naturwissenschaftlichen Untersuchungen der Himmelsscheibe«. In: H. Meller (Hrsg.), *Der geschmiedete Himmel. Die weite Welt im Herzen Europas vor 3600 Jahren* (Stuttgart 2004), S. 34–37.

E. Pernicka, »Archäometallurgische Untersuchungen am und zum Hortfund von Nebra«. In: H. Meller/F. Bertemes (Hrsg.), *Der Griff nach den Sternen. Wie Europas Eliten zu Macht und Reichtum kamen* (Halle/S. 2010), S. 719–734.

E. Pernicka/C.-H. Wunderlich, »Naturwissenschaftliche Untersuchungen an den Funden von Nebra«. In: *Archäologie in Sachsen-Anhalt* N. F. 1, 2002, S. 24–31.

C.-H. Wunderlich, »Vom Bronzebarren zum Exponat – Technische Anmerkungen zu den Funden von Nebra«. In: H. Meller (Hrsg.), *Der geschmiedete Himmel. Die weite Welt im Herzen Europas vor 3600 Jahren* (Stuttgart 2004), S. 38–43.

C.-H. Wunderlich, »Wie golden war die Himmelsscheibe von Nebra? Gedanken zur ursprünglichen Farbe der Goldauflagen«. In: H. Meller/R. Risch/E. Pernicka (Hrsg.), *Metalle der Macht – Frühes Gold und Silber* (Halle/S. 2014), S. 349–351.

6 »Fälschung!«

K. Michel, »Echt, nicht echt, doch echt«. In: *Die Zeit*, 52/2004.

P. Schauer, »Kritische Anmerkungen zum Bronzeensemble mit ›Himmelsscheibe‹ angeblich vom Mittelberg bei Nebra, Sachsen-Anhalt«. In: *Archäologisches Korrespondenzblatt* 35, 2005, S. 323–328.

7 Goldrausch

G. Borg, »Warum in die Ferne schweifen? Geochemische Fakten und geologische Forschungsansätze zu Europas Goldvorkommen und zur Herkunft des Nebra-Goldes«. In: H. Meller/F. Bertemes (Hrsg.), *Der Griff nach den Sternen. Wie Europas Eliten zu Macht und Reichtum kamen* (Halle/S. 2010), S. 735–749.

G. Borg/E. Pernicka, »Goldene Zeiten? Europäische Goldvorkommen und ihr Bezug zur Himmelsscheibe von Nebra«. In: *Jahresschrift für Mitteldeutsche Vorgeschichte* 96, 2017, S. 111–137.

A. Ehser/G. Borg/E. Pernicka, »Provenance of the Gold of the Early Bronze Age Nebra Sky Disk, Central Germany. Geochemical Characterization of Natural Gold from Cornwall«. In: *European Journal of Mineralogy* 26/6, 2011, S. 895–910.

M. Frotzscher, *Geochemische Charakterisierung von mitteleuropäischen Kupfervorkommen zur Herkunftsbestimmung des Kupfers der Himmelsscheibe von Nebra* (Halle/S. 2012).

8 Der Sternencode

A. Gopnik, »Explanation as Orgasm and the Drive for Causal Understanding: The Function, Evolution, and Phenomenology of the Theory Formation System«. In: F. C. Keil/R. A. Wilson (Hrsg.), *Cognition and Explanation* (Cambridge, MA 2000), S. 299–323.

R. Hansen, »Die Himmelsscheibe von Nebra – Neu interpretiert. Sonne oder Mond? Wie der Mensch der Bronzezeit mit Hilfe der Himmelsscheibe Sonnen- und Mondkalender ausgleichen konnte«. In: *Archäologie in Sachsen-Anhalt* N. F. 4, 2006, S. 289–304.

R. Hansen/C. Rink, »Kalender und Finsternisse – Einige Überlegungen zur bronzezeitlichen Astronomie«. In: G. Wolfschmidt (Hrsg.), *Prähistorische Astronomie und Ethnoastronomie* (Hamburg 2008), S. 130–167.

9 Kalenderkünste

F. Blocher, »Gestirns- und Himmelsdarstellungen im alten Vorderasien von den Anfängen bis zur Mitte des 2. Jt. v. Chr.«. In: H. Meller/F. Bertemes (Hrsg.), *Der Griff nach den Sternen. Wie Europas Eliten zu Macht und Reichtum kamen* (Halle/S. 2010), S. 973–987.

A. Demandt, *Zeit. Eine Kulturgeschichte* (Berlin 2015).

H. Hunger, »Möglichkeiten und Grenzen früher Astronomie in Mesopotamien«. In: H. Meller/F. Bertemes (Hrsg.), *Der Griff nach den Sternen. Wie Europas Eliten zu Macht und Reichtum kamen* (Halle/S. 2010), S. 969–972.

S. M. Maul, *Die Wahrsagekunst im Alten Orient. Zeichen des Himmels und der Erde* (München 2013).

M. Rappenglück, »The Pleiades and Hyades as Celestial Spatiotemporal Indicators in the Astronomy of Archaic and Indigenous Cultures«. In: G. Wolfschmidt (Hrsg.), *Prähistorische Astronomie und Ethnoastronomie* (Hamburg 2008), S. 13–40.

C. Ruggles, *Handbook of Archaeoastronomy and Ethnoastronomy*, 3 Bde. (New York 2015).

J. Rüpke, *Zeit und Fest. Eine Kulturgeschichte des Kalenders* (München 2006).

J. M. Steele, »The Length of the Month in Mesopotamian Calendars of the First Millenium BC«. In: J. Steele (Hrsg.), *Calendars and Years. Astronomy and Time in the Ancient Near East* (Oxford 2007), S. 133–148.

J. M. Steele, »Making Sense of Time. Observational and Theoretical Calendars«. In: K. Radner/E. Robson, *The Oxford Handbook of Cuneiform Culture* (Oxford 2011), S. 470–485.

J. M. Steele, »Astronomy and Politics«. In: C. Ruggles, *Handbook of Archaeoastronomy and Ethnoastronomy*, Bd. 1 (New York 2015), S. 93–101.

J. M. Steele, *Rising Time Schemes in Babylonian Astronomy* (Cham 2017).

S. Stern, *Calendars in Antiquity. Empires, States, and Societies* (Oxford 2012).

B. L. van der Waerden, *Erwachende Wissenschaft* (Basel 1968).

L. Verderame, »Pleiades in Ancient Mesopotamia«. In: *Mediterranean Archaeology and Archaeometry* 16/4, 2016, S. 109–117.

10 »Ihr Atem ist der Tod«

M. Albani, »›Der das Siebengestirn und den Orion macht‹ (Am 5,8). Zur Bedeutung der Plejaden in der israelitischen Religionsgeschichte«. In: B. Janowski/M. Köckert (Hrsg.), *Religionsgeschichte Israels. Formale und materiale Aspekte* (Gütersloh 1999), S. 139–207.

J. L. Barrett, *Cognitive Science, Religion, and Theology. From Human Minds to Divine Minds* (West Conshohocken, PA 2011).

J. L. Barrett, »Exploring Religion's Basement. The Cognitive Science of Religion«. In: R. D. Paloutzian/C. L. Park (Hrsg.), *Handbook of the Psychology of Religion and Spirituality* (New York 2013), S. 234–255.

P. Boyer, *Und Mensch schuf Gott* (Stuttgart 2004).

Das Gilgamesch Epos. Neu übersetzt und kommentiert von S. M. Maul (München 2005).

S. Guthrie, *Faces in the Clouds. A New Theory of Religion* (New York 1993).

D. Hume, *Die Naturgeschichte der Religion* (Hamburg [2]2000).

G. V. Konstantopoulos, *They are Seven. Demons and Monsters in the Mesopotamian Textual and Artistic Tradition* (Unveröffentlichte Dissertation University of Michigan 2015).

C. Lévy-Strauss, *Mythologica I. Das Rohe und das Gekochte* (Frankfurt/M. 1976).

F. Nietzsche, »Götzen-Dämmerung. Oder: Wie man mit dem Hammer philosophiert«. In: F. Nietzsche, *Werke*, Bd. 2 (München 1955).

H. G. Gundel: »Pleiaden«. In: *Paulys Realencyclopädie der classischen Altertumswissenschaft* (RE), Bd. XXI,2 (Stuttgart 1952), Sp. 2485–2523.

J. Piaget, *Das Weltbild des Kindes* (München [3]1992).

M. Rappenglück, »The Pleiades in the ›Salle des Taureaux‹, Grotte de Lascaux. Does a Rock Picture in the Cave of Lascaux Show the Open Star Cluster of the Pleiades at the Magdalénien Era (ca 15 300 BC)?« In: *Actas del IV Congresso de la SEAC »Astronomy and Culture«* (Salamanca 1997), S. 217–225.

M. Weber, *Wissenschaft als Beruf* (Stuttgart 1995).

11 Metamorphosen

A. Jeremias, *Handbuch der altorientalischen Geisteskultur* (Leipzig 1929).

K. O. Knausgård, *Sterben* (München 2011).

Teil 2: Das Reich der Himmelsscheibe

A. Bignasca (Hrsg.), *Der versunkene Schatz. Das Schiffswrack von Antikythera* (Basel 2015).

J. Marchant, *Die Entschlüsselung des Himmels. Der erste Computer – Ein 2000 Jahre altes Rätsel wird gelöst* (Reinbek 2011).

P. C. Tacitus, *Agricola. Germania. Dialogus de oratoribus. Die historischen Versuche.* Übersetzt von K. Büchner (Stuttgart 1963).

12 Jenseits von Eden

G. Barker, *The Agricultural Revolution in Prehistory. Why did Foragers become Farmers?* (Oxford 2005).

J. Diamond, »The Worst Mistake in the History of the Human Race«. In: *Discover Magazine*, May 1987, S. 64–66.

D. O. Edzard, *Geschichte Mesopotamiens. Von den Sumerern bis zu Alexander dem Großen* (München [2]2009).

R. Gerlach/E. Eckmeier, »Das Problem der ›Schwarzerden‹ im Rheinland im archäologischen Kontext – Ein Resümee«. In: A. Stobbe/U. Tegtmeier (Hrsg.), *Verzweigungen. Eine Würdigung für A. J. Kalis und J. Meurers-Balke* (Bonn 2012), S. 105–124.

W. Haak u. a., »Ancient DNA from European Early Neolithic Farmers Reveals Their Near Eastern Affinities«. In: *PLoS Biology* 8, 2010, S. 1–16.

H. Küster, *Am Anfang war das Korn. Eine andere Geschichte der Menschheit* (München 2013).

J. Lüning (Hrsg.), *Die Bandkeramiker. Erste Steinzeitbauern in Deutschland* (Rahden/Westf. 2005).

H. Meller, »Vom Jäger zum Bauern – Der Sieg des Neolithikums. Der unumkehrbare Auszug des Menschen aus dem Paradies«. In: T. Otten/J. Kunow/M. M. Rind/M. Trier (Hrsg.), *Revolution Jungsteinzeit* (Darmstadt 2015), S. 20–28.

H. Meller/T. Puttkammer (Hrsg.), *Klimagewalten – Treibende Kraft der Evolution* (Halle/S. 2017).

T. Otten/J. Kunow/M. M. Rind/M. Trier (Hrsg.), *Revolution Jungsteinzeit* (Darmstadt 2015), S. 20–28.

H. Parzinger, *Die Kinder des Prometheus. Eine Geschichte der Menschheit vor der Erfindung der Schrift* (München 2014).

D. T. Price, *Europe before Rome. A Site-by-Site Tour of the Stone, Bronze, and Iron Ages* (Oxford 2013).

S. Riehl/M. Zeidi/N. J. Conard, »Emergence of Agriculture in the Foothills of the Zagros Mountains of Iran«. In: *Science* 341/6141, 2013, S. 65–67.

S. von Schnurbein (Hrsg.), *Atlas der Vorgeschichte. Europa von den ersten Menschen bis Christi Geburt* (Stuttgart 2009).

C. van Schaik, *The Primate Origins of Human Nature* (Hoboken, NJ 2016).

M. A. Zeder, »The Origins of Agriculture in the Near East«. In: *Current Anthropology* 52/S4, 2011, S. 221–235.

13 Krieg ums Land

S. Hansen/J. Renn/F. Klimscha/J. Büttner/B. Helwing/S. Kruse, »The Digital Atlas of Innovations. A Research Program on Innovations on Prehistory and Antiquity«. In: G. Graßhoff/M. Meyer (Hrsg.), *Space and Knowledge. eTopoi Journal for Ancient Studies*, Bd. 6 (Berlin 2016), S. 777–818.

J. Helbling, *Tribale Kriege – Konflikte in Gesellschaften ohne Zentralgewalt* (Frankfurt/New York 2006).

C. Meyer/C. Lohr/D. Gronenborn/K. W. Alt, »The Massacre Mass Grave of Schöneck-Kilianstädten Reveals New Insights into Collective Violence in Early Neolithic Central Europe«. In: *Proceedings of the National Academy* 112 (36), 2015, S. 11 217–11 222.

H. Meller (Hrsg.), *3300 BC – Mysteriöse Steinzeittote und ihre Welt* (Mainz 2013).

H. Meller, »Krieg im europäischen Neolithikum«. In: H. Meller/M. Schefzik (Hrsg.), *Krieg – Eine archäologische Spurensuche* (Halle/S. 2015), S. 109–116.

H. Meller/S. Friederich (Hrsg.), *Salzmünde-Schiepzig – Ein Ort, zwei Kulturen. Ausgrabungen an der Westumfahrung Halle (A 143)* (Halle/S. 2014).

H. Meller/S. Friederich (Hrsg.), *Salzmünde – Regel oder Ausnahme?* (Halle/S. 2017).

H. Meller/M. Schefzik (Hrsg.), *Krieg – Eine archäologische Spurensuche* (Halle/S. 2015).

T. Otto/H. Thrane/H. Vankilde, *Warfare and Society. Archaeological and Social Anthropological Perspectives* (Santa Barbara 2006).

J. Piek/T. Terberger, *Frühe Spuren der Gewalt – Schädelverletzungen und Wundversorgung an prähistorischen Menschenresten aus interdisziplinärer Sicht* (Schwerin 2006).

J.-J. Rousseau, *Schriften*, Bd. 1 (Berlin 1981).

M. Stecher/B. Schlenker/K. W. Alt, »Die Scherbenpackungsgräber«. In: H. Meller (Hrsg.), *3300 BC – Mysteriöse Steinzeittote und ihre Welt* (Mainz 2013), S. 282–289.

R. Schwarz, »Das Mittelneolithikum in Sachsen-Anhalt – Die Kulturen und ihre Erdwerke«. In: H. Meller (Hrsg.), *3300 BC – Mysteriöse Steinzeittote und ihre Welt* (Mainz 2013), S. 231–238.

14 Steppenkrieger

D. W. Anthony, *The Horse, the Wheel, and Language. How Bronze-Age Riders from the Eurasian Steppes Shaped the Modern World* (Princeton, NJ 2007).

B. Cunliffe, *10 000 Jahre – Geburt und Geschichte Eurasiens* (Darmstadt 2016).

Focke-Museum (Hrsg.), *Graben für Germanien – Archäologie unterm Hakenkreuz* (Darmstadt 2013).

W. Haak u. a., »Ancient DNA, Strontium Isotopes, and Osteological Analyses Shed Light on Social and Kinship Organization of the Later Stone Age«. In: *Proceedings of the National Academy of Science* 105, 2008, S. 18 226–18 231.

W. Haak u. a., »Massive Migration from the Steppe is a Source for Indo-European Languages in Europe«. In: *Nature* 522, June 2015, S. 207–211.

J. Krause/W. Haak, »Neue Erkenntnisse zur genetischen Geschichte Europas«. In: H. Meller/F. Daim/J. Krause/R. Risch, *Migration und Integration von der Urgeschichte bis zum Mittelalter* (Halle/S. 2017), S. 21–38.

I. Mathieson u. a., »The Genomic History of Southeastern Europe«. In: *Nature* 555, March 2018, S. 197–203.

C. Meyer/G. Brandt/W. Haak/R. Ganslmeier/H. Meller/K. W. Alt, »The Eulau Eulogy. Bioarchaeological Interpretation of Lethal Violence in Corded Ware Multiple Burials from Saxony-Anhalt, Germany«. In: *Journal of Anthropological Archaeology* 28, 2009, S. 412–423.

A. Muhl/H. Meller/K. Heckenhahn, *Tatort Eulau. Ein 4500 Jahre altes Verbrechen wird aufgeklärt* (Stuttgart 2010).

I. Olalde u. a., »The Beaker Phenomenon and the Genomic Transformation of Northwest Europe«. In: *Nature* 555, March 2018, S. 190–196.

S. Rasmussen u. a., »Early Divergent Strains of *Yersinia pestis* in Eurasia 5,000 Years Ago«. In: *Cell* 163/3, 2015, S. 571–582.

D. Reich, *Who We Are and How We Got Here. Ancient DNA and the New Science of the Human Past* (Oxford 2018).

T. Schunke, »Klady – Göhlitzsch. Vom Kaukasus nach Mitteldeutschland oder umgekehrt?« In: H. Meller (Hrsg.), *3300 BC – Mysteriöse Steinzeittote und ihre Welt* (Mainz 2013), S. 151–155.

A. A. Valtueña u. a., »The Stone Age Plague and Its Persistence in Eurasia«. In: *Current Biology* 27 (23), 2017, S. 3683–3691.

15 Glänzende Zeiten

D. Berger, E. Pernicka, B. Nessel, G. Brügmann, C. Frank, N. Lockhoff, »Neue Wege zur Herkunftsbestimmung des bronzezeitlichen Zinns«. In: *Blickpunkt Archäologie* 2014/4, S. 76–82.

F. Bertemes, »Die Metallurgengräber der zweiten Hälfte des 3. und der ersten Hälfte des 2. Jt. v. Chr.«. In: H. Meller/F. Bertemes (Hrsg.), *Der Griff nach den Sternen. Wie Europas Eliten zu Macht und Reichtum kamen* (Halle/S. 2010), S. 131–162.

A. P. Fitzpatrick, *The Amesbury Archer and the Boscombe Bowmen. Bell Beaker Burials at Boscombe Down, Amesbury, Wiltshire* (Salisbury 2011).

G.P. Murdock/C. Provost, »Factors in the Division of Labor by Sex. A Cross-Cultural Analysis«. In: *Ethnology* 12 (2), 1973, S. 203–225.

S. Hansen, »Der Held in historischer Perspektive«. In: T. Link/H. Peter-Röcher (Hrsg.), *Gewalt und Gesellschaft. Dimensionen der Gewalt in ur- und frühgeschichtlicher Zeit* (Bonn 2014).

V. Heyd/K. Walker, »The First Metalwork and Expressions of Social Power«. In: C. Fowler/J. Harding/D. Hofmann (Hrsg.), *The Oxford Handbook of Neolithic Europe* (Oxford 2014), S. 672–691.

E. Pernicka, »Die Ausbreitung der Zinnbronze im 3. Jahrtausend«. In: B. Hänsel (Hrsg.), *Mensch und Umwelt in der Bronzezeit Europas* (Kiel 1998), S. 135–147.

M. Radivojevic/T. Rehren/E. Pernicka,/D. Šljivar,/M. Brauns/D. Boric, »On the Origins of Extractive Metallurgy. New Evidence from Europe«. In: *Journal of Archaeological Science* 37, 2010, S. 2775–2787.

L. Rahmstorf, »The Bell Beaker Phenomenon and the Interaction Spheres of the Early Bronze Age East Mediterranean. Similarities and Differences«. In: A. Lehoërff (Hrsg.), *Construire le temps. Histoire et méthodes des chronologies et calendriers des derniers millénaires avant notre ère en Europe occidentale* (Glux-en-Glenne/Bibracte 2008), S. 149–170.

B. W. Roberts/C. P. Thornton/V. C. Pigott, »Development of Metallurgy in Eurasia«. In: *Antiquity* 83, 2009, S. 1012–1022.

16 Die zwei Hügel

G. Eberhardt, *Spurensuche in der Vergangenheit. Eine Geschichte der frühen Archäologie* (Darmstadt 2011).

H. Größler, »Das Fürstengrab im großen Galgenhügel am Paulsschacht bei Helmsdorf (im Mansfelder Seekreise)«. In: *Jahresschrift für Vorgeschichte der Sächsisch-Thüringischen Länder* 6, 1907, S. 1–87.

P. Höfer, »Der Leubinger Grabhügel«. In: *Jahresschrift für Vorgeschichte der Sächsisch-Thüringischen Länder* 5, 1906, S. 1–59.

F. Klopfleisch, »Kurzer Bericht über die erste Ausgrabung des Leubinger Grabhügels«. In: *Neue Mitteilungen aus dem Gebiet der historisch-antiquarischen Forschungen* 14, 1878, S. 544–561.

I. Knapp, »Fürst oder Häuptling? Eine Analyse der herausragenden Bestattungen der frühen Bronzezeit«. In: *Archäologische Informationen* 22/2, 1999, S. 261–268.

H. Meller (Hrsg.), *Hermann Größler – Lehrer und Heimatforscher* (Lutherstadt Eisleben 2013).

Č. Rýzner, »Řadové hroby blíž Únětic«. In: *Památky archeologické* 11, 1880, S. 289–306.

C. Steffen, *Die Prunkgräber der Wessex- und der Aunjetitz-Kultur. Ein Vergleich der Repräsentationssitten von sozialem Status* (Oxford 2010).

17 Das Geheimnis der Macht

D. W. Anthony/P. Bogucki/E. Comşa/M. Gimbutas/B. Jovanović/J. P. Mallory/S. Milisaukas, »The ›Kurgan Culture‹, Indo-European Origins, and the Domestication of the Horse. A Reconsideration«. In: *Current Anthropology* 27/4, 1986, S. 291–313.

P. Bourdieu, *Über den Staat. Vorlesungen am Collège de France 1989–1992* (Frankfurt/M. 2017).

S. Breuer, *Der Staat. Entstehung – Typen – Organisationsstadien* (Reinbek 1998).

S. Breuer, *Der charismatische Staat. Ursprünge und Frühformen staatlicher Herrschaft* (Darmstadt 2014).

R. L. Carneiro, »Eine Theorie zur Entstehung des Staates«. In: K. Eder (Hrsg.), *Die Entstehung von Klassengesellschaften* (Frankfurt/M. 1973), S. 153–174.

J. Diamond, *Kollaps. Warum Gesellschaften überleben oder untergehen* (Frankfurt/M. 2011).

S. Hansen, »›Überausstattungen‹ in Gräbern und Horten der Frühbronzezeit«. In: J. Müller (Hrsg.), *Vom Endneolithikum zur Frühbronzezeit. Muster sozialen Wandels?* (Bonn 2002), S. 151–163.

M. Harris, *Kulturanthropologie. Ein Lehrbuch* (Frankfurt/M. 1989).

E. Hobsbawm/T. Ranger, *The Invention of Tradition* (Cambridge 1992).

F. Knoll/H. Meller, »Die Ösenkopfnadel – Ein ›Klassen‹-verbindendes Trachtelement der Aunjetitzer Kultur. Ein Beitrag zu Kontext, Interpretation und Typochronologie der mitteldeutschen Exemplare«. In: H. Meller/H. P. Hahn/R. Jung/R. Risch, *Arm und Reich – Zur Ressourcenverteilung in prähistorischen Gesellschaften* (Halle/S. 2016), S. 283–367.

K.-H. Kohl, *Ethnologie – Die Wissenschaft vom kulturell Fremden. Eine Einführung* (München 2012).

N. Lockhoff/E. Pernicka, »Archaeometallurgical Investigation of Early Bronze Age Gold Artefacts from Central Germany Including the Gold from the Nebra Hoard«. In: H. Meller/R. Risch/E. Pernicka (Hrsg.), *Metalle der Macht – Frühes Gold und Silber* (Halle/S. 2014), S. 223–236.

M. Mann, *Geschichte der Macht*, 2 Bde. (Frankfurt/M./New York 1990/91).

A. Mayor, *The First Fossil Hunters. Dinosaurs, Mammoths, and Myth in Greek and Roman Times* (Princeton, NJ 2011).

H. Meller/D. Gronenborn/R. Risch (Hrsg.), *Überschuss ohne Staat – Politische Formen in der Vorgeschichte* (Halle/S. in Vorbereitung).

H. Meller, »Die neolithischen und bronzezeitlichen Goldfunde Mitteldeutschlands – Eine Übersicht«. In: H. Meller/R. Risch/E. Pernicka (Hrsg.), *Metalle der Macht – Frühes Gold und Silber* (Halle/S. 2014), S. 611–716.

E. Pernicka/J. Lutz/T. Stöllner, »Bronze Age Copper Produced at Mitterberg, Austria, and its Distribution«. In: *Archaeologia Austriaca* 100, 2016, S. 19–55.

S. Pinker, *Gewalt. Eine neue Geschichte der Menschheit* (Frankfurt/M. 2011).

R. Schwarz, »Goldene Schläfen- und Lockenringe – Herrschaftsinsignien in bronzezeitlichen Ranggesellschaften Mitteldeutschlands – Überlegungen zur Gesellschaft der Aunjetitzer Kultur«. In: H. Meller/R. Risch/E. Pernicka (Hrsg.), *Metalle der Macht – Frühes Gold und Silber* (Halle/S. 2014), S. 717–742.

J. C. Scott, *Against the Grain. A Deep History of the Earliest States* (Yale, CT 2017).

T. Stöllner/I. Gambaschidze, »The Gold Mine of Sakdrisi and early Mining and Metallurgy in Transcaucasus and the Kura-Valley System«. In: G. Narimanishvili (Hrsg.), *Proceedings of the International Conference in the Problems of Early Metal Age Archaeology of Caucasus and Anatolia* (Tiflis 2014), S. 101–124.

T. Stöllner/K. Oeggl (Hrsg.), Bergauf, bergab. *10 000 Jahre Bergbau in den Ostalpen* (Bochum 2015).

P. Turchin, *Ultrasociety. How 10 000 Years of War Made Humans the Greatest Cooperators on Earth* (Chaplin Co 2016).

M. Weber, *Wirtschaft und Gesellschaft* (Tübingen [5]1980).

T. Stöllner u. a., »Gold in the Caucasus. New Research on Gold Extraction in the Kura-Araxes Culture of the 4th and early 3rd Millenium BC«. In: H. Meller/R. Risch/E. Pernicka (Hrsg.), *Metalle der Macht – Frühes Gold und Silber* (Halle/S. 2014), S. 71–110.

18 Es war Mord

G. Brandt/C. Knipper/C. Roth/A. Siebert/K. W. Alt, »Beprobungsstrategien für aDNA und Isotopenanalysen an historischem und prähistorischem Skelettmaterial«. In: H. Meller/K. W. Alt (Hrsg.), *Anthropologie, Isotopie und DNA – Biographische Annäherung an namenlose vorgeschichtliche Skelette?* (Halle/S. 2010), S. 17–32.

M. Foucault, *Überwachen und Strafen. Die Geburt des Gefängnisses* (Frankfurt/M. 1977).

P. Gostner/P. Pernter/G. Bonatti/A. Graefen/A. R. Zink, »New Radiological Insights into the Life and Death of the Tyrolean Iceman«. In: *Journal of Archaeological Science* 38, 2011, S. 3425–3431.

C. Knipper u. a., »Superior in Life – Superior in Death. Dietary Distinction of Central European Prehistoric and Medieval Elites«. In: *Current Anthropology* 56, 2015, S. 579–589.

A. D. Rezepkin, *Das frühbronzezeitliche Gräberfeld von Klady und die Majkop-Kultur in Nordwestkaukasien* (Bonn 1996).

F. Schiller, *Sämtliche Werke* (München 2004).

H. A. Schlögl, *Das Alte Ägypten. Geschichte und Kultur von der Frühzeit bis zu Kleopatra* (München 2006).

W. Shakespeare, *Sämtliche Werke*. Übersetzt von A. W. von Schlegel und L. Tieck (Darmstadt 2005).

19 Pyramide des Nordens

Wolfgang David (Hrsg.), »AENIGMA – Der rätselhafte Code der Bronzezeit. ›Brotlaibidole‹ als Medium europäischer Kommunikation vor über 3500 Jahren«. *Mitteilungen der Freunde der Bayerischen Vor- und Frühgeschichte* 130, August 2011, S. 2–15.

J. Filipp/M. Freudenreich, »Dieskau Revisited I. Nachforschungen zur ›Lebensgeschichte‹ des Goldhortes von Dieskau und zu einem weiteren Grabhügel mit Goldbeigabe aus Osmünde im heutigen Saalekreis, Sachsen-Anhalt«. In: H. Meller/R. Risch/E. Pernicka (Hrsg.), *Metalle der Macht – Frühes Gold und Silber* (Halle/S. 2014), S. 743–752.

H. Meller/T. Schunke, »Die Wiederentdeckung des Bornhöck – Ein neuer frühbronzezeitlicher ›Fürstengrabhügel‹ bei Raßnitz, Saalekreis. Erster Vorbericht«. In: H. Meller/H. P. Hahn/R. Jung/R. Risch, *Arm und Reich – Zur Ressourcenverteilung in prähistorischen Gesellschaften* (Halle/S. 2016), S. 427–465.

R. Risch, *Recursos naturales, medios de producción y explotación social. Un análisis económico de la industria lítica de Fuente Alamo (Almería), 2250–1400 ANE* (Mainz 2002).

B. Zich, »Aunjetitzer Herrschaften in Mitteldeutschland – ›Fürsten‹ der Frühbronzezeit und ihre Territorien (›Domänen‹)«. In: H. Meller/H. P. Hahn/R. Jung/R. Risch, *Arm und Reich – Zur Ressourcenverteilung in prähistorischen Gesellschaften* (Halle/S. 2016), S. 371–406.

20 König der Himmelsscheibe?

H. Born/D. Günther/A. Hofmann/M. Nawroth/E. Pernicka/W. P. Tolstikow/P. Velicsanyi, »Der Hortfund von Eberswalde – Archäologie, Herstellungstechnik, Analytik«. In: *Acta Praehistorica et Archaeologica* 47, 2015, S. 199–218.

M. Freudenreich/J. Filipp, »Dieskau Revisited II. Eine mikroregionale Betrachtung«. In: H. Meller/R. Risch/E. Pernicka (Hrsg.), *Metalle der Macht – Frühes Gold und Silber* (Halle/S. 2014), S. 753–760.

J. Filipp/M. Freudenreich, »Dieskau und Helmsdorf – Zwei frühbronzezeitliche Mikroregionen im Vergleich«. In: H. Meller/H. P. Hahn/R. Jung/R. Risch, *Arm und Reich – Zur Ressourcenverteilung in prähistorischen Gesellschaften* (Halle/S. 2016), S. 407–426.

Uhlirz, Karl, »Wichmann von Seeburg«. In: *Allgemeine Deutsche Biographie* 42 (1897), S. 780–790.

21 Armeen der Bronzezeit

M. Abbott u. a., *Stonehenge Laser Scan: Archaeological Analysis Report* (Portsmouth 2012).

E. Anati/M. Varela Gomes, *Stonehenge Prehistoric Engravings. Weapons for Ancestors or for Gods?* (Lisboa 2014).

S. Behrendt/M. Küßner/O. Mecking, »Der Hortfund von Dermsdorf, Lkr. Sömmerda – Erste archäometrische Ergebnisse«. In: T. J. Gluhak/S. Greiff/K. Kraus/M. Prange (Hrsg.), *Archäometrie und Denkmalpflege* (Bochum 2015), S. 98–100.

C. Chippindale, »The Rock-Engravings of Stonehenge. Ways Today of Figuring out its Prehistoric Art«. In: *Wiltshire Archaeological and Natural History Magazine* 109, 2016, S. 27–37.

P. Ettel/C. Schmidt, »Höhensiedlungen und Siedlungen der Frühbronzezeit in Thüringen – Untersuchungen im Rahmen der DFG-Forschergruppe ›Nebra‹«. In: *Neue Ausgrabungen und Funde Thüringen* 6, 2010–2011 (2012), S. 59–73.

P. Ettel, »Die frühbronzezeitlichen Höhensiedlungen in Mitteldeutschland und Mitteleuropa – Stand der Forschung«. In: H. Meller/F. Bertemes (Hrsg.), *Der Griff nach den Sternen* (Halle/S. 2010), S. 351–380.

M. Ernée, »Eine vergessene Bernsteinstraße? Bernstein und die Klassische Aunjetitzer Kultur in Böhmen«. In: P. L. Cellarosi/R. Chellini/F. Martini/C. A. Montanaro/L. Sarti (Hrsg.), *The Amber Roads. The Ancient Cultural and Commercial Communication Between the Peoples* (Roma 2016), S. 85–105.

D. Jantzen/T. Terberger, »Gewaltsamer Tod im Tollensetal vor 3200 Jahren«. In: *Archäologie in Deutschland* 2011/4, S. 6–11.

M. Küßner, »Leubingen und Dermsdorf, Lkr. Sömmerda – ›Fürstengrab‹, Großbau und Schatzdepot der frühen Bronzezeit«. In: I. Spazier/T. Grasselt (Hrsg.), *Erfurt und Umgebung. Archäologische Denkmale in Thüringen*, Bd. 3 (Langenweißbach 2015), S. 194–197.

G. Lidke/T. Terberger/D. Jantzen, »Das bronzezeitliche Schlachtfeld im Tollensetal – Fehde, Krieg oder Elitenkonflikt?« In: H. Meller/M. Schefzik (Hrsg.), *Krieg – eine archäologische Spurensuche* (Halle/S. 2015), S. 337–346.

H. Meller, »Armeen in der Frühbronzezeit?« In: H. Meller/M. Schefzik (Hrsg.), *Krieg – Eine archäologische Spurensuche* (Halle/S. 2015), S. 243–252.

H. Meller, »Armies in the Early Bronze Age? An Alternative Interpretation of Únětice Culture Axe Hoards«. In: *Antiquity* 91, 2017, S. 1529–1545.

S. Needham/A. J. Lawson/A. Woodward, »›A Nobel Group of Barrows‹. Bush Barrow and the Normanton Down Early Bronze Age Cemetery Two Centuries on«. In: *The Antiquaries Journal* 90, 2010, S. 1–39.

T. Schunke, »Die frühbronzezeitliche Siedlung Zwenkau und ihre wirtschaftliche Basis«. In: M. Bartelheim/H. Stäuble (Hrsg.), *Die wirtschaftlichen Grundlagen der Bronzezeit Europas* (Rahden/Westf. 2009), S. 273–319.

H. Schurtz, *Altersklassen und Männerbünde. Eine Darstellung der Grundformen der Gesellschaft* (Berlin 1902).

Stadt Erding (Hrsg.), *Spangenbarrenhort Oberding. Gebündelt und vergraben – Ein rätselhaftes Kupferdepot der Frühbronzezeit* (Erding 2017).

A. Woodward/J. Hunter (Hrsg.), *Ritual in Early Bronze Age Grave Goods. An Examination of Ritual and Dress Equipment from Chalcolithic and Early Bronze Age Graves in England* (Oxford 2015).

22 Erste Alchimisten

F. Bertemes, »Krieg und Gewalt der Glockenbecher-Leute«. In: H. Meller/M. Schefzik (Hrsg.), *Krieg – Eine archäologische Spurensuche* (Halle/S. 2015), S. 193–200.

J. Groth, *Menhire in Deutschland* (Mainz 2013).

H. Meller/N. Nicklisch/J. Orschied/K.W. Alt, »Rituelle Zweikämpfe schnurkeramischer Krieger?« In: H. Meller/M. Schefzik (Hrsg.), *Krieg – Eine archäologische Spurensuche* (Halle/S. 2015), S. 185–190.

N. Nicklisch, *Spurensuche am Skelett. Paläodemografische und epidemiologische Untersuchungen an neolithischen und frühbronzezeitlichen Bestattungen aus dem Mittelelbe-Saale-Gebiet im Kontext populationsdynamischer Prozesse* (Halle/S. 2017).

A. Vierzig, *Menschen in Stein. Anthropomorphe Stelen des 4. und 3. Jahrtausends v. Chr. zwischen Kaukasus und Atlantik* (Bonn 2017).

T. Wilkinson, *Aufstieg und Fall des Alten Ägypten. Die Geschichte einer geheimnisvollen Zivilisation vom 5. Jahrtausend v. Chr. bis Kleopatra* (München 2010).

K. A. Wittfogel, *Die orientalische Despotie. Eine vergleichende Untersuchung totaler Macht* (Berlin 1977).

23 Kräfte des Kosmos

J. Assmann, *Ägypten. Eine Sinngeschichte* (Frankfurt/M. 1999).

J. Assmann, *Tod und Jenseits im Alten Ägypten* (München 2001).

W. Benjamin, *Das Kunstwerk im Zeitalter seiner technischen Reproduzierbarkeit* (Frankfurt/M. 1963).

F. Bertemes/H. Meller (Hrsg.), *Neolithische Kreisgrabenanlagen in Europa* (Halle/S. 2008).

W. Burkert, *Kulte des Altertums. Biologische Grundlagen der Religion* (München 1998).

T. Darvill, *Stonehenge. The Biography of a Landscape* (Stroud 2010).

S. Hansen, »Waffen aus Gold und Silber während des 3. und 2. Jahrtausends v. Chr. in Europa und Vorderasien«. In: H. Born/S. Hansen (Hrsg.), *Helme und Waffen Alteuropas* (Mainz 2001), S. 11–59.

S. Hansen, »Waffen aus Edelmetall«. In: H. Meller/M. Schefzik (Hrsg.), *Krieg – Eine archäologische Spurensuche* (Halle/S. 2015), S. 297–300.

R. Hill, *Stonehenge* (London 2009).

V. Hubensack, *Das Bestattungsverhalten in Gräberfeldern und Siedlungen der Aunjetitzer Kultur in Mitteldeutschland* (Halle/S. in Vorbereitung).

V. Hubensack/C. Metzner-Nebelsick, »Mitteldeutsche frühbronzezeitliche Sonderbestattungen in Siedlungsgruben«. In: N. Müller-Scheeßl (Hrsg.), *»Irreguläre« Bestattungen in der Urgeschichte. Norm, Ritual, Strafe ...?* (Bonn 2013), S. 279–288.

B. Maier, *Stonehenge. Archäologie – Geschichte – Mythos* (München 2005).

M. Karmin u. a., »A recent bottleneck of Y chromosome diversity coincides with a global change in culture«. In: *Genome Research* 25, 2015, S. 459–66.

J. Müller, »Demographic Traces of Technological Innovation, Social Change and Mobility. From 1 to 8 Million Europeans (6000–2000 BCE)«. In: S. Kadrow/P. Wlodarczak, *Environment and Subsistence* (Bonn/Rzeszow 2013), S. 493–506.

R. Mussik/V. Reijs, »*Akustische Messungen in den rekonstruierten Kreisgrabenanlagen Goseck, Burgenlandkreis, und Pömmelte-Zackmünde, Salzlandkreis*«. In: Archäologie in Sachsen-Anhalt (in Vorbereitung).

M. Parker Pearson (Hrsg.), *Stonehenge. Making Sense of a Prehistoric Mystery* (York 2015).

J. Pollard/A. Reynolds, *Avebury – The Biography of a Landscape* (Stroud 2006).

A. Spatzier, *Das endneolithisch-frühbronzezeitliche Rondell von Pömmelte-Zackmünde, Salzlandkreis, und das Rondell-Phänomen des 4.–1. Jt. v. Chr. in Mitteleuropa* (Halle/S. 2017).

A. Spatzier/M. Stecher/K. W. Alt/F. Bertemes, »Gendered Burial at a Henge-like Enclosure near Magdeburg, Central Germany. A Tale of Reverence and Ritual Killings?« In: A. C. Valera (Hrsg.), *Recent Prehistoric Enclosures and Funerary Practices in Europe* (Oxford 2014), S. 111–128.

B. G. Trigger, *Understanding Early Civilizations. A Comparative Study* (New York 2007).

C. van Schaik/K. Michel, *Das Tagebuch der Menschheit. Was die Bibel über unsere Evolution verrät* (Reinbek 2016).

E. Voegelin, *Ordnung und Geschichte. Bd. 1: Die kosmologischen Reiche des Alten Orients – Mesopotamien und Ägypten* (München 2002).

J. Watts/O. Sheehan/Q. Atkinson/J. Bulbulia/R. Gray, »Ritual Human Sacrifice Promoted and Sustained the Evolution of Stratified Societies«. In: *Nature* 532, April 2016, S. 228–231.

V.-G. Childe, »Directional Changes in Funerary Practices during 50,000 Years«. In: *Man* 45, 1945, S. 13–19.

24 Die Rache der Götter

T. Bilić, »A Note on the Celestial Orientation. Was Gilgamesh Guided to the Cedar Forest by the Pleiades?« In: *Vjasnik Arheološkog muzeja u Zagrebu* 40, 2007, S. 11–14.

W. Coblenz, »Ein frühbronzezeitlicher Verwahrfund von Kyhna, Kr. Delitzsch«. In: *Arbeits- und Forschungsberichte zur sächsischen Bodendenkmalpflege* 30, 1986, S. 37–88.

G. Elsen-Novák/M. Novák, »Der ›König der Gerechtigkeit‹. Zur Ikonologie und Teleologie des Codex Hammurapi«. In: *Baghdader Mitteilungen* 37, 2006, S. 131–155.

W. L. Friedrich/B. Kromer/M. Friedrich/J. Heinemeier/T. Pfeiffer/S. Talamo, »Santorini Eruption Radiocarbon Dated to 1627–1600 B. C«. In: *Science* 312, 2006, S. 548.

H. Grimme, *Das israelitische Pfingstfest und der Plejadenkult* (Paderborn 1907).

R. Hansen/C. Rink, »Die Zahlenkombination 32/33 als Indikator für einen plejadengeschalteten Lunisolarkalender«. In: G. Wolfschmidt (Hrsg.), *Der Himmel über Tübingen. Barocksternwarten – Landesvermessung – Hochenergieastrophysik* (Hamburg 2014).

F. Kaul, »Die Felsbilder von Lökeberg – Sonnenbilder und Sonnenkult in der Nordischen Bronzezeit«. In. H. Meller (Hrsg.), *Der geschmiedete Himmel. Die weite Welt im Herzen Europas vor 3600 Jahren* (Stuttgart 2004), S. 66–69.

F. Kaul, »Schiffe als ›Tempel‹ der Bronzezeit – Die Figurenensembles von Fårdal und Grevensvænge«. In: H. Meller (Hrsg.), *Der geschmiedete Himmel. Die weite Welt im Herzen Europas vor 3600 Jahren* (Stuttgart 2004), S. 70–73.

H. Klengel, *König Hammurapi und der Alltag Babylons* (Zürich 1991).

S. W. Manning u. a., »Dating the Thera (Santorini) Eruption. Archaeological and Acientific Evidence Supporting a High Chronology«. In: *Antiquity* 88, 2014, S. 1164–1179.

F. Miketta, »Der Hortfund von Kyhna und frühbronzezeitliche Kulturkontakte«. In: *Archäologie in Rheinhessen und Umgebung* 4, 2011, S. 85–95.

H. Meller/F. Bertemes/H.-R. Bork/R. Risch (Hrsg.), *1600 – Kultureller Umbruch im Schatten des Thera-Ausbruchs?* (Halle/S. 2013).

H. Meller, »Der Hortfund von Nebra im Spiegel frühbronzezeitlicher Deponierungssitten«. In: H. Meller/F. Bertemes/H.-R. Bork/R. Risch (Hrsg.), *1600 – Kultureller Umbruch im Schatten des Thera-Ausbruchs?* (Halle/S. 2013), S. 493–526.

W.-D. Niemeyer, »Die Auswirkungen der Thera-Eruption im ägäischen Raum«. In: H. Meller/F. Bertemes/H.-R. Bork/R. Risch (Hrsg.), *1600 – Kultureller Umbruch im Schatten des Thera-Ausbruchs?* (Halle/S. 2013), S. 177–190.

R. Pientka-Hinz, »Midlifecrisis und Angst vor dem Vergessen? Zur Geschichtsüberlieferung Hammurapis von Babylon«. In: K.-P. Adam, *Historiographie in der Antike* (Berlin/New York 2008), S. 4–25.

K. Randsborg, »Kivik, Archaeology & Iconography«. In: *Acta Archaeologica* 64, 1993, S. 1–147.

K. Randsborg/I. Merkyte, »Bronze Age Universitas. Kivig/Kivik Revisited«. In: *Acta Archaeologica* 82, 2011, S. 163–180.

R. Risch/H. Meller, »Wandel und Kontinuität in Europa und im Mittelmeerraum um 1600 v. Chr«. In: H. Meller/F. Bertemes/H.-R. Bork/R. Risch (Hrsg.), *1600 – Kultureller Umbruch im Schatten des Thera-Ausbruchs?* (Halle/S. 2013), S. 597–613.

H. Vankilde, »Bronzization. The Bronze Age as Pre-Modern Globalization«. In: *Prähistorische Zeitschrift* 91/1, 2016, S. 103–123.

J. Varberg/B. Gratuze/F. Kaul, »Between Egypt, Mesopotamia and Scandinavia. Late Bronze Age Glassbeads Found in Denmark«. In: *Journal of Archaeological Science* 54, 2015, S. 168–181.

Die sieben Lehren der Himmelsscheibe und kein Ende
É. de La Boétie, *Von der freiwilligen Knechtschaft des Menschen* (Frankfurt/M. 1968).
C. Lévi-Strauss, *Traurige Tropen* (Frankfurt/M. [11]1998).

Bildnachweis

Der Verlag hat sich bemüht, die Rechtegeber ausfindig zu machen. Nicht in allen Fällen ist dies gelungen. Für Hinweise sind wir dankbar.

Textabbildungen:

Flemming Kaul & Tidsskriftet Skalk: Seite 68
Landesamt für Denkmalpflege und Archäologie Sachsen-Anhalt (LDA Sachsen-Anhalt)
LDA Sachsen-Anhalt, Archiv: Seiten 31, 65, 169
LDA Sachsen-Anhalt, C. Gembalski, S. Belizki; grafische Umsetzung M. Wiegemann: Seite 48
LDA Sachsen-Anhalt, Friedrich Klopfleisch: Seiten 199, 200
LDA Sachsen-Anhalt, Thomas Koiki: Seiten 51, 251
LDA Sachsen-Anhalt, Juraj Lipták: Seiten 43, 87, 173, 174, 179, 193, 195, 250
LDA Sachsen-Anhalt, Klaus Pockrandt: Seite 141
LDA Sachsen-Anhalt, Karol Schauer: Seiten 75, 167, 180, 237, 275
LDA Sachsen-Anhalt, Wolfhard Schlosser: Seiten 60, 114, 115
LDA Sachsen-Anhalt, August Stapel: Seite 246
LDA Sachsen-Anhalt, Christian-Heinrich Wunderlich: Seite 85

Farbabbildungen:

Teil 1
Jan Bitter (janbitter.de): Abb. 14
LDA Sachsen-Anhalt, Svetlana Belizki: Abb. 8
LDA Sachsen-Anhalt, Juraj Lipták: Abb. 2, 3, 6, 7, 11, 12, 13
LDA Sachsen-Anhalt, Karol Schauer: Abb. 1, 4, 5, 9, 10

Teil 2
LDA, Sachsen-Anhalt, Thomas Koiki: Abb. 9
LDA Sachsen-Anhalt, Juraj Lipták: Abb. 6, 7, 10, 11, 13
LDA Sachsen-Anhalt, Harald Meller: Abb. 5
LDA Sachsen-Anhalt, Karol Schauer: Abb. 1, 2, 3, 4, 8

5500	4700	3100	3000	2900	2800	2700	2600	2500	2400	2300	2200

Ab 5500 Linearbandkeramik: Die ersten Bauern kommen nach Mitteldeutschland

Um 4700 Die Kreisgrabenanlage von Goseck entsteht

Um 3100 Das gewaltige Erdwerk der Salzmünder Kultur wird erobert

Ab 2800 Eindringen der Schnurkeramiker nach Mitteldeutschland

Ab 2500 Eindringen der Glockenbecherleute nach Mitteldeutschland

Um 2350 Entstehung des Heiligtums von Pömmelte

Um 220 Anfäng von Aunjeti